TOPOGRAPHIE

INDEX BIBLIOGRAPHIQUE

La tachéométrie, par J. Porro, officier supérieur du Génie italien (1858).

Cours de topographie, par A. Léhagre, chef de bataillon du Génie, professeur de topographie (1880).

Traité de lever des plans et nivellement (1889) :

Opérations sur le terrain, par Ch.-L. Durand-Claye, inspecteur général des Ponts et Chaussées, professeur à l'École des Ponts et Chaussées.

Nivellement de haute précision, par Ch. Lallemand, ingénieur en chef au corps des Mines, secrétaire du Comité du Nivellement général de la France.

Études sur les levers topométriques, par Goulier, colonel du Génie en retraite (1892).

Traité de topographie, par A. Pelletan, ingénieur en chef des Mines, professeur à l'École nationale des Mines (1893).

Cours d'astronomie de l'École polytechnique, par H. Faye, membre de l'Institut.

Notices accompagnant les Tables trigonométriques centésimales, par J.-L. Sanguet, ingénieur-géomètre, président de la Société de topographie parcellaire de France.

Cours de physique, par Pichot et Lechat.

Traité de physique, par Ch. Drion et E. Fernet.

Cours de Topographie de l'École d'application de l'Artillerie et du Génie.

(Voir, à la fin de l'ouvrage, le programme complet de la Bibliothèque du Conducteur.)

BIBLIOTHÈQUE DU CONDUCTEUR DE TRAVAUX PUBLICS

TOPOGRAPHIE

PAR

Eugène PRÉVOT

CONDUCTEUR DES PONTS ET CHAUSSÉES
CHEF DU BUREAU DU NIVELLEMENT GÉNÉRAL DE LA FRANCE
EX-SECRÉTAIRE DE LA SOCIÉTÉ DE TOPOGRAPHIE PARCELLAIRE DE FRANCE
OFFICIER D'ACADÉMIE

SUIVI D'UN APPENDICE RELATIF A

LA TOPOGRAPHIE EXPÉDIÉE

PAR

O. ROUX

CONDUCTEUR DES PONTS ET CHAUSSÉES, OFFICIER D'ACADÉMIE

LIVRE Ier. — INSTRUMENTS

DESCRIPTION. — MANŒUVRE. — VÉRIFICATION
RÉGLAGE ET PRÉCISION

(Nouveau tirage)

PARIS

DUNOD, Éditeur

Successeur de H. DUNOD et E. PINAT

47 ET 49, QUAI DES GRANDS-AUGUSTINS (VIE)

1920

BIBLIOTHÈQUE DU CONDUCTEUR DE TRAVAUX PUBLICS

PUBLIÉE SOUS LES AUSPICES

DE MM. LES MINISTRES DES TRAVAUX PUBLICS
DES POSTES ET TÉLÉGRAPHES
DE L'AGRICULTURE, DU COMMERCE ET DE L'INDUSTRIE
DE L'INSTRUCTION PUBLIQUE, DE LA JUSTICE
DE L'INTÉRIEUR, DE LA GUERRE, DES COLONIES

Comité de patronage

BARTHOU — Ancien Président du Conseil, Député.

BECHMANN — Directeur, Fondateur de l'Office spécial d'Ingénieurs consultants.

BOREUX — Ancien directeur de la voie publique et de l'éclairage de la ville de Paris.

BOUVARD — Ancien directeur administratif des services d'architecture, des promenades et plantations de la ville de Paris.

CLAVEILLE — Ministre des Travaux publics et des transports.

COLMET-DAAGE — Ingénieur en chef des eaux, assainissement et dérivations de Paris.

COLSON — Conseiller d'Etat, Professeur à l'Ecole des Ponts et Chaussées.

COMTE (J.) — Ancien directeur des Bâtiments civils et des Palais nationaux.

DELECROIX — Docteur en droit, Directeur de la *Revue de la Législation des Mines.*

Le **Directeur** de l'Ecole nationale des Ponts et Chaussées.

Le **Directeur** de l'Ecole nationale supérieure des Mines.

Le **Directeur** du Conservatoire national des Arts et Métiers.

Le **Directeur** du personnel et de l'enseignement technique au Ministère du Commerce et de l'Industrie.

BOUSQUET (du) — Ingénieur en chef du matériel et de la traction à la Cie des Chemins de fer du Nord.

EYROLLES — Directeur de l'Ecole spéciale de Travaux publics, du Bâtiment et de l'Industrie.

FLAMANT — Inspecteur général des Ponts et Ch. en retraite.

Dr GAUTHIER (de l'Aude) — Ancien Ministre des Travaux publics, Sénateur.

GRILLOT — Président honoraire de l'Association générale des Sous-Ingénieurs, Conducteurs et Contrôleurs des Ponts et Chaussées et des Mines.

GUILLAIN — Ancien Ministre des Colonies, Membre de la Chambre des députés.

HATON DE LA GOUPILLIÈRE — Membre de l'Institut, Inspecteur général des Mines en retraite.

M^e LE BERQUIER — Avocat à la Cour d'Appel de Paris.

LOUIS MARTIN — Avocat, Professeur libre de droit, Sénateur.

PHILIPPE — Ancien directeur de l'Hydraulique agricole au Ministère de l'Agriculture.

PONTICH (de) — Ancien Directeur des Travaux de Paris.

Le **Président** de l'Association philotechnique.

Le **Président** de l'Association polytechnique.

Le **Président** de la Société des Anciens Élèves des Écoles d'Arts et Métiers.

Le **Président** de l'Association générale des Sous-Ingénieurs, Conducteurs, Contrôleurs des Ponts et Chaussées et des Mines.

Le **Président** de la Société des Ingénieurs civils de France.

Le **Président** de la Société française des Ingénieurs coloniaux.

Le **Président** de la Société de Topographie de France.

Le **Président** de la Société de Topographie parcellaire de France.

QUENNEC — Directeur de l'Octroi de Paris.

RÉSAL — Inspecteur général des Ponts et Chaussées, Professeur à l'École des Ponts et Chaussées.

TISSERAND — Conseiller-maître honoraire à la Cour des Comptes.

BIBLIOTHÈQUE DU CONDUCTEUR DE TRAVAUX PUBLICS

Pierre JOLIBOIS, FONDATEUR

Ancien Directeur. et Président du Comité de Rédaction, ancien Conseiller municipal
de Paris, ancien Conseiller général de la Seine
ancien Président de l'Association des Personnels de travaux publics

Comité de rédaction

Bureau :

PRÉSIDENT :

BONNAL — Directeur de la Compagnie des Tramways à vapeur du département de l'Aude, ancien Professeur à l'Association philotechnique.

VICE-PRÉSIDENTS :

DACREMONT — Ingénieur des Ponts et Chaussées.

FALCOU — Inspecteur en chef du service des Beaux-Arts de la ville de Paris et du département de la Seine.

LANAVE — Ancien ingénieur en chef des chemins de fer éthiopiens.

VIDAL — Inspecteur principal de l'exploitation commerciale des Chemins de fer.

SECRÉTAIRES :

BONDU — Commissaire du contrôle de l'État sur les Chemins de fer.

DIÉBOLD — Sous-Inspecteur de l'Assainissement de Paris.

DUFOUR (Ph.) — Adjoint technique principal des Ponts et Chaussées, Lauréat de l'Académie française.

LEMARCHAND — Conseiller municipal de Paris, conseiller général de la Seine.

Membres du Comité

ARANA
Sous-Ingénieur ppal des Ponts et Chaussées, Secrétaire de *La Revue Municipale*.

AUCAMUS
Ingénieur des Arts et Manufactures, sous-ingénieur aux chemins de fer du Nord.

CANAL
Sous-Ingénieur ppal des Ponts et Chaussées.

CHABAGNY
Ingénieur des Ponts et Chaussées.

COLAS
Directeur de la Comptabilité et des Services financiers des Chemins de fer de l'État.

GRIMAUD
Ingénieur des Ponts et Chaussées.

HALLOUIN
Contrôleur général de l'Exploitation commerciale des Chemins de fer.

LÉVY-SALVADOR
Ingénieur du Service technique de l'Hydraulique agricole au Ministère de l'Agriculture.

MALETTE (G.)
Sous-ingénieur ppal des Ponts et Chaussées.

MUNSCH
Rédacteur principal à la Préfecture de la Seine.

PRADÈS
Chef de bureau du cabinet du Ministère de l'Agriculture, Membre du Conseil d'administration de l'Association philotechnique.

PRÉVOT
Ingénieur des Ponts et Chaussées (Nivellement général de la France).

REBOUL
Sous-ingénieur ppal des Mines.

ROUSSEAU (Ph.)
Secrétaire général de la Société française des Ingénieurs coloniaux.

ROUX (O.)
Ingénieur des Ponts et Chaussées.

SAINT-PAUL
Sous-Ingénieur municipal, chef de section aux aqueducs et dérivations de la Ville de Paris.

SIMONET
Sous-ingénieur des Ponts et Chaussées.

INTRODUCTION

Le *Traité de Topographie* que nous présentons à nos camarades n'est autre chose que le développement des leçons de topographie que nous avons professées, à Paris, pendant une dizaine d'années, au nom de la Société de Topographie de France et de diverses associations d'enseignement public et gratuit.

L'ouvrage comprend deux volumes consacrés, l'un à l'étude des instruments employés en topographie, l'autre à celle des méthodes qui président à l'exécution des levés superficiels et souterrains.

Le premier volume est subdivisé en six parties : la première, intitulée *Préliminaires*, renferme des notions élémentaires sur la théorie des erreurs (chapitre i) et l'étude de quelques organes constitutifs d'instruments (chapitre ii).

Nous avons rappelé en tête de l'ouvrage les principes fondamentaux de la *théorie des erreurs* [1], parce que nous avons constaté que cette théorie est encore le meilleur guide qu'un opérateur puisse trouver :

---

[1] Ces principes ont simplement été résumés et justifiés, dans la mesure du possible, au moyen de raisonnements *élémentaires*, de manière à en faire bénéficier un plus grand nombre de nos camarades. Pour la rédaction de ce chapitre, nous nous sommes inspiré des remarquables conférences faites sur ce sujet aux membres de la Société de Topographie parcellaire de France, par son président, M. Sanguet, ingénieur-topographe.

1° Pour faire un choix judicieux entre les instruments et les méthodes que la science topographique met à sa disposition, en vue d'atteindre, avec la moindre somme d'efforts, le degré de précision à la fois nécessaire et suffisant qu'il convient de réaliser dans une opération déterminée;

2° Pour discuter ses observations et en déduire des résultats présentant le maximum de certitude.

L'importance de cette théorie a été si bien comprise à l'Étranger qu'elle a été introduite (en Italie, notamment) dans les programmes d'examen pour l'emploi de géomètre du Cadastre.

Comme on le verra par la suite, la théorie des erreurs montre comment la précision d'un instrument ou d'une méthode peut être exprimée au moyen de nombres ayant une signification précise. Ce degré de précision des instruments les plus usuels ne se trouve caractérisé, dans la plupart des *Traités de Topographie* parus jusqu'à ce jour, qu'à l'aide de qualificatifs dont la valeur est toute relative ou de coefficients dont la signification est très mal définie. On dit, par exemple, qu'un instrument servant à la mesure des longueurs fournit des résultats à 1/1000 près ; mais le lecteur ignore si cette approximation doit être considérée comme une moyenne qui se réalise 50 fois sur 100, ou, au contraire, comme un maximum qui ne sera atteint qu'une seule fois sur 100. La théorie des erreurs permet de caractériser la précision d'un instrument par une erreur moyenne dont le degré de probabilité est parfaitement connu et défini ; cette précision cesse alors d'être une abstraction difficile à interpréter par l'esprit. Dans notre ouvrage, nous nous sommes efforcé d'indiquer nettement l'erreur moyenne de chaque instrument; bien qu'à cet égard, notre travail présente encore d'importantes lacunes, nous avons dû, pour l'amener à son état actuel, procéder à des expériences et à des recherches assez longues que nous compléterons peut-être ultérieurement, si nos occupations professionnelles nous le permettent.

Dans le chapitre II, nous avons groupé les renseignements relatifs aux principaux organes que l'on retrouve dans un grand nombre d'instruments topographiques, ce qui nous a permis, dans la suite de l'ouvrage, d'éviter des répétitions et de simplifier notablement les développements particuliers à chaque instrument.

Les deuxième, troisième et quatrième parties de l'ouvrage, formant ensemble sept chapitres, sont consacrées respectivement à l'étude des instruments servant à la mesure des angles (horizontaux et verticaux), des distances et des hauteurs.

Dans la cinquième partie (chap. X et XI), nous passons en revue les instruments mixtes servant à l'évaluation simultanée des angles, des distances et des hauteurs.

Enfin la sixième partie (chap. XII) se rapporte aux instruments spéciaux qui conviennent plus particulièrement aux levés souterrains.

Pour chaque instrument, on trouve invariablement exposés sa théorie, sa description, sa vérification et son réglage, son mode d'emploi dans une opération élémentaire, ses causes d'erreurs avec le moyen de les réduire, et sa précision.

Nous avons essayé de développer, pour chaque grande classe d'instruments (cercles à lunette, niveaux), une théorie unique et générale qu'il suffit d'avoir présente à l'esprit pour en déduire facilement les manœuvres à effectuer pour vérifier et régler un instrument de la même classe, quelle que soit la disposition des organes dont il se compose.

On trouvera dans le second volume, actuellement en préparation, l'exposé des méthodes fondamentales du levé des plans ; l'indication des méthodes qu'il convient d'employer de préférence avec chaque instrument et les particularités d'emploi de celui-ci ; l'exposé des divers procédés en usage pour exécuter les levés des plans d'études et des plans parcellaires et cadastraux, ainsi que le nivellement général d'un territoire ; enfin des notions seront données sur la construction des plans.

En rédigeant notre *Traité de Topographie*, nous n'avons pas cherché — ce qui eût été prétentieux de notre part — à en faire une œuvre de science ; mais nous nous sommes efforcé de vulgariser les résultats des travaux des plus éminents topographes et de mettre ainsi un guide sûr entre les mains des conducteurs de travaux publics et des géomètres appelés à exécuter ou à prendre part à d'importantes opérations topographiques. En même temps, nous avons voulu que les jeunes aspirants aux mêmes fonctions trouvent dans notre ouvrage des renseignements assez précis pour leur éviter ou du moins réduire les tâtonnements du début ; c'est dans cet esprit que nous avons cru devoir, dans certains cas, insister sur des détails que les personnes déjà exercées pourront juger superflus. Si le but que nous nous sommes proposé est atteint, nous nous réjouirons d'avoir fait œuvre utile, et nous reporterons alors le principal mérite de notre travail à ceux dont les leçons, les conseils et l'exemple nous ont permis de le mener à bien, c'est-à-dire aux deux savants qui ont été nos initiateurs dans la science topographique : M. Sanguet, ingénieur-topographe, qui fut notre premier maître et auquel nous devons la plus grande partie des connaissances générales que nous possédons sur la topographie de précision ; M. l'Ingénieur en chef des Mines Ch. Lallemand, directeur du Nivellement général de la France, qui nous a initié aux discussions méthodiques auxquelles doivent être soumises les grandes opérations topographiques. A l'un et à l'autre, nous sommes heureux d'exprimer ici notre profonde gratitude.

Avant de clore cette Introduction, qu'il nous soit encore permis d'adresser nos remerciements aux personnes déjà nommées pour le concours qu'elles nous ont prêté en nous autorisant à faire des emprunts à leurs propres travaux et en nous signalant certaines améliorations à apporter à notre travail : à M. d'Ocagne, ingénieur des Ponts et Chaussées, à qui nous devons quelques précieux conseils sur la subdivision de l'ouvrage, la théorie des nivelles et quelques points de détail ; à nos amis, MM. Dreux et Leroy, conducteurs des Ponts et Chaussées, qui ont bien voulu relire, le premier, la totalité, le second, une partie des épreuves de ce livre, et nous signaler d'utiles rectifications de forme et de fond ; enfin, à notre camarade M. Roux, qui s'est chargé de la rédaction d'un important appendice dans lequel se trouve traité tout ce qui concerne la topographie expéditive.

E. PRÉVOT.

Paris, le 31 mars 1898.

TOPOGRAPHIE
APPLIQUÉE AUX TRAVAUX PUBLICS

INSTRUMENTS

PREMIÈRE PARTIE
NOTIONS PRÉLIMINAIRES

CHAPITRE I
NOTIONS ÉLÉMENTAIRES SUR LA THÉORIE DES ERREURS

§ 1. — CONSIDÉRATIONS GÉNÉRALES

1. Les mesures auxquelles donnent lieu les opérations topographiques sont toujours entachées d'inexactitudes provenant de l'imperfection des instruments, de l'inattention, de l'inhabileté ou d'un défaut d'acuité visuelle de l'opérateur, et de circonstances extérieures défavorables aux observations (réfractions, vents, etc.).

Comme tous les phénomènes naturels, la production de ces erreurs est soumise à certaines lois qu'il est nécessaire de connaître, si l'on veut exécuter avec sécurité une opération de quelque importance. Il faut, en effet, savoir comment les erreurs prennent naissance, comment elles se combinent et se cumulent dans une succession d'opérations élémentaires, pour résoudre certains problèmes d'un réel ntérêt pratique : calcul de l'erreur totale à craindre sur une opération exécutée avec un instrument et dans des conditions déterminés, ou, inversement, détermination de la précision instrumentale nécessaire pour ne pas dépasser, dans l'opération considérée, une tolérance fixée *a priori;* détermination du nombre de répétitions qu'il faudrait faire, avec un instrument moins exact que celui considéré, pour obtenir un résultat aussi précis ; calcul de la moyenne rationnelle de plusieurs résultats émanant d'observations n'offrant pas toutes les mêmes garanties d'exactitude ; répartition des écarts de fermeture, etc.

§ 2. — CLASSIFICATION DES ERREURS

A. — Nécessité d'une classification

2. Si l'on cherche à analyser les incertitudes de toutes natures qui affectent les observations, on reconnaît tout d'abord qu'une classification, basée sur la manière dont elles se produisent et se propagent, s'impose, tant pour servir de base au raisonnement que pour préciser les termes à employer dans les développements auxquels donne lieu leur étude. A ce dernier point de vue, il importe, en effet, de fixer la valeur de certains mots, tels que *faute* et *erreur*, qui sont considérés dans le langage courant comme ayant une signification à peu près équivalente, mais qui vont nous servir, au contraire, à caractériser des inexactitudes d'origines très différentes.

B. — Distinction a établir entre les fautes et les erreurs

3. Une *faute* (certains savants disent aussi *erreur matérielle*) est une inexactitude grossière, atteignant le plus souvent une grandeur notable eu égard aux petites erreurs inhérentes à l'instrument et à la méthode employés. Une faute a presque toujours pour cause une inadvertance de l'opérateur ou de ses aides. Ainsi, un chaîneur qui se trompe dans le comptage des fiches, des anneaux métriques ou des chaînons, commet respectivement des *fautes* de décamètres, de mètres ou de doubles-décimètres (n° 230) ; un niveleur faisant usage d'une mire parlante sur laquelle il peut estimer les millimètres et dont les lectures sont erronées de 1 centimètre, 1 décimètre, etc. (n° 320), commet, de même, des *fautes* proprement dites.

4. Les *erreurs* sont les petites inexactitudes *inévitables* qui ont pour cause l'imperfection de nos instruments et de nos sens. Tandis que les *fautes* peuvent être évitées, en grande partie, par une attention soutenue des observateurs et surtout par une organisation rationnelle des observations, il est matériellement impossible de supprimer les *erreurs*, quel que soit le soin apporté à la construction des instruments et à l'exécution des opérations. Avec de l'habileté on peut parfois restreindre l'amplitude des erreurs; mais on ne parvient jamais à les rendre nulles.

5. Si l'on a bien saisi la nuance qui existe entre une *faute* et une *erreur*, on peut déjà déduire des quelques considérations précédentes cette conclusion intéressante : les *fautes*, introduisant dans les observations des incorrections notablement supérieures aux petites erreurs inévitables, il convient de n'en laisser subsister *aucune* dans les résultats. Comme, d'ailleurs, tous les opérateurs — *même les plus habiles et les plus consciencieux* — peuvent être et sont effectivement sujets à des distractions qui leur font commettre parfois de grossières inexactitudes, il est *indispensable* de combiner les méthodes d'opérations de manière à se ménager des moyens de vérification **ne** permettant à aucune *faute* de passer inaperçue.

C. — DISTINCTION A ÉTABLIR ENTRE LES ERREURS ACCIDENTELLES ET LES ERREURS SYSTÉMATIQUES

Les *erreurs*, suivant leur mode de production, peuvent être *accidentelles* ou *systématiques*.

1° ERREURS ACCIDENTELLES

6. Les *erreurs accidentelles* sont les petites inexactitudes fortuites, dues à des causes non permanentes et agissant

irrégulièrement ; elles se produisent tantôt dans un sens et tantôt dans l'autre, en passant par des valeurs qui se succèdent dans un ordre quelconque.

Les erreurs commises dans l'estime à vue du centimètre sur un chaînon de décamètre (n° 226), ou du millimètre sur une mire parlante (n° 259), sont des *erreurs accidentelles*. Il n'y a pas, en effet, de raison pour que le chiffre estimé soit toujours plus grand, ou toujours plus petit, que celui qui serait l'expression de la vérité absolue ; il n'y en a pas davantage, au moins en apparence, pour que l'erreur d'une observation atteigne telle valeur plutôt que telle autre.

Par suite des valeurs indifféremment positives et négatives que peuvent prendre les *erreurs accidentelles*, leur somme, dans une série de mesures, ne croît pas proportionnellement à leur nombre : il s'établit une sorte de compensation entre les erreurs successives ; nous apprendrons plus loin à évaluer l'importance de cette compensation.

2° ERREURS SYSTÉMATIQUES

7. Pour certains auteurs, une erreur systématique est celle qui influence les observations toujours dans le même sens. Nous ne pensons pas que cette définition soit parfaitement correcte ; la question est plus complexe. Dans le cours de cet ouvrage nous dénommerons *erreur systématique* [1] toute erreur résultant d'une cause permanente, connue ou inconnue, et qui se reproduit, par suite, toujours de la même manière, suivant une certaine loi.

Si l'erreur agit toujours dans le même sens et conserve une valeur constante, elle est dite *systématique constante*. Telles sont, par exemple, les inexactitudes des longueurs mesurées avec une chaîne trop longue ou trop courte.

Nous appelons, enfin, *erreur systématique variable* celle dont le signe ou la valeur ne restent pas constants. Ainsi,

---

[1] L'expression d'*erreurs permanentes* nous paraîtrait préférable à celle d'*erreurs systématiques* ; mais, cette dernière expression étant consacrée par l'usage, nous l'avons néanmoins conservée dans notre ouvrage.

les angles évalués au moyen d'un cercle dont le centre de
rotation ne coïncide pas avec le centre des divisions du limbe
(n° 108), ou dont la division est erronée suivant une certaine
loi (n° 113), sont affectés d'une erreur qui est dite *systématique
variable*, parce que, d'une part, toutes les fois qu'un même
angle sera mesuré dans la même position de l'appareil, son
erreur se reproduira identique de signe et de grandeur, et
que, d'autre part, pour des déplacements successifs du limbe,
l'erreur du même angle *variera*, en oscillant entre un minimum et un maximum, suivant une loi permanente (n° 110).

Le caractère principal des erreurs systématiques est donc
la permanence de la cause, ce qui détermine nécessairement la permanence de l'effet.

Quand la cause d'une erreur systématique est connue, il
est possible de calculer l'erreur d'un résultat provenant d'une
observation faite dans des conditions déterminées, et, par
conséquent, de la corriger. Il n'en est jamais ainsi avec les
erreurs accidentelles.

Les erreurs systématiques dont la cause est inconnue sont
très dangereuses, parce qu'il n'est pas toujours possible d'en
atténuer les effets ; la plupart appartiennent, d'ailleurs, à la
catégorie des erreurs systématiques constantes ; leur signe
étant alors toujours le même, la somme des erreurs d'une
série d'observations successives croît comme le nombre de
celles-ci. Nous avons déjà fait remarquer précédemment que,
dans une somme d'erreurs accidentelles, il s'établit, au contraire, une compensation partielle entre les erreurs positives et les erreurs négatives. Il résulte de cette double
constatation que des erreurs systématiques à faibles coefficients sont souvent plus nuisibles que des erreurs accidentelles atteignant individuellement des valeurs notablement
plus fortes.

Ces préliminaires étant établis, nous allons exposer, en
cherchant à les justifier par des considérations *élémentaires*,
les quelques principes essentiels de la *théorie des erreurs*,
auxquels nous aurons à faire appel dans le cours de cet
ouvrage.

§ 3. — DES ERREURS ACCIDENTELLES

A. — SOMME D'ERREURS ACCIDENTELLES

8. Soient les erreurs accidentelles $\pm \epsilon_1, \pm \epsilon_2, \ldots, \pm \epsilon_n$, et ϵ_s leur somme, on a :

$$\epsilon_s = \pm \epsilon_1 \pm \epsilon_2 \ldots \pm \epsilon_n,$$

ou, en élevant au carré les deux membres de l'équation :

$$(1) \quad \epsilon_s^2 = \epsilon_1^2 + \epsilon_2^2 + \epsilon_3^2 \ldots + \epsilon_n^2 \pm 2\epsilon_1\epsilon_2 \pm 2\epsilon_1\epsilon_3 \pm \ldots \pm 2\epsilon_{n-1}\epsilon_n.$$

Les erreurs $\pm \epsilon_1$, $\pm \epsilon_2$, $\pm \epsilon_3$ étant supposées accidentelles sont indifféremment positives et négatives, ainsi que le rappelle le double signe qui les précède ; comme rien ne peut justifier la prédominance d'un signe sur l'autre, on est conduit à admettre que, pour un nombre N d'erreurs infiniment grand, les erreurs positives sont en nombre égal aux erreurs négatives ; leurs doubles produits sont eux-mêmes indifféremment positifs et négatifs, et, par conséquent, doivent tendre à s'annuler.

L'équation (1) se réduit donc à :

$$(2) \quad \epsilon_s^2 = \epsilon_1^2 + \epsilon_2^2 + \epsilon_3^2 \ldots + \epsilon_n^2 = \Sigma \epsilon^2 ;$$

d'où enfin :

$$(3) \quad \epsilon_s = \pm \sqrt{\Sigma \epsilon^2} ;$$

ce qui peut s'exprimer ainsi : *la somme de plusieurs erreurs accidentelles est égale à la racine carrée de la somme de leurs carrés.* Cette conclusion est importante ; nous déduirons, en effet, plus loin de l'équation fondamentale (3) une série de formules qui sont d'un usage courant dans la pratique des grandes opérations topographiques.

Remarque. — Il ressort de notre raisonnement que la conclusion ci-dessus n'est légitime que lorsque le nombre d'erreurs est infini ; en pratique, elle n'est donc qu'approchée, mais elle conduit cependant, comme nous aurons l'occasion de le montrer, à des résultats très voisins de la vérité. Cette observation s'applique à toutes les déductions ultérieures.

9. Si les erreurs $\pm \varepsilon_1$, $\pm \varepsilon_2$, ..., $\pm \varepsilon_n$ étaient toutes égales à ε, par exemple, quoique de signes indifféremment positifs ou négatifs, la somme des N erreurs égales serait d'après la formule (3) .

$$(4) \qquad \varepsilon_s = \pm \sqrt{N\varepsilon^2} = \pm \varepsilon \sqrt{N},$$

ce qui montre que *la somme de plusieurs erreurs accidentelles, égales en valeur absolue, c'est-à-dire abstraction faite de leurs signes, est le produit de l'une d'elles par la racine carrée de leur nombre.*

B. — Erreur moyenne arithmétique

10. Nous appelons *erreur moyenne arithmétique* d'une série d'observations affectées d'erreurs accidentelles réelles $\pm \varepsilon_1$, $\pm \varepsilon_2$, ..., $\pm \varepsilon_n$, la moyenne arithmétique e_1 de ces erreurs, prises en valeur absolue, c'est-à-dire abstraction faite de leurs signes.

En désignant par $\Sigma(\varepsilon)$ la somme des erreurs sans distinction de signe, et par N leur nombre, l'expression de l'erreur moyenne arithmétique e_1 est :

$$(5) \qquad e_1 = \pm \frac{\Sigma(\varepsilon)}{N}.$$

11. L'erreur moyenne arithmétique n'est pas habituellement employée pour caractériser le degré de précision d'une méthode ou d'un intrument; on lui préfère toujours, pour des raisons d'ordre à la fois théorique et pratique, l'erreur moyenne quadratique dont nous allons parler.

C. — ERREUR MOYENNE QUADRATIQUE

12. On appelle *erreur moyenne quadratique* une erreur $\pm\, e_2$, telle que, si elle était substituée aux erreurs réelles $\pm\, \varepsilon_1, \pm\, \varepsilon_2, ..., \pm\, \varepsilon_n$, la somme des N erreurs $\pm\, e_2$, c'est-à-dire des N erreurs égales tantôt à $+\, e_2$, tantôt à $-\, e_2$, serait équivalente à la somme des N erreurs réelles ε.

Or la somme de N erreurs égales à $\pm\, e_2$ est, d'après l'équation (4) : $\pm\, e_2 \sqrt{N}$, et celle des N erreurs réelles, d'après l'équation (3), est : $\pm\, \sqrt{\Sigma \varepsilon^2}$.

Ces deux sommes devant être égales, on a :

$$\pm\, e_2 \sqrt{N} = \pm\, \sqrt{\Sigma \varepsilon^2},$$

d'où l'on déduit :

$$(6) \qquad e_2 = \pm\, \sqrt{\frac{\Sigma \varepsilon^2}{N}}.$$

L'erreur moyenne quadratique e_2 *s'obtient donc en divisant la somme des carrés des erreurs réelles par leur nombre et en extrayant la racine carrée du quotient*[1].

C'est à l'aide de l'*erreur moyenne quadratique* ainsi définie que nous caractériserons le degré de précision des instruments décrits.

13. L'erreur moyenne quadratique et l'erreur moyenne

[1] Dans les notations choisies les erreurs moyennes sont représentées par la lettre e ; suivant le conseil que nous en a donné M. d'Ocagne, ingénieur des Ponts et Chaussées, nous affectons cette lettre de l'indice *1*, quand elle doit représenter l'erreur moyenne arithmétique, pour le calcul de laquelle on ne considère que les *premières* puissances des erreurs, ou de l'indice *2*, quand elle doit exprimer l'erreur moyenne quadratique dont le carré est, par définition, la moyenne des *secondes* puissances des erreurs. Plus loin, nous emploierons la notation e_0 pour représenter une erreur remarquable — dite erreur probable — que l'on obtient par un simple classement de toutes les erreurs considérées, sans aucune totalisation.

arithmétique sont entre elles dans un rapport théoriquement constant. On démontre, en effet, que l'on a sensiblement (à 0,3 0/0 près) :

$$(7) \qquad e_2 = \frac{5}{4} e_1 = 1,25 \, e_1.$$

En remplaçant dans la relation précédente e_1 par sa valeur (formule 5), on obtient une nouvelle expression de l'erreur moyenne quadratique :

$$(8) \qquad e_2 = \pm \, 1,25 \, \frac{\Sigma\,(\varepsilon)}{N}.$$

14. On peut donc, à volonté, calculer l'erreur moyenne quadratique soit au moyen de la formule (6), soit au moyen de la formule (8).

Le plus souvent, quand on désire évaluer l'erreur moyenne d'un procédé de mesure, on détermine par ce procédé une certaine grandeur connue X, en répétant N fois les observations ; on obtient N résultats O_1, O_2, O_3, ..., O_n, dont on calcule les erreurs ε_1, ε_2, ..., ε_n, comme suit :

$$
\begin{aligned}
\varepsilon_1 &= O_1 - X, \\
\varepsilon_2 &= O_2 - X, \\
&\cdot \quad \cdot \quad \cdot \quad \cdot \\
\varepsilon_n &= O_n - X.
\end{aligned}
$$

L'application des formules (6) ou (8) fait alors connaître la valeur de l'erreur moyenne quadratique e_2.

15. Cette méthode suppose, il est vrai, que la valeur *exacte* X de la grandeur mesurée est donnée ; mais, en pratique, on ne la connaît que très rarement et, en général, on est conduit à lui substituer la valeur la plus probable qui résulte des mesures elles-mêmes.

Or, si les mesures ont été exécutées dans des circonstances à peu près identiques et si, par conséquent, elles offrent toutes les mêmes garanties d'exactitude, cette valeur la plus probable X' de la grandeur mesurée ne peut être que la moyenne arithmétique des N résultats, soit :

$$X' = \frac{\Sigma O}{N}.$$

Mais alors les discordances $\varepsilon'_1 = O_1 - X'$, $\varepsilon'_2 = O_2 - X'$..., etc., servant à calculer l'erreur moyenne, n'expriment plus les erreurs *absolues* des mesures, puisque la quantité X' à laquelle sont comparés les résultats est seulement une valeur *approchée* de la grandeur mesurée. Les formules de l'erreur moyenne doivent donc être modifiées pour tenir compte de cette circonstance. On démontre que la formule (6) devient alors :

$$(6 \; bis) \qquad e_2 = \pm \sqrt{\frac{\Sigma \varepsilon'^2}{N-1}}.$$

Nous nous contenterons de justifier cette modification de la formule (6) au moyen de l'explication suivante, que nous empruntons au *Traité de Nivellement de haute précision*, de M. Ch. Lallemand.

Supposons les mesures réduites à *une seule*, le résultat O est à lui-même sa propre moyenne, et l'on a une erreur nulle :

$$O - X' = 0.$$

Or, dans ce cas, il est évident que la précision est *indéterminée*, et l'expression de l'erreur moyenne doit se représenter sous la forme $\frac{0}{0}$ qui caractérise l'indétermination ; pour cela, il faut que le dénominateur de la fraction sous le radical s'annule pour $N = 1$; autrement dit, il faut que ce dénominateur soit $N - 1$.

Quant à la formule (8), elle devient elle-même :

$$(8 \; bis) \qquad e_2 = \pm 1,25 \frac{\Sigma(\varepsilon')}{N - \frac{1}{2}}.$$

En effet, la formule (6 *bis*) étant admise, proposons-nous de modifier la formule (8) pour la mettre en harmonie avec la première. A cet effet, désignons provisoirement par x le dénominateur de l'expression cherchée. Nous pouvons écrire :

$$e_2 = \pm \sqrt{\frac{\Sigma \varepsilon'^2}{N-1}} = \pm 1,25 \frac{\Sigma(\varepsilon')}{x}$$

d'où l'on tire :

$$x^2 = \overline{1,25}^2 (N-1) \frac{[\Sigma(\varepsilon')]^2}{\Sigma \varepsilon'^2}.$$

Mais la valeur du rapport $\dfrac{[\Sigma(\varepsilon')]^2}{\Sigma \varepsilon'^2}$ ne saurait différer sensible-

ment de celle, $\dfrac{[\Sigma(\varepsilon)]^2}{\Sigma \varepsilon^2}$, que l'on obtiendrait si l'on connaissait les erreurs absolues et non pas seulement les écarts ε' des mesures par rapport à leur moyenne arithmétique. On peut donc écrire :

$$\frac{[\Sigma(\varepsilon')]^2}{\Sigma \varepsilon'^2} = \frac{[\Sigma(\varepsilon)]^2}{\Sigma \varepsilon^2}.$$

Il résulte, d'autre part, des relations (7), (5) et (6) que l'on a :

$$\frac{e_1}{e_2} = \frac{\dfrac{\Sigma(\varepsilon)}{N}}{\sqrt{\dfrac{\Sigma \varepsilon^2}{N}}} = \frac{1}{1,25} ;$$

d'où l'on tire :

$$\frac{[\Sigma(\varepsilon)]^2}{\Sigma \varepsilon^2} = \frac{N}{1,25^2},$$

et, par suite,

$$\frac{[\Sigma(\varepsilon')]^2}{\Sigma \varepsilon'^2} = \frac{N}{1,25^2}.$$

Portant cette valeur dans l'expression ci-dessus de x^2, il vient, après simplification,

$$x = \sqrt{N(N-1)}.$$

La formule donnant l'erreur moyenne quadratique, dans le cas considéré, serait donc :

$$e_2 = \pm 1,25 \frac{\Sigma(\varepsilon')}{\sqrt{N(N-1)}} ;$$

mais, pour les valeurs usuelles de N, on a, sans erreur sensible.

$$\sqrt{N(N-1)} = N - \frac{1}{2}.$$

La formule ci-dessus se réduit donc finalement, **en vue des** applications pratiques, à :

$$(8\ bis) \qquad e_2 = \pm 1,25 \frac{\Sigma(\varepsilon')}{N - \frac{1}{2}}.$$

C. Q. F. D.

16. Pour compléter ces notions théoriques, nous donnerons un exemple de calcul de l'erreur moyenne quadratique par les deux méthodes ci-dessus indiquées.

PROBLÈME 1. — Un expérimentateur, voulant se rendre compte de la précision avec laquelle il pourrait évaluer les distances au pas, sur un terrain plat, a parcouru quinze fois l'intervalle compris entre deux points fixes distants de 100 mètres et a noté chaque fois le nombre de ses pas. Quelle est l'erreur moyenne quadratique d'une mesure ?

Le tableau n° 1 ci-dessous contient les résultats de l'expérience.

Tableau n° 1

NUMÉROS des OPÉRATIONS	NOMBRES DE PAS 0	ÉCARTS $\varepsilon' = 0 - X'$	
		+	−
1	128	0,7	»
2	126	»	1,3
3	129	1,7	»
4	127	»	0,3
5	126	»	1,3
6	125	»	2,3
7	126	»	1,3
8	128	0,7	»
9	128	0,7	»
10	126	»	1,3
11	129	1,7	»
12	128	0,7	»
13	130	2,7	»
14	126	»	1,3
15	127	»	0,3
Totaux.....	$\Sigma O = 1.909$	8,9	9,4

Nombre moyen de pas : $X' = \dfrac{\Sigma O}{N} = \dfrac{1.909}{15} = 127,3$.

Ce tableau fait connaître les données numériques recueillies sur le terrain (O), leur moyenne arithmétique (X') et leurs écarts par rapport à cette moyenne ($\varepsilon' = O - X'$).

Si la moyenne arithmétique et les écarts ε' ont été bien calculés, la somme des écarts positifs doit être égale à celle des écarts négatifs, sauf une tolérance qui n'excède dans aucun cas le produit du nombre des écarts par une demi-unité de l'ordre auquel appartient, dans la moyenne, la dernière décimale conservée.

1° *Application de la formule 6 bis.* — Pour obtenir les éléments numériques à introduire dans cette formule, on dresse le tableau n° 2 en écrivant :

Tableau n° 2

RÉCAPITULATION DES ERREURS ET CALCUL DES CARRÉS			
ÉCARTS ε'	CARRÉS des écarts ε'^2	NOMBRE D'ÉCARTS de chaque grandeur n	PRODUITS $n.\varepsilon'^2$
0,3	0,09	2	0,18
0,7	0,49	4	1,96
1,3	1,69	5	8,45
1,7	2,89	2	5,78
2,3	5,29	1	5,29
2,7	7,29	1	7,27
Totaux.....	»	N = 15	$\Sigma\varepsilon'^2 = 28,93$

Erreur moyenne quadratique :

$$e_2 = \pm \sqrt{\frac{\Sigma\varepsilon'^2}{N-1}} = \pm \sqrt{\frac{28,93}{14}} = \pm 1^{\text{pas}},44.$$

OBSERVATION. — La longueur moyenne du pas de l'observateur étant de $\dfrac{100^m,0}{127,3} = 0^m,78$, l'erreur moyenne pour $100^m,0$ exprimée en unités métriques est :

$$0^m,78 \times (\pm 1^{\text{pas}}, = \pm 1^m,1.$$

1° Dans la première colonne, les écarts (ε) classés par ordre de grandeur ;

2° Dans la seconde colonne, les carrés (ε^2) des écarts inscrits dans la première colonne ;

3° Dans la troisième colonne, le nombre d'écarts (n) de chaque grandeur obtenu par un comptage direct des nombres inscrits dans les deux dernières colonnes du tableau n° 1 ; on calcule immédiatement le total de cette colonne, et l'on s'assure qu'il est égal au nombre des mesures ;

4° Dans la quatrième colonne, les produits ($n \times \varepsilon^2$) des nombres d'écarts de chaque grandeur par les carrés de ceux-ci, et la somme des produits, qui n'est autre chose que la somme des carrés des N écarts ε.

On effectue enfin le calcul de la formule 6 *bis* donnant l'erreur moyenne quadratique.

Comme une exactitude absolue serait superflue dans ces calculs d'erreurs, la règle à calcul est tout indiquée pour les exécuter avec célérité ; on peut s'aider aussi, avec avantage, d'une table de carrés.

2° *Application de la formule 8 bis.* — Le calcul, par cette formule, est beaucoup plus simple. On trouve, en effet, immédiatement, en faisant la somme des deux totaux, positif et négatif, des écarts du tableau n° 1, abstraction faite des signes :

$$\Sigma\,(\varepsilon') = 8,9 + 9,4 = 18,3 ;$$

puis, en portant cette valeur dans la relation (8 *bis*),

$$e_2 = \pm\,1,25 \times \frac{18,3}{15 - \frac{1}{2}} = \pm\,1^{\text{pas}},58,$$

ou, en mètres,

$$0^\text{m},78 \times (\pm\,1,58) = \pm\,1^\text{m},2.$$

REMARQUE I. — Les résultats des deux formules présentent, dans l'exemple choisi, une discordance atteignant près de 10 0/0 de leur valeur, mais il ne faut pas s'étonner de cet

écart, qui est parfaitement admissible. On ne doit pas perdre
de vue, en effet, que nous touchons ici au domaine des
probabilités et que les résultats auxquels conduit la théorie
des erreurs ne sont que des approximations. Hâtons-nous,
d'ailleurs, d'ajouter que ces dernières sont, en général, très
suffisantes, eu égard au but poursuivi.

REMARQUE II. — Le lecteur a, sans doute, remarqué le
grand avantage que présente, sous le rapport de la rapidité
des calculs, les formules (8) et (8 *bis*) sur les formules (6) et
(6 *bis*). Dans une étude parue dans le journal *la Réforme
cadastrale* (année 1896, p. 69), nous avons montré, d'autre part,
en nous basant sur de nombreux calculs que nous avions
effectués à cet effet, que les formules (8) et (8 *bis*) doivent
conduire souvent, dans la pratique, à des résultats plus
corrects que ceux qui seraient déduits des formules (6) et
(6 *bis*), plus généralement employées jusqu'ici par les géodé-
siens et les topographes. Depuis, un certain nombre de faits
sont venus confirmer notre première opinion; aussi, n'hési-
terons-nous pas à préconiser l'emploi général des formules
(8) et (8 *bis*), qui dispensent de la formation fastidieuse des
carrés des écarts.

D. — ERREUR A CRAINDRE SUR LA SOMME DE PLUSIEURS RÉSULTATS

17. Quand on a déterminé, au moyen d'expériences préa-
lables, l'*erreur moyenne* (quadratique ou arithmétique) à
craindre sur une mesure, on peut calculer *a priori* l'erreur
à craindre sur le résultat final d'une opération exécutée
dans des conditions à peu près semblables à celles de l'expérience.

Supposons, en effet, que cette opération comporte N mesures élémentaires; l'erreur moyenne d'une mesure étant
$\pm e$, celle e_s à craindre sur la grandeur mesurée sera égale
à la somme de N erreurs égales à $\pm e$, soit, d'après la formule (4), à :

$$(9) \qquad e_s = \pm e \sqrt{N}.$$

Ainsi, l'erreur moyenne d'une somme de mesures partielles est égale à l'erreur moyenne d'une partie multipliée par la racine carrée du nombre des parties.

PROBLÈME 2. — Un expérimentateur sait que son erreur moyenne dans la mesure au pas est de $\pm 1^m,2$ par hectomètre (problème 1). Il détermine la distance de deux points éloignés d'environ 9 hectomètres. Quelle est l'erreur moyenne e_s à craindre sur cette distance ?

Il suffit d'appliquer la formule (9) :

$$e_s = \pm 1,2 \sqrt{9} = \pm 3^m,6,$$

18. Si les N mesures élémentaires étaient exécutées avec des méthodes différentes comportant des erreurs moyennes distinctes $\pm e'$, $\pm e''$, $\pm e'''$, ..., l'erreur moyenne totale, égale à la somme des erreurs partielles, serait d'après la formule (3),

$$(10) \qquad e_s = \pm \sqrt{\Sigma e^2}.$$

E. — ERREUR A CRAINDRE SUR LA MOYENNE ARITHMÉTIQUE DE PLUSIEURS RÉSULTATS

19. Soient N résultats partiels O_1, O_2, O_3, ..., affectés chacun d'une erreur moyenne (quadratique ou arithmétique) $\pm e$, et O', leur moyenne arithmétique :

$$O' = \frac{O_1 + O_2 + O_3 + \dots}{N} = \frac{\Sigma O}{N}.$$

L'erreur moyenne des quantités O_1, O_2, O_3, ..., étant $\pm e$, l'erreur moyenne à craindre sur la somme $\frac{\Sigma O}{N}$ est, d'après la formule (9), $\pm e \sqrt{N}$. Dans le calcul de la moyenne arithmétique cette dernière erreur se trouve divisée par N, et l'*erreur moyenne e_m* de la moyenne O est :

$$(11) \qquad e_m = \frac{\pm e \sqrt{N}}{N} = \pm \frac{e}{\sqrt{N}};$$

d'où cette conclusion :

L'erreur à craindre sur la moyenne arithmétique de plusieurs mesures d'une même grandeur est égale à l'erreur à craindre sur une mesure isolée, divisée par la racine carrée du nombre des mesures.

PROBLÈME 3. — Un expérimentateur détermine quatre fois la distance de deux points donnés et admet, comme valeur la plus probable de cette distance, la moyenne arithmétique des quatre mesures. Il a calculé (problème 2) que l'erreur moyenne d'une mesure est ± 3^m,6. Quelle est l'erreur moyenne du résultat moyen ?

La formule (9) donne :

$$e_m = \pm \frac{3^m,6}{\sqrt{4}} = \pm 1^m,8.$$

20. Une autre application très importante de la formule (11) consiste à déterminer le nombre N des mesures à effectuer pour réduire l'erreur moyenne du résultat final à une quantité donnée e_m, connaissant l'erreur moyenne e à craindre sur une mesure isolée. La relation (11) peut s'écrire :

$$(12) \qquad N = \left(\frac{e}{e_m}\right)^2,$$

ce qui montre que *le nombre des réitérations est proportionnel au carré du rapport de l'erreur moyenne d'une mesure à l'erreur moyenne que l'on désire ne pas excéder.*

Ainsi, pour qu'une moyenne soit, par exemple, *dix fois* plus précise que le résultat d'une seule mesure, il faudrait réitérer *cent fois* cette mesure avec les mêmes soins.

F. — LOI DE RÉPARTITION DES ERREURS. — PROBABILITÉ D'UNE ERREUR. — ERREUR PROBABLE. — TABLE DES PROBABILITÉS. — CONCLUSIONS PRATIQUES.

a. — LOI DE RÉPARTITION DES ERREURS

21. La notion de *l'erreur moyenne* suffit pour *comparer*, au point de vue de la précision, les instruments et les méthodes

qui s'offrent au choix de l'opérateur, ainsi que les résultats de diverses opérations.

Mais, en l'état actuel de notre étude, elle ne caractérise pas encore assez nettement pour l'esprit la précision des mesures auxquelles elle s'applique; nous ignorons, en effet, le nombre d'erreurs réelles qui se trouvent en fait égales à l'erreur moyenne, ou plus petites, ou plus grandes que cette dernière; en d'autres termes, nous ne savons pas encore déduire de l'erreur moyenne d'un procédé de mesure la loi de répartition, d'après leur nombre et leur grandeur, des

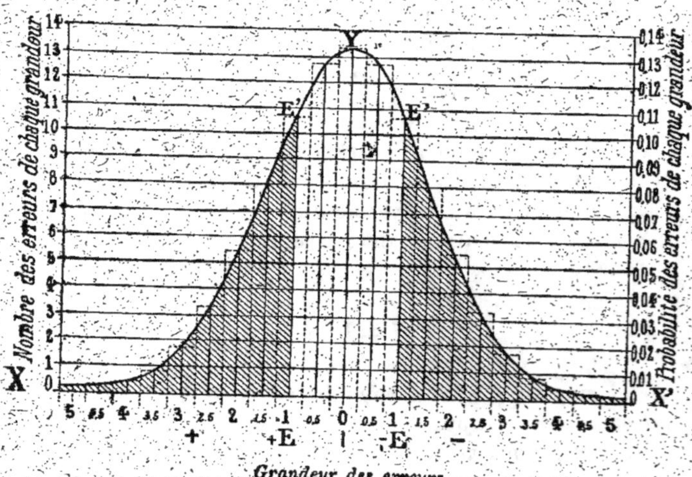

Fig. 1. — Courbe de répartition des erreurs accidentelles.

erreurs réelles, c'est-à-dire la *probabilité* de chaque erreur. Nous allons donc parler maintenant de cette loi de probabilité des erreurs.

22. Considérons une suite de résultats $O_1, O_2, ..., O_n$, et X' leur moyenne arithmétique, que nous devons admettre comme représentant la valeur la plus probable de la grandeur mesurée.

Les erreurs des mesures sont :

$$\varepsilon'_1 = O_1 - X',$$
$$\varepsilon'_2 = O_2 - X',$$
$$\cdots\cdots\cdots\cdots$$
$$\cdots\cdots\cdots\cdots$$
$$\varepsilon'_n = O_n - X'.$$

Prenons (*fig.* 1) deux axes XX' et OY. A partir de l'origine O, portons sur l'axe XX' des longueurs proportionnelles aux grandeurs des erreurs, et par chaque point de division élevons une ordonnée représentant, à une échelle convenue, le nombre des erreurs correspondantes (Voir l'échelle à gauche de la figure). La courbe déterminée par les sommets des ordonnées [1] représente la loi de répartition des erreurs dans l'expérience considérée.

b. — LOI DE PROBABILITÉ DES ERREURS

23. La probabilité d'une erreur de grandeur déterminée est le rapport $\frac{n}{N}$ du nombre n des erreurs de même valeur au nombre total N de toutes les erreurs. La courbe de répartition dont nous venons de parler peut donc être considérée comme étant la *courbe de probabilité* des erreurs, puisqu'il suffit de multiplier toutes les ordonnées de la première par le facteur constant $\frac{1}{N}$ pour obtenir celles de la seconde (voir l'échelle des probabilités à droite de la figure).

On démontre par l'analyse que, lorsque le nombre des observations considérées N est infiniment grand, les courbes de probabilité [2] des erreurs sont identiques pour des obser-

---

[1] Théoriquement, les ordonnées auxquelles nous faisons allusion dans cette explication élémentaire doivent être supposées infiniment voisines, puisque les erreurs peuvent passer par toutes les grandeurs possibles.

[2] Chaque courbe est symétrique par rapport à l'axe OY ; en effet, les erreurs étant, par hypothèse, indistinctement positives ou négatives, une erreur $+\varepsilon$ a nécessairement la même probabilité que l'erreur $-\varepsilon$.

vations ayant même précision, c'est-à-dire même erreur moyenne. Expérimentalement, cette conclusion peut être vérifiée en considérant plusieurs séries formées d'un même nombre de mesures suffisamment grand et ayant même erreur moyenne ; si l'on construit alors, pour chaque série, la courbe de répartition (n° 22) des écarts accidentels entre les mesures et leur moyenne arithmétique, on constate que les courbes de toutes les séries se superposent à très peu près ; à la rigueur, on pourrait même se contenter de cette méthode empirique pour déterminer la fréquence théorique des erreurs de chaque grandeur qui correspond à l'erreur moyenne des observations considérées.

Quoi qu'il en soit, il convient de retenir que, pour des observations nombreuses ayant un certain degré de précision, caractérisé, par exemple, par l'*erreur moyenne quadratique*, les erreurs accidentelles se groupent suivant une loi connue et que l'on peut, par conséquent, étant donnée l'erreur moyenne d'un procédé de mesures, calculer assez exactement, *a priori*, le nombre d'erreurs de chaque grandeur dont seront affectées N observations, pourvu toutefois que le nombre N soit suffisant.

c. — ERREUR PROBABLE

24. Avant d'aller plus loin, nous ferons remarquer que, parmi les erreurs possibles, il en est une non moins remarquable que l'*erreur moyenne quadratique* et qui a peut-être sur celle-ci l'avantage de représenter une quantité moins abstraite ; elle est connue sous le nom d'*erreur probable*, bien qu'en réalité elle n'ait pas la probabilité la plus forte.

Pour l'obtenir empiriquement, il faudrait classer toutes les erreurs par ordre de grandeur, sans distinction de signes, et prendre l'erreur e_0, qui partagerait la série en deux parties égales. Dans un groupe d'expériences il y a donc autant d'erreurs inférieures à l'erreur probable e_0 que d'erreurs supérieures, et la probabilité de commettre une erreur inférieure à l'erreur probable e_0, c'est-à-dire comprise entre $+ e_0$ et $- e_0$, est : $\frac{1}{2}$.

Si l'on porte sur l'axe XX' de la courbe de probabilité (*fig.* 1), de part et d'autre du point O, une longueur OE représentant l'erreur probable, les deux ordonnées EE', élevées par les points + E et — E, partagent l'aire comprise entre la courbe et l'axe XX' en deux parties égales, la surface couverte de hachures sur la figure étant égale à la partie centrale restée blanche.

On démontre que l'erreur moyenne quadratique e_2 et l'erreur probable e_0 sont liées par la relation :

$$(13) \qquad e_0 = 0,6745 \ldots e = \frac{2}{3} e_2 \text{ (environ).}$$

Par suite, on a aussi, en vertu de l'équation (7),

$$(14) \qquad e_0 = \frac{5}{6} e_1 \text{ (environ).}$$

d. — USAGE DE LA LOI DE PROBABILITÉ. — TABLE DES PROBABILITÉS

25. Nous avons dit plus haut que la loi de probabilité permet de déterminer *a priori* le nombre d'erreurs de chaque grandeur qui doivent se produire dans une série d'observations. En vue des applications, nous donnons ci-dessous une traduction numérique de cette loi, que nous empruntons au volume de *Tables* de M. J.-L. Sanguet [1].

Dans cette table, les valeurs prises comme entrées, ou *arguments*, sont les rapports $\frac{x}{e_0}$ des erreurs x à l'erreur probable e_0, ce qui revient à dire que les erreurs sont exprimées en fonction de l'erreur probable prise comme unité.

On trouve, en regard de chaque argument $\frac{x}{e_0}$, un nombre

[1] Les notations que nous avons adoptées ne diffèrent de celles de M. Sanguet que par la substitution de e_0 à E dans la représentation de l'erreur probable et de e_4 à e_1 dans la représentation de l'erreur moyenne quadratique.

qui exprime la probabilité pour qu'une erreur soit *inférieure* à celle considérée x.

En regard de l'argument 2, on lit, par exemple, le nombre 0,823 ; ce nombre signifie qu'il y a 823 chances sur 1.000 pour qu'une erreur soit inférieure à 2 fois l'erreur probable, c'est-à-dire pour qu'elle soit comprise entre $+2e_0$ et $-2e_0$. Sur 1.000 erreurs on ne doit donc en avoir que 177 supérieures à $\pm 2e_0$.

En regard du nombre 4, on trouve 0,993, c'est-à-dire que, sur 1.000 erreurs, il doit y en avoir 993 comprises entre $+4e_0$ et $-4e_0$, et 7 seulement supérieures à $\pm 4e_0$.

On voit que la probabilité de commettre une erreur *supérieure* à une valeur donnée décroît très rapidement à mesure que cette valeur augmente.

Table donnant la probabilité

qu'une erreur x, dont la valeur est exprimée en fonction de l'erreur probable e_0, ne sera pas dépassée.

$\frac{x}{e_0}$	PROBABILITÉS P	DIFFÉRENCES D	$\frac{x}{e_0}$	PROBABILITÉS P	DIFFÉRENCES D	$\frac{x}{e_0}$	PROBABILITÉS P	DIFFÉRENCES D	$\frac{x}{e_0}$	PROBABILITÉS P	DIFFÉRENCES D	$\frac{x}{e_0}$	PROBABILITÉS P	DIFFÉRENCES D
0,0	0,000	54	1,0	0,500	42	2,0	0,823	20	3,0	0,957	6	4,0	0,993	1
0,1	0,054	53	1,1	0,542	40	2,1	0,843	19	3,1	0,963	6	4,1	0,994	1
0,2	0,10	53	1,2	0,582	37	2,2	0,862	17	3,2	0,969	5	4,2	0,995	1
0,3	0,160	53	1,3	0,619	36	2,3	0,879	16	3,3	0,974	4	4,3	0,996	1
0,4	0,213	51	1,4	0,655	33	2,4	0,895	13	3,4	0,978	4	4,4	0,997	1
0,5	0,264	50	1,5	0,688	31	2,5	0,908	13	3,5	0,982	3	4,5	0,998	0
0,6	0,314	49	1,6	0,719	29	2,6	0,921	10	3,6	0,985	2	4,6	0,998	0
0,7	0,363	48	1,7	0,748	27	2,7	0,931	10	3,7	0,987	3	4,7	0,998	1
0,8	0,411	45	1,8	0,775	25	2,8	0,941	9	3,8	0,990	1	4,8	0,999	0
0,9	0,456	44	1,9	0,800	23	2,9	0,950	7	3,9	0,991	2	4,9	0,999	

Donnons maintenant un exemple d'application de cette table.

PROBLÈME 4. — Un expérimentateur sait que, lorsqu'il mesure les distances au pas, dans des conditions moyennes, son erreur moyenne quadratique e_2 est, par hectomètre, $\pm 1^{pas},58$ (nº 16, problème nº 1, 2º).

Combien doit-il trouver d'erreurs égales respectivement à 0, 1, 2, 3, etc., pas, quand il mesure quinze fois de suite la distance de deux points éloignés de 1 hectomètre ?

L'erreur probable est donnée par la formule (13) :

$$e_0 = \frac{2}{3} e_2 = \frac{2}{3} \times 1^{pas},58 = 1^{pas},05.$$

On dispose ensuite les calculs comme l'indique le tableau ci-après, dans les colonnes duquel on inscrit successivement les nombres suivants.

Calcul du nombre théorique d'erreurs de chaque grandeur

<table>
<thead>
<tr><th>ERREURS CONSIDÉRÉES e</th><th>ERREURS LIMITES x</th><th>RAPPORTS $\frac{x}{e_0}$</th><th>PROBABILITÉS P</th><th colspan="2">NOMBRE D'ERREURS INFÉRIEURES À x</th><th colspan="2">NOMBRE D'ERREURS de CHAQUE GRANDEUR e</th></tr>
<tr><th></th><th></th><th></th><th></th><th>Nombre théorique $P \times N$</th><th>Nombre réel</th><th>Nombre théorique n'</th><th>Nombre réel n</th></tr>
<tr><th>1</th><th>2</th><th>3</th><th>4</th><th>5</th><th>5 bis</th><th>6</th><th>6 bis</th></tr>
</thead>
<tbody>
<tr><td></td><td>0,0</td><td>0,00</td><td>0,000</td><td>0,0</td><td>0</td><td></td><td></td></tr>
<tr><td>0</td><td></td><td></td><td></td><td></td><td></td><td>3,8</td><td>2</td></tr>
<tr><td></td><td>0,5</td><td>0,48</td><td>0,254</td><td>3,8</td><td>2</td><td></td><td></td></tr>
<tr><td>1</td><td></td><td></td><td></td><td></td><td></td><td>6,2</td><td>9</td></tr>
<tr><td></td><td>1,5</td><td>1,43</td><td>0,665</td><td>10,0</td><td>11</td><td></td><td></td></tr>
<tr><td>2</td><td></td><td></td><td></td><td></td><td></td><td>3,4</td><td>3</td></tr>
<tr><td></td><td>2,5</td><td>2,38</td><td>0,892</td><td>13,4</td><td>14</td><td></td><td></td></tr>
<tr><td>3</td><td></td><td></td><td></td><td></td><td></td><td>1,2</td><td>1</td></tr>
<tr><td></td><td>3,5</td><td>3,33</td><td>0,975</td><td>14,6</td><td>15</td><td></td><td></td></tr>
<tr><td>∞</td><td></td><td></td><td></td><td></td><td></td><td>0,4</td><td>0</td></tr>
<tr><td></td><td>∞</td><td>∞</td><td>1,000</td><td>15,0</td><td>15</td><td></td><td></td></tr>
<tr><td colspan="6">Totaux N = ...</td><td>15,0</td><td>15</td></tr>
</tbody>
</table>

Colonne 1. — Grandeur des erreurs ε dont on recherche la fréquence.

Colonne 2. — Erreurs limites x. Les erreurs ε variant ici d'unité en unité, on doit attribuer à l'une d'elles, 1 par exemple, toutes les erreurs fractionnaires comprises entre 0,5 et 1,5 ; les nombres x sont ces limites (0,5 ; 1,5 ;...) à partir desquelles les erreurs sont arrondies à l'une ou à l'autre des grandeurs voisines de ε.

Colonne 3. — Rapports $\dfrac{x}{e_0}$ ou valeurs des erreurs x en fonction de l'erreur probable e_0 prise comme unité. Ces rapports sont les arguments à l'aide desquels on entre dans la table des probabilités.

Colonne 4. — Nombres P lus dans la table des probabilités, en regard des valeurs correspondantes de $\dfrac{x}{e_0}$ (col. 3).

Colonne 5. — Produits des probabilités P (col. 4) par le nombre total N des observations, qui est ici de 15. Ces produits sont les nombres théoriques d'erreurs inférieures à chacune des limites x (col. 2).

Colonne 6. — Différences successives des nombres de la colonne 5 ou nombres théoriques n' des erreurs respectivement égales ou arrondies aux grandeurs ε de la colonne 1.

Pour obtenir les nombres d'erreurs positives ou négatives, il faudrait diviser par 2 les quantités n', à l'exception de celle correspondant à $\varepsilon = 0$; on retrouverait ainsi les ordonnées de la courbe de probabilité des erreurs.

Colonnes 5 bis et 6 bis. — Pour faciliter les comparaisons, nous avons reproduit dans ces deux colonnes les nombres réels d'erreurs dans l'expérience considérée (Voir n° 16, tableau n° 2, troisième colonne).

26. Comme nous l'avons déjà fait remarquer, ces calculs ne sont légitimes que pour un nombre important d'observations. Nous avons cependant préféré puiser dans l'exemple déjà cité les éléments du problème précédent, malgré le petit nombre (15) des épreuves. Il n'était d'ailleurs pas inutile de

montrer que, même dans ce cas, les nombres théoriques d'écarts sont déjà peu différents des nombres réels. L'accord s'accentue à mesure qu'augmente le nombre des mesures. Il suffit, pour s'en convaincre, d'examiner le diagramme suivant (*fig.* 2), extrait des résultats des opérations du nivellement général de la France.

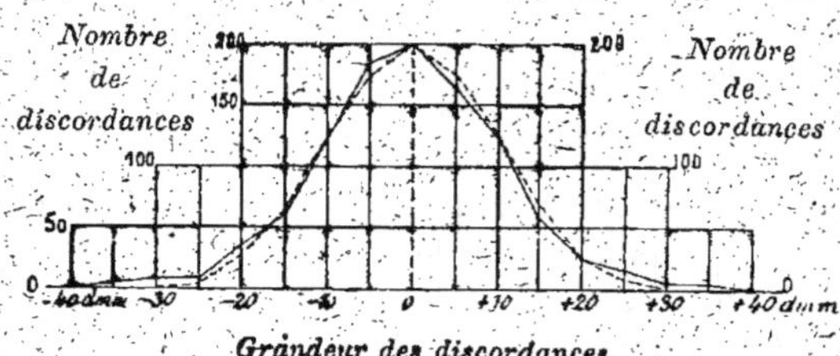

Fig. 2. — Courbes de répartition réelle (———) et théorique (·········) de 1.000 discordances accidentelles.

On a déterminé deux fois, à l'aller et au retour, les différences de niveau, au nombre d'un millier, des piquets et repères consécutifs d'une section de nivellement, et on a calculé les discordances entre les deux résultats. Sur le diagramme, la courbe de répartition réelle de ces discordances est figurée par un trait plein et la courbe de répartition théorique, calculée comme il a été dit ci-dessus, par un trait ponctué; l'accord des deux courbes est des plus frappants. Voici, exprimés en chiffres, les résultats obtenus :

Discordances :	0	$\pm 0^{mm},5$	$\pm 1^{mm},0$	$\pm 1^{mm},5$	$\pm 2^{mm},0$	$\pm 2^{mm},5$	$\pm 3^{mm},0$	$\pm 3^{mm},5$
Nombres réels de discordances :	200	352	241	114	59	20	11	3
Nombres théoriques de discordances :	200	352	248	130	54	16		

c. — CONCLUSIONS PRATIQUES QUI SE DÉGAGENT DE L'EXAMEN DE LA TABLE DES PROBABILITÉS

27. Quand on interprète la table des probabilités des erreurs, on est frappé de la rapidité avec laquelle décroissent

les probabilités des erreurs supérieures à une valeur donnée, à mesure qu'augmente cette dernière.

Ainsi, sur 1.000 erreurs, les nombres des erreurs supérieures à 1, 2, 3, 4, 5 fois l'erreur probable, sont respectivement : 500, 137, 43, 7, 1.

Les erreurs supérieures à quatre fois l'erreur probable, ayant une probabilité de $\dfrac{7}{1.000}$ seulement, peuvent, pratiquement, être considérées comme dépassant la limite des erreurs *admissibles* et doivent faire suspecter les observations correspondantes, les inexactitudes de cet ordre étant généralement produites par des *fautes proprement dites* (n° 3).

Il est même prudent de prendre comme limite des écarts admissibles environ *trois fois l'erreur probable*, surtout lorsque, disposant d'un nombre suffisant de résultats, on constate que les erreurs dépassant ce maximum sont en nombre supérieur à celui qu'indique la théorie, soit 43 pour 1.000 ou environ 1 pour 25 (4 0/0). C'est ce maximum, soit $3e_0$, que nous adopterons dans la suite et, chaque fois que nous ferons connaître le degré de précision d'un instrument ou d'un procédé, nous indiquerons son erreur moyenne quadratique e_2, d'où l'on déduira, à volonté :

1° L'erreur probable : $e_0 = \dfrac{2}{3}\, e_2$ (formule 13);

2° L'erreur maxima [1] : $e_M = 3e_0 = 2e_2$.   — (15)

28. La considération de la probabilité des erreurs peut recevoir diverses applications pratiques assez curieuses ; nous citerons, par exemple, la facilité avec laquelle le tracé de la courbe de répartition des erreurs, pour une opération donnée comportant un grand nombre de mesures, permet de se rendre compte de la sincérité de l'observateur. Dans bien des cas de la pratique, chaînages, nivellements de profils en long, etc., les observations sont faites deux fois à titre de contrôle, et l'on peut calculer la discordance entre

---

[1] On a aussi : $e_M = 2,5e_1$.

les deux mesures de chaque couple. Si l'on construit, comme nous l'avons indiqué au n° 22, le diagramme de répartition des discordances, on doit trouver une courbe de répartition affectant la forme AMB (*fig.* 3). Dans le cas où un observateur peu scrupuleux, voulant accuser une précision supérieure, ferait disparaître les discordances les plus fortes en apportant des corrections arbitraires à certaines mesures, la courbe de répartition des discordances s'écarterait de sa forme théorique et subirait des déformations analogues, par exemple, à celles des tracés CDNEF ou CDPEF (*fig.* 3). Le premier tracé CDNEF répond au cas d'un agent qui aurait

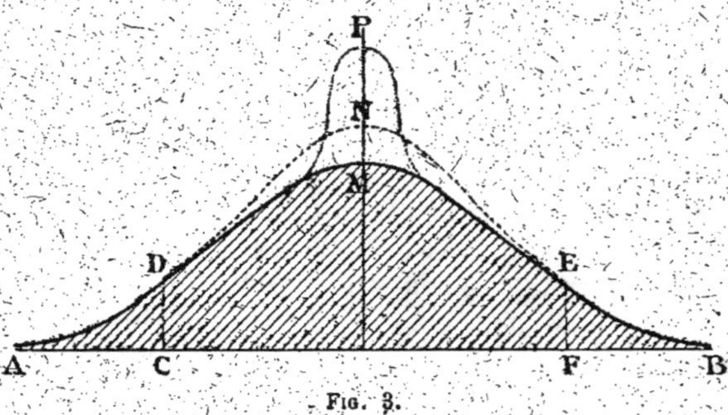

Fig. 3.

opéré des corrections de manière à remplacer les discordances dépassant un certain maximum arbitraire par d'autres ayant une valeur quelconque inférieure à ce maximum; le second CDPEF caractériserait, au contraire, le cas où les discordances supérieures au même maximum arbitraire auraient toutes été remplacées par des écarts très petits.

G. — DÉTERMINATION DE LA LIMITE PRATIQUE DES ERREURS ADMISSIBLES

29. Supposant connue l'erreur moyenne quadratique [1] e, d'une mesure unitaire, nous allons établir la limite pra-

---

[1] Cette erreur peut être déduite soit d'expériences spéciales, soit d'opérations antérieures.

tique des erreurs admissibles dans deux cas qui se présentent très fréquemment dans la pratique.

PREMIER CAS. — Une opération est exécutée entre deux points fixes, et les mesures sont prises deux fois, à titre de contrôle. Quelle limite maxima peut-on se tolérer pour l'écart entre les deux résultats ?

On cherche d'abord l'erreur moyenne e'_2 d'un résultat. Soit N le rapport de la grandeur déterminée à la grandeur unitaire dont l'erreur moyenne e_2 est connue ; l'équation (9) précédemment établie (n° 17) donne immédiatement :

$$(16) \qquad e'_2 = \pm\, e_2\, \sqrt{N}$$

pour l'erreur moyenne de chacun de nos deux résultats.

La discordance entre ces résultats est évidemment égale à la somme de leurs erreurs ; il suffit donc d'appliquer la formule (3) de la somme des erreurs accidentelles (n° 8) pour obtenir l'expression de la *discordance moyenne* quadratique d_2

$$(17) \qquad d_2 = \sqrt{e'^2_2 + e'^2_2} = e'_2\, \sqrt{2},$$

ou, en remplaçant e'_2 par sa valeur tirée de l'équation (16)

$$(18) \qquad d_2 = \pm\, e_2\, \sqrt{2N}.$$

Si nous avions considéré, au lieu de l'erreur moyenne quadratique, l'erreur moyenne arithmétique e_1 ou l'erreur probable e_0, on aurait obtenu respectivement l'expression de la discordance moyenne arithmétique d_1 ou celle de la discordance probable d_0, soit :

$$(18\ bis) \qquad d_1 = \pm\, e_1\, \sqrt{2N}$$

$$(18\ ter) \qquad d_0 = \pm\, e_0\, \sqrt{2N}.$$

Nous avons vu plus haut (n° 27, relation 15) que la limite pratique des erreurs admissibles doit être prise égale à trois fois l'écart probable, ou, ce qui revient au même, à deux fois l'écart moyen quadratique. Par conséquent, dans le problème proposé, la discordance maxima admissible d_M entre les deux résultats sera :

$$(19) \qquad d_M = 2d_2 = \pm\, 2e_2\, \sqrt{2N}.$$

En résumé, la solution du problème qui nous occupe revient à calculer d'abord l'erreur moyenne quadratique d'un résultat ; la discordance moyenne quadratique entre les deux résultats s'obtient ensuite en multipliant la précédente par $\sqrt{2}$. Quant à la discordance maxima admissible, elle est égale au double de la discordance moyenne quadratique. Toute discordance supérieure à cette limite fera annuler les deux résultats auxquels elle se rapporte, et les mesures devront être recommencées.

Exemple :

PROBLÈME 5. — Un opérateur sait que l'erreur moyenne quadratique e_2 de ses mesures au pas est de $\pm$ 1^m,6 par 100 mètres. Il détermine deux fois la distance de deux points éloignés d'environ 2.000 mètres. Quel est l'écart maximum admissible entre les deux résultats ?

L'erreur moyenne quadratique e'_2 de chaque résultat pris isolément est, d'après les formules 9 ou 16,

$$e'_2 = \pm 1,6 \sqrt{\frac{2000}{100}} = \pm 7^{pas},2.$$

La discordance moyenne est (formule 17) :

$$d_2 = e'_2 \sqrt{2} = \pm 7,2 \sqrt{2} = \pm 10 \text{ pas},$$

et la discordance maxima admissible :

$$d_M = 2d_2 = \pm 20 \text{ pas}.$$

REMARQUE I. — Si l'on mesurait, dans des conditions semblables, une vingtaine de lignes ayant sensiblement la même longueur, la discordance maxima, calculée comme il vient d'être dit, ne devrait être atteinte qu'une seule fois ; on a vu, en effet, que la probabilité des erreurs supérieures à trois fois l'écart probable est seulement de $\frac{4}{100}$. Dans le cas où l'on constaterait, pour trois ou quatre lignes par exemple, des discordances à peu près égales à la discordance maxima théorique, on pourrait être presque assuré que la majorité au moins de ces forts écarts sont dus à des *fautes* d'opérations ou de calculs et non à l'accumulation normale des petites erreurs accidentelles.

REMARQUE II. — Quand on possède de nombreuses opérations dans lesquelles les mesures élémentaires ont été répétées chacune deux fois, on peut calculer *a posteriori* l'erreur moyenne e des observations. Les N discordances sont, en effet, assimilables aux erreurs accidentelles, dont elles résultent, et la discordance moyenne quadratique d_2 peut être déduite directement des discordances réelles δ par application des formules (6) ou (8), qui s'écrivent alors :

$$(20) \qquad d_2 = \pm \sqrt{\frac{\Sigma \delta^2}{N}},$$

$$(21) \qquad d_2 = \pm 1,25 \frac{\Sigma (\delta)}{N}.$$

On tire ensuite de l'équation (17) la valeur de l'erreur moyenne quadratique :

$$(22) \qquad e_2 = \pm \frac{d_2}{\sqrt{2}}.$$

Si l'on avait calculé tout d'abord soit la discordance moyenne arithmétique, soit la discordance probable, on aurait obtenu ici l'erreur moyenne arithmétique ou l'erreur probable.

DEUXIÈME CAS. — Une opération peut être exécutée suivant un contour polygonal venant se fermer sur le point de départ. Le point de départ et le point d'arrivée coïncidant, la somme algébrique des mesures positives et des mesures négatives qui définissent les positions relatives des points successifs du périmètre devrait théoriquement être nulle. En pratique, ce résultat n'est atteint que très exceptionnellement et, en général, on trouve au total un nombre — dit *écart* ou *erreur de fermeture* du polygone — qui représente la somme de toutes les erreurs commises. Dans la mesure des angles d'un polygone la somme réelle des angles diffère aussi généralement de la valeur théorique, et la discordance entre les deux nombres est la résultante des erreurs commises sur tous les angles.

On doit se proposer de trouver la limite maxima que peut atteindre l'écart de fermeture, sans que les opérations cessent d'être recevables.

Soient toujours $\pm e_2$ l'erreur moyenne quadratique préalablement déterminée d'une mesure élémentaire, et N le nombre de mesures élémentaires exécutées sur tout le périmètre du polygone.

Appelons θ l'erreur moyenne totale ou *l'écart moyen* de fermeture. On a, comme on sait (formule 9)

$$(23) \qquad \theta = \pm e_2 \sqrt{N}.$$

La limite des erreurs admissibles étant égale au double de l'erreur moyenne quadratique (n° 27, relation 15), l'écart de fermeture maxima admissible est :

$$(24) \qquad \theta_M = 2\theta = \pm 2e_2 \sqrt{N}.$$

Exemple :

PROBLÈME 6. — Un opérateur mesure les angles d'un polygone à onze sommets. L'erreur moyenne sur la mesure d'un angle, avec l'instrument employé, étant de **3'**, quel est l'écart maximum de fermeture θ_M tolérable ?

La formule (24) donne immédiatement :

$$\theta_M = \pm 2e_2 \sqrt{N} = \pm 2 \times 3' \times \sqrt{14} = \pm 20'.$$

H. — POIDS DES OBSERVATIONS. — MOYENNE ENTRE PLUSIEURS RÉSULTATS DE PRÉCISION DIFFÉRENTE

30. Soit à trouver la moyenne rationnelle de trois résultats O', O'', O''', de précision différente.

Considérons d'abord ces trois résultats comme étant

respectivement la moyenne arithmétique de p', p'' et p'''
observations également précises :

$$O' = \frac{o'_1 + o'_2 + \ldots + o'_{p'}}{p'}, \qquad \text{d'où:} \qquad O'p' = \Sigma o';$$

$$O'' = \frac{o''_1 + o''_2 + \ldots + o''_{p''}}{p''}, \qquad \text{d'où:} \qquad O''p'' = \Sigma o'';$$

$$O''' = \frac{o'''_1 + o'''_3 + \ldots + o'''_{p'''}}{p'''}, \qquad \text{d'où:} \qquad O'''p''' = \Sigma o'''.$$

Les $p' + p'' + p'''$ observations étant supposées avoir la même
précision, la moyenne rationnelle des trois résultats O', O'',
O''' doit évidemment être égale à la moyenne arithmétique
O des $p' + p'' + p'''$ observations élémentaires, soit :

$$(25) \qquad O = \frac{\Sigma o' + \Sigma o'' + \Sigma o'''}{p' + p'' + p'''} = \frac{O'p' + O''p'' + O'''p'''}{p' + p'' + p'''}.$$

Les nombres p', p'', p''' sont dits les *poids* des résultats
O', O'', O''', et la somme $p' + p'' + p''' = p$ est le *poids* de la
moyenne O.

Les poids de plusieurs résultats sont donc les nombres d'obser-
vations également précises qu'il faudrait faire pour que la
moyenne arithmétique de chaque groupe eût la même précision
que le résultat correspondant.

31. Soit e l'erreur moyenne d'une observation élémentaire
o; les erreurs moyennes e', e'', e''' des résultats moyens O', O'',
O''' sont, d'après la formule (11) [Voir n° 19] :

pour O' : $$\qquad e' = \frac{e}{\sqrt{p'}};$$

pour O'' : $$\qquad e'' = \frac{e}{\sqrt{p''}};$$

pour O''' : $$\qquad e''' = \frac{e}{\sqrt{p'''}};$$

d'où l'on tire:

$$(26) \qquad \frac{p'}{p''} = \frac{e''^2}{e'^2}, \qquad \frac{p''}{p'''} = \frac{e'''^2}{e''^2},$$

ce qui montre que les *poids* à donner aux résultats, O', O'', O''',..., qui doivent concourir à la formation d'une moyenne, sont *inversement proportionnels aux carrés des erreurs.*

32. Dans les ouvrages où la théorie des erreurs est traitée d'une façon complète, on donne le nom d'*indice de précision* d'un résultat à une quantité h, qui, exprimée en fonction de l'erreur moyenne quadratique e_2 de celui-ci, est :

$$h = \frac{1}{e_2 \sqrt{2}}.$$

Pour deux résultats donnés, O', O'', on a donc les relations :

$$h' = \frac{1}{e'_2 \sqrt{2}} \quad \text{et} \quad h'' = \frac{1}{e''_2 \sqrt{2}},$$

d'où l'on déduit :

$$(27) \qquad \frac{h'}{h''} = \frac{e''_2}{e'_2},$$

ce qui rappelle que les indices de précision sont inversement proportionnels aux erreurs, conclusion qui était d'ailleurs évidente *a priori.*

En rapprochant la relation précédente de l'égalité (26) on trouve aussi que :

$$(28) \qquad \frac{p'}{p''} = \frac{h'^2}{h''^2},$$

c'est-à-dire que les poids de deux résultats sont proportionnels aux carrés de leurs indices de précision. L'expression théorique du poids est d'ailleurs :

$$(29) \qquad p = h^2 = \frac{1}{2e_2^2}.$$

33. Pour faciliter les calculs, nous donnons ci-contre (*fig.* 4) une table graphique des poids, constituée par une échelle double sur laquelle on peut lire, en regard des erreurs

quadratiques e_2, les poids correspondants $p = \dfrac{1}{2e_2{}^2}$. L'échelle porte une double chiffraison ; l'une, en caractères maigres soulignés, se rapporte aux erreurs comprises entre 1 et 10 et aux poids correspondants; l'autre, en caractères gras, doit être utilisée pour les erreurs comprises entre 10 et 100. Il est d'ailleurs presque toujours possible de ramener toutes les erreurs considérées dans un même problème à être exprimées par des nombres variant de 1 à 100, en les multipliant ou en les divisant toutes par 10, par 100, etc.

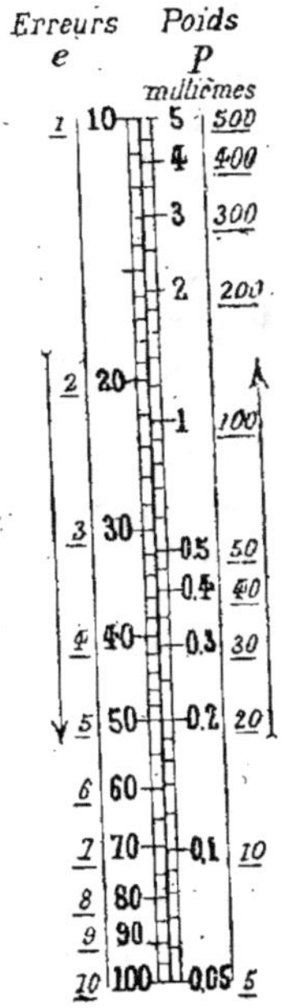

PROBLÈME 7. — On a déterminé la distance de deux points importants par trois procédés différents et calculé l'erreur moyenne de chacune des mesures. Les résultats trouvés sont les suivants :

RÉSULTATS DES MESURES	ERREURS MOYENNES
$O' = 895^{m},9,$	$e'_2 = \pm\ 0^{m},24,$
$O' = 895^{m},3,$	$e'_2 = \pm\ 0^{m},13,$
$O'' = 895^{m},8.$	$e''_2 = \pm\ 0^{m},33.$

Quelle est la distance moyenne à adopter ?

Les trois résultats ayant une partie commune (895 mètres), nous pouvons, pour simplifier les calculs, faire abstraction de celle-ci et chercher simplement la moyenne rationnelle des appoints :

$$O'_1 = 0^{m},9 \qquad O_1 = 0^{m},3, \qquad O''_1 = 0^{m},8.$$

Les nombres proportionnels aux poids lus sur notre *table graphique des poids*, en regard des erreurs 24, 13 et 33 centimètres, sont respectivement :

$$p' = 0,87, \qquad p'' = 2,95, \qquad p'' = 0,46.$$

Fig. 4. — Table des poids.

En transportant ces valeurs dans la formule (25) et en effectuant les calculs indiqués, on trouve :

$$O = \frac{(0,9 \times 0,87) + (0,3 \times 2,95) + (0,8 \times 0,46)}{0,87 + 2,95 + 0,46} = 0^m,47.$$

La moyenne rationnelle des trois résultats est donc finalement 895^m,47.

REMARQUE. — Le poids de cette moyenne rationnelle est : 0,87 + 2,95 + 0,46 = 4,28, et son erreur moyenne peut être lue sur notre table graphique en regard du poids correspondant 4,28 ; on trouve ± 11 centimètres. La grandeur de cette erreur prouve qu'il est superflu de tenir compte du chiffre des centièmes ; on prendra donc simplement pour la distance cherchée la valeur 895^m,5.

§ 4. — DES ERREURS SYSTÉMATIQUES

34. Lorsque les erreurs d'observations sont purément *accidentelles*, nous avons vu (n° 22) que la courbe de répartition de ces erreurs, d'après leur nombre et leur grandeur (*fig.* 4), présente une forme caractéristique ; cette courbe, en forme de cloche, est symétrique par rapport à l'ordonnée répondant à l'erreur $\varepsilon = 0$.

Supposons maintenant qu'une cause permanente d'erreur vienne fausser systématiquement les résultats, et examinons les modifications que subit la courbe de répartition des erreurs.

Si l'erreur systématique considérée agit toujours dans le même sens, avec une égale intensité (erreur systématique constante), les erreurs accidentelles se trouvent toutes augmentées algébriquement de la même quantité ; la courbe de répartition des erreurs totales ne subit alors aucune déformation, c'est-à-dire qu'elle conserve la forme de la courbe de répartition des erreurs accidentelles ; mais son axe, ou ordonnée maxima, a pour cote la valeur de l'erreur systématique, et non plus 0. En effet, s'il était possible de séparer les deux natures d'erreurs, on pourrait construire la courbe de répartition pour les erreurs accidentelles seules ; l'erreur systématique étant supposée constante, il suffirait ensuite de l'ajouter à chacun des nombres qui expriment les grandeurs des erreurs accidentelles (*fig.* 5) pour obtenir la chiffraison donnant les erreurs totales, et la courbe déjà tracée, mais rapportée à cette nouvelle chiffraison, serait bien la courbe de répartition des erreurs totales.

Sur la figure 5, la comparaison des deux chiffraisons montre que l'on a supposé l'erreur systématique égale à — 1.

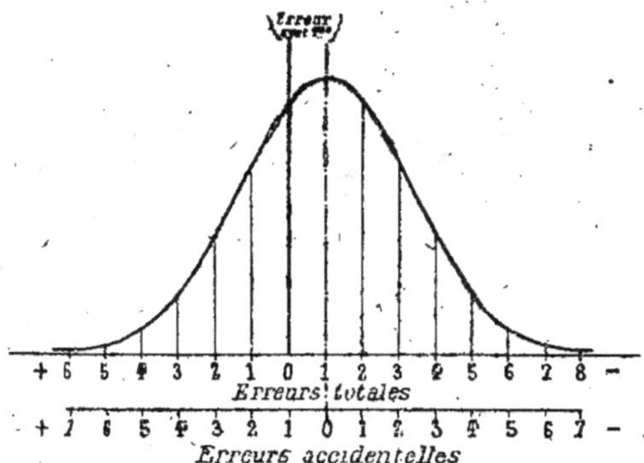

Fig. 5.

Par conséquent, quand la discussion d'un certain nombre d'observations a permis de constater que la courbe de répartition des erreurs [1] affecte bien l'allure caractéristique, forme de cloche, du diagramme théorique des erreurs accidentelles, mais que son ordonnée maxima correspond à une erreur s au lieu de o, on peut en conclure qu'il existe dans

---

[1] Les erreurs que l'on considère ainsi peuvent être, par exemple, les écarts entre les diverses mesures d'une même grandeur, et une valeur de cette dernière, déduite d'opérations notablement plus précises que celles considérées.

les observations une cause d'erreur systématique constante et que, pour chaque observation, cette erreur systématique est égale à s.

Il faut toutefois remarquer que ce mode de détermination de s laisse à désirer ; les erreurs systématiques sont, en effet, généralement petites, eu égard aux erreurs accidentelles, et le déplacement de la courbe par rapport à l'ordonnée cotée *zéro* est souvent à peine appréciable.

Il faut donc recourir à une autre méthode pour mettre les erreurs systématiques en évidence. Nous indiquerons celle qui a été adoptée par M. Ch. Lallemand.

35. A cet effet, on porte sur un axe OX (*fig.* 6), à partir d'une origine O, des longueurs égales, et l'on numérote les

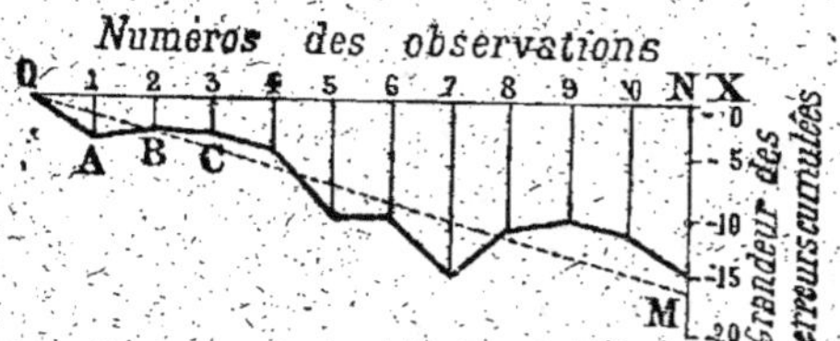

Fig. 6. — Courbe des erreurs cumulées.

points de division obtenus ; au point n° 1, on élève une ordonnée 1 — A, représentant, à une échelle convenue, l'erreur de la première observation ; au point n° 2, une ordonnée 2 — B, égale à la somme des erreurs des 1re et 2e observations, puis au point n° 3 une ordonnée 3 — C, représentant le cumul des trois erreurs des 1re, 2e et 3e observations, et ainsi de suite, l'ordonnée NM, qui correspond à la dernière observation, ayant une longueur proportionnelle à la somme totale de toutes les erreurs.

On joint enfin les points O, A, B, C, ..., et l'on obtient ainsi ce que l'on appelle la *courbe des erreurs cumulées*. Cette courbe chevauche toujours autour d'une certaine droite moyenne OM. Les petits écarts, indifféremment positifs et négatifs, de la courbe par rapport à cette droite OM sont dus aux erreurs accidentelles. Si les observations sont exemptes d'erreur systématique, la droite OM se confond avec l'axe ON.

Mais quand, au contraire, il existe une *erreur systématique constante*, la droite moyenne s'incline soit au-dessus, soit au-dessous de l'axe, suivant le signe de l'erreur, et son coefficient angulaire mesure la grandeur de l'erreur systématique.

Cette méthode suffit aussi généralement pour caractériser les *erreurs systématiques variables*.

36. Quand on considère, au lieu d'erreurs proprement dites, des discordances entre deux séries d'observations, on peut, en construisant la courbe des discordances cumulées, faire ressortir, le cas échéant, l'erreur systématique d'une opération par rapport à l'autre, mais il est évident que, si les deux opérations sont toutes deux affectées de la même cause d'erreur systématique, la comparaison des résultats, de quelque manière qu'on l'effectue, ne saurait mettre cette erreur en évidence.

Ainsi, les discordances entre les mesures successives d'une longueur, faites avec un mètre inexact, sont évidemment indépendantes de l'erreur constante qui affecte chaque résultat.

37. Les erreurs systématiques variables peuvent déformer la courbe de répartition de diverses manières (exemple : *fig*. 7), et donner une allure caractéristique à celle des erreurs cumulées (exemple : *fig*. 8). C'est à l'observateur à

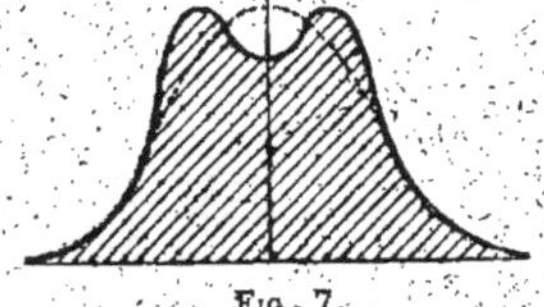

Fig. 7.

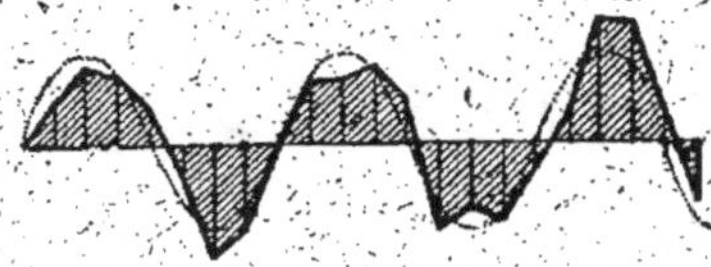

Fig. 8.

utiliser dans chaque cas particulier les utiles indications fournies par ces courbes, pour guider son raisonnement dans la recherche des causes d'erreurs encore inconnues.

Il nous resterait, pour terminer ce qui est relatif à la théorie des erreurs, à traiter la question de la répartition des écarts de fermeture ; cette opération connue sous le nom de *compensation des erreurs* est, en effet, une des applications de cette théorie ; mais, comme nous serions obligés, en l'état actuel de notre étude, de raisonner sur des abstractions, nous croyons préférable de reporter aux *Méthodes* l'examen de cette question.

CHAPITRE II

ÉTUDE DE QUELQUES ORGANES D'INSTRUMENTS
MIRES ET STADIAS

______

§ 1. — CONSIDÉRATIONS GÉNÉRALES
SUR LA CONSTITUTION DES INSTRUMENTS TOPOGRAPHIQUES

38. A première vue, il semble que l'étude des instruments topographiques doive être particulièrement longue, en raison du nombre considérable de modèles s'offrant au choix de l'opérateur. Heureusement, on peut, en comparant les divers types, reconnaître entre certains d'entre eux des caractères généraux qui permettent de les grouper par variétés répondant chacune à un genre d'opérations déterminé ; dans chaque catégorie, les types ne diffèrent guère que par des dispositions de détail réalisées suivant les convenances particulières des opérateurs et des constructeurs. Il en résulte qu'il suffit généralement de bien connaître un instrument de chaque classe, pour être ensuite en mesure d'employer utilement tous les instruments du même genre.

L'examen des instruments topographiques montre, en outre, que la plupart d'entre eux sont constitués par un petit nombre d'organes essentiels qui leur sont communs, tels sont, par exemple, parmi ces derniers, les *viseurs* servant à définir la direction des lignes de visée, les *lunettes* qui ne sont autre chose que des viseurs perfectionnés, les *cercles divisés* pour la mesure des angles, les *nivelles* employées pour rendre vertical l'axe des instruments, etc. On conçoit aisément l'avantage que présente une étude préalable de ces organes : en consacrant à celle-ci un chapitre spécial dans lequel on trouvera, outre la description des pièces instrumentales que nous visons, certains conseils pratiques sur leur utilisation, nous éviterons des répétitions dans la suite et nous rendrons plus aisée l'assimilation de la théorie de chaque type d'instrument, en la dégageant de développements devenus inutiles.

39. Les instruments utilisés en topographie, à l'exception de ceux employés à la mesure directe des distances, doivent être disposés à hauteur d'homme pour la facilité des observations ; il faut donc les faire reposer sur des *supports* spéciaux. Nous décrirons d'abord ces supports et les moyens employés pour y fixer les instruments ; puis nous parlerons successivement des organes suivants constitutifs d'instruments :

1° Vis calantes ;
2° Axes de rotation ;
3° Pinces et vis de rappel ;
4° Viseurs ;
5° Lunettes ;
6° Limbes et verniers ;
7° Nivelles ;
8° Déclinatoires.

Enfin nous terminerons ce chapitre par une description des règles divisées qui, sous les noms de *mires* et de *stadias*, constituent les compléments indispensables de certains instruments.

§ 2. — SUPPORTS D'INSTRUMENTS

Les supports d'instruments, ou *pieds*, les plus répandus sont de deux sortes : les trépieds simples à trois branches et les trépieds à six branches.

A. — TRÉPIEDS SIMPLES, DITS A TROIS BRANCHES

40. Le trépied simple (*fig.* 9) se compose de trois jambes constituées chacune par une pièce de bois ferrée à son extrémité inférieure ; les trois jambes sont assemblées à la partie

supérieure avec une pièce prismatique P, au moyen de vis V munies d'écrous de pression E, à oreilles. Ces écrous étant légèrement desserrés, les jambes peuvent se rassembler pour faciliter le transport, ou s'écarter de manière à former un trépied auquel on assure une stabilité suffisante en resserrant les écrous, manœuvre qui a pour effet de presser fortement la partie supérieure de chaque jambe contre le prisme P et de rendre ainsi solidaires cette pièce et les trois pieds. Le prisme P se termine à sa partie supérieure par une pièce conique sur laquelle l'instrument vient reposer par l'intermédiaire d'un cône creux, ou *douille* (*fig.* 10), munie d'une vis de pression *v* permettant d'éviter tout mouvement de la douille et, par conséquent, de l'instrument par rapport au pied.

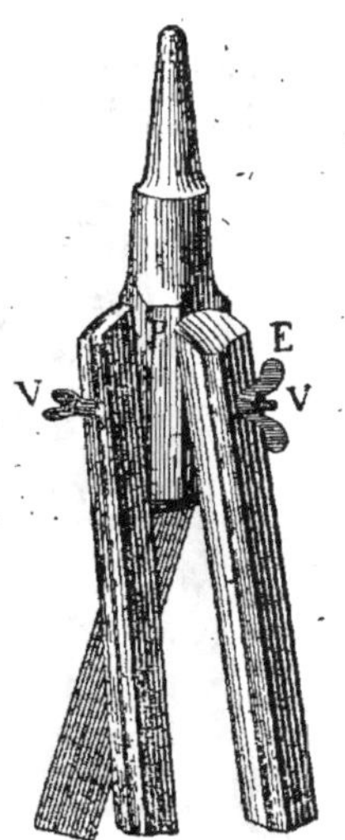

Les pieds à trois branches sont très légers, mais ne présentent pas une stabilité suffisante pour les instruments de précision ; aussi ne s'en sert-on guère que pour supporter soit des appareils à visée directe, c'est-à-dire ne comportant pas de lunette, soit des instruments à lunette de très petites dimensions.

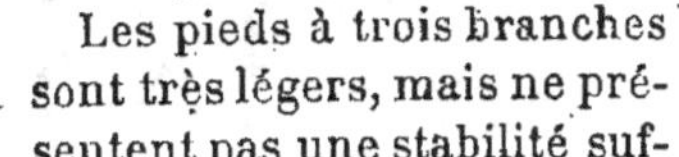

Fig. 9.
Partie supérieure d'un trépied à trois branches.

Fig. 10.

B. — Trépieds a six branches

41. Dans le trépied à six branches (*fig.* 11) chacune des trois jambes, au lieu d'être formée d'une seule pièce de bois, est constituée par deux branches B_1, B_2, qui embrassent à leur partie supérieure une des trois oreilles O d'un plateau en bois P destiné à supporter l'instrument ; ces deux branches convergent vers leurs extrémités inférieures, où elles s'engagent dans le sabot d'une pointe en fer ; elles sont munies

chacune d'une pédale p sur laquelle on agit avec le pied
pour enfoncer dans le sol, jusqu'à refus, la pointe de la
jambe, et d'une ou deux entretoises t disposées vers le
milieu de leur hauteur.

Chaque jambe est articulée sur une oreille O du plateau
au moyen d'un boulon b
($fig.$ 12) traversant les deux
branches B_1, B_2 de la jambe
et l'oreille du plateau; un
écrou à oreilles E permet de
serrer fortement les branches
contre le plateau et de rendre
ainsi ces pièces solidaires;
en dévissant l'écrou, on peut,
au contraire, faire pivoter
la jambe (le boulon formant

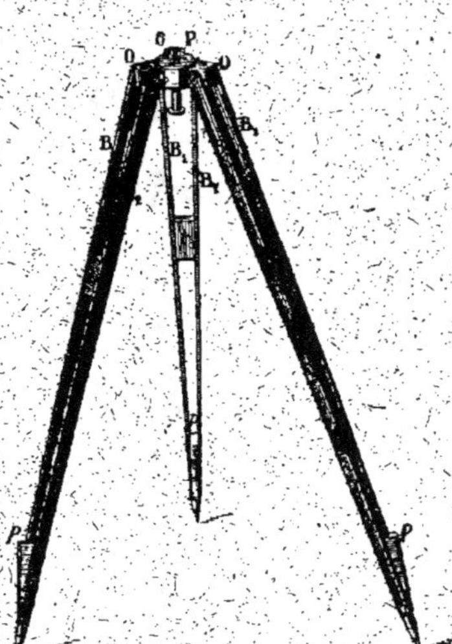

Fig. 11. — Trépied à six branches. 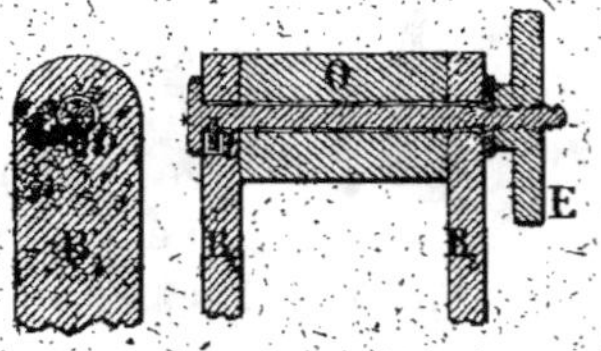   Fig. 12.

axe), de manière à l'incliner plus ou moins sur le plan du
plateau.

Pour éviter que le boulon ne tourne en même temps que
l'écrou, quand on manœuvre celui-ci, le corps du boulon est
muni en b d'une petite pièce en saillie qui se trouve emprisonnée dans un encastrement rectangulaire
pratiqué à cet effet dans l'une des branches
de la jambe.

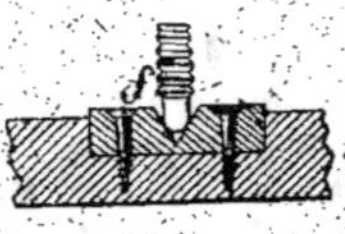

Fig. 13.

42. Les instruments reposent généralement sur les trépieds à six branches par
l'intermédiaire de trois vis calantes V ($fig.$ 14)
qui traversent les trois ailes A, A, A, d'une pièce métallique dite *triangle*.

Pour recevoir les pointes des vis en question, le plateau du trépied porte, incrustées, trois pièces métalliques *f, f, f* (*fig.* 11), formant chacune une sorte de petit canal à section triangulaire (*fig.* 13), ou *gouttière*.

43. L'instrument doit être relié solidement à son support pour éviter une chute accidentelle et faciliter le transport. A cet effet, le trépied est muni d'une *pompe* RB (*fig.* 14). Une

Plan.

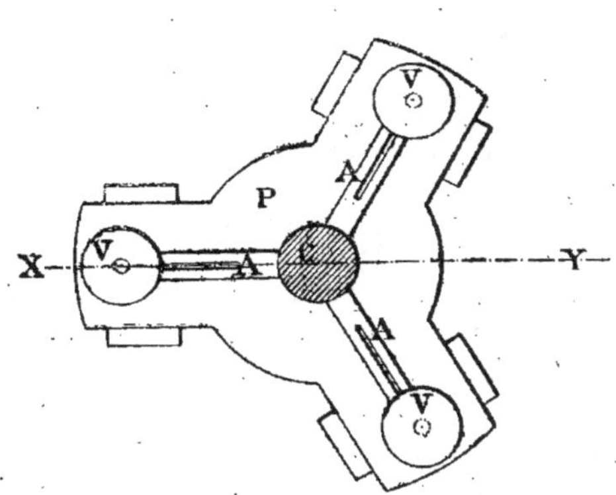

Coupe verticale suivant XV.

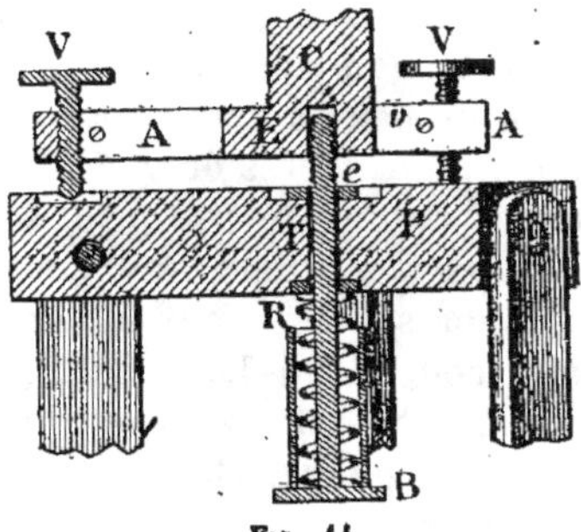

Fig. 14.

tige **T**, filetée à sa partie supérieure et traversant de part en part le plateau P du support, est sollicitée de haut en bas par un fort ressort à boudin R qui prend appui, en R, contre le plateau et agit sur le disque B qui termine la tige T. Cette dernière est munie, à son extrémité supérieure, d'un écrou circulaire *e*, quelquefois fixé à l'aide d'une goupille, qui, venant reposer sur le plateau quand l'instrument n'est pas fixé sur son support, s'oppose à la chute de la pompe. Pour fixer l'instrument, on engage la partie filetée de la tige à pompe dans un évidement taraudé E, pratiqué à cet effet dans l'embase de l'instrument, et on visse à refus. L'action du ressort tend à appuyer fortement les vis calantes sur le trépied, mais son élasticité rend possible la manœuvre de ces vis.

C. — CONSEILS PRATIQUES SUR L'EMPLOI DES TRÉPIEDS

1° TRANSPORT D'UNE STATION A LA SUIVANTE

44. Pour le transport d'une station à la suivante d'un instrument monté sur son trépied, on peut employer les trois moyens suivants :

1° On rassemble les jambes, après avoir desserré les écrous des trois boulons d'assemblage de la quantité strictement nécessaire pour que chaque jambe puisse tourner librement autour de son pivot, et on porte le trépied à peu près verticalement, la partie supérieure appuyée contre une épaule, le bras correspondant embrassant le trépied, qui est saisi par la main un peu au-dessous du centre de gravité ;

2° Les boulons étant serrés de manière qu'aucune jambe ne puisse tourner autour de son pivot sous l'action de son propre poids, on engage une épaule sous le trépied et, embrassant avec le bras correspondant l'une des jambes du trépied, on saisit celle-ci (au-dessous de l'entretoise dans les pieds à six branches), et on soulève l'instrument, les deux autres jambes restant derrière le porteur ;

3° On peut aussi, tout en procédant comme il vient d'être dit au précédent alinéa, embrasser avec le second bras une deuxième jambe du trépied, la troisième seule restant en liberté derrière l'opérateur ; ce troisième procédé est surtout commode quand on emploie un instrument lourd ou encore

lorsque l'on doit parcourir une distance un peu grande avec
l'instrument monté sur son pied.

2° MISE EN STATION

45. Pour la mise en station on doit veiller à ce que les
écrous ne soient pas serrés à fond ; car, s'ils l'étaient, l'effort
nécessaire pour faire pivoter une jambe du trépied autour
de son boulon suffirait parfois à faire sauter la tête de celui-
ci ; en outre, cette manœuvre produirait une déformation
passagère des branches du pied ; celles-ci, tendant ensuite,
en vertu de l'élasticité du bois, à reprendre leur forme
naturelle, subiraient des variations entraînant un décalage
de l'instrument au cours des observations.

La position à donner aux trois pieds résulte généralement de la constitution et de la forme du terrain. Ainsi,
sur un terrain horizontal homogène, les trois pointes doivent
occuper les trois sommets d'un triangle équilatéral dont
l'étendue est choisie de telle sorte que l'angle formé par
chaque jambe avec le sol soit d'environ les trois quarts d'un
angle droit. Sur un plan incliné il convient, autant que
possible, de disposer deux pointes sur une même horizontale,
et la troisième en amont. Enfin, quand on ne doit faire
dans une station que deux ou trois visées, ou encore si
l'on prévoit que les visées seront particulièrement nombreuses dans une direction déterminée, il convient de
disposer, si possible, le trépied de manière que ses branches
ne gênent pas l'opérateur au moment où il exécutera les
visées en question. C'est ainsi que, lorsqu'on effectue une
opération comportant à chaque station deux visées seulement, l'une vers l'arrière, l'autre vers l'avant, on dispose
toujours deux des pointes du trépied sur une parallèle à la
direction moyenne des visées. En général, l'opérateur doit
éviter d'approcher ses pieds des pointes du support ; son
poids suffit, en effet, pour provoquer un léger affaissement
du sol qui se transmettrait à l'instrument, si l'on n'observait
pas la précaution que nous venons d'indiquer.

Les pointes des jambes doivent être enfoncées à peu près
à refus dans le sol. Pour y parvenir on appuie avec le pied

sur la pédale de chaque branche, en ayant soin de diriger l'action que l'on exerce ainsi *parallèlement* à la branche et non pas *verticalement*. Une pression verticale produirait un effet utile moindre, pourrait provoquer la rupture de la branche sur laquelle on agit et déterminerait une déformation passagère des fibres du bois qui, en disparaissant ensuite au cours des observations, ferait varier le calage de l'instrument.

L'enfoncement des pointes doit être exécuté de manière que l'opération, une fois terminée, le plan du plateau du trépied soit sensiblement horizontal ; souvent aussi, il faut que le centre de ce plateau se trouve sur la verticale d'un point déterminé du sol dit *point de station* ; c'est pour faciliter la réalisation de cette dernière condition que la tige à pompe porte quelquefois à sa partie inférieure un crochet auquel on peut suspendre un fil à plomb.

46. Les débutants éprouvent généralement une grande difficulté, surtout en terrain accidenté, à réaliser simultanément les trois conditions auxquelles doit satisfaire la mise en station du trépied : horizontalité du plateau, centrage sur le point de station, enfoncement à refus des pointes de support dans le sol ; mais avec un peu d'exercice on acquiert facilement le tour de main et le coup d'œil nécessaires pour rendre très rapide cette opération.

Pour réduire les tâtonnements, on doit poser le trépied au-dessus du point de station, en tenant compte des recommandations que nous avons faites relativement à la position des pieds, et en cherchant à placer son centre sur la verticale du point de station ; on enfonce ensuite de quelques centimètres seulement deux des branches ; puis on saisit la troisième jambe du trépied et on la tire soit d'avant en arrière, soit transversalement de manière à réaliser, autant que possible, après enfoncement de la troisième pointe, les deux premières conditions de la mise en station (horizontalité du plateau et centrage sur le point de station). On enfonce enfin définitivement les pointes dans le sol en dirigeant l'action que l'on exerce successivement sur chaque jambe, de manière que les trois conditions de la mise en station soient simultanément satisfaites dans la mesure du possible. Néanmoins, pour obtenir un résultat satisfaisant, on se trouve parfois conduit à recommencer l'opération après avoir modifié un peu la position initiale du trépied.

D. — PIEDS A CALOTTE SPHÉRIQUE
ET PIEDS A MOUVEMENT DE TRANSLATION

47. Les tâtonnements qu'entraîne la mise en station d'un trépied, dans les conditions que nous venons d'exposer, font perdre un temps d'autant plus important que les stations sont plus courtes et, par suite, plus nombreuses dans une période de temps déterminée. On peut donc avoir un grand intérêt, pour des stations de courte durée, à supprimer ces tâtonnements ou, tout au moins, à les restreindre notablement, en faisant usage de dispositifs permettant de rectifier une mise en station approximative, sans avoir à déplacer le trépied.

Les dispositifs qui répondent à ces desiderata sont de trois espèces :

1° Les *plateaux à calotte sphérique*, qui permettent de rendre horizontale la tablette sur laquelle doit s'appuyer l'instrument ; 2° les *plateaux à translation*, grâce auxquels l'axe vertical de l'instrument peut être amené à coïncider avec la verticale du point de station ; 3° les *plateaux à calotte sphérique et à translation*.

48. L'utilisation de ces dispositifs, quand ils n'augmentent pas sensiblement le poids de l'instrument, est toujours recommandable, quoique dans certains cas (stations de longue durée) l'économie de temps qu'ils permettent de réaliser soit bien faible ; mais, pour d'autres opérations, ils présentent un avantage marqué sur les trépieds simples.

L'emploi des plateaux à calotte sphérique seul nous paraît tout indiqué pour les opérations où l'instrument n'a pas à être placé au-dessus d'un point du sol déterminé, surtout quand les stations doivent être de *courte durée* (dans un nivellement longitudinal ou de profil en long, par exemple).

Le plateau à translation *seul* est recommandable, pour sa commodité et la précision du centrage, lorsque l'on doit exécuter des stations de longue durée (dans les levés tachéométriques, par exemple), et que l'on hésite à augmenter le poids de l'instrument de celui d'une calotte sphérique, qui, dans l'espèce, ne permettrait pas de réaliser une économie de temps sensible.

Enfin il y a un réel intérêt à utiliser simultanément les deux dispositifs précédents, lorsque l'on doit exécuter des cheminements sans procéder, en même temps, au levé des détails, parce qu'alors, les stations étant très courtes, et par suite nombreuses, une faible économie de temps réalisée à chacune d'elles peut se traduire, en fin de compte, par **une augmentation appréciable du rendement journalier.**

a. — *Pieds à calotte sphérique*

49. Nous choisirons comme type des pieds à calotte sphérique celui qui a été créé en 1825, par Bodin, mécanicien à l'École d'application du Génie de Metz et dont les dispositions de détail ont été réétudiées par feu le colonel Goulier en vue de son adaptation (*fig.* 15) aux instruments du Service du Nivellement général de la France.

Fig. 15. — Pied à calotte sphérique.

La tablette T du trépied présente au centre un évidement tronconique de 3 à 4 centimètres de diamètre et porte :

1° A la partie supérieure, un champignon C en forme de calotte sphérique, également évidé au centre;

2° A la partie inférieure, une pièce creuse s limitée à une surface sphérique concave.

Sur le champignon C vient reposer le plateau P, creusé en forme de calotte sphérique concave et portant un long tube t, fileté extérieurement à sa partie inférieure pour recevoir l'écrou E. Quand cet écrou

n'est pas vissé à fond, le plateau P peut facilement glisser
sur le champignon C, et il est alors possible de l'amener à
être horizontal, même si la tête T du trépied est inclinée.
Pour maintenir ensuite les choses en l'état, on visse à fond
l'écrou E; ce dernier venant buter contre la pièce s par l'intermédiaire d'une petite calotte sphérique convexe c, le tube t
se trouve sollicité vers le bas, et le plateau P, fortement pressé
contre le champignon C, est absolument immobilisé. Pratiquement, la manœuvre de la calotte exige que l'écrou E
soit desserré ou serré d'un quart de tour seulement.

C'est sur la plate-forme P, ainsi rendue horizontale, que
repose l'instrument; celui-ci est fixé à ce plateau mobile au
moyen d'une pompe AA, que nous avons représentée sur la
figure par un tracé en ponctué, afin de bien montrer que le
dispositif de calage est absolument indépendant de la pompe.

50. Pour tirer le meilleur parti des plateaux à calotte
sphérique, il convient de munir l'instrument d'une nivelle
sphérique (voir ci-après-n° 78), dont les indications servent à
constater l'horizontalité du plateau mobile. On n'a plus ensuite,
pour compléter le calage de l'instrument, qu'à toucher d'une
très petite quantité aux vis calantes (n° 59). Outre la commodité qu'ils présentent, les pieds à calotte sphérique permettent donc de réaliser une double économie de temps, sur
l'installation du trépied d'abord, sur le calage de l'instrument ensuite, et cette dernière n'est pas, à beaucoup près,
la moins importante.

b. — *Pieds à mouvement de translation*

51. Dans le modèle représenté ci-après (*fig.* 16), la tablette
du trépied a la forme d'une couronne dont le diamètre
intérieur est de 0^m,10 à 0^m,15. Sur cette tablette repose un
chariot R destiné à supporter l'instrument. Comme le plateau
mobile du pied à calotte sphérique, le chariot est muni d'une
tige centrale terminée à sa partie inférieure par un pas de
vis qui reçoit un écrou. Cette pièce traverse au-dessous de la
tablette du trépied une sorte de couronne allongée séparée
de l'écrou par une rondelle.

L'écrou n'étant pas vissé à fond, le plateau R se déplace à volonté horizontalement dans tous les sens, entraînant la tige centrale qui peut parcourir tout l'espace libre au centre de la tablette du trépied.

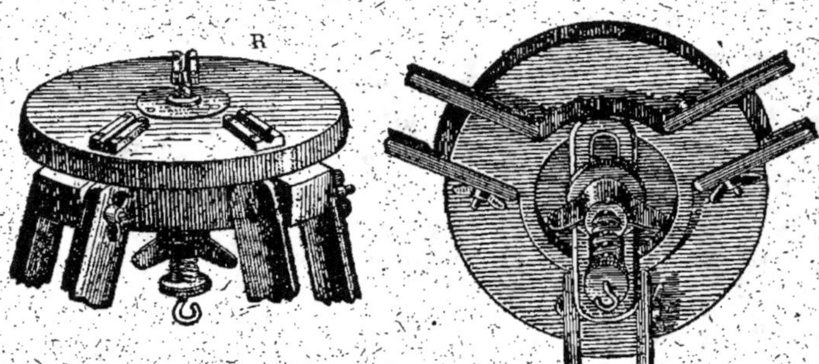

Fig. 16. — Pied à mouvement de translation.

Pour immobiliser le chariot dans une position déterminée, on serre l'écrou, ce qui a pour effet de presser fortement les unes contre les autres toutes les pièces du mécanisme que nous venons de décrire et, par suite, de les immobiliser.

L'instrument se fixe sur le chariot au moyen d'une tige à pompe, comme s'il s'agissait d'un trépied ordinaire.

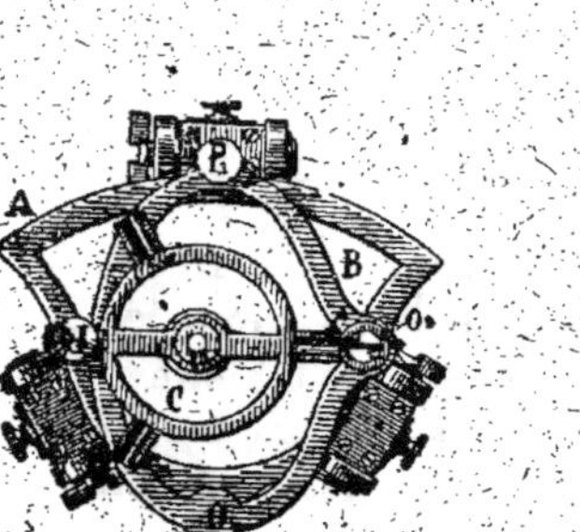
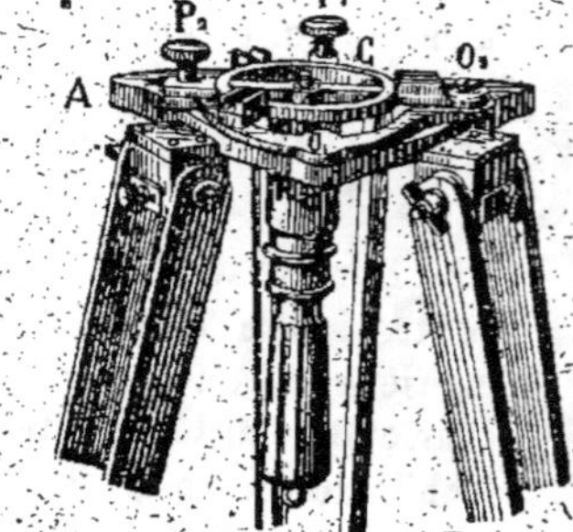

Fig. 17. — Chariot à translation de Trimollet.

La figure 17 représente un pied à translation d'un système

un peu différent; ce dispositif est connu sous le nom de chariot Trimollet; il se compose d'une partie A fixée au trépied et de deux pièces mobiles B et C; la première B est mobile autour d'un axe de rotation O_1; une pince P_1 sert à l'immobiliser; la seconde pièce C est mobile autour d'un axe O_2 et peut être liée à la précédente par une pince P_2. L'instrument repose sur la partie C.

Enfin la figure 18 reproduit le plateau à translation de Sanguet. On remarque sur le trépied une plaque triangulaire T portant les trois gouttières destinées à recevoir les pointes des vis calantes; un boulon

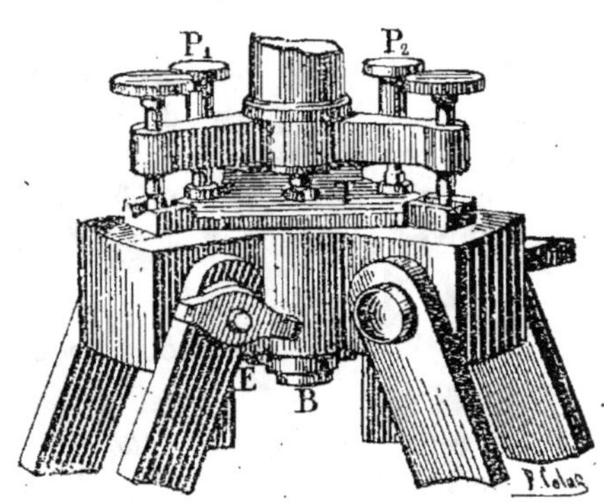

Fig. 18. — Plateau à translation de Sanguet.

creux B perpendiculaire à cette plaque et solidaire de celle-ci traverse librement la tête du pied, qui présente, sous le plateau, un large évidement circulaire. Un écrou de pression E permet de fixer le plateau.

Deux vis à pompes P_1, P_2, servent à relier l'instrument au plateau.

c. — Pieds à calotte sphérique et à mouvement de translation

52. Pour réaliser un tel pied, il suffit évidemment de combiner ensemble les pièces essentielles de deux dispositifs à calotte sphérique et à mouvement de translation (*fig.* 104). On peut, par exemple, imaginer la tablette du trépied représenté (*fig.* 15), largement évidée au centre, de manière que le tube *t* puisse se déplacer latéralement. Nous n'insistons pas davantage sur ce point.

§ 3. — ORGANES D'INSTRUMENTS SERVANT A LEUR CALAGE

A. — GENOUX

53. On entend par genou une articulation grâce à laquelle on peut donner à la partie de l'instrument située au dessus des inclinaisons diverses. Nous décrirons successivement le genou à coquilles et le genou de Cugnot, qui ont été beaucoup employés, et le genou à simple charnière.

a. — GENOU A COQUILLES

54. Le genou à coquilles (*fig.* 19) est constitué par une sphère formant corps avec la partie supérieure de l'instrument et engagée entre deux mâchoires *c*, *c'*, qui embrassent en même temps la partie supérieure de la douille D.

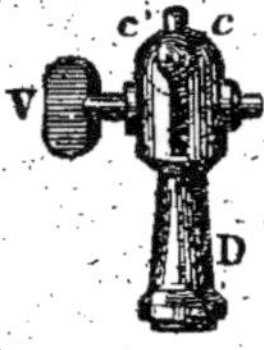

Fig. 19. — Genou à coquilles.

Les deux mâchoires sont traversées de part en part, ainsi que la douille, par une vis de pression V dont les filets s'engagent dans un canal taraudé de la pièce *c*. Au dessus, chaque mâchoire présente la forme d'une *coquille* dont les parois sphériques viennent s'appliquer exactement sur la sphère lorsqu'on rapproche les mâchoires en serrant la vis de pression. Quand la vis n'est pas serrée, la sphère peut tourner entre les mâchoires dans tous les sens, dans une certaine mesure ; au contraire, dès que l'on visse à fond, les coquilles compriment fortement la sphère qui se trouve alors immobilisée.

55. La manœuvre des instruments pourvus d'un genou à coquilles se fait de la manière suivante : on desserre la vis sans exagération, et l'on place approximativement l'instrument dans la position convenable ; on serre la vis d'une quantité suffisante pour maintenir l'instrument, mais per-

mettant encore à la sphère de rouler entre ses coquilles
quand on exerce un petit effort sur l'instrument pour rectifier sa position. Ce n'est qu'après cette rectification que
l'on serre fortement la vis pour immobiliser complètement
l'appareil.

b. — Genou de Cugnot

56. Le genou de Cugnot, du nom de son inventeur, remonte
à 1778. Il a été beaucoup employé pour
le calage des planchettes. Nous le
décrirons pour les lecteurs qui pourraient avoir à utiliser ces instruments.

La partie essentielle du genoü de
Cugnot (*fig.* 20) est une pièce unique
en bois, ou *noix*, ayant extérieurement
la forme de deux cylindres C, C', se
pénétrant à angle droit de manière
que l'axe de l'un d'eux passe un peu
au-dessus de celui de l'autre.

Le cylindre inférieur est placé entre
deux lames verticales *a*, *b*, qui font
partie du trépied destiné à porter l'appareil ; il est relié à ces deux lames
au moyen d'un boulon autour duquel
peut tourner la *noix;* le boulon est
muni d'un écrou de pression E.

Sur le cylindre supérieur sont, de
même, articulées, au moyen d'un
second boulon avec écrou de pression
E', deux lames *a'*, *b'*, fixées au plateau P
supportant l'instrument.

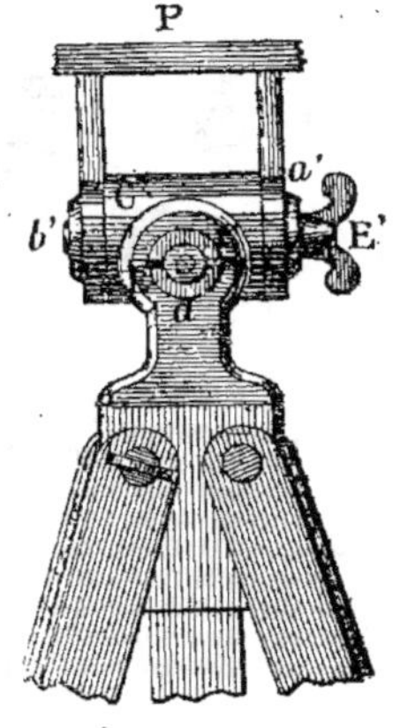

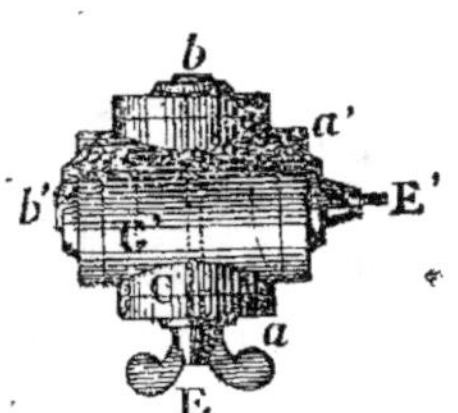

Fig. 20. — Genou de Cugnot.

57. Il est facile de comprendre que, quelle que soit la position du trépied, on peut toujours, en desserrant l'écrou E,
faire pivoter l'instrument autour du boulon *b* comme axe,
jusqu'à ce que l'axe E'*b'*, et, par suite, les lignes du plateau P
qui lui sont parallèles, soient horizontaux. L'écrou E étant
alors serré, l'horizontalité de l'axe E'*b'* ne peut plus être

détruite. Desserrant ensuite l'écrou E′ du boulon *b′*, on fait pivoter l'instrument autour de l'axe E′*b′* jusqu'à ce que les lignes du plateau P perpendiculaires à cet axe de rotation soient elles-mêmes horizontales. On serre l'écrou E′, et le plateau, devenu horizontal, se trouve immobilisé dans cette position.

c. — Genou a simple charnière

58. Nous trouverons dans les instruments de nivellement une articulation (*fig.* 21) constituée par deux règles R, R′

Fig. 21.
Genou à simple charnière.

pivotant autour de la goupille G qui sert à les réunir, et formant ainsi une sorte de charnière. L'ouverture de la charnière est réglée au moyen d'une vis V traversant la règle inférieure à l'extrémité opposée à l'articulation ; cette vis supporte par sa pointe la règle supérieure.

B. — Vis calantes

a. — Dispositif de calage a trois vis

1° *Description*

59. Dans les instruments modernes le calage de l'axe vertical des instruments est obtenu au moyen d'un système de trois vis, dites *vis calantes*. Nous avons déjà dit (n° 42) que les instruments en question reposent sur le trépied en bois par l'intermédiaire de trois vis engagées dans les branches d'une pièce métallique que les constructeurs désignent sous le nom de *triangle*. Chaque branche

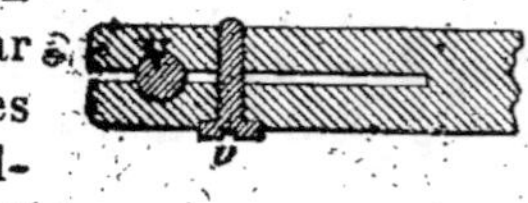

Fig. 22.

du triangle est partagée en deux, vers son extrémité, par une fente verticale dont les faces peuvent être écartées ou rapprochées à volonté au moyen d'une vis de serrage *v* (*fig.* 14 et 22), de manière à presser plus ou moins fortement le corps fileté de la vis de calage V. La pression doit être réglée à l'aide de la vis de serrage, de telle sorte que le mouvement de la vis de calage soit *doux* ; mais il faudrait bien se garder de diminuer avec exagération cette pression.

Le meilleur conseil que l'on puisse donner à cet égard à un opérateur est de ne toucher aux vis de serrage des vis calantes qu'en cas d'absolue nécessité. Un instrument bien construit peut fournir de longs services, sans qu'il soit utile de modifier le serrage de ces vis.

Les vis de calage doivent être terminées à leur partie inférieure en forme arrondie, pour reposer sur les parois de leurs coquilles, comme le montre la figure 13. Celles qui sont terminées par une pointe conique sont plus sujettes à être détériorées et, de plus, la pointe est rarement dans l'axe de la vis.

b. — EMPLOI DES VIS CALANTES POUR RENDRE VERTICAL L'AXE D'UN INSTRUMENT

60. Soient (*fig.* 23) : ab_1, $a'b'_1$, les projections horizontale et verticale de l'axe d'un instrument, et v_1, v_1', v_2, v_2', v_3, v_3', celles des pointes des trois vis calantes $V_1, V_2 V_3$; les vis reposent sur un plan non parfaitement horizontal; sur la figure l'inclinaison de ce plan et celle de l'axe de l'instrument ont été exagérées à dessein.

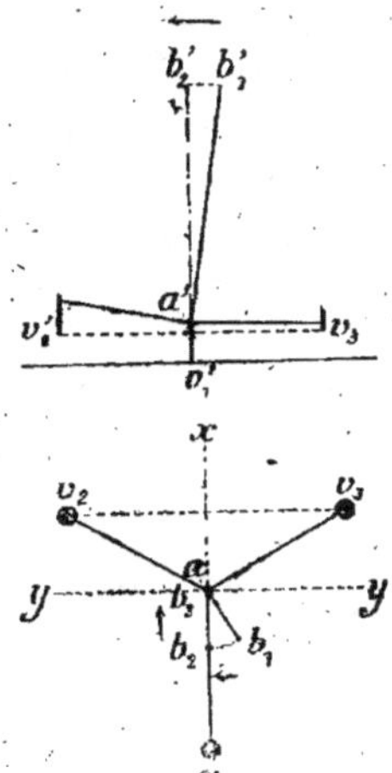

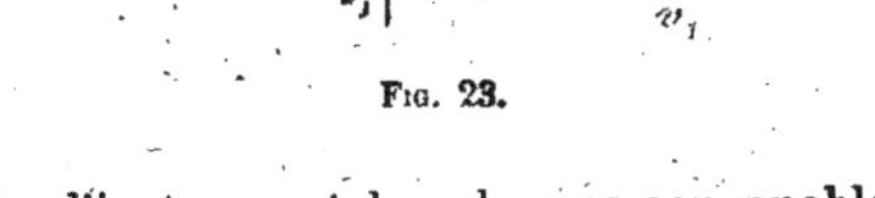

La manœuvre à faire pour rendre vertical l'axe AB se décompose en deux parties :

1° On fait tourner, en sens contraire et de quantités égales, deux des vis, V_2 et V_3, par exemple, de manière à faire pivoter l'instrument dans le sens convenable

Fig. 23.

autour de la ligne v_1x, perpendiculaire à V_2V_3; l'axe AB tourne alors comme l'indiquent les flèches tracées sur les projections verticale et horizontale, et l'on arrête le mouvement à l'instant où cet axe est contenu dans le plan vertical v_1x; les nouvelles projections de l'axe AB sont alors ab_2, $a'b'_2$, et sur un plan de profil $a'b'_2$;

2° On tourne ensuite la troisième vis V_1 pour faire osciller l'instrument autour de la ligne V_2V_3 (voir les flèches sur le plan de profil et sur la projection horizontale), jusqu'à ce que l'axe soit venu se placer dans le plan vertical yy perpendiculaire au plan v_1x.

Pendant cette deuxième rotation, l'axe de l'instrument reste contenu dans le premier plan vertical, v_1x, si ce dernier est rigoureusement perpendiculaire à la seconde charnière V_2V_3, et, une fois l'opération achevée, l'axe appartenant aux deux plans verticaux v_1x et yy est lui-même vertical.

Mais si, au contraire, le premier plan vertical v_1x n'est pas rigoureusement perpendiculaire à la seconde charnière V_2V_3, et, en pratique, ceci est le cas général, l'axe de l'instrument ne reste pas dans ce plan pendant la seconde rotation. On est donc conduit alors à rectifier sa position en manœuvrant de nouveau les vis V_2 et V_3. Cette action pouvant à son tour avoir pour effet de faire sortir l'axe du second plan vertical dans lequel on l'avait amené, il en résulte qu'en pratique on ne peut obtenir un résultat parfait qu'après la répétition de la double manœuvre précédemment décrite, et les tâtonnements sont d'autant plus longs que la condition de perpendicularité précitée est moins bien remplie.

81. Il est d'ailleurs facile de se rendre compte qu'il convient, en vue d'abréger les tâtonnements, de commencer par agir à la fois sur deux vis et non pas sur une seule. En effet reportons-nous à la figure 23 et supposons que l'on ait commencé la manœuvre par la vis V_1, pour amener tout d'abord l'axe dans un premier plan vertical yy. Il aurait fallu ensuite agir sur les deux autres vis pour faire pivoter l'instrument autour d'une charnière V_1x, perpendiculaire au premier plan vertical.

Or, comme il est difficile de faire tourner de quantités rigoureusement égales les deux vis V_2 et V_3, la ligne formant charnière peut s'écarter notablement de la droite V_1x perpendiculaire au premier plan vertical et, par suite, le résultat obtenu par la manœuvre de la première vis est bien compromis.

Ces réflexions montrent encore que, pour opérer avec rapidité, il faut s'appliquer dans la manœuvre simultanée de deux vis de calage à imprimer aussi exactement que possible à celles-ci des rotations de même amplitude. On y parvient en conduisant *simultanément* les deux vis avec les deux mains correspondantes. Dans cette position on est, en effet, conduit par une impulsion toute naturelle résultant de la symétrie de nos organes à *visser* l'une des vis en même temps que l'on *dévisse* la seconde, et, avec un peu d'exercice, on parvient aisément à faire tourner les deux vis de quantités sensiblement égales.

b. — Dispositif de calage a deux vis

62. Autrefois, au lieu d'employer trois vis calantes pour le calage des instruments, on utilisait un dispositif composé de deux plateaux dont on pouvait faire varier l'inclinaison au moyen de deux vis disposées aux extrémités de deux diamètres rectangulaires. A l'autre extrémité de chaque diamètre, un ressort plat antagoniste agissait sur l'un des plateaux pour le maintenir en contact avec la pointe de la vis correspondante. Mais, comme il arrivait parfois que les ressorts en question ne *rendaient* pas quand on *dévissait* les vis de calage, il en résultait des fausses manœuvres et des erreurs. Aussi ce système est-il complètement abandonné aujourd'hui dans les grands instruments. Nous le retrouverons cependant (*fig.* 24) dans certains instruments à lunette de très petites dimensions, qui tendent de plus en plus à se substituer aux anciens appareils à pinnules; mais, pour éviter l'inconvénient que nous venons de signaler, on a substitué aux ressorts *plats* des ressorts *à boudins* dont l'action est continue.

83. Le plateau P_1, fixé à la douille, est muni de deux vis V_1, V_2; à l'extrémité des deux diamètres rectangulaires passant par celles-ci sont disposées les chemises renfermant les ressorts à boudins, R_1 et R_2. Sous l'action des ressorts, le

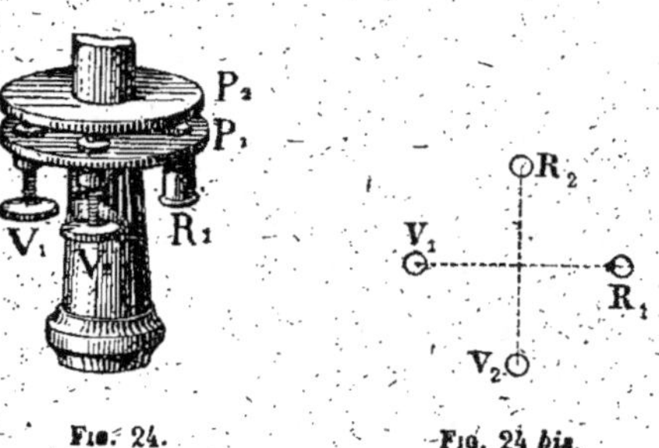

Fig. 24.   Fig. 24 bis.

plateau P_2 appuie constamment sur les têtes des vis V_1, V_2.

Pour rendre vertical l'axe de l'instrument, on agit sur la vis V_1, pour faire tourner l'appareil autour de la ligne R_2V_2 (*fig.* 24 *bis*) comme charnière, et sur la vis V_2 pour obtenir une rotation autour de R_1V_1.

C. — Nivelles

64. Nous venons de voir que les vis calantes permettent d'incliner à volonté les axes des instruments et de les placer, au besoin, dans une position verticale. Mais, pour satisfaire à cette dernière condition, il faut que la manœuvre soit en quelque sorte dirigée par les indications émanant d'un organe spécial, chargé de renseigner à chaque instant l'observateur sur la position occupée dans l'espace par l'axe de l'instrument. Ce rôle important est dévolu aux niveaux dits à bulle d'air, que nous désignerons sous le nom de *nivelles*[1], pour ne pas établir une confusion avec les instruments servant à

[1] Cette expression a, croyons-nous, été employée tout d'abord par le colonel Goulier ; elle a été adoptée par la Commission du Nivellement général de la France.

exécuter les opérations de nivellément et auxquels il convient de réserver la désignation générique de *niveaux*.

a. — NIVELLES CYLINDRIQUES

1° *Description*

65. Une nivelle cylindrique est un tube en verre, de forme torique, fermé à ses deux extrémités, rempli d'un liquide laissant libre un petit espace ou bulle, et enchâssé dans une monture métallique.

66. Fiole. — Le tube en verre, désigné habituellement sous le nom de *fiole* (*fig.* 25), affecte la forme d'un tronçon de tore ; la section méridienne est verticale et limitée par un arc dont le rayon peut varier, dans les instruments topographiques, depuis quelques mètres jusqu'à 50 ou 60 mètres[1]. Pour obtenir, dans

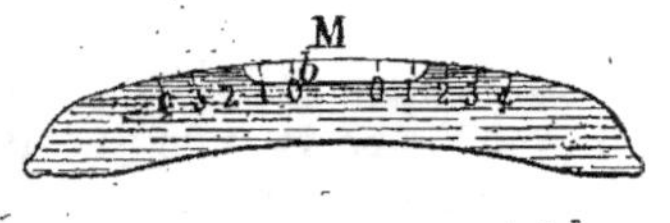

Fig. 25.

toute la longueur, une courbure aussi faible et bien régulière de la paroi intérieure du tore, le verre doit être spécialement rodé avec un mandrin monté sur un tour et traversant le tube.

Sur les verres sont gravées deux séries, symétriques par rapport à un point M, de traits de divisions espacés généralement de 3 millimètres. Ces traits servent à repérer d'une manière commode la position occupée par la bulle b ; mais ils ne sont nullement nécessaires, ainsi qu'on pourra le remarquer en suivant la théorie exposée ci-après.

67. Liquide. — La fiole est remplie d'alcool, d'éther, ou d'un mélange de ces deux liquides ; ce choix résulte de la nécessité d'employer un liquide non susceptible de se conge-

---

[1] En astronomie, on fait usage de fioles dont le rayon de courbure atteint plusieurs centaines de mètres.

ler aux températures basses de nos climats ; sans viscosité, pour diminuer l'adhérence au verre et, par suite, les frotte-ments ; très mobile, ne s'altérant pas avec le temps, et n'ayant aucune action sur le verre [1].

Le liquide doit laisser libre un petit espace que vient occuper un mélange d'air et de vapeurs émises par ce liquide : c'est ce que l'on appelle communément la *bulle d'air*. Cette *bulle* occupe toujours la partie la plus élevée du tube, le liquide s'*écoulant* dans la partie inférieure quand on déplace la fiole.

68. Mobilité de la bulle. — La qualité d'une nivelle réside en grande partie dans la facilité de déplacement de la bulle, c'est-à-dire dans la *mobilité* [2] de celle-ci. Les conditions nécessaires pour obtenir le maximum de mobilité sont les suivantes :

1° La bulle doit être aussi longue que possible, afin de diminuer la résistance que la capillarité oppose à son mouvement ; l'expérience a montré que la mobilité d'une bulle est en raison directe du curré de sa longueur. Toutefois il convient de ne pas exagérer cette longueur au point de rendre impossible l'observation à peu près simultanée des deux extrémités de la bulle. Il faut encore remarquer que la longueur de la bulle varie avec la température : quand celle-ci s'élève, le liquide se dilate et, par conséquent, la bulle diminue de volume et se raccourcit ; elle s'allonge, au contraire, quand la température s'abaisse. A cet égard, l'alcool est supérieur à l'éther, car il se dilate moins ;

2° La fiole doit avoir un diamètre suffisant (une douzaine de millimètres), afin que l'épaisseur du liquide sous la bulle soit assez grande pour éviter des résistances excessives ;

3° La surface intérieure de la fiole doit être très lisse, les petites aspérités donnant lieu à des résistances. C'est pour

---

[1] Cependant on a constaté dans certains cas, avec les liquides habituellement employés, la formation de dépôts qui finissent par gêner la marche de la bulle.

[2] La mobilité et la sensibilité sont deux qualités distinctes ; pour la seconde, voir ci-après, n° 71.

cela qu'il convient, comme nous l'avons dit plus haut, de choisir, pour le remplissage de la fiole, un liquide n'ayant aucune action sur le verre.

69. Monture métallique. — La fiole en verre est protégée par une garniture métallique qui ne laisse à découvert que la partie supérieure. Cette garniture est elle-même généralement montée sur une règle métallique R (*fig.* 26 et 26 *bis*).

Une charnière O et une vis de réglage V, avec ou sans clé

Nivelles à bulle d'air

Fig. 26.

Fig. 26 *bis*.

de manœuvre C, permettent de faire jouer la monture par rapport à la règle.

2° *Théorie*

Pour la facilité des explications, nous supposerons tout d'abord la bulle concentrée en son centre de gravité, c'est-à-dire réduite à un point placé en son milieu.

Nous indiquerons ensuite comment on apprécie pratiquement la position de ce point.

70. Principe fondamental. — *Quand on modifie l'inclinaison d'une nivelle dans son plan méridien vertical, le déplacement de la bulle mesure l'angle dont on a fait tourner la nivelle.*

Soit une nivelle N (*fig.* 27). La bulle occupe toujours, comme nous l'avons dit, le point culminant du tore, soit, dans l'espèce, le point A. La normale en ce point à la génératrice du tore passe par le centre de courbure O ; elle est dirigée suivant la verticale.

Faisons tourner l'appareil, autour du centre O, d'un angle α. La nivelle prend la position N' (*fig.* 28), et la bulle se porte de

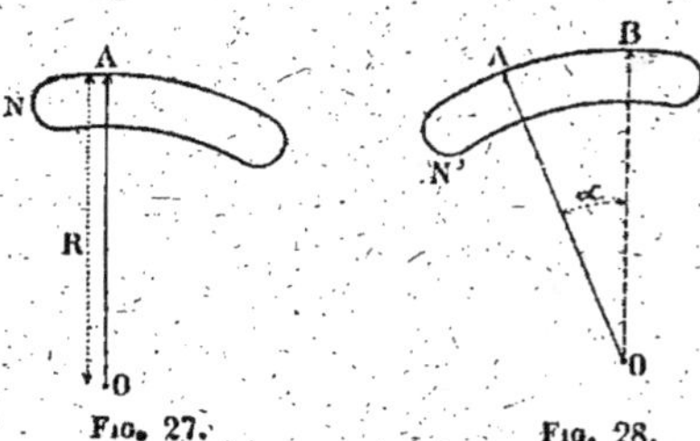

Fig. 27.   Fig. 28.

A en B, pour atteindre le nouveau point culminant du tore.

En désignant par R le rayon de courbure de la fiole et en exprimant α en parties du rayon[1], on a :

$$(1) \qquad \text{arc AB} = \text{R}\alpha,$$

ce qui montre que :

1° Pour une nivelle de rayon de courbure donné, le déplacement de la bulle est proportionnel au déplacement angulaire α imprimé à la nivelle dans son plan méridien. *C'est là le principe fondamental de la théorie des nivelles;*

2° Pour un même déplacement angulaire α de la nivelle, le trajet parcouru par la bulle est proportionnel au rayon de courbure.

71. Sensibilité de la nivelle. — La sensibilité d'une nivelle est mesurée par le déplacement que subit la bulle pour une inclinaison déterminée de la nivelle.

---

[1] Longueur de l'arc correspondant, pour R $= 1$ $(400^g = 2\pi)$.

Il est, en effet, évident que la sensibilité de l'appareil sera d'autant plus grande que, pour une même inclinaison, le déplacement de la bulle sera plus accusé. Or nous venons de démontrer et d'exprimer, par la seconde conclusion ci-dessus, que ce déplacement est proportionnel au rayon de courbure. On peut donc dire que *le rayon de courbure d'une fiole fournit une mesure de sa sensibilité.*

Application de la formule 1. — Considérons une nivelle dont la fiole, de 27 mètres de rayon de courbure, porte gravées des divisions de 3 millimètres de largeur, destinées à faciliter l'évaluation des mouvements de la bulle. On demande de calculer le déplacement que subira la bulle pour une inclinaison α de la nivelle de $\dfrac{1}{3.000}$.

En remplaçant, dans la formule (1), les lettres par leurs valeurs, on trouve immédiatement :

$$\text{arc AB} = 27^{m},00 \times \frac{1}{3.000} = 0^{m},009,$$

soit trois divisions.

Les astronomes ont l'habitude d'exprimer la sensibilité des nivelles par l'angle au centre α, correspondant soit à une division de la fiole, soit à un élément de génératrice de 1 millimètre d'amplitude.

Ainsi, la sensibilité de la nivelle visée dans l'exemple précédent, dont les divisions ont $0^{m},003$ de largeur, serait exprimée par l'angle suivant :

$$\alpha = \frac{\text{arc AB}}{R} = \frac{0^{m},003}{27} = \frac{1}{9.000},$$

soit environ 71 secondes centésimales[1] ou 23 secondes sexagésimales.

Cet angle au centre est inversement proportionnel au

[1] $\alpha = \dfrac{400^{g}}{2\pi} \times \dfrac{1}{9.000} = 0^{g},0071.$

rayon de courbure. Une nivelle est donc d'autant plus sensible qu'il est plus petit.

72. Première application de la nivelle. — *Déterminer l'angle formé par un axe avec la verticale, dans le plan méridien de la fiole.*

Soient (*fig. 29*) NN' une nivelle cylindrique et MM' un axe lié invariablement à celle-ci, normal ou non à la génératrice NN' de la fiole, mais contenu dans son plan méridien. Le centre de la bulle est en A_1, sur la verticale du centre de

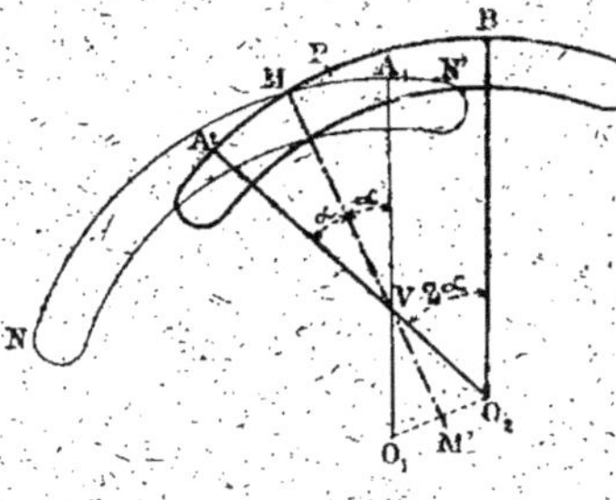

courbure O_1, et l'angle cherché de l'axe MM' avec la verticale est $MVA_1 = \alpha$. Pour évaluer cet angle, faisons tourner la nivelle de 200° autour de l'axe MM', de manière à l'amener dans la position symétrique représentée sur la figure en traits renforcés. Ce mouvement a pour effet de modifier de 2α l'incli-

Fig. 29.

naison primitive de la nivelle. En effet, la position de l'axe reste invariable, mais la ligne VA_1 vient prendre la position symétrique VA_2, décrivant ainsi un angle de rotation égal à 2α. Le centre de courbure, comme tous les points que l'on peut supposer reliés invariablement à la nivelle, tourne lui-même d'un même angle 2α et passe de O_1 en O_2. En même temps, la bulle qui se trouvait au point A_1 (venu en A_2) se porte au point B, sur la verticale du centre de courbure O_2, parcourant ainsi un arc A_2B, qui, d'après le principe fondamental de la théorie des nivelles, mesure l'angle 2α dont la nivelle s'est inclinée, soit, dans l'espèce, le double de l'angle cherché de l'axe MM' avec la verticale. De là, la règle suivante :

RÈGLE. — *Pour mesurer, dans le plan méridien d'une nivelle, l'inclinaison sur la verticale d'un axe lié invariablement à celle-ci, on note la position A de la bulle, puis on imprime à la*

nivelle une rotation de 200ᵍ autour de l'axe et on note la nou-
velle position B de la bulle. Le déplacement AB de cette dernière
mesure le double de l'angle cherché.

73. Deuxième application de la nivelle. — *Rendre vertical un*
axe contenu dans le plan méridien vertical de la nivelle. — On
mesure d'abord, comme il vient d'être dit, l'inclinaison α de
l'axe (*fig.* 29), puis on fait tourner celui-ci d'un angle — α de
manière à détruire son inclinaison. A cet effet on redresse
l'axe de telle sorte que la bulle
de la nivelle rétrograde de B
vers A (*fig.* 29 et 30) de la
quantité $\frac{BA}{2}$ qui mesure précisément α, c'est-à-dire jusqu'à
ce que la bulle atteigne le
point P qui partage en deux
parties égales l'arc BA.

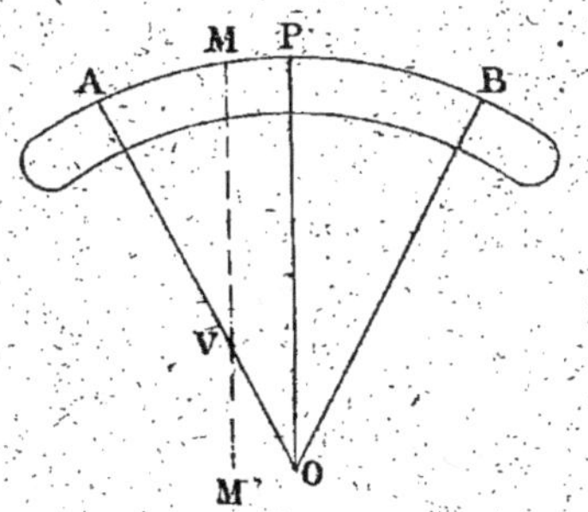

Fig. 30.

Remarque I. — Si l'on repère
sur la fiole la position du
point P ainsi déterminé, il
suffit ultérieurement, pour rendre vertical le même axe,
d'amener la bulle en ce point, sans qu'il soit nécessaire de
mesurer préalablement l'inclinaison initiale de l'axe.

Remarque II. — Quand l'axe est normal à la génératrice NN'
du tore, il passe nécessairement par le centre de courbure O ;
les deux positions A et B de la bulle sont alors symétriques
par rapport au point d'intersection M de l'axe avec la génératrice ; ce point d'intersection se confond donc avec le
point P.

74. Troisième et quatrième applications de la nivelle. —
Déterminer l'inclinaison d'un plan sur l'horizon et rendre ce
plan horizontal. — Ces deux problèmes ne constituent qu'un
cas particulier des deux précédents. En effet, déterminer
l'inclinaison d'un plan revient à mesurer l'angle formé par
un axe perpendiculaire à ce plan avec la verticale, et amener

le plan à être horizontal équivaut à rendre vertical l'axe en question.

Soit LL' (*fig.* 31) la ligne de plus grande pente du plan. On place la nivelle NN' sur ce plan, dans la direction de LL', et on note la position A de la bulle. Puis on retourne la

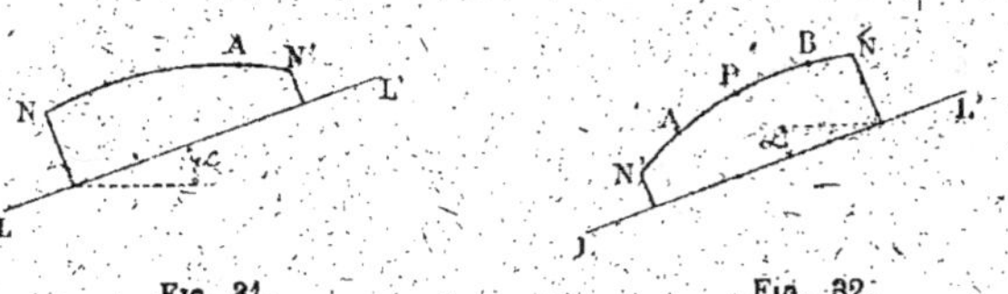

nivelle bout pour bout (*fig.* 32). La bulle vient alors en B. — Le retournement de la nivelle a pour résultat de modifier son inclinaison d'un angle 2α double de celui α du plan avec l'horizon ; le déplacement AB de la bulle mesure l'angle 2α, et, par conséquent, la moitié de ce déplacement détermine α, c'est-à-dire l'inclinaison cherchée du plan sur l'horizon.

Pour rendre le plan horizontal, on le fait tourner de manière à faire rétrograder la bulle de la moitié $\dfrac{BA}{2}$ de son déplacement, c'est-à-dire jusqu'au point P, milieu de AB.

REMARQUE. — Toutes les fois que la bulle viendra se placer sous le point P, la ligne servant de support à la nivelle sera horizontale.

75. Utilité des divisions gravées sur la fiole. — Toutes les opérations qui précèdent pourraient être effectuées, comme on a pu le remarquer, avec une fiole ne présentant aucune division ; mais alors l'opérateur serait obligé de repérer lui-même la position de la bulle sur le verre au cours de chaque opération, ce qui serait à la fois incommode et dangereux pour l'équilibre de l'instrument. Pour éviter cet inconvénient, l'usage a prévalu de graver sur le verre une échelle divisée en parties égales et chiffrée ; le zéro de cette échelle pourrait être placé à l'une des extrémités de la fiole, mais en général il se trouve au centre, comme le montre la figure 33 cette dernière disposition présente, comme on le verra plus loin (n° 77, *Remarque II*), certains avantages spéciaux.

Les divisions ont ordinairement 3 millimètres de largeur; mais quelquefois leur largeur est calculée de manière à correspondre à un angle au centre comprenant un nombre rond de minutes ou de secondes (n° 71).

Quand on veut noter la position occupée par la bulle, il faut enregistrer les lectures l et l' faites, sur la division, en regard de chacune de ses extrémités; si la division est à zéro central, on considère comme *positives* les divisions de l'une des moitiés de la fiole, et *négatives* celles de l'autre moitié.

Dans l'exemple représenté par la figure 33 on aurait :

$$l = + 2,3 \qquad \text{et} \qquad l' = - 3,7.$$

La position du centre de la bulle correspond évidemment à la division :

$$\frac{l + l'}{2} = \frac{- 1,4}{2} = - 0,7.$$

Quand on doit évaluer le déplacement subi par la bulle, on peut, au lieu de considérer le centre de celle-ci, noter seulement les positions occupées par l'une de ses extrémités,

Fig. 33.

Fig. 34.

sauf cependant dans les cas où une variation rapide de la température ferait douter de la constance de longueur de la bulle pendant la durée de l'observation.

Comme exemple d'utilisation de l'échelle de la fiole, nous allons reprendre les première et deuxième applications de la nivelle (n°s 72 et 73), en supposant que l'on enregistre les positions de chaque extrémité de la bulle et celles du centre. Le tableau suivant contient tous les résultats de l'opération :

	LECTURES CORRESPONDANT		
	A L'EXTRÉMITÉ DE LA BULLE QUI ÉTAIT PLACÉE AU DÉBUT DE L'EXPÉRIENCE		AU CENTRE DE LA BULLE
	à gauche de l'observateur	à droite de l'observateur	(Ces lectures se déduisent de celles consignées dans les colonnes 1 et 2)
	1	2	3
1° Lectures initiales (V. *fig.* 33).....	$l_1 = + 2{,}3$	$l'_1 = - 3{,}7$	$L_1 = \dfrac{l_1 + l'_1}{2} = \dfrac{-1{,}4}{2} = - 0{,}7$
2° Lectures après retournement de la nivelle (V. *fig.* 34).	$l_2 = + 3{,}5$	$l'_2 = - 2{,}5$	$L_2 = \dfrac{l_2 + l'_2}{2} = \dfrac{\pm 1{,}0}{2} = + 0{,}5$
Déplacement de la bulle mesurant le double de l'inclinaison de l'axe.	$l_2 - l_1 = + 1{,}2$	$l'_2 - l'_1 = + 1{,}2$	$L_2 - L_1 = + 1{,}2$
Nombre de divisions dont il faut faire rétrograder la bulle pour rendre l'axe vertical.	$- \dfrac{l_2 - l_1}{2} = - 0{,}6$	$- \dfrac{l'_2 - l'_1}{2} = - 0{,}6$	$- \dfrac{L_2 - L_1}{2} = - 0{,}6$
Lectures au moment où l'axe est vertical.	$l_0 = \dfrac{l_1 + l_2}{2} = + 2{,}9$	$l'_0 = \dfrac{l'_1 + l'_2}{2} = - 3{,}1$	$L_0 = \dfrac{L_1 + L_2}{2} = - 0{,}1$

76. Réglage d'une nivelle. — D'après le tableau précédent la division L_0 est celle avec laquelle il faut faire coïncider le centre de la bulle pour rendre vertical l'axe auquel la nivelle est fixée. Le *réglage de la nivelle* consiste à modifier la position de la fiole par rapport à sa monture ou à l'axe, de manière que l'on ait :

$$L_0 = 0.$$

A cet effet, l'axe étant vertical, c'est-à-dire le centre de la bulle en coïncidence avec la division L_0 ($-0,1$ dans l'exemple ci-dessus), il faut agir sur la vis de réglage de la nivelle (n° 69), de manière à faire rétrograder la bulle de $-L_0$ ($+0,1$ dans l'exemple choisi). Cette quantité L_0 est connue sous le nom de *déréglement de la nivelle*.

77. Nous allons montrer que l'on peut régler une nivelle, c'est-à-dire détruire son déréglement, sans rendre préalablement l'axe vertical.

En effet le déréglement est, d'après ce que l'on a vu ci-dessus, égal à $\dfrac{L_1 + L_2}{2}$; on peut donc le calculer aussitôt après avoir effectué le retournement de la nivelle et l'annuler immédiatement en faisant rétrograder la bulle, au moyen de sa vis de réglage, de $-\dfrac{L_1 + L_2}{2}$, c'est-à-dire en ramenant son centre sur la division $\left(L_2 - \dfrac{L_1 + L_2}{2} = \dfrac{L_2 - L_1}{2}\right)$ qui partage en deux parties égales l'arc parcouru par le centre de la bulle.

Nous avons vu que la position du centre de la bulle s'obtient en prenant la moyenne des lectures faites aux deux extrémités $\left(L = \dfrac{(l + l')}{2}\right)$; l'opération du réglage de la nivelle peut être notablement simplifiée, en remarquant qu'il suffit de considérer, au lieu du centre de la bulle, une de ses extrémités, celle qui se trouve *avant* et *après* retournement de la nivelle *du même côté que l'observateur*. On a, en effet, en désignant par b la demi-longueur de la bulle :

$$L_1 = l_1 - b = l'_1 + b,$$
$$L_2 = l'_2 + b = l_2 - b,$$

d'où on tire pour valeur du déréglement :

$$\frac{L_1 + L_2}{2} = \frac{l_1 + l'_2}{2} = \frac{l'_1 + l_2}{2}.$$

Si l'on a considéré l'extrémité de la bulle située à gauche de l'observateur, le réglage s'effectue en ramenant cette extrémité sur la division $\frac{l_1 - l'_2}{2}$ (moyenne des lectures l_1 et l'_2 prises en valeur absolue); si l'on s'est servi de l'extrémité de droite, il faut ramener celle-ci sur la division $\frac{l'_1 - l_2}{2}$.

La règle générale pour effectuer le réglage d'une nivelle sera donc la suivante :

RÈGLE. — *L'axe de rotation étant à peu près vertical*[1], *on note la position occupée par l'une des extrémités de la bulle, au moyen d'une lecture faite sur l'échelle de la fiole; puis on retourne la nivelle bout pour bout autour de l'axe et on fait une nouvelle lecture en regard de l'extrémité de la bulle qui se trouve du même côté de l'observateur que précédemment. Si les deux lectures sont identiques, au signe près, la nivelle est réglée. Dans le cas contraire, on tourne la vis de réglage pour faire rétrograder la bulle jusqu'à ce que l'extrémité considérée de cette dernière soit venue en regard de la division dont la cote est la moyenne des deux lectures, prises en valeur absolue.*

EXEMPLE. — Considérons, dans l'exemple numérique ci-dessus, l'extrémité gauche de la bulle, et faisons abstraction des signes; les lectures faites avant et après retournement sont respectivement (*fig.* 33 et 34) : $l_1 = 2,3$ et $l'_1 = 2,5$. L'écart 0,2 entre ces deux lectures représente le double du déréglement; pour annuler ce dernier, on ramène l'extrémité gauche de la bulle sous la division 2,4.

REMARQUE I. — Pour que l'opération du réglage soit cer-

---

[1] Il suffit que cette verticalité de l'axe soit assurée de manière que les deux extrémités de la bulle restent simultanément visibles sous les divisions, quand on fait exécuter à la nivelle une révolution complète autour de l'axe.

'taine, il faut que le retournement de la nivelle corresponde exactement à une rotation de 200°, sauf le cas très particulier où l'axe de l'instrument aurait été préalablement rendu exactement vertical.

Remarque II. — Lorsque le centre de la bulle coïncide avec la division zéro (n° 75), ses deux extrémités sont situées sous des divisions symétriques par rapport au zéro, et portent, par suite, un même numéro. Pratiquement, on amène le centre de la bulle au zéro, en faisant coïncider les extrémités de la bulle avec des divisions de même cote. C'est ce que les praticiens appellent *caler la nivelle* ou *amener la bulle entre ses repères*.

Remarque III. — On appelle *directrice* d'une fiole portant une échelle à zéro central la tangente au tore mené par le zéro de la graduation.

Quand une nivelle, liée invariablement à un axe, est *réglée*, sa directrice est perpendiculaire à l'axe; si cet axe est vertical, la directrice est donc horizontale. C'est pour cette raison que quelques auteurs désignent cette directrice sous le nom d'*horizontale de la bulle*.

Remarque IV. — Certains instruments (les niveaux notamment) sont munis de fioles présentant deux zéros distincts symétriques et peu éloignés du milieu de la fiole (*fig.* 25 et 26 *bis*). Les déductions de la théorie qui précède leur sont applicables à la condition, toujours réalisée dans la pratique, de placer l'instrument de manière qu'au cours des observations de la bulle les deux extrémités de celle-ci ne viennent pas se placer simultanément sous une même moitié de la division de la fiole.

b. — Nivelles sphériques

78. Les nivelles sphériques (*fig.* 35) sont de petits récipients cylindriques R, fermés à la partie supérieure par un verre en forme de calotte sphérique S, et remplis d'un liquide laissant libre un petit espace circulaire qui constitue la *bulle b*.

Au milieu du verre se trouve généralement gravée une circonférence servant à repérer la position de la bulle. Le plan mené par le centre de cette circonférence est le *plan directeur* de la fiole, par analogie avec la directrice d'une

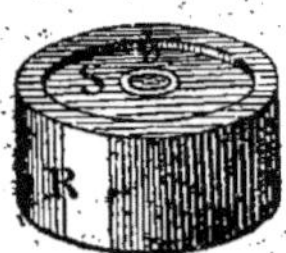

Fig. 35. — Nivelle sphérique.

fiole cylindrique (n° 77, *Remarque III*). Quand le cercle de repère occupe le point culminant de la nivelle et que, par suite, la bulle vient s'y encadrer, le plan directeur est horizontal.

Si la nivelle est reliée invariablement à un axe perpendiculaire à son plan directeur, cet axe est vertical quand le plan directeur est horizontal. La nivelle sphérique peut donc servir à établir la verticalité absolue d'un axe et, par suite, l'horizontalité d'un plan. Il suffit, en effet, pour résoudre ce problème, de modifier l'inclinaison de l'axe ou du plan de manière à amener la bulle au centre du cercle de repère.

Pour atteindre le même résultat avec une nivelle cylindrique, il faut, comme on l'a sans doute remarqué, que la nivelle soit orientée de manière que son plan méridien contienne l'axe à rendre vertical ou soit parallèle aux lignes de plus grande pente du plan ; sinon, il faut avoir recours à la double manœuvre exposée ci-après au n° 79.

La nivelle sphérique, employée concurremment avec le pied à calotte sphérique (n° 49 et 50) permet de rendre à peu près vertical, sans tâtonnements, l'axe de l'instrument, ce qui réduit notablement la durée du calage définitif avec les vis calantes et la nivelle cylindrique.

La nivelle sphérique est aussi employée pour assurer la verticalité des stadias et des mires (n° 139).

Pour ces diverses applications, le rayon de courbure du verre de ces nivelles varie de $0^m,10$ à 1 mètre.

D. — Emploi simultané des vis calantes et de la nivelle cylindrique pour rendre vertical l'axe d'un instrument.

79. Après ce qui a été dit sur les vis calantes (nº 60) et sur les nivelles (nᵒˢ 72 à 78), il nous suffira ici d'énoncer la règle pratique à suivre pour effectuer le calage d'un instrument quelconque, muni de trois vis calantes et d'une nivelle cylindrique, préalablement *réglée*.

Règle. — On oriente d'abord la nivelle $N_1N'_1$ (*fig.* 36) parallèlement à deux vis calantes V_1, V_2, et on amène la bulle entre ses repères en tournant ces deux vis, simultanément, et en sens contraire.

Fɪɢ. 36.

Puis on amène la nivelle dans une direction $N_2N'_2$ perpendiculaire à la première, et on *cale* en manœuvrant la troisième vis V_3.

On replace la nivelle dans la position $N_1N'_1$ pour rectifier le premier calage, qui a pu être en partie détruit; puis, dans la seconde $N_2N'_2$; et ainsi de suite jusqu'à ce que l'on ne constate plus de déplacement appréciable de la bulle, quand on place la nivelle successivement dans deux directions perpendiculaires l'une à l'autre.

§ 4. — AXES DE ROTATION, PINCES ET VIS DE RAPPEL

80. **Axes de rotation.** — Dans les instruments de précision les axes de rotation sont constitués par des pièces coniques traversant des douilles de même forme.

Les constructeurs désignent ces dispositifs sous le nom de *centres*. Les croquis schématiques ci-dessous (*fig.* 37 à 40) montrent quatre dispositions de centres. Dans les deux premières (*fig.* 37 et 38), l'appareil comprend une seule partie mobile M tournant par rapport à une pièce fixe F. Les figures 39 et 40 concernent des instruments comportant deux parties mobiles distinctes M_1 et M_2. Des pinces (n° 81) permettent de rendre solidaires à volonté soit la partie fixe F et la partie mobile M_1 (*fig.* 37 à 40), soit les deux parties mobiles M_1 et M_2 (*fig.* 39 et 40).

Dans un centre bien fait les pièces coniques doivent prendre contact, d'une part, sur toute l'étendue des surfaces

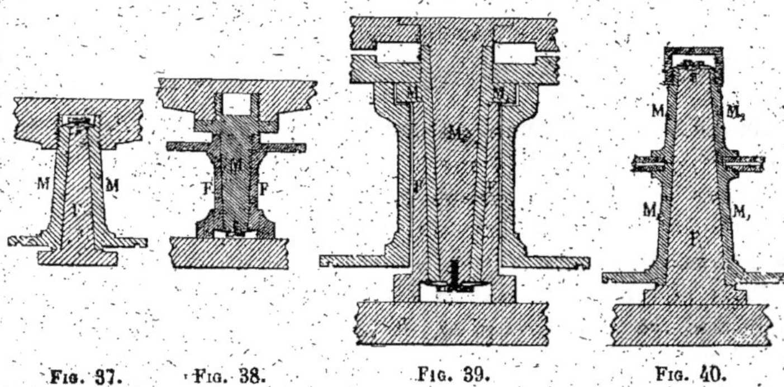

Fig. 37.   Fig. 38.   Fig. 39.   Fig. 40.

coniques, d'autre part, sur de petites couronnes horizontales ménagées à cet effet (voir *fig.* 37 à 40) ; dans la figure 37, par exemple, on voit que la *chemise* mobile M repose sur la pièce fixe F, ou *centre* proprement dit, non seulement par sa surface conique intérieure, mais encore à sa partie inférieure, par l'intermédiaire d'un petit plan horizontal. Si la chemise portait sur ce plan, mais non sur la surface conique, le centre présenterait du *jeu* ; si, au contraire, la chemise portait sur la partie conique et non sur le plan, il se produirait des *coïncements*. Des ressorts, représentés sur les figures en traits renforcés, ont pour but d'assurer les contacts horizontaux.

81. Pinces et vis de rappel. — Pour diriger le viseur de l'instrument sur un point déterminé, c'est-à-dire pour faire un *pointé*, on agit d'abord à la main sur la partie mobile de l'instrument pour amener l'objet visé dans le champ du viseur ; mais il est facile de se rendre compte que cette manœuvre à la main ne saurait suffire dans tous les cas. Dans les levers de précision, en effet, on a souvent à pointer un objet à moins de 0°,01 près (1/2 minute de l'ancienne division sexagésimale). Or, sur un cercle de 0^m,10 de rayon, le développement de l'arc de 0°,01 ne dépasse pas 0^{mm},016. On ne pourrait évidemment pas réaliser une telle précision dans le pointé, si l'instrument n'était pas pourvu d'un organe spécial permettant de faire tourner la partie mobile de l'instrument

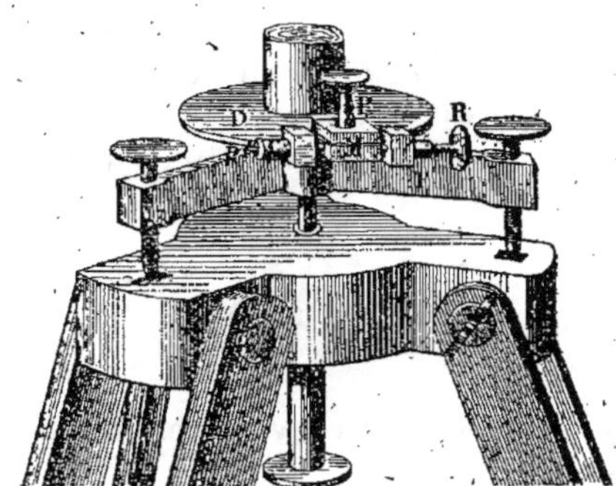

Fig. 41.

très lentement et très sûrement. Cet organe (*fig.* 41) se compose d'une pince P et d'une vis de rappel R.

La pince comprend une mâchoire M formée de deux pièces distinctes, embrassant le disque mobile D, et d'une vis P, permettant de serrer fortement l'une contre l'autre les deux parties de la mâchoire. Quand la vis de serrage de la pince n'est pas vissée à fond, le disque D peut tourner librement entre les deux parties de la mâchoire ; quand on serre, au contraire, cette vis, le disque devient solidaire de la pince et, par suite, comme on le verra ci-dessous, des parties fixes de l'instrument. On ne peut plus faire tourner à la main la partie mobile de l'appareil, mais la vis de rappel R permet de lui imprimer alors une rotation lente. A cet effet, la pince est emprisonnée entre l'une des extrémités d'un piston v et la pointe de la vis de rappel R. Sous l'action d'un ressort logé dans le cylindre *c*, le piston assure le contact permanent de la pièce M et de la vis de rappel. L'écrou de celle-ci, de même que le cylindre, étant reliés invariablement à la partie fixe F de l'instrument, on voit qu'il suffit de tourner la vis de rappel pour déplacer la pince, et, par suite, le disque D, si, comme nous le supposons, la vis de cette pince a été préalablement serrée.

82. En pratique, quand on ne doit faire, dans une position du disque, qu'une observation de très courte durée, il suffit ds serrer faiblement la pince ; le serrage doit, au contraire, être plus énergique si le disque doit rester immobilisé pendant une série d'observations. Dans tous les cas, on doit tourner la vis d'un quart de tour seulement pour remettre le disque en liberté.

§ 5. — VISEURS

A. — Appareils a visée directe

83. Le dispositif à visée directe se compose généralement de deux pinnules A et B (*fig.* 42).

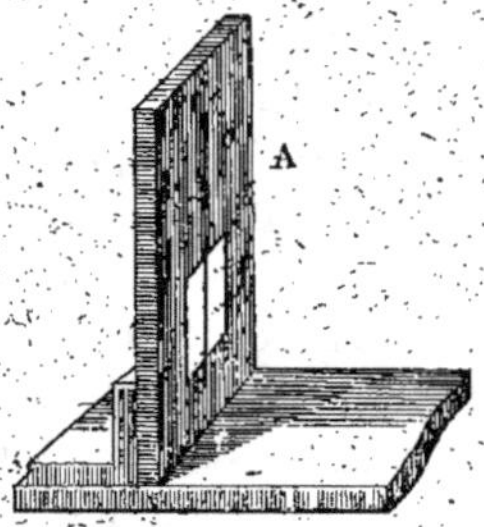
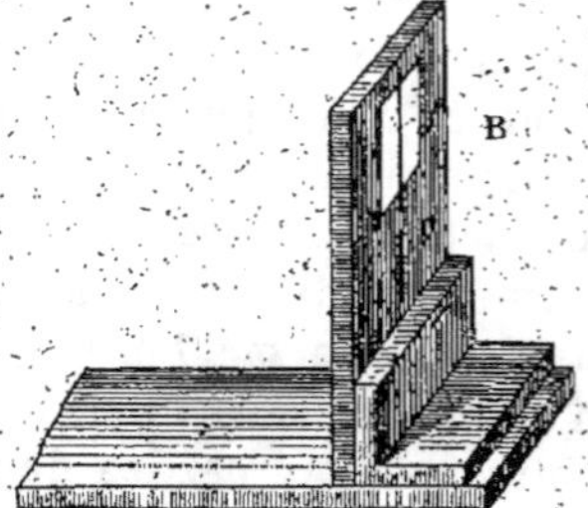

Fig. 42.

Chaque pinnule comprend une fente *o* et une fenêtre rectangulaire *f*, dans l'axe de laquelle est tendu un crin très fin. La fenêtre de chaque pinnule correspond à la fente de l'autre.

L'ensemble des deux pinnules constitue l'*alidade*. Pour déterminer un plan de visée, l'opérateur place l'œil derrière la fente de l'une des pinnules, de manière à ce que le crin de la fenêtre opposée paraisse bissecter la fente. En déplaçant l'alidade, on peut faire passer le plan de visée ainsi déterminé par un point donné, le pied d'un jalon par exemple.

Avant d'utiliser une alidade, il faut s'assurer que chaque fente et le crin tendu dans la fenêtre opposée appartiennent à un même plan ; pour cela, on vise le crin par la fente et on vérifie qu'il se présente bien parallèlement aux bords de celle-ci ; s'il n'en était pas ainsi, les visées seraient impossibles.

84. Dans quelques instruments maintenant peu usités, on trouve une autre espèce de viseur. C'est un tube terminé à l'une de ses extrémités par une paroi percée d'une petite ouverture circulaire servant d'œilleton, et à l'autre, par une fenêtre portant deux crins perpendiculaires l'un à l'autre.

85. Les alidades à pinnules sont peu commodes, parce que l'œil ne peut pas percevoir simultanément, avec netteté, un objet très rapproché, comme le crin de la pinnule antérieure, et le signal beaucoup plus éloigné par lequel on doit faire passer le plan de visée ; l'œil est obligé de s'accommoder successivement pour les distances correspondantes, et il en résulte une certaine fatigue. D'autre part, en admettant que les visées passent toutes par l'axe o de la fente, la figure 43 montre que l'épaisseur du crin f couvre une largeur qui croît avec la distance aux objets visés. Si l'on désigne par d la distance des deux pinnules, D la distance à l'objet visé, x l'étendue couverte à cette distance par un crin d'épaisseur e, on a :

$$x = e. \frac{\mathrm{D}}{d}.$$

Avec une alidade de $0^m,12$ de longueur (dans certains goniomètres, on descend même jusqu'à $0^m,07$) et un crin ayant un diamètre de $\frac{1}{10}$ de millimètre seulement, on a pour une distance de 100 mètres :

$$x = 0^{mm},1 \times \frac{100}{0,12} = 83 \text{ millimètres.}$$

On pourra donc, par exemple, déplacer un jalon de 4 à 5 centimètres à droite ou à gauche de sa position normale sans qu'il cesse de paraître se projeter sur le crin.

L'erreur est notablement plus grande quand on ne prend pas la précaution de viser par l'axe de la fente. Sur la figure 43 les droites AB, CD limitent le champ dans lequel

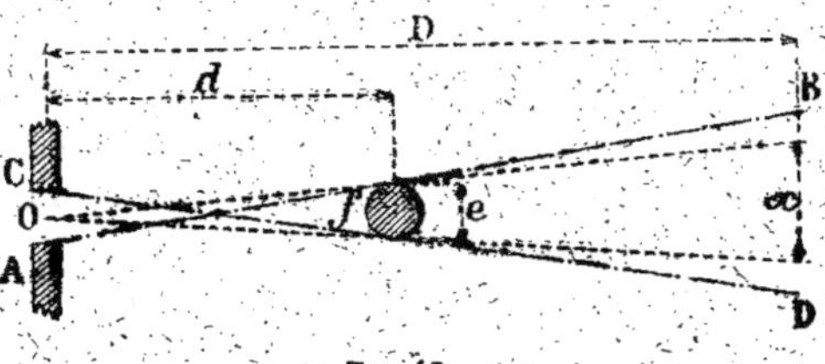

Fig. 43.

peut se déplacer la visée quand on porte l'œil d'un bord à l'autre de la fente. On établirait facilement que, dans les mêmes conditions que ci-dessus, avec une fente de $0^{mm},1$ de largeur, l'ouverture BD du champ, à 100 mètres, serait de $0^m,17$ environ.

Pour toutes ces raisons, l'emploi des appareils à pinnules tend à se restreindre de plus en plus, surtout depuis que certains opérateurs ont fait établir par les constructeurs de très petits cercles à lunette tout aussi portatifs que les anciens instruments à visée directe.

B. — LUNETTES

a. — DESCRIPTION GÉNÉRALE

86. La lunette dont sont munis la plupart des instruments modernes est une lunette astronomique (*fig.* 44). Un *objectif* O' est monté à l'extrémité d'un tube cylindrique L constituant le corps de la lunette. A l'opposé, en R, un second tube peut glisser à frottement doux dans le premier; il porte intérieurement un diaphragme en forme de disque annulaire sur lequel sont fixés, en croix, deux fils d'araignée, constituant le *réticule r*. Enfin un troisième tube *o*, pénétrant en partie dans le second, renferme un système optique faisant office de loupe : c'est l'*oculaire* [1].

Les mouvements des tubes les uns par rapport aux autres doivent s'effectuer avec régularité et sans à-coup. A cet effet, ils s'emboîtent exactement, sans aucun jeu, et sont munis des dispositifs suivants pour faciliter leur manœuvre:

1° Sur le tube porte-réticule R (*fig.* 44) est fixé une cré-

Fɪɢ. 44. — Lunette astronomique.

maillère sur laquelle vient mordre un pignon denté *p* dont la monture est soudée au corps de la lunette; en tournant ce pignon dans un sens ou dans l'autre, on fait sortir ou rentrer le tube porte-réticule;

2° Le tube porte-oculaire présente un bouton en saillie *b* (*fig.* 45), qui s'engage dans une rainure héli-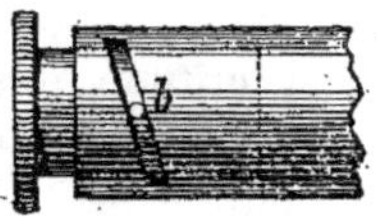coïdale pratiquée dans le tube porte-réticule; pour faire avancer ou reculer lentement le tube porte-oculaire, il suffit de lui imprimer un mouvement de rotation autour de son axe ; le bouton *b* ne pouvant se déplacer qu'en suivant la rainure héli-

Fɪɢ. 45.

coïdale, détermine nécessairement, par suite de l'obliquité de celle-ci, la translation longitudinale du tube-oculaire.

Dans beaucoup d'instruments, le tube-oculaire est simplement engagé à frottement doux dans le tube porte-réticule;

[1] Un disque noir concave, percé d'un œilleton ayant 3 millimètres seulement de diamètre (pour limiter l'amplitude possible des mouvements de l'œil et réduire l'erreur de parallaxe), protège l'œil contre les lumières extérieures.

quelquefois aussi il se visse à l'extrémité de ce dernier. Nous
pensons que le dispositif ci-dessus doit être préféré.

b. — Objectif

87. L'objectif [1] sert à obtenir à l'intérieur de la lunette
une image *réelle* de l'objet visé.

L'objectif est *achromatique*. On sait que les rayons lumineux réfractés par une lentille sont en même temps décom-
posés, ce qui produit, dans les images, des irisations de
diverses couleurs, dites *aberrations de réfrangibilité*. C'est pour remédier à ce défaut que
l'on achromatise l'objectif en le formant de
deux lentilles inégalement réfringentes (*fig.*
46) : l'une O_1 convergente, en verre commun,
ou crown-glass, est placée vers l'extérieur de
la lunette ; l'autre O_2, divergente, en cristal

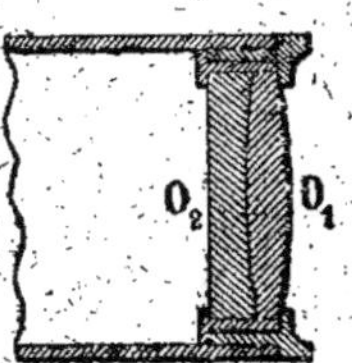

Fig. 46. — Objectif.

ou flint-glass, est disposée à l'intérieur. Quand
les courbures des deux lentilles sont convenablement calculées, deux des couleurs du spectre forment
leurs foyers au même point ; alors les rayons réfractés qui
correspondent à ces deux couleurs se superposent et les aberrations de réfrangibilité se trouvent supprimées en grande partie.

Il importe d'ailleurs à la netteté des images que les lentilles soient disposées dans l'ordre indiqué ci-dessus et à
l'exactitude des opérations que l'objectif ne ballotte pas
dans sa monture, ce qui provoquerait des déplacements
intempestifs de l'axe optique de la lunette ; aussi semble-t-il
que les constructeurs devraient mastiquer l'objectif dans
son barillet ; toutefois, comme cette précaution n'est généralement pas observée, nous recommandons aux opérateurs
de ne jamais dévisser, sauf en cas *d'absolue nécessité*, le
barillet porte-objectif et encore moins le contre-barillet qui
sert à caler l'objectif dans son barillet.

Les poussières qui peuvent se déposer sur la face postérieure de l'objectif ne sont d'ailleurs pas suffisantes pour

---

[1] Dans tout ce qui va suivre nous supposons connue la théorie
élémentaire des lentilles, que l'on trouve d'ailleurs exposée dans
tous les traités de physique.

diminuer d'une manière appréciable la clarté de la lunette ; le nettoyage de cette face doit donc être considéré, en raison de la manœuvre qu'il nécessite, comme une opération plus nuisible qu'utile.

c. — RÉTICULE

88. Le réticule a pour objet de déterminer, sur l'image d'un signal observé, le ou les points de ce signal qui se trouvent sur une ou plusieurs lignes de visée. Le diaphragme porte-réticule (*fig.* 47) est un anneau A contre la tranche externe duquel viennent buter quatre vis V_1, V_2, V_3, V_4, traversant un manchon M.

Le réticule proprement dit peut être constitué soit par des fils d'araignée tendus sur le diaphragme A, soit par une plaque de verre réunie à cette même pièce et portant gravés au diamant des traits qui tiennent

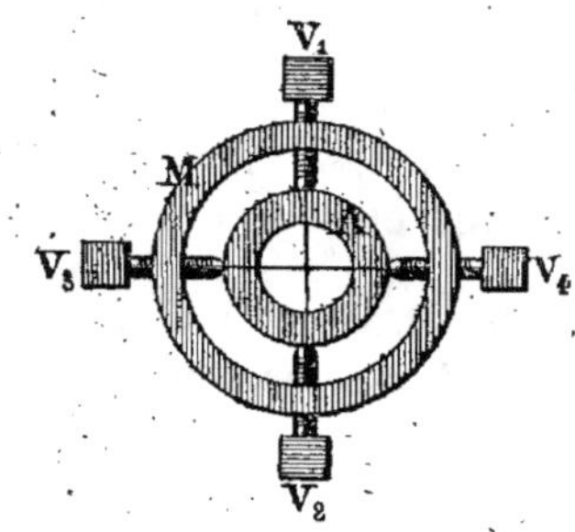

Fig. 47. — Réticule.

lieu de fils. Il y a généralement un fil ou trait vertical et un fil ou trait horizontal ; dans les lunettes des instruments de nivellement, ce dernier prend le nom de *fil niveleur* ; enfin, dans certaines lunettes, deux autres fils ou traits sont disposés de part et d'autre de l'un des deux premiers ; on les appelle *fils stadimétriques* parce qu'ils servent à évaluer les distances sur une stadia (n°ˢ 242 et suivants)[1].

Le réglage des instruments exige que le réticule puisse être déplacé soit de haut en bas, soit transversalement ; ces mouvements sont obtenus par le jeu des vis butantes qui fixent la position du diaphragme. La seule précaution à prendre, dans la manœuvre de ces vis, consiste à dévisser d'abord d'une petite quantité la vis disposée du côté vers lequel doit être poussé le réticule ; on visse ensuite celle

---

[1] Dans la suite de l'ouvrage nous aurons souvent à employer le mot « fil ». Nous désignerons ainsi indistinctement soit un fil proprement dit, soit le trait gravé qui peut en tenir lieu.

qui est diamétralement opposée à la première. Cette
manœuvre qui s'exécute à l'aide d'une clé spéciale, est
répétée jusqu'à ce que l'on ait assuré au réticule la position
convenable.

d. — OCULAIRE

89. L'oculaire sert à amplifier les fils du réticule et la
petite image de l'objet visé fournie par l'objectif. On peut
le constituer de manière à améliorer l'achromatisme de
cette image.

Les oculaires employés dans les instruments de topographie sont de deux sortes : l'oculaire de Ramsden, dit
positif, et l'oculaire de Huyghens, dit négatif.

90. L'oculaire de Ramsden (*fig.* 48) est une loupe double,
formée de deux lentilles *c*, *o*, plan-convexes, dont les sur-

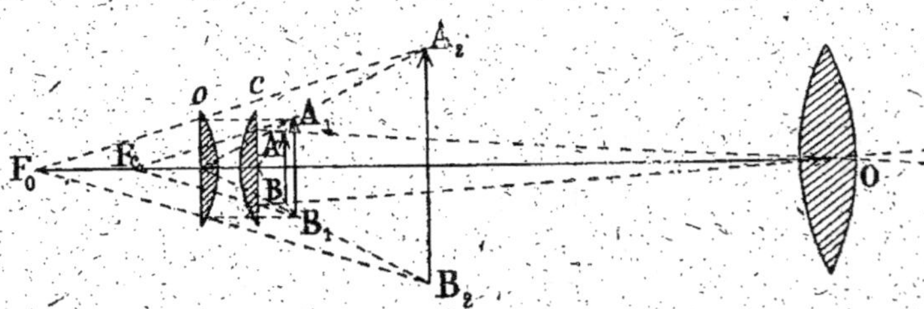

Fig. 48. — Oculaire positif ou de Ramsden.

faces courbes sont disposées en regard l'une de l'autre.
La lentille *o*, placée du côté de l'œil, prend le nom de *verre
d'œil*; l'autre *c*, celui de *verre de champ*. L'image renversée
AB, de l'objet visé, formée par l'objectif O, *en avant* (côté de
l'objectif) du verre de champ *c*, subit une double amplification ;
le verre de champ fournit, en effet, une première image
virtuelle amplifiée en A_1B_1, et on se trouve alors dans les
mêmes conditions que si, le verre de champ n'existant pas,
l'objectif fournissait lui-même l'image A_1B_1. Cette dernière
subirait une amplification par suite de l'interposition du

verre d'œil o entre elle et l'observateur ; celui-ci contemple donc finalement une image A_2B_2 doublement amplifiée.

91. L'oculaire d'Huyghens (*fig.* 49) est composé de deux lentilles convergentes c, o, habituellement plan-convexes [1], dont les faces planes sont tournées du côté de l'œil. L'image fournie par l'objectif vient se former *en arrière* [2] (côté de l'observateur) du verre de champ c, c'est-à-dire entre les deux lentilles ; les rayons lumineux issus de l'objectif O étant réfractés par le verre de champ, l'image réelle A_1B_1, que doit amplifier

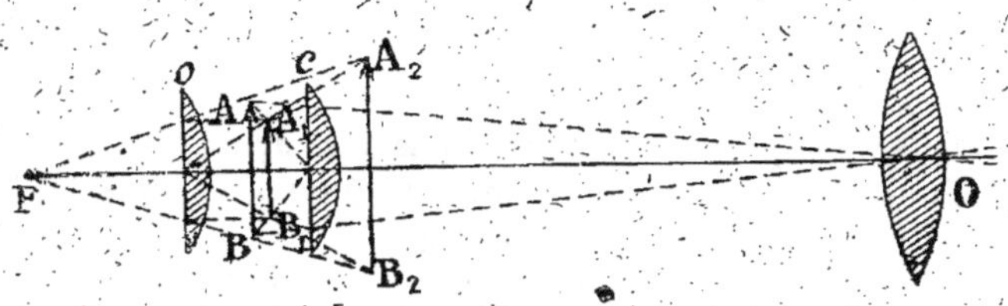

Fig. 49. — Oculaire négatif ou d'Huygens.

le verre d'œil, est ici plus petite que l'image AB que fournirait directement l'objectif, si le verre de champ n'existait pas. On voit donc que, toutes choses égales d'ailleurs, l'oculaire négatif d'Huyghens fournit un grossissement moindre que celui de Ramsden et, par suite, un champ plus étendu de la lunette.

e. — MISE AU POINT DE LA LUNETTE

92. Les fils du réticule servent à pointer certains détails des objets visés ; pour que les pointés ne présentent aucune incertitude il est nécessaire que le réticule puisse être placé exactement dans le plan de l'image réelle fournie par l'objectif ; en effet, quand cette coïncidence n'est pas réalisée, un fil tel que F (*fig.* 50) se projette sur des points

---

[1] Les oculaires des niveaux employés au nivellement général de la France sont des oculaires négatifs formés de deux ménisques convergents.

[2] C'est pour cette raison que cet oculaire est dit *négatif*.

distincts A, B, C, de l'image, suivant que l'œil occupe devant l'oculaire les positions 1, 2, 3; il se produit donc alors une *parallaxe* qui rend à peu près impossibles les pointés.

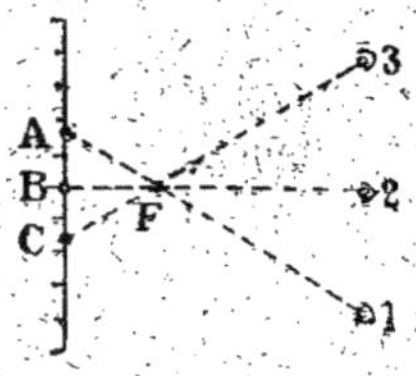

La distance de l'image réelle à l'objectif variant en raison inverse de l'éloignement du but, il faut pouvoir modifier à volonté la position longitudinale du réticule pour le faire toujours coïncider avec l'image ; à cet effet il est fixé à l'intérieur du tube porte-réticule (n° 86), mobile par rapport au corps de la lunette [1].

Fig. 50.

93. D'autre part, on sait qu'il existe, pour chaque vue, un minimum de distance au-dessous duquel la netteté des objets observés diminue rapidement.

Cette distance de l'œil à l'objet, qui est d'une trentaine de centimètres pour une vue normale, est ce qu'on appelle la distance de la *vision distincte*. Les images virtuelles de l'objet visé et du réticule, observées dans une lunette, doivent donc, pour être vues sans fatigue, être amenées à la distance de la vision distincte ; on obtient ce résultat en faisant varier la distance qui sépare soit l'oculaire de Ramsden, soit le verre d'œil de l'oculaire de Huyghens, du plan contenant le réticule et l'image réelle de l'objet visé [2]. A cet effet, les deux lentilles de l'oculaire de Ramsden ou le verre d'œil de celui de Huyghens sont montés dans le tube porte-oculaire *o* (*fig.* 44). C'est le mouvement relatif de ce tube par rapport au tube porte-réticule R (*fig.* 44), qui permet d'éloigner ou de rappro-

[1] La nécessité d'assurer la coïncidence du réticule avec l'image réelle conduit à disposer le réticule en avant du verre de champ, dans l'oculaire de Ramsden (*fig.* 48), et entre les deux lentilles, dans l'oculaire d'Huyghens (*fig.* 49). Aussi, dans ce dernier, le verre de champ est-il fixé lui-même au tube porte-réticule, en avant du diaphragme porte-fils, tandis que le verre d'œil seul est entraîné par le tube porte-oculaire.

[2] La théorie des lentilles montre, en effet, que la distance de l'image virtuelle fournie par une loupe à cette dernière, varie en raison directe de la distance de la loupe à l'objet observé. D'après cela, les myopes *rentrent* l'oculaire plus que les presbytes.

cher à volonté l'oculaire de Ramsden de l'image A_1B_1 (*fig.* 48) ou, dans l'oculaire de Huyghens, le verre d'œil de l'image A_1B_1 (*fig.* 49).

94. La mise au point d'une lunette est une opération essentielle sur laquelle il importe d'insister, beaucoup d'opérateurs n'y attachant pas une importance suffisante. Aussi allons-nous résumer comment, en pratique, il convient de procéder pour arriver à une mise au point correcte.

1º On dirige la lunette sur un fond clair (le ciel ou une feuille de papier blanc) et on agit sur le tube porte-oculaire de manière à le faire avancer ou reculer jusqu'à ce que les fils du réticule paraissent très noirs;

2º On vise un objet très net (une mire par exemple) et on tourne le pignon de la crémaillère actionnant le tube porte-réticule jusqu'à ce que l'image de l'objet ait atteint son maximum de netteté;

3º Si, après cette manœuvre, les fils du réticule ont perdu un peu de netteté, on y remédie en tournant de nouveau, dans le sens convenable et d'une très petite quantité, le tube porte-oculaire. A ce moment l'image du réticule et de ce qui se trouve dans son plan est reportée à la distance de la vision distincte;

4º On s'assure finalement que l'image de l'objet visé a bien été amenée dans le plan du réticule; pour cela, il faut hocher la tête perpendiculairement à l'un des fils; si le fil paraît se déplacer sur l'image, il y a parallaxe; il faut alors détruire celle-ci en agissant très lentement, dans le sens convenable[1], sur le pignon, pour amener l'image du but exactement dans le plan du réticule.

C'est à ce moment seulement que la lunette est prête pour l'observation. Le même observateur n'a d'ailleurs plus, par la suite, à toucher à l'oculaire; mais la position, dans la lunette, de l'image du signal observé variant suivant la distance de ce

---

[1] Quand le fil paraît *suivre* l'œil, il faut *sortir* le tube porte-réticule, et pour cela tourner le pignon *en vissant;* si, au contraire, le fil paraît se déplacer en sens contraire de l'œil, il convient de *rentrer* le porte-réticule et agir sur le pignon *en dévissant.*

dernier à l'instrument, il faut, *avant chaque visée*, manœuvrer le bouton de la crémaillère de manière à amener le réticule dans le plan de l'image et détruire toute parallaxe des fils par rapport à celle-ci, en procédant comme il est dit au précédent alinéa (4°).

f. — GROSSISSEMENT

95. Nous nous bornerons à rappeler, sans donner la démonstration que l'on trouve dans tous les traités de physique, que le grossissement d'une lunette astronomique est sensiblement égal au rapport des distances focales de l'objectif et de l'oculaire.

Deux moyens peuvent être employés en pratique pour évaluer le grossissement d'une lunette :

1° On dirige la lunette sur une règle divisée placée à une distance telle que l'on puisse voir facilement les divisions à l'œil nu ; puis on observe cette règle simultanément avec un œil nu et l'autre placé à l'oculaire de la lunette ; on parvient, après quelques instants, à apprécier le nombre des divisions qui, à l'œil nu, paraissent avoir la même étendue qu'une seule des divisions, vue dans la lunette ;

2° Les rayons lumineux traversant la lunette peuvent être reçus en arrière de l'oculaire sur un écran transparent portant une petite division que l'on observe à la loupe pour évaluer la dimension du cercle lumineux ainsi recueilli ; en déplaçant l'écran par tâtonnements, on trouve une position pour laquelle le cercle en question, qui prend le nom d'*anneau oculaire*, a un diamètre minimum ; c'est l'image de l'objectif telle que la perçoit l'œil de l'opérateur. Le rapport des diamètres de l'objectif et de l'anneau oculaire fournit une mesure du grossissement de la lunette.

On obtient une plus exacte évaluation du grossissement en fixant contre l'objectif un écran présentant une ouverture égale aux deux tiers environ du diamètre de l'objectif. Le grossissement est alors égal au rapport de la largeur de cette ouverture à la dimension correspondante de l'anneau oculaire déformé.

Le grossissement est un élément intéressant à connaître, mais il ne faut pas perdre de vue qu'il ne caractérise pas la *puissance* d'une lunette, c'est-à-dire la facilité plus ou moins grande avec laquelle on perçoit certains détails d'objets éloignés. Une lunette peut posséder un fort grossissement et manquer de puissance, parce que, pour une lunette de dimensions données, la clarté des images diminue à mesure qu'augmente le grossissement.

La puissance relative de plusieurs lunettes s'obtient en observant successivement avec chacune d'elles un écran, placé à une centaine de mètres, sur lequel ont été préalablement tracés des traits d'épaisseur décroissante, on note le numéro des traits les plus minces que chaque lunette permet de distinguer nettement.

g. — Tube garde-soleil

96. Pour éviter la diminution de clarté des images qui résulterait de l'introduction, dans la lunette, de lumières

Fig. 51. — Tube garde-soleil.

réfléchies provenant de la diffusion des rayons solaires, on prolonge la lunette L par un petit tube cylindrique S, dit *garde-soleil* (fig. 51).

h. — Vérifications à faire subir aux lunettes. — Nettoyage des lentilles

97. **Vérification d'une lunette.** — Indépendamment de l'achromatisme, dont on reconnaît parfaitement l'insuffisance en observant la netteté des images, les conditions de bon fonctionnement d'une lunette résident dans l'absence de tout ballottement de l'objectif dans sa monture et du tube porte-réticule par rapport au cylindre dans lequel il s'emboîte.

Il importe donc de vérifier, avant tout travail, et surtout après un long transport de l'instrument, que les trépidations antérieures n'ont pas dévissé le barillet porte-objectif et, s'il y a lieu, de revisser à fond ce dernier. On n'oubliera d'ailleurs pas que, le centre optique d'un objectif coïncidant rarement avec le centre de figure du barillet, tout dévissage de celui-ci peut déterminer un changement de direction de l'axe optique de la lunette si, après revissage, l'objectif ne se retrouve pas rigoureusement placé comme il l'était auparavant.

Aussi les constructeurs feraient-ils bien de réaliser un mode de fixation du barillet permettant de munir celui-ci d'un tenon s'engageant dans une encoche pratiquée dans le corps de lunette, comme dans les niveaux du nivellement général de la France.

Pour reconnaître si le tube porte-réticule ballotte dans sa chemise, on pointe avec la croisée des fils de la lunette un détail très net, puis on cherche à imprimer avec la main de petits mouvements latéraux au tube; on examine ensuite si les fils couvrent encore le détail visé. Sinon, on répète l'expérience plusieurs fois de manière à s'assurer que la déviation de la visée est bien due au ballottement du tube et non à une modification de l'équilibre de l'instrument. Il convient, dans tous les cas, de recommencer les observations en pointant sur des objets inégalement distants de la lunette, car il se pourrait que, pour une position particulière du tube, le ballottement fût nul.

98. Nettoyage des lentilles. — Nous avons déjà dit (n° 87) que l'objectif ne doit être démonté, par l'opérateur, qu'en cas d'absolue nécessité. D'ailleurs, il ne faut pas perdre de vue que les poussières déposées sur les verres de l'objectif ne peuvent que diminuer très légèrement la clarté de la lunette, mais ne sauraient produire des taches sur les images. On peut s'en assurer en appliquant sur l'objectif un objet opaque de plusieurs millimètres de largeur; cet objet n'apparaît nullement sur l'image, qui reste aussi nette que lorsque l'objectif est complètement démasqué. Par conséquent, quand on constate des taches sur les images, il faut les attribuer à un défaut de propreté des verres de l'oculaire ou du réticule. Si ces taches se déplacent sur l'image quand on hoche la tête devant le verre d'œil, les impuretés qui les produisent sont sur les verres placés en arrière du réticule (du côté de l'observateur); dans le cas contraire, elles sont sur le réticule.

Il suffit, en général, pour nettoyer une lunette, d'essuyer légèrement, avec un chiffon très doux et très propre, la face extérieure de l'objectif, qui est la plus exposée aux poussières, et les surfaces des verres de l'oculaire que l'opérateur peut atteindre sans dévisser aucune pièce.

Pour un nettoyage plus complet des verres [1], « il faut les frotter légèrement avec un chiffon très doux, imbibé d'alcool étendu d'une égale quantité d'eau (c'est-à-dire imbibé d'alcool réduit à 50°); sécher ensuite avec un autre chiffon; étendre avec le doigt une trace de vaseline; enfin essuyer avec un chiffon très doux et sec. »

§ 6. — CERCLES DIVISÉS POUR LA MESURE DES ANGLES VERNIERS

A. — DESCRIPTION GÉNÉRALE DES CERCLES DIVISÉS ET PRINCIPE DE LA MESURE DES ANGLES

a. — LIMBE ET ALIDADE

99. On appelle *limbe* tout arc de cercle qui porte une division servant à mesurer la grandeur des angles. Dans la plupart des instruments le limbe a la forme d'un disque annulaire LL (*fig.* 52), à l'intérieur duquel tourne un plateau P sur lequel est fixé le viseur V; ce plateau prend le nom d'*alidade*. La circonférence du limbe (ou limbe proprement dit) est divisée en degrés, chiffrés de 0 à 360, ou mieux en grades, chiffrés de 0 à 400. L'alidade porte un index A; pour des raisons spéciales que l'on trouvera exposées plus loin, un second index B est généralement tracé à l'extrémité du diamètre de l'alidade passant par le premier index A.

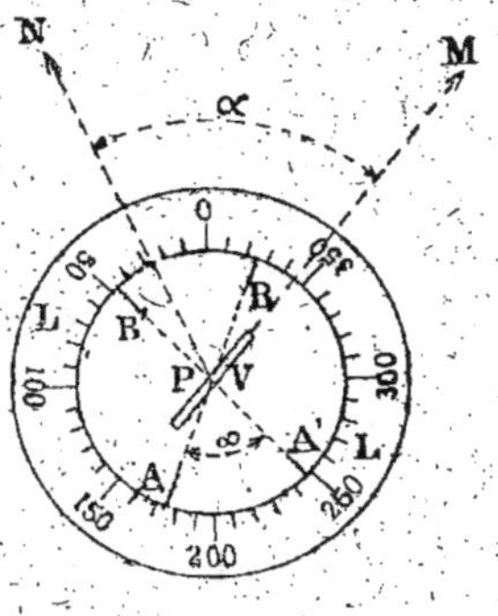

Fig. 52.

[1] Emprunté à une *Notice sur le tachéomètre auto-réducteur*, par J.-L. SANGUET.

b. — PRINCIPE DE LA MESURE D'UN ANGLE

100. Pour mesurer un angle MPN (*fig.* 52) dont le sommet coïncide avec le centre du limbe, on dirige le viseur sur le point M; dans cette position de l'alidade, l'un des index occupe une certaine position A; on amène ensuite le viseur dans la direction du second point N; dans ce mouvement, le viseur et, par suite, l'alidade ont tourné d'un angle α égal à celui MPN qu'il s'agit de mesurer; l'index considéré A est venu en A', parcourant ainsi un arc de limbe égal à α. Il suffit évidemment, pour obtenir α, de faire la différence des angles lus sur le limbe, en regard de l'index, dans les deux positions successives occupées par ce dernier. Toutefois, lorsque cet index franchit dans son mouvement de rotation la division o du limbe, il y a lieu d'ajouter à la seconde lecture une circonférence entière ($360°$ ou $400°$); dans l'exemple représenté par la figure 52, on aurait à tenir compte de cette particularité, si l'on se servait de l'index B.

En pratique, pour éviter toute erreur sans s'astreindre à observer si l'index franchit ou non le zéro du limbe, il convient d'observer la règle suivante :

RÈGLE. — Viser les points à observer dans un ordre tel que les index se déplacent dans le sens de la chiffraison du limbe; puis, pour obtenir l'angle compris entre deux des signaux, retrancher la lecture du limbe qui correspond au premier signal de celle répondant au second signal, après avoir, s'il y a lieu, augmenté cette dernière de $360°$, ou $400°$, pour rendre possible la soustraction.

REMARQUE. — Quand l'index est disposé, pour la première visée, en regard du *zéro* du limbe, la lecture de la seconde visée fait connaître directement la valeur de l'angle compris entre les signaux.

B. — Division des limbes.

a. — Divisions sexagésimale et centésimale

101. Beaucoup d'instruments en usage sont encore gradués suivant l'ancienne *division sexagésimale* ; la circonférence est alors subdivisée en 360 parties égales, dites *degrés* et, par suite, l'angle droit a pour valeur 90° ; le degré comprend 60 minutes, la minute 60 secondes, etc. Mais il n'est pas douteux que, dans un avenir très prochain, la *division centésimale* aura remplacé définitivement la précédente, grâce aux avantages marqués qu'elle présente sous le triple rapport de la commodité, de la rapidité et de la sûreté des observations, d'une part, et des calculs, d'autre part. Dans ce dernier système, la circonférence est divisée en 400 grades et, par suite, l'angle droit en 100 grades [1].

Chaque grade se subdivise, suivant les règles auxquelles sont assujetties toutes les mesures de notre système métrique, en décigrades, centigrades, milligrades, décimilligrades, etc.

Les centigrades sont souvent désignés sous le nom de *minutes centésimales*, et les décimilligrades sous celui de *secondes centésimales*, par opposition aux minutes et aux secondes de l'ancien système. Le grade vaut donc 100 minutes centésimales, et la minute 100 secondes centésimales.

Dès à présent, la division centésimale est exclusivement adoptée dans tous les levers tachéométriques, quels que soient les types d'instruments, et pour tous les travaux qu'ont à effectuer les grands services topographiques publics, savoir : service géographique de l'Armée ; service du Nivellement général de la France ; service du Cadastre.

Sa généralisation ne saurait être trop encouragée, surtout depuis qu'il existe en France d'excellentes tables trigono-

---

[1]. La circonférence du globe terrestre mesurant, à peu près 40.000 kilomètres, il en résulte que le grade de grand cercle correspond *approximativement* à 100 kilomètres.

métriques à 5 et à 4 décimales, répondant à tous les besoins de la topographie [1].

Dans cet ouvrage nous envisageons la division centésimale seule.

b. — MODE DE DIVISION DES LIMBES

102. Les limbes sont habituellement divisés en grades ou en demi-grades. Nous montrerons plus loin les avantages et les inconvénients respectifs de ces deux modes de division. Les dizaines de grades seules sont chiffrées.

Théoriquement, la chiffraison peut être croissante dans le sens du mouvement des aiguilles d'une montre ou, dans le sens contraire ; mais, en pratique, il convient de donner la préférence aux limbes dont la chiffraison est faite suivant le second système (exemples : *fig.* 52 et 53). Plusieurs raisons majeures motivent ce choix ; nous nous bornerons à citer celle qui se trouve, pour le moment, seule évidente. Par suite de l'habitude que nous avons d'écrire et de lire de gauche à droite, et de nous servir de règles divisées usuelles (doubles-décimètres, etc.) à chiffraison croissant dans le même sens, nous nous trouvons exposé à commettre des fautes quand, exceptionnellement, nous devons nous servir d'une division dont la chiffraison croît de la droite vers la gauche. Or, dans le système de chiffraison des limbes préconisé et représenté par la figure 53, les divisions se présentent à l'œil de l'observateur dans les

1 *Tables trigonométriques centésimales* précédées des logarithmes des nombres de 1 à 10.000, suivies d'un grand nombre de tables relatives à la transformation des coordonnées topographiques en coordonnées géographiques et *vice versa ;* aux nivellements trigonométriques et barométriques ; au calcul de l'azimut du soleil et de l'étoile polaire, du temps et de la latitude ; au tracé des courbes avec le tachéomètre, etc., etc., par J.-L. *Sanguet,* ingénieur-géomètre, président de la Société de Topographie parcellaire de France (Paris, Gauthier-Villars, 1889).

Nouvelles tables de logarithmes pour les lignes trigonométriques et pour les nombres de 1 à 12.000, éditées par le *Service géographique de l'Armée* (Paris, Imprimerie nationale, 1889 ; en vente chez Gauthier-Villars).

mêmes conditions que celles d'une règle divisée ordinaire, et
on lit, par exemple, sans hésitation, en regard de l'index de la
figure 53 : 132 grades. La figure 54 représente, au contraire,

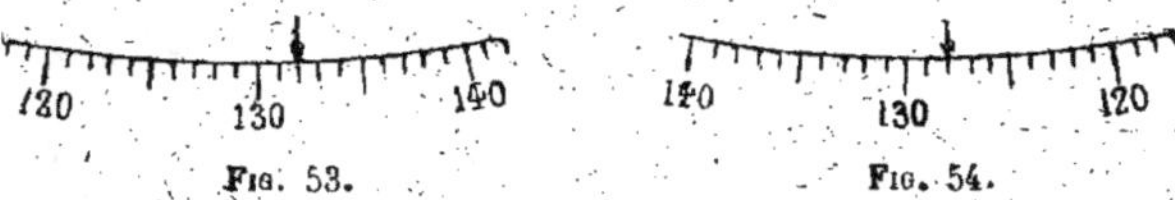

Fig. 53.   Fig. 54.

le mode inverse de chiffraison ; il est facile de se rendre
compte qu'en raison de la tendance, devenue instinctive,
qu'a acquise l'œil de se porter de gauche à droite, on est
tenté de lire 132, et non pas 128 grades, comme on doit le
faire, si on a le soin d'observer le sens de la chiffraison. Il
nous paraît inutile d'insister plus longuement sur les chances
de fautes inhérentes, dans la pratique, à ce mode de chiffraison rétrograde.

C. — VERNIERS.

a. — THÉORIE DU VERNIER

103. Sur un limbe de $0^m,15$ de diamètre, divisé en 400 parties, chaque division (ou grade) mesurerait seulement $1^{mm},2$
environ. L'œil ne pouvant estimer facilement que le dixième
d'une division de cette étendue, la lecture faite avec l'index
de l'alidade pourrait être affectée, en plus ou en moins, d'une
erreur d'estime de $\frac{1}{2}$ décigrade [1]. Cette erreur angulaire, qui
correspond à un déplacement latéral de $0^m,08$ pour un point
placé à 100 mètres, est excessive dans les levés de précision.
On est donc conduit, pour la réduire, à faire usage d'un dispositif permettant d'estimer avec plus de précision les fractions de division du limbe. On adjoint à cet effet à chaque
index de l'alidade un *vernier* [2] circulaire (*fig.* 55). La théorie

---

[1] Pour un opérateur non ou peu exercé, l'erreur à craindre serait
même de ± 1 décigrade.

[2] *Vernier* est le nom du géomètre franc-comtois qui inventa, en
1630, le dispositif en question.

de ce vernier est, d'ailleurs, identique à celle du vernier rectiligne. Un vernier, dont les divisions doivent correspondre
à une fraction $\frac{1}{n}$ de celles du limbe s'obtient en divisant en
n parties un arc ayant pour amplitude $n - 1$ divisions du
limbe.

Pour fixer les idées, proposons-nous de construire un
vernier donnant directement le double centigrade (0,02),

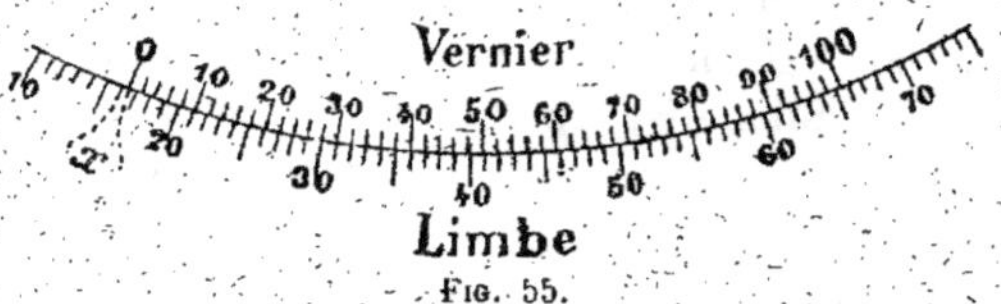

Fig. 55.

soit le $\frac{1}{50}$ de division d'un limbe divisé en grades. A cet effet,
prenons un arc égal à 49 parties du limbe et subdivisons cet
arc en 50 parties égales. La nouvelle division est le vernier
cherché (fig. 55).

Le trait 0 du vernier servant d'index, appelons x le nombre
de doubles centigrades compris entre cet index et le premier trait de division que l'on trouve à sa gauche, c'est-à-
dire le nombre de doubles centigrades à ajouter à la lecture
en grades, faite sur le limbe, pour obtenir la lecture complète ; en désignant par l la largeur d'une division du
limbe, l'arc de 2 centigrades a pour développement $\frac{l}{50}$, et la
distance du *zéro* du vernier au trait précédent de la division
du limbe est $x \times \frac{l}{50}$; soient encore v la largeur d'une division du vernier, et n le nombre des divisions du vernier. On
a, d'après ce qui a été dit ci-dessus,

$$v = \frac{n-1}{n} \cdot l = \frac{50-1}{50} \, l;$$

d'où l'on peut tirer :

$$l - v = \frac{1}{n} \cdot l = \frac{1}{50} \, l.$$

Le trait 0 du vernier se trouvant à une distance $\dfrac{xl}{n} = \dfrac{x.l}{50}$ du trait du limbe qui indique le nombre entier de grades de la lecture, les distances des traits suivants du vernier aux traits correspondants du limbe sont respectivement :

NUMÉROS
des
traits du vernier

N° 1 $\dfrac{xl}{n} - \dfrac{1}{n}\, l$, ou, dans l'espèce, $\dfrac{xl}{50} - \dfrac{1}{50}\, l$

N° 2 $\dfrac{xl}{n} - \dfrac{2}{n}\, l$,   id. $\dfrac{xl}{50} - \dfrac{2}{50}\, l$

N° 3 $\dfrac{xl}{n} - \dfrac{3}{n}\, l$,   id. $\dfrac{xl}{50} - \dfrac{3}{50}\, l$

. . . .

N° x $\dfrac{xl}{n} - \dfrac{x}{n}\, l = 0$ id. $\dfrac{xl}{50} - \dfrac{x}{50}\, l = 0$.

Ce qui prouve que le trait du vernier dont le rang indique le nombre de doubles centigrades constituant l'appoint de la lecture *coïncide* avec un trait de division du limbe. Il ne saurait d'ailleurs y avoir simultanément deux couples de traits en coïncidence, sauf lorsque l'appoint est nul. Dans ce cas l'index et le dernier trait du vernier coïncident chacun avec un trait du limbe.

Le comptage des traits du vernier est facilité par une chiffraison spéciale qui indique non pas le rang du trait, mais la valeur correspondante, en centigrades, de l'appoint. Ainsi, dans notre vernier donnant les doubles centigrades, le cinquième trait à partir de l'index sera chiffré 10 ; le dixième, 20 ; et le cinquantième, 100 centigrades.

b. — RÈGLE PRATIQUE POUR L'EMPLOI DU VERNIER

104. Règle. — Pour enregistrer la valeur de l'angle marqué sur le limbe par l'alidade, on lit le nombre entier de grades indiqué par le trait de division du limbe qui se trouve immédiatement à gauche du *zéro* (servant d'index) du vernier. On cherche ensuite celle des divisions du vernier qui coïncide

exactement avec une division du limbe ; sa cote fait connaître l'appoint, en centigrades, de la lecture.

REMARQUE I. — Pour opérer rapidement, il convient, au moment de la lecture du nombre de grades, d'*estimer* la position du 0 du vernier par rapport aux deux traits voisins de division du limbe pour se reporter ensuite, directement et sans tâtonnement, vers la partie du vernier dans laquelle se trouve le trait qui sert à compléter la lecture. C'est l'inobservation de cette simple précaution qui rend très laborieux, pour certains observateurs, l'emploi des verniers.

REMARQUE II. — Il peut arriver qu'aucun trait du vernier ne coïncide exactement avec un trait du limbe ; dans ce cas, on remarque que deux traits du vernier approchent beaucoup de la coïncidence ; ceci prouve que l'appoint a une valeur intermédiaire entre celles qu'indiquent ces deux traits. Dans l'exemple représenté figure 56, on adopterait comme appoint 3 centigrades.

La facilité avec laquelle se fait et peut s'étendre cette estime a conduit certains inventeurs à ne faire donner aux

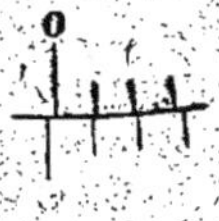

Fig. 56. 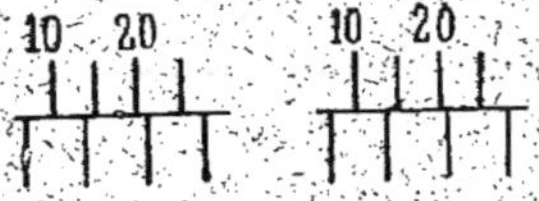　　　　Fig. 57.

verniers que les 5 centigrades ; avec un peu d'habitude, on estime très bien à vue le centigrade. Ainsi, sur la figure 57, on estime 17 centigrades sur le vernier de gauche et 18 centigrades sur celui de droite. Pour ce genre d'estime, il est bon de considérer la position des traits du vernier situés de part et d'autre de ceux qui comprennent la cote à estimer.

REMARQUE III. — Lorsque le limbe est divisé en *demi-grades*, le vernier est chiffré de 0 à 50 seulement ; quand le zéro du vernier tombe dans la première moitié du grade, on procède aux lectures comme il a été dit ci-dessus ; mais, si cet index se trouve dans le second demi-grade, comme c'est le cas sur la figure 58, la lecture du limbe doit comprendre l'indication du demi-grade. Ainsi on lira ci-contre sur le limbe 81ᵍ,5, puis, sur le vernier, 30 centigrades, et la lecture complète sera finalement 81ᵍ,50 + 0ᵍ,30 = 81ᵍ,80. Cette opération revient à supposer le vernier chiffré de 50 à 100, toutes les fois que son zéro tombe à droite d'un trait de demi-grade.

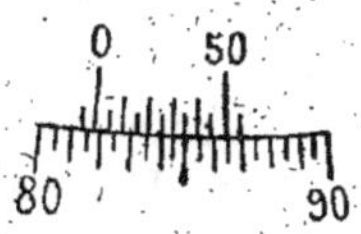

Quelles que soient les précautions prises par l'opérateur, ce mode de division l'exposera toujours à commettre des fautes de demi-grades. Par contre, ce système permet de réduire environ au quart la longueur du vernier ; en effet, la largeur des divisions du limbe étant moitié moindre que dans le premier cas, il en est à peu près de même de celles du vernier, et la longueur de celui-ci se trouve, de ce fait, réduite de plus de moitié ; d'autre part, la seconde moitié du vernier, chiffrée de 50 à 100, devenant inutile, on conserve seulement la première partie chiffrée de 0 à 50.

Fig. 58.

c. — Vérifications des lectures angulaires et verniers complémentaires

105. Les alidades portant deux index et deux verniers diamétralement opposés, la différence des deux lectures correspondantes doit être égale, à la tolérance près, à une demi-circonférence ou 200 grades ; cette particularité constitue un contrôle très peu efficace des lectures parce que, lorsque l'opérateur commet une faute sur la première lecture, il est rare qu'il ne la reproduise pas dans la seconde, celle-ci étant toujours, au premier chiffre près, identique à la première. Ainsi ayant lu au premier vernier 107ᵍ,32 au lieu de 107ᵍ,52, l'opérateur, effectuant la lecture au second vernier, lit presque toujours, par entraînement, 307ᵍ,32 au lieu de 307ᵍ,52.

Si la faute commise est supérieure à 1 grade, elle est relativement peu dangereuse, car, en général, elle ne passe pas inaperçue dans les calculs ou le report du plan, en raison des importantes déformations qu'elle entraîne ; mais, si elle ne porte que sur le chiffre des décigrades, elle peut altérer les résultats sans cependant forcer l'attention.

Pour remédier à ce grave inconvénient, M. Sanguet, ingénieur-géomètre, a imaginé l'emploi de deux verniers tels que la somme des deux lectures correspondantes soit égale au nombre de centigrades qui constitue l'appoint de la lecture faite sur le limbe ; on les appelle, en raison de cette propriété, *verniers complémentaires.* Ces verniers sont disposés côte à côte, leurs zéros étant séparés par un arc de 15ᵉ d'amplitude. Les parties entières des deux lectures correspondantes du limbe doivent donc toujours différer de 15ᵉ, ce qui atténue, pour les grades, l'inconvénient précité.

Soit maintenant x l'appoint à ajouter au nombre de grades indiqué par l'index du premier vernier pour obtenir la lecture complète qui serait fournie par un vernier ordinaire occupant la même place. Le premier des verniers complémentaires fournit un appoint $x_1 = 0,45x$, et le second un appoint $x_2 = 0,55x$, de sorte que l'on a toujours :

$$x_1 + x_2 = x \qquad \text{et} \qquad x_2 - x_1 = 0,1x.$$

En vérifiant pour chaque angle que cette seconde relation est satisfaite, on a une preuve de l'exactitude des lectures ; quand, au contraire, elle ne l'est pas, on a la certitude qu'une faute s'est glissée dans les observations, et l'interprétation des deux relations ci-dessus permet souvent de retrouver et de corriger la faute sans qu'il soit utile de retourner sur le terrain procéder à une vérification[1].

---

[1] En effet, admettons qu'une faute $\pm\, \varepsilon$ ait été commise dans la lecture du premier appoint ; celui-ci devient $x_1 \pm \varepsilon$. On a alors :

1° Pour la somme des deux appoints :

$$(1) \qquad \Sigma x = (x_1 \pm \varepsilon) + x_2 = (x_1 + x_2) \pm \varepsilon$$

ou, en désignant par x la somme $x_1 + x_2$ des appoints supposés corrects :

$$(2) \qquad \Sigma x = x \pm \varepsilon\,;$$

2° Pour la différence des deux appoints :

$$(3) \qquad \Delta x = (x_1 \pm \varepsilon) - x_2 = (x_1 - x_2) \pm \varepsilon = 0,1\, x \pm \varepsilon\,;$$

on devrait avoir :

$$(4) \qquad \frac{\Sigma x}{10} - \Delta x = 0.$$

106. Supposons le limbe divisé en grades et voyons comment devront être établis deux verniers complémentaires donnant les $0^g,05$ par lecture directe et les centigrades à l'estime.

Nous savons que toute lecture x_1 faite sur le premier vernier est liée à l'appoint réel correspondant x que fournirait un vernier normal par la relation $x_1 = 0{,}45x$, d'où l'on tire $x = \dfrac{x_1}{0{,}45}$. Chaque division du vernier valant nominalement $0^g,05$ ne représente donc, en réalité, qu'un appoint $x = \dfrac{0^g,05}{0{,}45} = \dfrac{1}{9}$ de grade. On obtiendra, par suite, ce vernier, en divisant en neuf parties égales un arc égal à huit divisions du limbe.

Au lieu de cela, on trouve, en remplaçant $\dfrac{\Sigma x}{10}$ et Δx par leurs valeurs tirées des équations (2) et (3) :

$$(5) \qquad \frac{\Sigma x}{10} - \Delta x = \frac{x \pm \varepsilon}{10} - (0{,}1x \pm \varepsilon);$$

d'où

$$(6) \qquad \frac{\Sigma x}{10} - \Delta x = \mp 0{,}9\varepsilon.$$

Dans le cas où la faute $\pm \varepsilon$ est commise dans la lecture du second appoint, on trouve :

$$(7) \qquad \frac{\Sigma x}{10} - \Delta x = \pm 1{,}1\varepsilon.$$

Appelons E l'écart, égal à $\mp 0{,}9\varepsilon$ ou $\pm 1{,}1\varepsilon$. Sachant que les fautes sont, en général, égales à un nombre entier de centigrades ou de décigrades, on détermine d'abord la grandeur probable de l'inexactitude cherchée, c'est-à-dire la faute possible sensiblement égale à E.

D'après le signe de E, on voit immédiatement dans quel sens il faut corriger Δx pour tendre à annuler cet écart E ; mais ce résultat peut alors être atteint soit en appliquant une correction positive à l'un des appoints, soit une correction négative à l'autre. On essaye successivement ces deux solutions et l'on adopte celle pour laquelle $\dfrac{\Sigma x}{10} = \Delta x$.

Dans le cas où les deux appoints sont simultanément faux, on ne peut pas toujours, bien entendu, apporter des corrections d'office, mais le dispositif conserve néanmoins l'avantage de révéler l'existence de ces fautes.

Si l'on donnait à chaque division du vernier sa valeur réelle $\frac{1}{9}$ de grade, la lecture du vernier ferait connaître la totalité de l'appoint; mais comme, par hypothèse, la lecture du vernier ne doit représenter que les 0,45 de l'appoint, on chiffre le vernier de 0 à 45 centigrades, chacune de ses divisions représentant $\frac{1^{g}}{9} \times 0,45 = 0^{g},05$.

Pour le second vernier on a de même :

$$x_2 = 0,55x;$$

d'où :

$$x = \frac{x_2}{0,55} = \frac{0^{g},05}{0,55} = \frac{1}{11} \text{ de grade.}$$

On le trace en divisant en onze parties égales l'arc embrassant dix divisions du limbe, et l'on chiffre les onze divisions obtenues de 0 à 55, en attribuant à chacune d'elles une valeur nominale de $0^{g},05$.

D. — VÉRIFICATION DE LA DIVISION ET DU CENTRAGE DES CERCLES

107. Les mesures d'angles effectuées avec un cercle ne sont correctes qu'autant que l'instrument satisfait aux deux conditions suivantes :

1° Les erreurs de division du limbe sont négligeables;

2° Le centre de rotation de l'alidade coïncide avec le centre de la circonférence divisée du limbe.

La première condition s'explique d'elle-même; d'ailleurs, avec les procédés actuels de division des cercles, les erreurs de cette nature peuvent être considérées comme négligeables dans les instruments de topographie. Mais la seconde condition nécessite quelques développements.

a. — ERREUR DE CENTRAGE

108. Soient O (*fig.* 59) le centre des divisions du limbe, et R le centre de rotation de l'alidade, placé à une distance e du

point O. Quand l'alidade est dirigée suivant une direction $R\lambda_1'$, faisant un angle ω avec le diamètre RO sur lequel sont situés les deux centres, la lecture λ_1' faite sur le limbe en regard d'un index de l'alidade, diffère de celle λ_1, qui aurait été obtenue avec une alidade tournant autour du point O.

Soit ε l'erreur de cette lecture. En raison de la petitesse de l'excentricité e, l'arc ε peut être pris, sans erreur sensible, égal à la perpendiculaire abaissée du point λ_1' sur $O\lambda_1$, ce qui permet d'écrire :

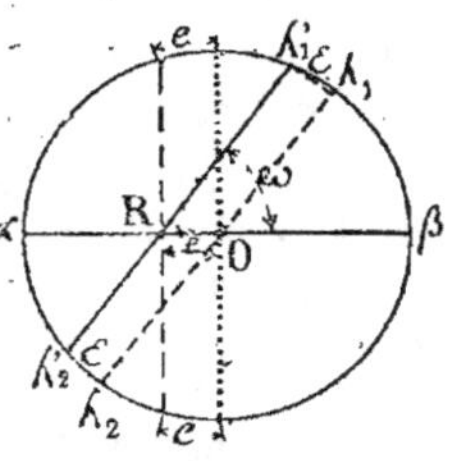

Fig. 59.

$$(1) \qquad \varepsilon = e \sin \omega.$$

Pour $\omega = 0$ ou 200 grades, on a $\sin \omega = 0$ et, par suite, une erreur nulle.

Pour $\omega = 100^g$, on a :

$$\sin \omega = + 1 \qquad \text{et} \qquad \varepsilon = + e;$$

enfin, pour $\omega = 300^g$, on a :

$$\sin \omega = - 1 \qquad \text{et} \qquad \varepsilon = - e.$$

On voit donc que : 1° l'erreur est nulle quand la visée est faite suivant une direction RO qui contient à la fois le centre de rotation de l'alidade et le centre des divisions du limbe ; 2° l'erreur passe par deux valeurs maxima $+ e$ et $- e$, quand la visée est faite suivant une direction perpendiculaire à la première.

Ces conclusions ressortent d'ailleurs aussi de l'examen de la figure 59.

L'angle compris entre les visées déterminées par deux signaux A et B est égal à la différence $(\lambda_B - \lambda_A)$ des lectures correspondantes faites en regard de l'index (n° 100). L'inexactitude de cet angle, provenant du défaut de centrage de l'alidade, est donc égale elle-même à la différence $\varepsilon_B - \varepsilon_A$ des erreurs de ces lectures.

109. **Élimination de l'erreur de centrage.** — L'erreur commise sur la lecture faite en regard de l'index n° 2, diamétra-

lement opposé à celui n° 1 qui a été considéré jusqu'ici, est *égale et de signe contraire* à la première, puisque, pour ce second index, l'angle ω doit être augmenté de 200°, ce qui revient à changer de signe son sinus.

Il s'ensuit que la moyenne de la lecture faite à l'index 1 et de celle, corrigée de 200°, faite à l'index 2, est exempte d'erreur. Par conséquent, *tout cercle mal centré peut être utilisé, à la condition de s'astreindre à lire les angles marqués par les deux index dont l'alidade doit être munie et à prendre la moyenne des deux lectures.*

110. **Détermination de l'erreur de centrage et représentation graphique de ses variations.** — Soit λ_2' la lecture erronée répondant au second index, et λ_2 la lecture correcte correspondante (*fig.* 59). On a pour les deux index :

$$(2) \qquad \lambda'_1 = \lambda_1 + e \sin \omega$$
$$(3) \qquad \lambda'_2 = \lambda_2 + e \sin (\omega + 200^g) = \lambda_2 - e \sin \omega.$$

Retranchant la première de ces équations de la seconde, il vient :

$$(4) \qquad \lambda'_2 - \lambda'_1 = (\lambda_2 - \lambda_1) - 2e \sin \omega ;$$

d'où l'on tire :

$$(5) \qquad (\lambda_2 - \lambda_1) - (\lambda'_2 - \lambda'_1) = 2e \sin \omega,$$

soit, en remarquant que $\lambda_2 - \lambda_1 = 200^g$:

$$(6) \qquad 200^g - (\lambda'_2 - \lambda'_1) = 2e \sin \omega ;$$

ce qui montre que l'écart, par rapport à 200°, de la différence des lectures faite aux deux index, mesure, pour chaque position de l'alidade, le double de l'erreur due à l'excentricité. Comme l'erreur elle-même, cet écart varie, quand on fait tourner l'alidade, suivant une loi sinusoïdale qui peut être représentée de la façon suivante :

Sur un axe OX (*fig.* 60) on porte des divisions égales figurant le développement des divisions du limbe ; en chaque point de cote ω. on élève une ordonnée représentant, à une

échelle convenue, en grandeur et en signe, la valeur trouvée pour $2e \sin \omega$, et on réunit
les sommets d'ordonnée par
une courbe continue.

**111. Détermination de l'ex-
centricité en grandeur, direction et sens.** — Il est facile, à
la seule inspection de cette

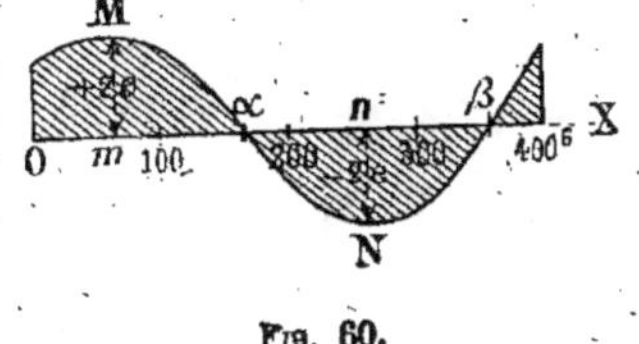

Fig. 60.

courbe, de déterminer en *grandeur, direction* et *sens* l'excentricité *e*.

Les écarts maxima M*m*, N*n* de la courbe par rapport à
l'axe font en effet connaître la grandeur du double de
l'excentricité $2e$. On sait, d'autre part, que l'erreur est nulle
pour le diamètre contenant le centre de rotation de l'alidade
et celui des divisions ; les angles α et β indiqués par l'intersection de la courbe et de l'axe OX définissent donc la direction de ce diamètre.

Reste à trouver le sens dans lequel il convient de porter
l'excentricité pour fixer définitivement la position relative
des deux centres ; α étant le premier point de rencontre de
la courbe avec l'axe, et β le second, soient (*fig.* 59) $\alpha\beta$ le diamètre correspondant du cercle, et O le centre des divisions.
Prenons comme sens positif le sens $\alpha\beta$. La position du centre
de rotation sera obtenue en portant, à partir du point O,
une distance $OR = e$, de même signe que les ordonnées de la
courbe comprises entre les points α et β.

Ceci suppose, bien entendu, que la chiffraison du limbe
croît dans le sens positif (sens inverse du mouvement des
aiguilles d'une montre) et que l'on a fait tourner l'alidade de
manière à faire suivre à l'index le sens de la chiffraison.

 — MAUVAISE POSITION D'UN INDEX

112. Dans ce qui précède nous avons supposé que la
droite joignant les deux index passe bien par le point R,
centre de rotation de l'alidade. Quand l'index n° 2 se trouve
à une petite distance δ (*fig.* 61) de la ligne λ_1 — C, toutes
les lectures λ'_2 faites en regard de l'index n° 2 sont affectées

d'une erreur δ qui est mise en évidence, dans le cas d'une alidade bien centrée, par la différence $(\lambda'_2 - \lambda_1)$ des lectures aux index opposés.

On a en effet :

$$(7) \quad \lambda'_2 - \lambda_1 = (\lambda_2 + \delta) - \lambda_1 = (\lambda_2 - \lambda_1) + \delta = 200^g + \delta;$$

d'où :

$$(8) \qquad \delta = (\lambda'_2 - \lambda_1) - 200^g.$$

Dans le cas d'une alidade mal centrée on a

$$(2) \qquad \lambda'_1 = \lambda_1 + e \sin \omega,$$
$$(9) \qquad \lambda'_2 = \lambda_2 - e \sin \omega + \delta.$$

Retranchant membre à membre la relation (2) de la rela-

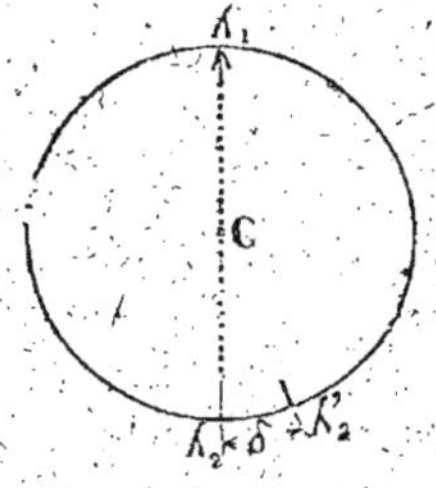

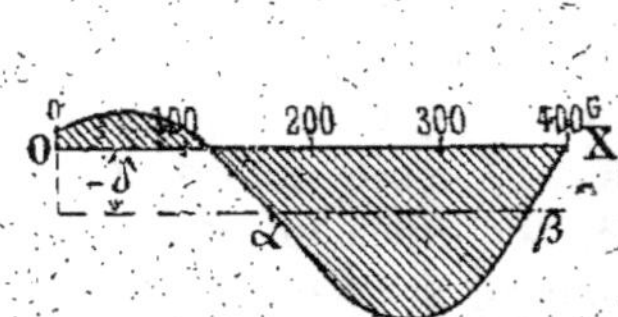

Fig. 61.   Fig. 62.

tion (9), et remarquant que $\lambda_2 - \lambda_1 = 200^g$, on trouve :

$$(10) \qquad 200^g - (\lambda'_2 - \lambda'_1) = 2e \sin \omega - \delta.$$

On voit que la courbe des écarts $200^g - (\lambda'_2 - \lambda'_1)$ s'obtient ici en portant, à partir d'un axe OX, les ordonnées de la sinusoïde de la figure 60 diminuées chacune de la quantité δ. La courbe est donc la même que dans le premier cas ; mais, par suite du déplacement constant $- \delta$ du sommet de ses ordonnées, elle n'est plus symétrique par rapport à l'axe OX (voir *fig.* 62).

c. — ERREUR DE DIVISION

113. Enfin, si la division du limbe était erronée, la courbe des écarts $200^g - (\lambda'_2 - \lambda'_1)$ subirait des déformations variables suivant la loi de l'erreur de division ; mais, dans les instruments de topographie, les erreurs de division sont bien inférieures aux erreurs de lecture, **et nous ne les citons** que pour mémoire.

d. — RÉSUMÉ

114. En résumé, la vérification d'un cercle dont le limbe comporte une circonférence complète et dont l'alidade est munie de deux index[1] s'effectue de la manière suivante : on fait tourner l'alidade de 400^g autour du pivot, en l'arrêtant dans un certain nombre de positions intermédiaires, à peu près équidistantes ; dans chaque position, on enregistre la lecture λ'_1 faite sur le limbe en regard du premier index et celle λ_2 correspondant au second. Puis on calcule les écarts : $200^g - (\lambda'_2 - \lambda'_1)$. Pour restreindre l'influence des petites erreurs de lecture, il est utile de répéter l'expérience plusieurs fois en amenant l'alidade sur les mêmes angles, à 1 ou 2 grades près, et de prendre la moyenne des écarts constatés pour chaque position. Si ces écarts sont tous nuls (à la tolérance près), l'instrument peut être considéré comme ne présentant aucun défaut. Si les écarts sont égaux à une constante C, on en conclut :

1° Que la division est correcte ;

2° Que l'alidade est bien centrée ;

3° Que l'index n° 2 ne se trouve pas sur le prolongement de la droite déterminée par l'index n° 1 et par le centre de rotation de l'alidade, et que la distance δ à cette droite est :

$$\delta = - C.$$

[1] Dans le cas où l'alidade ne comporte qu'un seul index, on amène celui-ci en regard du zéro du limbe, puis, avec une pointe d'acier, on grave sur l'alidade, en face de la division 200^g, un petit trait dont on se sert ensuite comme index n° 2 pour s'assurer qu'il n'existe pas un défaut considérable de centrage.

Si, enfin, les écarts $200^o - (\lambda'_2 - \lambda'_1)$ sont inégaux, on en construit la courbe, comme il a été indiqué précédemment (n° 110). Abstraction faite des petites irrégularités dues aux erreurs des lectures, la courbe peut se présenter sous deux aspects qui caractérisent, comme le rappelle la seconde partie du tableau synoptique ci-après, les erreurs du cercle.

COURBE CHOISIE COMME EXEMPLE	NATURE DE LA COURBE	DÉFAUTS DU CERCLE RÉVÉLÉS PAR LA COURBE	
		Défaut de centrage	Défaut d'alignement des index et du centre de rotation
1° Les écarts sont nuls ou égaux.			
	Droite se confondant avec l'axe du diagramme.	»	»
	Droite parallèle à l'axe du diagramme.	»	1
2° Les écarts sont inégaux.			
	Sinusoïde dont l'axe coïncide avec celui du diagramme.	1	»
	Sinusoïde dont l'axe ne coïncide pas avec celui du diagramme.	1	1

e. — Cas particulier d'un limbe demi-circulaire

115. Quand le limbe affecte la forme d'un demi-cercle, la vérification de l'appareil ne peut plus s'effectuer comme il a

été expliqué précédemment. On choisit alors deux objets
très nets et aussi éloignés que possible ; puis, on mesure
plusieurs fois de suite l'angle qu'ils déterminent en déplaçant le limbe après chaque observation de manière à utiliser
successivement toutes les parties de ce limbe. Si l'alidade
est bien centrée, les valeurs trouvées pour l'angle doivent
être identiques ; s'il n'en est pas ainsi, il faut rejeter l'instrument, car il est impossible de compenser les erreurs ; le
limbe, se réduisant ici à un demi-cercle, ne permet pas, en
effet, l'emploi simultané des deux index de l'alidade.

§ 7. — AIGUILLE AIMANTÉE

116. L'aiguille aimantée joue un grand rôle en topographie
par suite de sa propriété de venir se placer, dès qu'elle est
librement suspendue, dans une direction sensiblement constante, celle du méridien magnétique.

L'angle formé par cette direction avec le plan méridien
du lieu considéré prend le nom de *déclinaison* de l'aiguille,
et l'angle de la même direction avec le plan horizontal,
celui d'*inclinaison*. Quand la pointe nord de l'aiguille se porte
vers l'ouest, la déclinaison est dite occidentale ; elle est orientale dans le cas contraire.

Les aiguilles aimantées employées dans les instruments de
topographie étant équilibrées de manière à rester horizontales, il nous suffira de parler de la *déclinaison*.

A. — Variations de la déclinaison

117. La déclinaison de l'aiguille aimantée n'est pas constante, elle est soumise à des variations qui peuvent être
classées comme suit :
1º Variations géographiques ;
2º Variations séculaires et annuelles ;
3º Variations mensuelles ;

4° Variations diurnes ou journalières ;
5° Déviations locales ;
6° Déviations accidentelles.

118. 1° **Variations géographiques.** — Pour une époque déter-

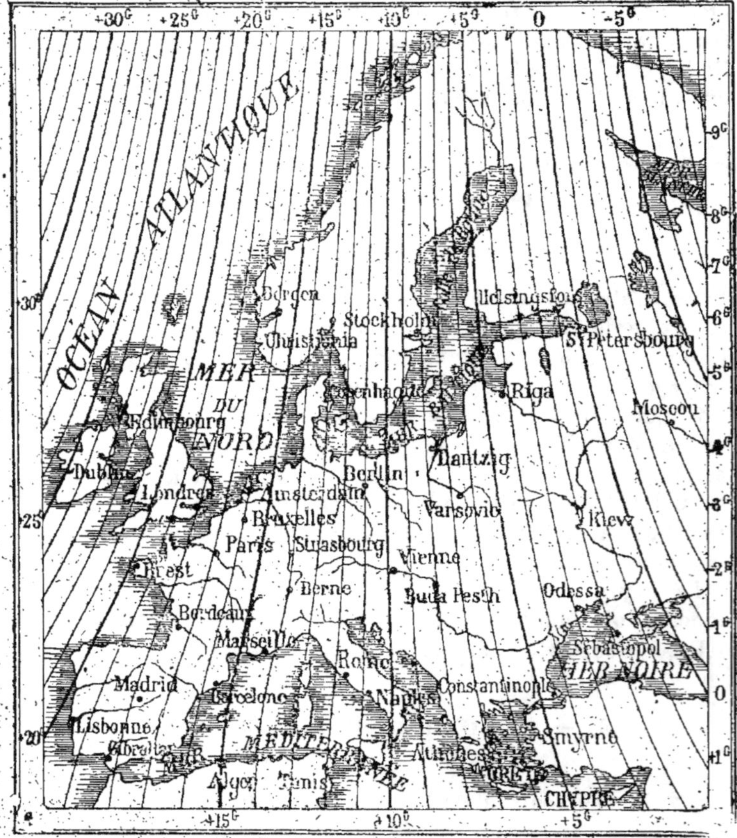

Fig. 63. — Carte d'Europe montrant les variations géographiques
de la déclinaison de l'aiguille aimantée, en 1895.

minée, la déclinaison varie notablement quand on se transporte d'un lieu à un autre. Actuellement occidentale **en**

France, elle était, au 1er janvier 1897 de 19g,89 (17°59') à Brest, de 13g,56 (12°14') à Nice, de 17g,01 (15°22') à Dunkerque, et de 15g,33 (13°30') à Perpignan.

Pour la France, l'augmentation moyenne de la déclinaison est à peu près de 0g,0072 par kilomètre, quand on marche de l'est vers l'ouest, et de 0g,0018 par kilomètre, quand on se déplace du sud au nord.

Nous donnons ci-contre (*fig.* 63) une carte d'Europe montrant comment variait la déclinaison en 1895 [1]. Sur cette carte les points de même déclinaison ont été réunis par une courbe dite *isogone*. Les cotes des isogones font connaître les déclinaisons. On considère comme *positives*, les déclinaisons occidentales, et comme *négatives*, les déclinaisons orientales.

Il faut dire qu'en réalité les lignes isogoniques ne sont pas aussi régulières que peut le laisser supposer la figure 63.

L'*Annuaire du Bureau des Longitudes* de 1898 contient, pour la France, une carte des lignes d'égale déclinaison qui met en évidence, dans le bassin de Paris, de notables écarts entre les isogones vraies et les isogones théoriques. Nous montrerons plus loin le parti que peuvent en tirer les topographes.

119. 2° Variations séculaires et annuelles. — La déclinaison en un même lieu varie avec le cours des années, suivant une loi sinusoïdale ; la figure 64 représente les variations de la déclinaison, à

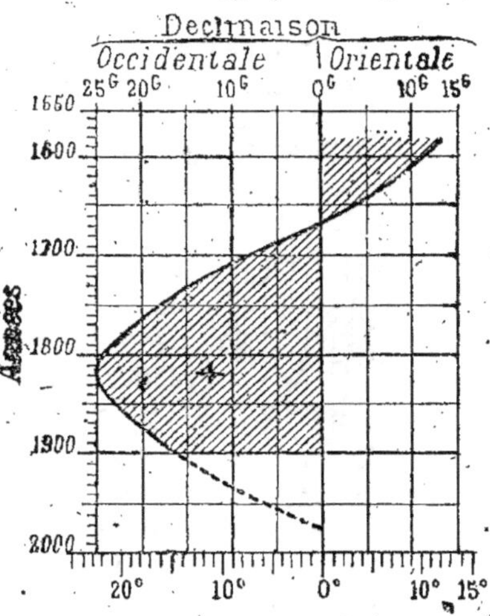

Fig. 64. — Variations de la déclinaison, à Paris, de 1580 à 1900.

[1] Nous avons déduit les éléments de cette carte des planches de courbes d'égales variations magnétiques, publiées par l'Amirauté anglaise.

Paris, depuis 1580 jusqu'à nos jours. Les écarts de la courbe par rapport à l'axe vertical indiquent, pour chaque époque, le sens et la grandeur de la déclinaison. On voit que celle-ci était nulle vers 1663 ; précédemment orientale, elle devenait ensuite occidentale, augmentait jusqu'en 1814, époque à laquelle elle atteignait son maximum de 25 grades (22° 30′), puis décroissait. Au 1er janvier 1897, elle était de 16ᵍ,78 (15° 6′), et on peut prévoir qu'elle sera redevenue nulle vers 1980.

Les déterminations faites dans les observatoires montrent que la déclinaison rétrograde, en ce moment, en France, de 0ᵍ,10 (5′) environ par an. Cette variation annuelle n'est d'ailleurs pas constante. Son importance paraît être liée au nombre de taches solaires apparentes chaque année et, bien que ce phénomène n'ait pas encore pu être expliqué, il est peu probable qu'on se trouve là en présence d'une simple coïncidence.

120. 3° **Variations mensuelles.** — La variation de la déclinaison n'est même pas régulière dans le cours d'une année ; actuellement, par exemple, au lieu de décroître proportionnellement au temps écoulé du 1ᵉʳ janvier au 31 décembre, elle varie plus ou moins suivant les saisons. La figure 65 indique la loi actuelle de ces variations. Nous avons inscrit au bas de la figure les variations réelles depuis le 1ᵉʳ janvier, pour une décroissance annuelle de la déclinaison de 0ᵍ,10 et, en haut, des coefficients K permettant d'utiliser facilement le diagramme pour des années où la variation de la déclinaison différerait du précédent chiffre.

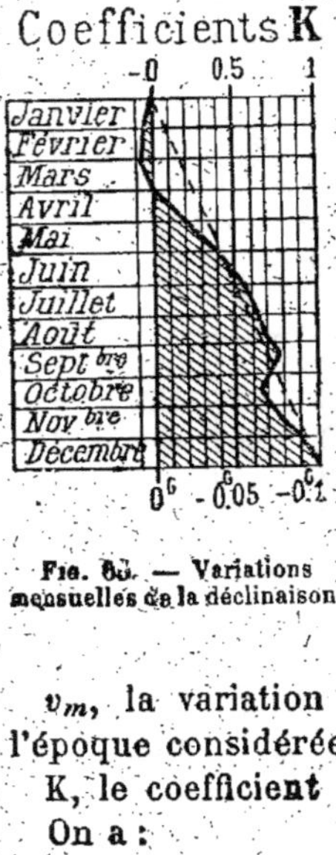

Soient : V, la variation annuelle connue ;

v_m, la variation inconnue depuis le 1ᵉʳ janvier jusqu'à l'époque considérée ;

K, le coefficient pour cette époque lu sur le diagramme.

On a :

$$v_m = KV.$$

Fig. 65. — Variations mensuelles de la déclinaison.

EXEMPLE. — La variation annuelle, en France, étant de
— 0°,11, quelle sera la variation :

1° Du 1er janvier au 1er mars ;
2° Du 1er janvier au 20 novembre ?

Réponses :

1°
$$v_m = - 0,07 \times - 0,11 = + 0^°,008$$

2°
$$v_m = + 0,82 \times - 0,11 = - 0^°,090.$$

REMARQUE. — A la rigueur, on pourrait admettre que la
variation de la déclinaison depuis le 1er janvier est proportionnelle au temps ; cela reviendrait à substituer à la courbe
de la figure 65 la droite en tireté, et les écarts entre la courbe
et cette droite montrent quelle serait l'importance des
erreurs commises ; comme on le voit, ces dernières ne
seraient pas très importantes.

121. Variations diurnes.

— Dans le cours d'une même
journée, la déclinaison oscille autour de la moyenne que
permet de calculer le diagramme de la variation mensuelle.

L'aiguille aimantée se
déplace de l'ouest à l'est
dans la matinée, jusque
vers huit heures du matin,
puis vers l'ouest jusqu'à
une heure et demie de
l'après-midi, et enfin revient vers l'est ; vers huit
heures du soir, elle s'arrête
de nouveau pour rétro-
grader vers l'ouest pendant
trois heures, puis enfin
elle se reporte vers l'est.
A dix heures et demie du
matin et à six heures du

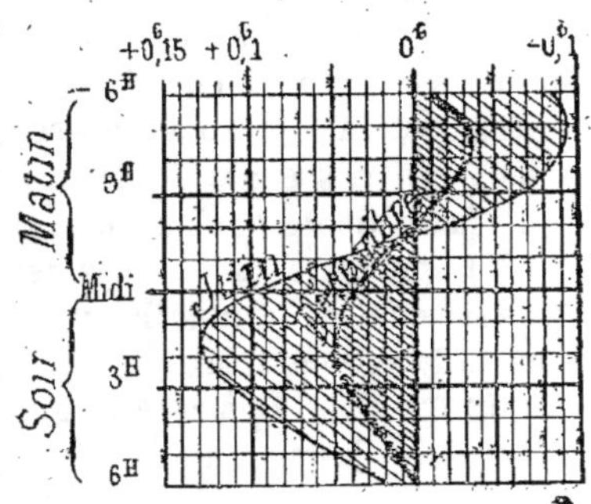

FIG. 66. — Variations diurnes de la déclinaison, pendant les mois de juin et de
décembre.

soir, pendant le jour, la position de l'aiguille correspond,
à peu près, à la déclinaison moyenne de la journée.

Les mouvements dont nous venons de parler sont trop

importants pour qu'on puisse les négliger dans les levés de précision. L'amplitude de ces oscillations varie avec la situation géographique (elles vont en croissant à mesure qu'on s'approche des pôles) et avec l'époque de l'année. La figure 66 représente, pour la France, la marche de l'aiguille aimantée, entre six heures du matin et six heures du soir, pendant le mois de décembre, au cours duquel les variations sont les plus faibles, et au mois de juin où elles atteignent, au contraire, leur maximum. Pendant ce dernier mois, l'aiguille s'avance vers l'ouest de 0ᵍ,22 entre huit heures du matin et deux heures, c'est-à-dire pendant un laps de temps de six heures. On comprend aisément que l'on ne puisse se dispenser de tenir compte de telles variations dans les levés basés sur l'emploi de l'aiguille aimantée.

122. Nous aurions pu dessiner sur la figure 66 les courbes afférentes aux douze mois de l'année; mais le diagramme eût été confus et l'interpolation des dates difficile. Nous avons préféré construire un diagramme spécial (*fig.* 67), sur lequel les opérateurs pourront lire directement, à la rencontre d'une horizontale et d'une verticale représentant respectivement la *date* et l'*heure* de l'observation, la valeur de la correction diurne de la déclinaison; cette valeur est fournie par la cote de la courbe (tracée réellement ou interpolée), qui passe par le point de rencontre de l'horizontale et de la verticale considérées.

Ce diagramme met en évidence la relation très curieuse qui existe entre la marche de l'aiguille aimantée et la variation de la température.

D'une part, on constate que, quelle que soit l'époque considérée de l'année, le maximum de déviation vers l'ouest (corrections positives) est atteint chaque jour, de une à deux heures, c'est-à-dire au moment où la température atteint son maximum.

D'autre part, pour une même heure de la journée, deux heures par exemple, on voit que la variation de la déclinaison est faible pendant les mois d'hiver et très importante en été, sauf toutefois entre dix et onze heures du matin, moment vers lequel l'aiguille occupe sa position moyenne.

Enfin l'écartement des courbes de niveau de ce diagramme permet de reconnaître à première vue les périodes pendant lesquelles la variation de la déclinaison est la plus *lente*; pendant l'été, ces périodes sont comprises entre six heures

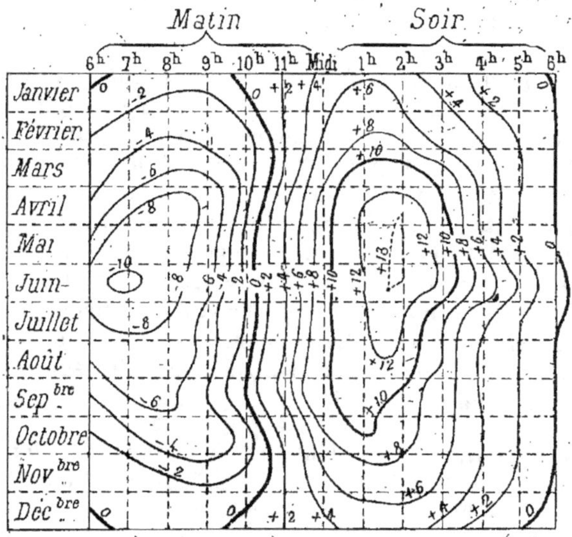

Fig. 67. — Abaque donnant les corrections, en centigrades, dues à la variation diurne de la déclinaison de l'aiguille aimantée.

et neuf heures du matin et entre midi et trois heures de l'après-midi. C'est donc, en pratique, pendant ces intervalles qu'il convient d'opérer de préférence pour atténuer l'effet de la variation diurne, quand on ne veut pas corriger par le calcul les erreurs qui en résultent. L'abaque permet d'ailleurs de choisir, à simple vue, pour chaque époque, les heures les plus favorables aux observations.

123. 5° Déviations locales. — Indépendamment des variations générales de la déclinaison dont nous venons de parler, on constate fréquemment des *déviations locales* de l'aiguille aimantée. Ces déviations sont dues soit à la présence dans le sol d'oxyde magnétique de fer ou de certaines roches éruptives, soit à l'existence, dans le voisinage du lieu d'opérations, de masses de fer.

Nous verrons ultérieurement comment on peut reconnaître si un terrain est magnétique. Disons seulement, pour le moment, que les terrains sédimentaires ne le sont généralement pas.

Une construction en fer, une grille et même des objets de petit volume placés dans le voisinage d'une aiguille aimantée peuvent en altérer sensiblement la direction normale. Les rails des voies ferrées n'exercent qu'une action insignifiante quand ils forment une suite ininterrompue, comme en voie courante, et que l'aiguille est installée à une distance supérieure à 4 ou 5 mètres. Les extrémités de chaque rail, qui jouent le rôle de deux pôles magnétiques attirant chacune le pôle de même nom de l'aiguille, peuvent en effet, dans ce cas, être considérées comme également distantes des extrémités de l'aiguille et exerçant par suite sur celles-ci des actions qui se neutralisent l'une l'autre.

124. 6° Déviations accidentelles. — Enfin on entend par déviations accidentelles des perturbations tout à fait inattendues que subit parfois la marche de l'aiguille aimantée, révélant ainsi l'existence d'orages magnétiques.

Ces perturbations paraissent coïncider avec l'apparition des taches solaires et les aurores boréales. Leur durée dépasse rarement une journée, et leur amplitude, très variable, est souvent importante.

CONCLUSIONS. — CALCUL DE LA DÉCLINAISON

125. Il résulte de tout ce qui précède que l'emploi de l'aiguille aimantée doit être proscrit sur les terrains dans lesquels on a reconnu l'existence de déviations locales, quand la méthode de levé ne permet pas de tenir compte de la déviation en chaque station ; de plus, il y a lieu, en tous temps, de se mettre en garde contre les déviations accidentelles. Nous verrons plus tard, aux *Méthodes*, comment on y parvient.

Nous avons vu aussi que la variation diurne n'est pas négligeable et qu'il faut, dans les levés de précision, soit en tenir compte par le calcul, après avoir lu les corrections correspondantes sur la figure 67, soit en atténuer l'effet en opérant pendant la période de variation lente de ladéclinaison (n° 122).

126. Indépendamment des mesures précédentes, qui ont pour but d'éliminer, au moins en partie, les erreurs dues aux variations de la déclinaison au cours des opérations, il faut encore déterminer la valeur absolue de cette *déclinaison* à l'époque du lever, en vue de l'orientation exacte du plan.

En raison des irrégularités de la variation géographique, le procédé le plus sûr consiste à déterminer, sur le terrain, la méridienne vraie du lieu et à comparer à la direction de cette ligne celle de l'aiguille aimantée (voir aux *Méthodes*). La déclinaison se trouve ainsi déterminée d'une manière directe.

Mais, dans bien des cas, on n'a ni la possibilité, ni le temps de procéder à cette opération. Aussi est-il désirable de savoir déterminer par le calcul la déclinaison probable en un lieu et à une époque donnés. Ce calcul est naturellement d'autant plus sûr que l'on se trouve plus rapproché d'une localité pour laquelle on connaît la valeur exacte, à une date fixée, de la déclinaison; en France, les éléments magnétiques sont maintenant mesurés dans un grand nombre de localités et, en général, le calcul en question donnera des résultats suffisamment approchés.

Pour fixer les idées, nous raisonnerons sur un exemple.

PROBLÈME. — Quelle sera, le 15 mai 1899, à huit heures du matin, la déclinaison de l'aiguille aimantée à Sens (Yonne).

En se reportant à la carte des lignes d'égale déclinaison, publiée dans l'*Annuaire du Bureau des Longitudes* pour 1898 on trouve d'abord que la déclinaison était à Sens, le 1er janvier 1896, de 14° 35', soit 16°,20.

On calcule ensuite, comme il a été dit précédemment, les corrections, savoir:

1° Variation annuelle du 1ᵉʳ janvier 1896
au 1ᵉʳ janvier 1899, à raison de 0ᵍ,10 par
an (n° 119), — 0ᵍ,10 × 3 ans =   — 0ᵍ,30
2° Variation mensuelle entre le 1ᵉʳ janvier 1899 et le 15 mai 1899 (n° 120 et *fig.* 65).
K.V = + 0,30 × — 0ᵍ,10   — 0ᵍ,03
3° Variation diurne, le 15 mai, à 8 heures
du matin (n°ˢ 121, 122 et *fig.* 67)   — 0ᵍ,09

                                           — 0ᵍ,42

Déclinaison, à Sens, le 1ᵉʳ janvier 1896...............   + 16ᵍ,20

Déclinaison probable, à Sens, le 15 mai 1899
à 8 heures du matin.......................   + 15ᵍ,78

B. — CONDITIONS QUE DOIT REMPLIR L'AIGUILLE AIMANTÉE

127. Description sommaire. — L'aiguille aimantée utilisée
dans les instruments de topographie (*fig.* 68) affecte généralement la forme d'un
losange. Elle est en acier.

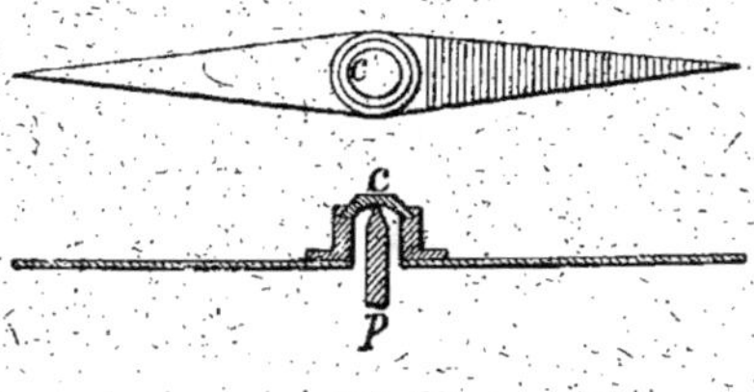

FIG. 68.

Après le recuit donné
au métal, l'aiguille pré-
sente une teinte bleuâtre
que les constructeurs ne
font disparaître habituellement que sur la pointe
sud.

L'aiguille est suspendue, par une chape *c* en pierre très
dure (rubis, agate, saphir, etc.), sur un pivot *p* en acier.

Le fond de la chape doit être bien régulier et la pointe du
pivot non émoussée. Pour prévenir les détériorations que
produiraient les chocs répétés du transport, un levier, dont
l'action est quelquefois automatique, permet de soulever
l'aiguille lorsqu'elle n'est pas utilisée pour les observations.

128. Boussoles et déclinatoires. — L'aiguille aimantée peut
être montée de manière que ses pointes puissent parcourir
une circonférence complète devant un limbe divisé; l'instrument prend alors le nom de *boussole*. Si, au contraire,
l'aiguille est enfermée dans un cadre rectangulaire tel que

ses pointes soient assujetties à un déplacement de quelques grades seulement de part et d'autre d'un index, le dispositif s'appelle *déclinatoire*.

129. Horizontalité de l'aiguille. — L'aiguille aimantée doit être équilibrée de manière à rester horizontale malgré l'inclinaison magnétique. Toutefois, celle-ci étant soumise, comme la déclinaison, à diverses variations, une aiguille, réglée pour être horizontale dans un lieu donné au moment de la construction, perd peu à peu cette horizontalité, soit que l'on s'éloigne de la région pour laquelle le réglage a été fait, soit même après un certain nombre d'années passées dans la même localité. On peut y remédier, le cas échéant, soit en limant celle des pointes qui plonge au-dessous de l'horizon, soit en déposant sur l'autre partie de l'aiguille un peu de cire.

130. Mobilité et sensibilité de l'aiguille. — Dans un instrument bien construit, l'aiguille doit être très *mobile*, c'est-à-dire qu'après l'avoir écartée de sa position normale en approchant, par exemple, un morceau de fer doux de l'une de ses extrémités, elle doit toujours revenir rigoureusement dans la direction primitive après un certain nombre d'oscillations régulièrement décroissantes ; s'il n'en est pas ainsi, il faut rechercher la cause du défaut de mobilité pour y remédier ensuite ; à cet effet, on examine avec une loupe : 1° le pivot, pour reconnaître s'il n'est pas émoussé ; 2° le fond de la chape pour découvrir les piqûres qui ont pu se produire sous l'influence des chocs accidentels.

Il faut aussi que l'aiguille soit très *sensible*, ce que l'on reconnaît au nombre et à la vitesse de ses oscillations ; celles-ci doivent être au moins d'une trentaine par minute pour une aiguille de longueur moyenne. Les aiguilles courtes sont, en général, plus sensibles que les aiguilles longues. Quand une aiguille aimantée paraît avoir perdu beaucoup de sensibilité, on peut procéder à sa réaimantation en frottant chacune de ses pointes, du milieu vers l'extrémité, avec le pôle de nom contraire à la pointe, d'un aimant en fer à cheval pouvant soulever au moins 200 grammes.

131. Coïncidence de la ligne des pôles avec la ligne des pointes. — La ligne droite qui joint les pointes de l'aiguille doit coïncider avec celle passant par les pôles magnétiques; quand il n'en est pas ainsi, l'orientement déduit des indications de l'aiguille est erroné d'un angle égal à celui compris entre ces deux lignes, parce que l'opérateur repère la ligne des pointes, tandis que c'est celle des pôles qui vient se placer dans la direction du méridien magnétique.

Ce défaut, qui, d'ailleurs, n'a d'autre inconvénient que de modifier l'orientation de l'ensemble du plan quand on ne détermine pas directement la déclinaison de la boussole (n° 126), ne pourrait être facilement mis en évidence qu'avec une aiguille se renversant sens dessus dessous, ce qui n'existe pas dans les instruments employés en topographie.

Pour le reconnaître, il faut déterminer d'une manière directe l'angle compris entre la ligne des pointes et le méridien géographique et comparer cet angle avec la valeur correcte de la déclinaison.

132. Rectitude et centrage de l'aiguille. — Dans une boussole, l'aiguille aimantée peut être assimilée à une alidade dont les index seraient constitués par les pointes de l'aiguille.

Par conséquent, il faut que : 1° ces pointes et le centre de rotation de l'aiguille soient situés sur une même ligne droite; 2° le centre de rotation de l'aiguille coïncide avec le centre du limbe divisé.

Pour vérifier si ces deux conditions sont remplies, on opère en principe comme pour l'alidade d'un cercle ordinaire (n° 114); mais ici c'est le limbe que l'on fait tourner pour faire passer successivement tous ses points devant les extrémités de l'aiguille.

§ 8. — MIRES ET STADIAS

133. Généralités. — Les mires et les stadias sont des règles divisées, dont la longueur varie depuis 2 mètres jusqu'à 5 ou 6 au maximum; elles forment le complément indispensable de certains instruments servant soit à la mesure des distances, soit à la mesure des hauteurs. Ces derniers instruments déterminent des lignes de visée que l'on repère à l'aide des divisions peintes sur les mires et les stadias.

En général, les divisions peintes sur les mires et les stadias sont égales entre elles. Quand la règle a pour seul objet la détermination des distances, la largeur de chacune de ses divisions n'est pas forcément un sous-multiple du mètre ; la règle prend, dans ce cas, le nom de *stadia*. Au contraire, les divisions doivent avoir une valeur métrique si la règle est construite en vue de la mesure des hauteurs; on lui donne alors plus particulièrement le nom de *mire*. Il est presque superflu de faire remarquer qu'une mire peut servir en même temps de stadia. Dans ce paragraphe nous ferons exclusivement usage du mot *mire* pour désigner les règles divisées, quelle que soit leur nature.

134. Les mires sont de deux espèces suivant que leurs divisions, en raison de leur forme ou de leur grandeur, sont ou ne sont pas perceptibles pour l'opérateur manipulant l'instrument de visée. Dans le premier cas, la mire est désignée sous le nom de *mire parlante* ; dans le second, elle est munie d'un voyant mobile servant à marquer le point d'intersection de la ligne de visée avec la mire ; pour cette raison, la mire prend alors le nom de *mire à voyant*.

Habituellement les mires sont tenues verticales, mais cependant quelques instruments exigent qu'on les dispose horizontalement. Nous supposerons pour le moment qu'elles sont destinées à être placées verticalement. C'est d'ailleurs le cas le plus général.

A. — MIRE A VOYANT

135. Description. — La mire à voyant est la plus ancienne. Le modèle qui a été le plus employé se compose (*fig.* 69) de deux règles en bois R_1, R_2, de 2 mètres de longueur, coulissant l'une sur l'autre ; la section de ces deux règles réunies est un carré de 4 centimètres de côté.

La règle R_1 est terminée à sa partie inférieure par un talon t en fer qui doit reposer sur le sol; sa face postérieure porte une division en centimètres chiffrée de 0 à 2 mètres, et l'une de ses faces latérales, une division semblable chiffrée de 2 mètres à 4 mètres.

La règle R_2 entraîne, à sa partie inférieure, une embrasse avec vis de pression v_2 destinée à la fixer sur la règle R_1;

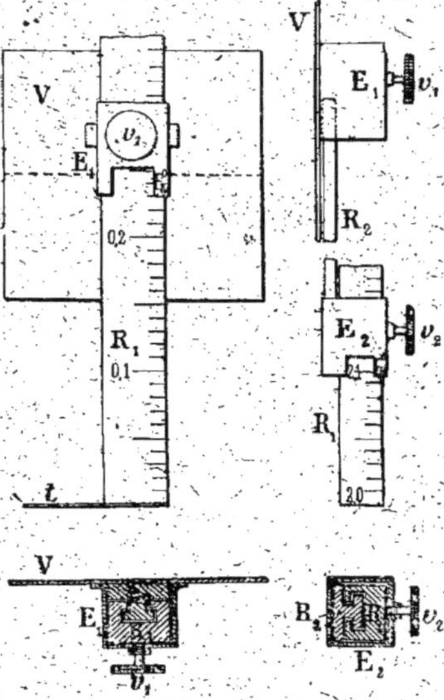

Fig. 69. — Mire à voyant.

l'embrasse E_2 de la règle R_2 présente une échancrure sur le bord droit de laquelle est tracée une division en millimètres que nous appellerons *échelle de la coulisse*.

Le voyant V est une plaque rectangulaire, en tôle, montée sur une embrasse E_1 qui entoure les deux règles en bois le long desquelles on peut le déplacer; une vis de pression v_1 permet de le fixer à la hauteur convenable. L'embrasse du voyant est échancrée du côté de la division postérieure de la règle R_1 et porte une division en millimètres disposée comme celle de l'embrasse de la règle mobile.

Le zéro de cette division correspond à la *ligne de foi* du voyant, c'est-à-dire à l'axe horizontal du rectangle. Nous la désignerons sous le nom d'*échelle du voyant*.

Le voyant se fixe aussi à l'extrémité supérieure de la règle mobile au moyen d'un taquet à ressort qui agit automatiquement quand on pousse le voyant à refus. Dans cette position, il est entraîné par la règle mobile quand on élève cette dernière.

La *ligne de foi* du voyant est rendue apparente par des carrés peints en blanc et en noir ou rouge (*fig.* 70), ou mieux

par des carrés de couleur foncée laissant libre une bande
blanche dont l'axe sert de ligne de foi (*fig.* 71). Dans les deux

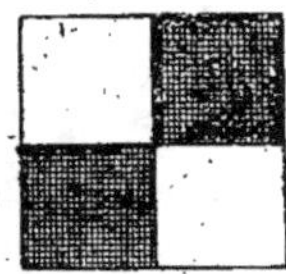

Fig. 70.

Fig. 71.

cas, la disposition adoptée fournit en même temps une ligne
de foi verticale.

136. Mode d'emploi. — La mire à voyant est portée par un
aide qui déplace le voyant suivant les indications de l'opérateur, transmises généralement par signaux. Deux cas peuvent
se présenter.

PREMIER CAS. — *La hauteur du voyant au-dessus du sol ne
dépasse pas 2 mètres.* — Le porte-mire fixe le voyant, au
signal convenu, en serrant la vis de pression v_1. Puis on lit
la hauteur de la ligne de foi, marquée par le zéro de l'échelle
du voyant. Le nombre de décimètres est lu directement sur
la règle; on compte ensuite sur la division de celle-ci les
centimètres entiers compris entre le décimètre lu et le zéro
de l'échelle du voyant; puis, enfin, sur l'échelle du voyant,
le nombre de millimètres marqué par le dernier trait centi-
métrique considéré.

DEUXIÈME CAS. — *La hauteur du voyant au-dessus du sol
dépasse 2 mètres.* — Le porte-mire pousse le voyant vers le
haut jusqu'à ce qu'il soit fixé à la règle mobile par le taquet
à ressort disposé à cet effet. À partir de ce moment, il le
déplace en agissant sur l'embrasse E_2 de la règle mobile et le
fixe à la hauteur convenable indiquée par l'opérateur en
serrant la vis v_2. La distance de la ligne de foi au talon de la
mire se lit alors, sur la division latérale de la règle, en regard
du zéro de l'échelle de la règle mobile.

137. Conditions que doit remplir une mire à voyant. — Les règles doivent glisser à frottement doux l'une contre l'autre sans jeu sensible; il en est de même du voyant par rapport aux règles. Il faut s'assurer de l'exactitude des divisions, de la coïncidence du zéro de la division postérieure avec le talon de la mire, de la correspondance entre la ligne de foi et le zéro de l'échelle du voyant, et enfin de l'exactitude des indications fournies par l'échelle de la règle mobile, concurremment avec la division latérale.

B. — MIRE PARLANTE

a. — DESCRIPTION

Nous décrirons successivement : 1° le corps de la mire ; 2° les accessoires destinés à assurer sa verticalité et son immobilité ; 3° sa division.

138. 1° Corps de la mire. — Le corps d'une mire est une longue poutrelle en sapin[1] de 5 à 12 centimètres de largeur, constituée, autant que possible, par deux voliges débitées dans un même morceau de bois et assemblées dos à dos pour éviter les déformations dues au travail du bois sous l'influence des agents atmosphériques. On peut aussi assembler les deux pièces de bois en forme de T ; on combat ainsi plus facilement la flexion que subit la mire soit sous l'influence de son propre poids, soit sous l'action du vent.

Les meilleures mires sont formées d'une poutrelle unique, mais, dans ce cas, il ne faut pas songer à leur donner une longueur supérieure à 3 mètres ou 3^m,50, et elles sont encombrantes.

Pour les rendre plus portatives, on les forme souvent de deux pièces qui se placent dans le prolongement l'une de l'autre soit au moyen de charnières c et de broches b (*fig.* 72) (mires à charnières), soit au moyen de charnières c et d'une barre d'assemblage a (*fig.* 73), soit enfin simplement à l'aide

---

[1] Le bois de sapin est moins hygrométrique que tout autre

de boulons (mires à rallonges). On peut ainsi atteindre facilement la hauteur de 4 mètres.

Enfin, dans les cas particuliers où cette hauteur est encore
insuffisante, on peut employer des mires à charnières au

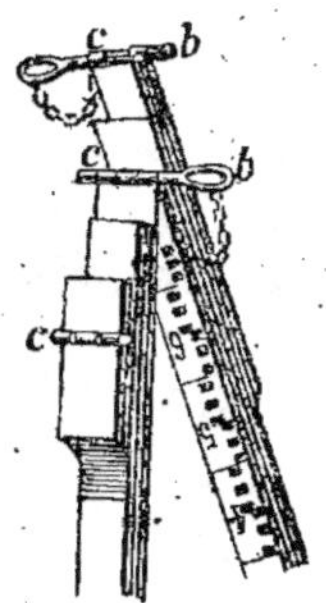

Fig. 72.

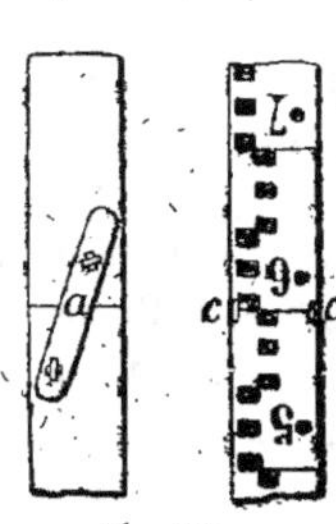

Fig. 73.

sommet desquelles peut encore s'ajouter une rallonge; mais
ces mires offrent moins de solidité et de rigidité.

Il existe aussi des mires dont la rallonge est constituée par
une coulisse qui, au repos, vient se placer soit au dos de
la mire, soit à l'intérieur même du corps de mire.

A sa partie inférieure, la mire est garnie d'un talon en fer
dont la base, parfaitement dressée, doit être normale à l'axe
longitudinal de la mire. Enfin elle est munie,
à $1^m,30$ environ au-dessus de son talon, d'une
poignée p (*fig.* 77) qui permet au porte-mire
de la maintenir solidement.

**139. 2° Accessoires destinés à assurer la
verticalité et l'immobilité de la mire.** — Pour
assurer la verticalité de la mire, on la munit
d'un fil à plomb ou mieux d'une nivelle sphérique.

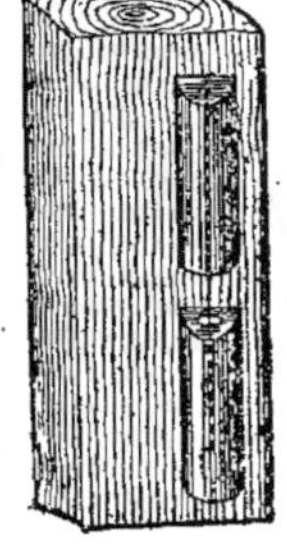

Fig. 74.

Fil à plomb (*fig.* 74). — Le fil à plomb est
constitué par une petite tige métallique de
quelques décimètres de longueur portant un poids; on sous-

trait, en partie, le fil à plomb à l'influence déviatrice du vent,
en emprisonnant une partie de la tige dans une ou deux
boîtes cylindriques. Les pièces sont ajustées de manière
que, lorsque la mire est verticale, la tige passe par le centre
d'une ouverture circulaire pratiquée dans la base supérieure
de l'une des boîtes.

Nivelle sphérique (*fig.* 75 et 76). — La nivelle est fixée au
corps de la mire et réglée de manière que la mire soit verticale quand la bulle est au centre du cercle de repère (n° 78).
Il suffit que le rayon de courbure
de la nivelle soit d'une dizaine de
centimètres, quand on n'exécute
que des visées horizontales, mais
il ne doit pas être inférieur à
1 mètre pour la mesure des distances comportant des visées inclinées (n° 262, 2°). En vue de ces

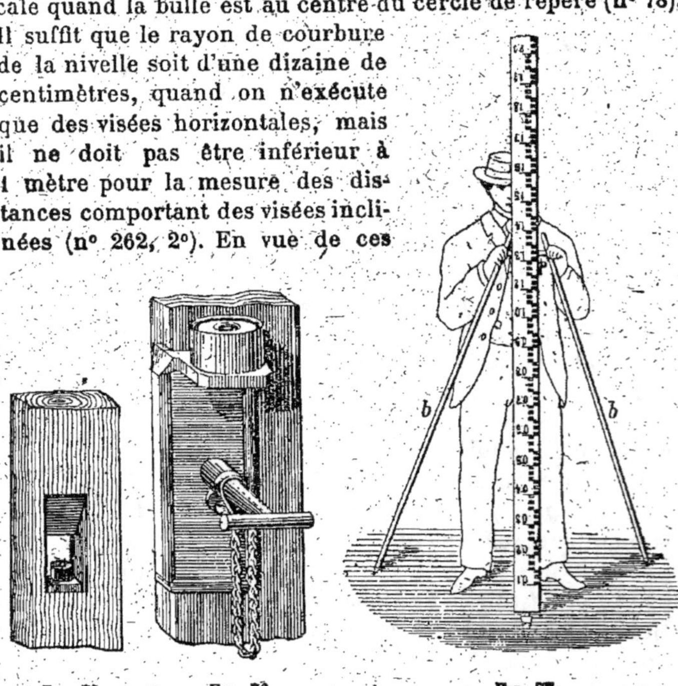

Fig. 75.　　Fig. 76.　　Fig. 77.

dernières opérations surtout, la nivelle sphérique doit être
préférée au fil à plomb.

Arcs-boutants (*fig.* 77). — L'immobilité de la mire est une
condition importante de la précision des opérations ; on

l'obtient en confiant au porte-mire un ou deux bâtons *b* dont il se sert pour arc-bouter la mire, en les plaçant notamment de manière à s'opposer à l'action du vent.

140. 3° Division de la mire. — Comme nous l'avons dit, les mires parlantes portent des divisions en parties égales, mais de grandeur variable suivant le but poursuivi. Quand les divisions sont métriques, chacune d'elles a une largeur de 1/2, 1, 2 ou 4 centimètres, suivant les distances moyennes auxquelles on doit s'en servir. Elles sont généralement groupées par cinq et chiffrées de dix en dix. Les modes de division et de chiffraison en usage sont très variés. La figure 78 représente les types les plus répandus, disposés comme on les voit dans la lunette astronomique qui, comme on sait, renverse les images. On a indiqué, au-dessous de chacun d'eux, les noms des administrations ou des topographes qui en font usage ou qui les ont proposés.

b. — MANIÈRE DE FAIRE LES LECTURES SUR UNE MIRE PARLANTE

141. Nous supposerons, pour fixer les idées, que le fil de la lunette qui détermine le plan de visée se projette, sur la mire, en *ff'* (*fig.* 78).

La lecture s'effectue comme suit :

1° Lecture du numéro inscrit à l'origine du groupe de 10 divisions dans lequel tombe le fil.................... 23
2° Comptage du nombre de divisions entières situées au-dessus du fil, dans le groupe considéré.......... 7
3° Estime à vue de la fraction de division située au-dessus du fil. Cette évaluation se fait généralement en dixièmes... 6

Lecture complète............. 2376

Si la mire est divisée en centimètres, la hauteur ainsi lue sur la mire est 2^m,376.

Le procédé le plus simple et le moins sujet à erreur pour l'énoncé oral ou mental de la lecture consiste à la décomposer en deux nombres de deux chiffres.

Exemple : la lecture ci-dessus 2376 s'énoncera :

Vingt-trois — Soixante-seize ;

1304 s'énoncera :

Treize — Zéro — Quatre,

et 1340,

Treize — Quarante (et non pas Treize — Quatre).

Cependant on préfère généralement dans les levés à la

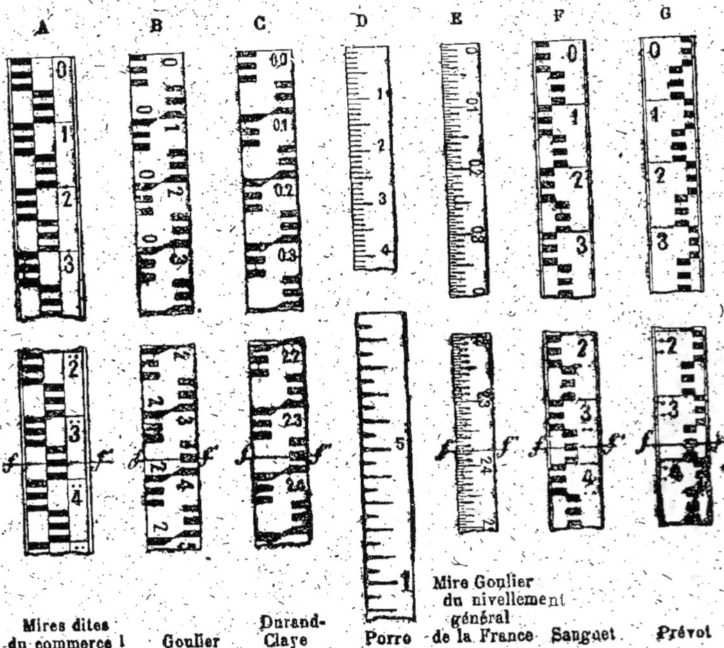

Fig. 78. — Exemples de différents modes de division et de chiffraison de mires parlantes.

stadia, où chaque division correspond à *un mètre de distance*, considérer la division de la mire comme une échelle des

1 Les deux points qui surmontent les chiffres 2, 3 et 4 sont habituellement disposés au-dessous des chiffres.

distances et s'exprimer ainsi :

2376 — deux cent trente-sept mètres six.
1304 — cent trente mètres quatre.
1340 — cent trente-quatre mètres zéro.

C. — RECHERCHE DU MEILLEUR TYPE DE DIVISION
POUR LES TRAVAUX COURANTS

142. Les deux principales conditions à remplir par une division de mire parlante sont les suivantes :

1° Les divisions doivent offrir le maximum de visibilité compatible avec la grandeur des divisions à fractionner ;

2° Les chiffres doivent être très apparents, de forme caractéristique, et disposés de manière à prévenir les erreurs de lecture.

Pour remplir ces deux conditions, les divisions des mires et leurs chiffraisons doivent être peintes en *noir* sur fond *blanc*. Les divisions doivent être constituées, suivant nous, par des cases alternativement noires et blanches (*fig.* 78, — types A, B, C, F et G) et non par des traits (types D et E).

Les chiffres doivent présenter un degré de visibilité en rapport avec celui des divisions, ce qui oblige à leur donner une hauteur égale à trois ou quatre de ces divisions. Les chiffres des mires C sont trop petits, car, dans les opérations effectuées sous des couverts à la chute du jour, ils cessent d'être visibles, alors que l'on peut encore percevoir suffisamment les divisions.

Pour éviter les fautes de lecture, il faut, en outre, que la division et la chiffraison remplissent certaines conditions, savoir :

1° La limite séparative de deux groupes de 10 divisions doit être très nettement marquée et dégagée de tout détail inutile ; en conséquence, nous pensons que les chiffres ne doivent pas être à cheval sur deux groupes de divisions, comme dans les types B, D et E ;

2° Les chiffres doivent avoir une forme simple, caractéristique ; en outre, pour éviter que l'on ne confonde un chiffre avec un autre, par exemple, un 6 avec un 9, un 3 avec un 5 ou un 8, les caractères doivent se présenter *droits* et non *couchés.* Les mires B et E offrent deux exemples de chiffres mal orientés, quoique de forme rationnelle.

3° Enfin il serait désirable que l'on puisse, comme dans les types B, C, E, peindre sur la mire le numéro complet des groupes de divisions, même quand ce numéro est composé de deux chiffres; malheureusement, les deux conditions précédentes (1° et 2°) devant avoir la priorité, on ne pourrait les concilier avec cette troisième qu'en augmentant la largeur des mires pour avoir la place nécessaire à l'inscription du second chiffre. Cette augmentation de largeur présentant des inconvénients majeurs, on est conduit à ne pas observer la troisième condition. On remplace donc généralement le chiffre des dizaines par *un*, *deux* ou *trois* points placés près du chiffre des unités, suivant que le chiffre des dizaines est lui-même 1, 2 ou 3 (voir types A, F et G).

Les auteurs qui critiquent ce système disent que l'opérateur peut oublier de tenir compte des dizaines figurées par les points; cette critique est fondée, mais cependant il ne faudrait pas s'en exagérer la portée; l'habitude acquise par un opérateur exercé rend très rares les fautes de cette nature. En tout cas, il nous paraîtrait possible de les supprimer presque complètement en disposant les *points*, sans toutefois augmenter la largeur des mires, *en avant des chiffres* (type G) et non pas au dessus (type A) ou au dessous (type F). Les chiffres seraient d'ailleurs disposés à gauche des divisions (vues dans la lunette), ce qui paraît rationnel, puisque, comme on l'a dit ci-dessus (n° 141), on doit en faire la lecture avant de compter les divisions.

Les chiffraisons couchées (type B et E) ont le seul avantage d'indiquer le sens dans lequel croissent les numéros et, par suite, celui dans lequel il faut compter les divisions. Mais leur avantage à cet égard est bien loin de compenser leur défaut de lisibilité. Le comptage des divisions de bas en haut, au lieu de haut en bas, est d'ailleurs une erreur que ne commet presque jamais un opérateur exercé en raison, non seulement de son expérience professionnelle, mais aussi de l'habitude que nous avons tous de lire *en descendant* les textes et les tables numériques.

Pour ces divers motifs, le mode de division et de chiffraison constituant le type G nous paraît comporter, dans l'exécution d'opérations courantes, le maximum d'avantages et le minimum d'inconvénients.

d. — VÉRIFICATION D'UNE MIRE PARLANTE. — ÉTALONNAGE

143. La vérification doit porter tout d'abord sur l'exactitude de la division ; si la mire est métrique, on compare ses divisions avec celles d'un mètre-étalon. Les écarts constatés comprennent deux parties : l'une attribuable au désaccord systématique entre la longueur du mètre nominal de la division de la mire et celle du mètre-étalon ; l'autre provient de l'irrégularité accidentelle des divisions peintes. Le procédé le plus simple pour déterminer l'influence relative de ces deux causes d'erreur est le suivant : on porte sur un axe OY (*fig.* 79) une division en parties égales représentant les divisions étalonnées (il suffit généralement de vérifier les divisions chiffrées) ; par chaque point de division on élève une ordonnée représentant, à une échelle décuple, les discordances entre les divisions de la mire et les traits correspondants de l'étalon ; si l'étalon a été porté plusieurs fois sur la mire pour la vérifier dans toute sa longueur, il faut, dans chaque reprise, avoir soin de cumuler les écarts constatés avec l'erreur de la division sur laquelle s'est effec-

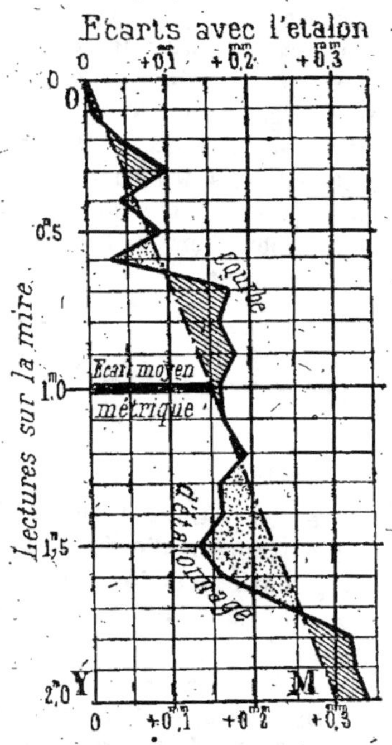

Fig. 79. — Diagramme d'étalonnage de la division d'une mire.

tuée la reprise. On réunit les sommets des ordonnées par une courbe que l'on appelle la *courbe d'étalonnage* de la mire considérée. Puis on trace une droite moyenne OM passant par l'origine du diagramme et laissant, entre elle et la courbe, des surfaces réparties de telle sorte que celles situées d'un côté de la droite compensent exactement celles placées de l'autre côté, ou, en d'autres termes, une droite telle que l'aire du triangle OYM soit égale à la surface comprise entre l'axe OY et la courbe d'étalonnage.

L'ordonnée, correspondant à la division 1 mètre, de la droite ainsi tracée, représente l'écart entre le mètre-étalon, et le mètre *moyen* de la mire au moment de l'étalonnage. Soit d cet écart, qui doit être considéré comme positif si la mire est trop longue et négatif, dans le cas contraire.

Soit encore e l'erreur, par rapport au mètre normal, du mètre-étalon à 0°, E son erreur à la température t de l'étalonnage, et α son coefficient de dilatation linéaire.

On a pour l'erreur absolue du mètre-étalon au moment de l'étalonnage :

$$E = e + \alpha t,$$

et, pour l'erreur absolue c, du mètre de la mire :

$$c = E + d.$$

L'erreur c ne doit guère dépasser 2 ou 3 décimillimètres.

Les tronçons d'ordonnée compris entre la droite moyenne et la courbe d'étalonnage mesurent les erreurs accidentelles de la division. Ils doivent rester inférieurs à 2 décimilli-mètres [1].

[1] Dans les opérations de haute précision exécutées par le Service du Nivellement général de la France, de 1884 à 1895, en vue de fournir une base précise aux nivellements de détails, on a employé des mires pourvues d'un dispositif imaginé par le colonel Goulier, donnant, à chaque instant, l'erreur du mètre de la division, quelles que soient d'ailleurs les causes d'allongement ou de raccourcissement du bois. Ce dispositif, dit de *compensation*, est constitué par deux règles formant un thermomètre bi-métallique de Borda ; ces deux règles, dont l'une est en fer, et l'autre en

Quand une stadia porte une division non métrique, elle doit être vérifiée par un procédé tout différent, qui sera exposé plus loin (n° 250).

144. Enfin on doit s'assurer que l'organe (fil à plomb ou nivelle) servant à rendre la mire verticale est bien réglé, c'est-à-dire que la mire est effectivement verticale, quand la tige du fil à plomb passe par le centre de l'ouverture qu'elle traverse ou que la bulle de la nivelle occupe le centre du cercle de repère ; pour effectuer cette vérification, on met la mire en position, à l'abri du vent, et on contrôle sa verticalité dans deux directions perpendiculaires, soit avec un long fil à plomb ordinaire, soit, ce qui est préférable, avec le fil vertical d'une lunette bien réglée.

Dans le cas où l'on constaterait un écart notable, il faudrait régler ou faire régler à nouveau la position de la chemise qui enveloppe le fil à plomb, ou celle de la nivelle. Si l'écart est, au contraire, très faible, on peut se contenter de faire redresser la mire ; puis, quand elle est placée correctement, on fait observer, par le porte-mire, la position occu-

laiton, sont assemblées avec le bois de la mire vers la partie inférieure seulement, de manière qu'elles puissent se dilater ou se raccourcir librement. A la partie supérieure, la règle en fer porte deux index (*fig.* 80), disposés en regard de deux échelles micrométriques fixées, l'une A sur la règle en laiton, l'autre B sur le bois de la mire. Les deux lectures faites, en regard des index, sur ces échelles, expriment : la première, la dilatation absolue d'un mètre de la règle en fer ; la seconde, la dilatation relative d'un mètre du bois de la mire par rapport à un mètre de la règle d'acier. La somme des deux lectures représente par suite l'erreur absolue du mètre de la mire.

Les opérateurs du service de Nivellement déterminaient cette erreur plusieurs fois par jour : on la corrigeait

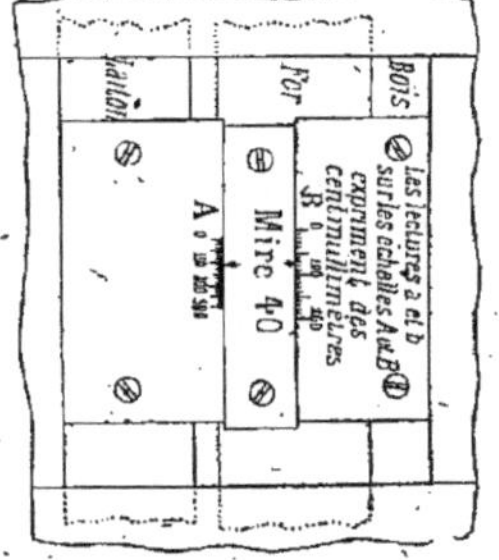

Fig. 80.

ensuite, en même temps que les erreurs dues aux petites irrégularités des divisions des mires, au moyen d'abaques spéciaux, imaginés, à cet effet, par M. Ch. Lallemand, Directeur du service.

pée par la tige du fil à plomb dans l'ouverture de la chemise, ou par la bulle de la nivelle par rapport à son cercle de repère; on recommande alors à cet agent de maintenir dorénavant la mire de manière que les choses lui *paraissent* dans le même état, en ayant soin d'ailleurs de se placer lui-même dans une position semblable à celle de l'expérience.

Remarque. — Le cercle de repère des nivelles étant tracé généralement sur la face supérieure du verre, l'épaisseur de ce dernier produit une parallaxe quand on observe obliquement la bulle, ce qui est le cas général; pour que cette parallaxe produise toujours le même effet, il est nécessaire que l'œil du porte-mire voie la bulle toujours sous le même angle, ce qui, pour la pratique, revient à dire que l'œil du porte-mire doit toujours être disposé de la même manière par rapport à la nivelle; par conséquent, le réglage de la nivelle ayant été effectué, avec un porte-mire donné, pourrait n'être plus exact pour un autre agent dont la taille, par exemple, serait sensiblement différente de celle du premier.

DEUXIÈME PARTIE

MESURE DES ANGLES

CHAPITRE III

MESURE DES ANGLES HORIZONTAUX

145. Les instruments servant à la mesure des angles, appe-lés *goniomètres* [1], se composent essentiellement d'un limbe gradué et d'une alidade concentrique au premier, munie d'un index et portant un viseur (n° 99).

Suivant la nature de ce viseur, on peut grouper les goniomètres en deux catégories, savoir :

1° Les goniomètres à visée directe ou à pinnules ;

2° Les goniomètres à lunette. . .

Une troisième catégorie devrait comprendre les goniomètres à réflexion, mais l'emploi de ces instruments est trop exceptionnel dans les travaux publics pour que leur description puisse trouver place dans ce volume.

§ 1. — GONIOMÈTRES A VISÉE DIRECTE

A. — GRAPHOMÈTRE

146. Description. — Le graphomètre [2] (*fig.* 81) est constitué par un limbe demi-circulaire AMB, chiffré de 0 à 200ᵍ ou 180° dans deux sens différents [3]. Le diamètre AB porte à ses deux extrémités des pinnules constituant une alidade fixe (n° 83).

---

[1] Du grec : γωνια, angle ; μέτρον, mesure.

[2] Du grec : γράφω, j'écris ; μέτρον, mesure.

[3] Les graphomètres ont été beaucoup employés, mais leur usage tend à se restreindre ; on préfère, avec raison, dans les opérations modernes, les petits goniomètres portatifs à lunettes.

Le plan de visée déterminé par cette alidade doit contenir le diamètre 0-200°, ou 0-180°, dit *ligne de foi*.

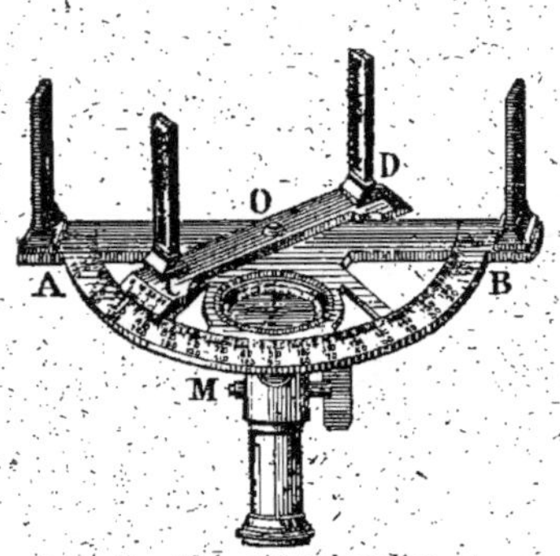

Fig. 81. — Graphomètre.

Autour du centre O peut tourner une seconde alidade à pinnules CD, à chaque extrémité de laquelle est gravé un vernier. Les zéros des verniers doivent être dans le plan déterminé par les pinnules.

La chiffraison de l'un des verniers croît dans le sens positif (de gauche à droite), et celle de l'autre, en sens contraire; chacun des verniers ne peut donc être utilisé qu'avec l'une des deux chiffraisons portées par le limbe.

Enfin le limbe est monté sur un genou à coquilles (n° 54) que l'on place lui-même sur un pied à trois branches (n° 40).

147. Mode d'emploi. — Pour mesurer un angle NOP (*fig*. 82), on installe le graphomètre au sommet O de l'angle, le centre du limbe sur la verticale de ce dernier point.

A l'aide de la coquille, on dispose au jugé le limbe horizontalement, en même temps que l'on dirige l'alidade fixe AB sur l'un des signaux marquant les côtés de l'angle, sur le point N par exemple.

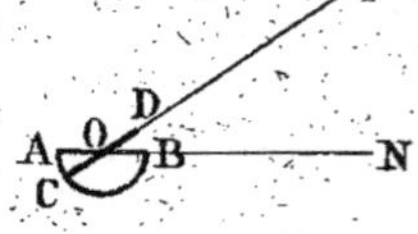

Fig. 82.

Ceci fait, on serre fortement la vis de la coquille pour éviter tout mouvement ultérieur et, après s'être assuré que la position de l'alidade fixe n'a pas été modifiée, on dirige l'alidade mobile CD dans la direction du second côté de l'angle, en visant le deuxième signal P.

On procède ensuite à la lecture comme il a été expliqué au n° 104, mais en ayant soin de faire usage de la chiffraison du limbe qui croît dans le même sens que celle du vernier coïncidant avec le limbe.

148. Vérification. — Avant d'employer un graphomètre, il faut s'assurer que les conditions suivantes sont remplies :

1° Les pinnulés déterminent des plans.de visée (n° 83);

2° Ces plans sont verticaux quand le limbe est horizontal. A cet effet, l'horizontalité du limbe ayant été établie à l'aide d'une nivelle, on dirige successivement chaque alidade sur une ligne verticale, un fil à plomb, par exemple, et on s'assure que le fil de la pinnule postérieure couvre le fil à plomb;

3° Le centre des divisions du limbe coïncide avec le centre de rotation de l'alidade mobile (n° 115);

4° Les plans déterminés par les deux alidades coïncident quand les zéros des verniers de l'alidade mobile sont en regard des zéros du limbe. On vérifie, par une constatation directe, que cette condition est remplie. Si elle ne l'est pas, l'appareil ne peut être utilisé qu'à la condition de faire seulement usage de l'alidade mobile. Pour cela, on dispose le limbe de manière qu'il soit coupé, soit par les deux côtés de l'angle à mesurer, soit par leurs prolongements, son centre concordant toujours avec le sommet de l'angle ; puis on vise successivement dans la direction des deux côtés avec l'alidade mobile ; la différence des lectures faites dans les deux positions fournit la valeur cherchée de l'angle.

149. Causes d'erreurs et précision. — Les mesures d'angles effectuées avec le graphomètre sont sujettes à des fautes nombreuses. Outre les inexactitudes possibles dans les lectures (fautes de 10, 5, 1, 1/2 division du limbe), inhérentes à l'emploi de tous les instruments gradués, un défaut d'attention peut faire confondre l'angle avec son supplément. Aussi, convient-il, dans les opérations au graphomètre, d'inscrire les mesures sur le croquis même, afin de bien caractériser les angles auxquelles elles se rapportent [1].

[1] Pour éviter ces inconvénients, M. d'Ocagne a proposé de ne conserver sur les graphomètres que la chiffraison de 0 à 200° ou 180°. Alors, l'alidade fixe étant pointée sur le signal de départ, et le limbe placé à gauche de l'observateur, l'angle compris entre la visée initiale et une direction quelconque est égal à l'angle lu sur le limbe, ou à ce même angle augmenté d'une demi-circonférence, sui-

Les principales causes d'erreur sont :

1° Le défaut de mise en station de l'instrument et des signaux (voir, plus loin, n°ˢ 172 et 176) ;

2° L'inexactitude de la visée due à l'emploi des pinnules[1] (n° 85).

Quand **on** centre l'instrument sur le point de station à moins de 4 centimètres près, soit avec une incertitude moyenne de 2 centimètres, l'erreur angulaire qui en résulte pour une visée de 60 mètres est de $0^g,02$ seulement. Mais elle croît à mesure que diminue la longueur des visées. Un signal mal placé ou incliné produit une erreur du même ordre.

Enfin la seconde cause d'erreur due au pointé suffit pour déterminer en moyenne, sur chaque direction, une erreur de $0^g,03$.

Finalement, l'erreur moyenne angulaire pour une visée ressort, au total (n° 8), à $\sqrt{0,02^2 + 0,02^2 + 0,03^2} = 0^g,04$ au moins, et celle de chaque angle obtenue au moyen de deux visées à (n° 17) : $0^g,04 \sqrt{2} = 0^g,05$ à $0^g,06$.

B — PANTOMÈTRE

150. **Description.** — Dans le pantomètre[2] (*fig.* 83) le limbe et les verniers de l'alidade sont gravés sur deux cylindres L et A superposés, montés sur un même axe. Le cylindre inférieur, entraînant avec lui le cylindre supérieur, peut tourner autour de l'axe de la douille D ; dans certains instruments une pince permet de l'immobiliser complètement. D'autre part, une roue dentée actionnée par le bouton extérieur B mord sur une crémaillère circulaire fixe disposée à l'intérieur du cylindre A ; en agissant sur le bou-

vant que, pour la deuxième visée, la pinnule oculaire ne porte pas ou porte sur le limbe. Toutes les directions relevées ainsi d'une même station se trouvent rapportées à celle de la visée sur le signal de départ ; les angles correspondants varient de 0 à 400° ou 360° et sont toujours à compter dans un même sens.

[1] L'erreur de lecture est négligeable à côté des précédentes.
[2] Du grec : πάντος, tout ; μέτρον, mesure.

ton **B**, on fait ainsi tourner le cylindre supérieur autour de l'axe vertical, le cylindre inférieur restant fixe.

Le diamètre $0^g - 200^g$ (ou $0° - 180°$) du limbe est disposé dans le plan de deux pinnules pratiquées dans le cylindre inférieur; deux pinnules semblables, ouvertes dans le cylindre supérieur, constituent l'alidade mobile, et leur plan passe par les zéros de deux verniers diamétralement opposés.

151. Mode d'emploi et vérification. — On emploie le pantomètre de la même manière que le graphomètre et avec plus de commodité, le limbe comportant une circonférence complète. L'axe des tambours est disposé verticalement à vue. L'instrument doit être soumis aux mêmes vérifications que le graphomètre.

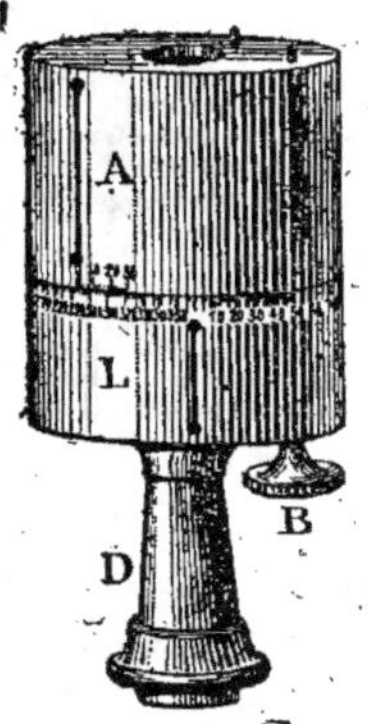

Fig. 83.—Pantomètre

On s'assure, par conséquent, que :

1° Les pinnules déterminent des plans de visée (n° 83);

2° Les plans de visée sont verticaux quand les génératrices du cylindre le sont elles-mêmes (n° 148, 2°);

3° Le centre des divisions du limbe coïncide avec le centre de rotation du limbe (n° 114); s'il n'en est pas ainsi on peut néanmoins utiliser le pantomètre, mais il faut avoir soin de faire les lectures aux deux verniers diamétralement opposés, comme il a été expliqué au n° 109.

4° Les pinnules du cylindres fixe et celles de l'alidade mobile déterminent un même plan de visée quand le zéro d'un vernier de l'alidade coïncide avec le zéro du limbe. Si cette condition n'est pas remplie, on peut utiliser l'instrument en ne faisant usage que des pinnules de l'alidade (n° 148, 4°).

152. Causes d'erreurs et précision. — On n'a pas à craindre, comme avec le graphomètre, une confusion entre les angles et leurs suppléments, puisque les angles sont comptés de 0 à 400^g (ou de 0 à $360°$); mais, cet avantage mis à part, les causes d'erreurs sont les mêmes que pour le graphomètre.

Comme, d'autre part, le diamètre du limbe est plus petit que dans les graphomètres, la précision des mesures est moindre : pour un instrument n'ayant pas plus de $0^m,10$ de diamètre et des visées de 60 mètres de longueur moyenne, les directions sont déterminées avec une erreur moyenne de près de $0^g,06$ à $0^g,07$, ce qui conduit pour un angle à une erreur de près d'un décigrade.

§ 2. — GONIOMÈTRES A LUNETTE

Nous désignons sous le nom de goniomètres à lunette tous les instruments à lunette pouvant servir à la mesure des angles et connus sous le nom de *cercles*. Nous donnerons tout d'abord une description générale de ces instruments, puis nous indiquerons ce qui différencie essentiellement les principaux types que l'on trouve dans le commerce.

A. — DESCRIPTION GÉNÉRALE

153. Le limbe L et l'alidade A sont constitués par deux plateaux concentriques ; l'un, L, de forme annulaire, l'autre A, plein (*fig.* 84, 84 *bis*, 85 et 86).

L'instrument est muni d'un système de calage à vis (n°s 59 et 62). Le cercle-alidade porte : 1° une lunette O dont le réticule est muni de deux fils, l'un vertical, l'autre horizontale ; 2° une nivelle N qui sert à assurer, concurremment avec les vis calantes, la verticalité de l'axe de l'instrument.

Le cercle-alidade peut être immobilisé par rapport au limbe, à l'aide d'une pince p_1, complété par une vis de rappel r_1 (n° 81).

Lorsqu'après avoir rendu solidaires le limbe et l'alidade en serrant la pince p_1, on peut les faire tourner ensemble autour de l'axe de l'instrument, celui-ci est dit *répétiteur*. Dans ce cas, une seconde pince p_2 (*fig.* 84, 84 *bis* et 85) permet de fixer définitivement tout l'appareil par rapport au trépied métallique ; cette pince est aussi munie d'une vis de rappel r_2.

B. — MODE D'EMPLOI

154. Le cercle ayant été installé, de manière que son centre se trouve sur la verticale du sommet de l'angle, on rend tout d'abord vertical l'axe du goniomètre, au moyen des vis calantes et de la nivelle (n°s 60, 61, 63 et 79).

Le limbe étant supposé fixe (c'est-à-dire la pince infé-

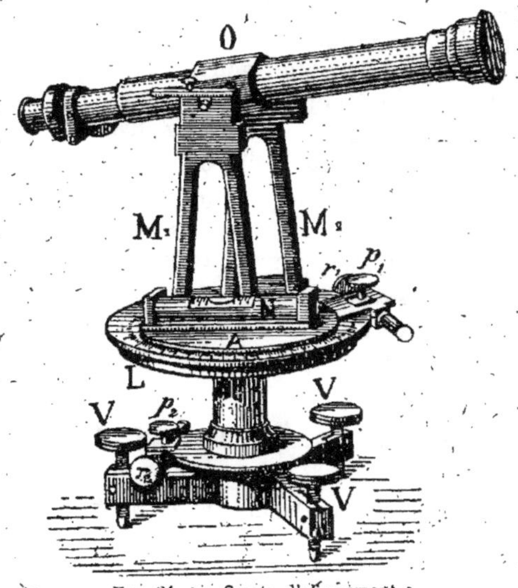

Fig. 84. — Cercle d'alignement.

rieure p_2 étant serrée, si l'instrument est répétiteur), on dirige la lunette successivement sur les deux signaux marquant les côtés de l'angle, *en ayant soin de la mettre au point* (n° 94) sur chaque signal. La différence des deux lectures correspondantes fournit la valeur de l'angle (n° 100).

155. Quand on fait usage d'un cercle répétiteur (*fig.* 84, 84 *bis* et 85), on peut éviter tout calcul en procédant comme suit : Après avoir serré la pince p_2 du mouvement général, on desserre, s'il y a lieu, la pince p_1 de l'alidade, et on amène le zéro de l'un des verniers de cette dernière en regard de celui du limbe. Après avoir resserré la pince p_1 de l'alidade, on achève la coïncidence des deux zéros avec la vis de rappel r_1. Puis on met en liberté la pince p_2 du mouvement général et on pointe sur le premier signal. On serre la pince inférieure p_2, on desserre la pince supérieure p_1, et on amène la lunette dans la direction du deuxième signal. La lecture faite sur le limbe, après ce second pointé, donne directement la valeur cherchée de l'angle.

Cette seconde méthode est peu usitée ; la première est plus simple et surtout plus générale ; d'une même station, on a d'ailleurs, habituellement, plusieurs angles à déterminer, et il est alors préférable d'enregistrer les lectures répondant aux divers pointés, puis de calculer, par différence, les angles utiles. Les lectures expriment les angles (comptés de 0 à 400° dans le sens de la chiffraison du limbe) que forment les lignes de visée successives, avec la direction initiale que déterminerait le viseur pour une lecture égale à 0. D'une manière générale, on doit donc considérer les goniomètres comme instruments servant à repérer des directions.

C. — Principaux types de goniomètres a lunette

a. — Cercle d'alignement

156. Le goniomètre à lunette le plus parfait est le *cercle d'alignement* (fig. 84 et 84 *bis*), ainsi appelé parce que cet instrument est employé au tracé des grands alignements droits, tels que ceux que l'on rencontre, par exemple, dans la construction des chemins de fer. La lunette repose, par deux tourillons, dans les fourches terminant, à la partie supérieure, deux montants verticaux, M_1, M_2, dont la hauteur est suffisante pour permettre à la lunette d'accomplir une rotation complète autour de ses tourillons. La lunette peut, d'ailleurs, être soulevée et remise en place après avoir été retournée sens dessus dessous, c'est-à-dire de manière que le tourillon qui reposait dans la fourche de gauche vienne se placer dans la fourche de droite.

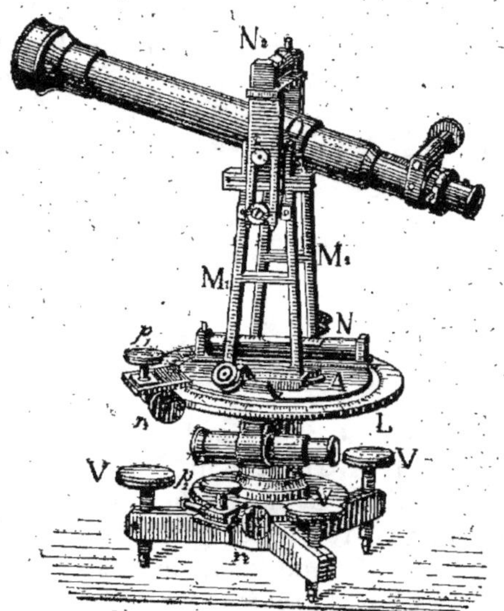

Fig. 84 *bis.* — Cercle d'alignement.

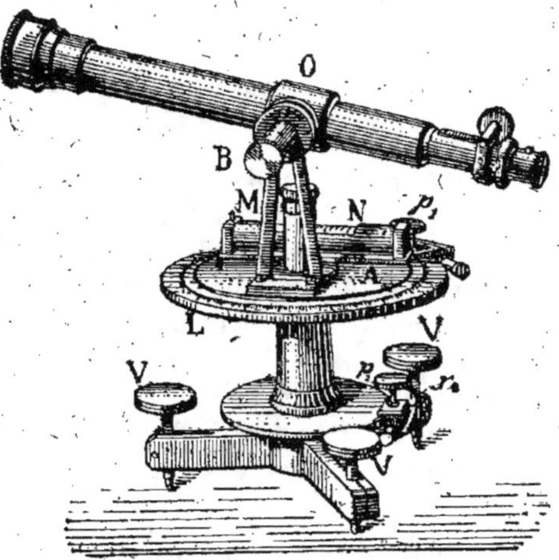

Fig. 85. — Cercle géodésique.

La verticalité de l'axe de l'instrument s'obtient à l'aide de la nivelle fixe N et de trois vis calantes V, V, V.

Une nivelle indépendante N_2 peut être disposée, comme le montre la figure 84 *bis*, sur les tourillons de la lunette, perpendiculairement à la direction de celle-ci. Elle sert, comme on le verra plus loin, à assurer l'horizontalité de l'axe des tourillons.

Le cercle d'alignement se place sur un pied à six branches (n° 41).

b. — CERCLE GÉODÉSIQUE

157. Dans le cercle dit géodésique[1] (*fig.* 85), la lunette est montée, en porte-à-faux, à l'extrémité d'un montant unique M. La hauteur de ce montant ne permet pas de faire accomplir à la lunette une révolution complète autour des tourillons ; mais on peut, en dévissant le bouton B, séparer la lunette du support, puis la remonter après avoir inversé, par rapport au montant resté immobile, l'objectif et l'oculaire.

L'instrument comporte une nivelle fixe N, trois vis calantes V, V, V, et se place sur un trépied à six branches (n° 41).

c. — GONIOMÈTRES PORTATIFS OU DE POCHE

158. Sous ce nom, les constructeurs établissent, depuis quelques années, des cercles à lunette de petites dimensions, qui nous paraissent appelés à remplacer, pour les opérations courantes, les anciens instruments à visée directe et les peu pratiques pantomètres à lunette, qui ont eu un moment de vogue.

La figure 86 représente un de ces petits goniomètres. L'instrument est monté sur une simple douille D, que l'on dispose sur un pied à trois branches (n° 40).

[1] Nous désignons cet instrument par le nom, fort mal approprié, sous lequel il est connu dans le commerce ; il n'est utilisé que dans les opérations topographiques.

Il comporte une nivelle sphérique N et un système de calage rapide constitué par deux vis calantes V_1, V_2, et deux ressorts à boudin antagonistes R_1, R_2 (n° 62).

Certains constructeurs se sont même contentés, à tort, croyons-nous, de monter l'appareil sur un simple genou à coquilles (n° 54).

Dans l'instrument représenté ci-contre, la lunette repose sur deux montants verticaux M_1, M_2; elle peut faire une révolution complète autour de ses tourillons; mais ceux-ci ne peuvent pas être inversés — au moins d'une façon courante — sur leurs montants, comme dans le cercle d'alignement (*fig.* 84 et 84 *bis*).

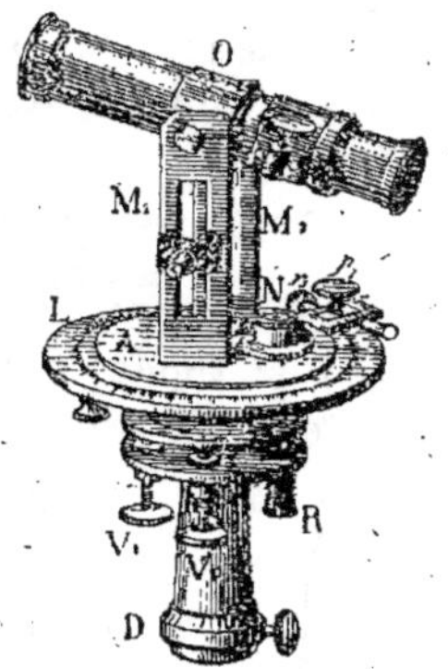

Fig. 86. — Goniomètre portatif à lunette.

D. — Vérification

159. Un goniomètre à lunette doit satisfaire aux conditions suivantes [1] :

1° *L'axe optique de la lunette doit être perpendiculaire à son axe de rotation*, pour que la ligne de visée décrive, pendant la rotation de la lunette, un plan et non une surface conique, comme cela se produirait si la condition ci-dessus n'était pas satisfaite ;

2° *L'axe de rotation de la lunette doit être perpendiculaire*

[1] Les conditions auxquelles doit satisfaire un goniomètre à lunette sont les mêmes, quel que soit le type de l'instrument. C'est donc bien à tort que les débutants, influencés, il est vrai, par le mode d'exposition adopté par quelques auteurs, étudient séparément les modes de réglage des divers types de cercles. Ils devraient, au contraire, se borner à considérer les deux conditions, toujours les mêmes, auxquelles doivent satisfaire ces appareils, et à s'assimiler l'esprit des méthodes que l'on emploie pour effectuer les vérifications et les réglages nécessaires. Ces méthodes, une fois connues, on ne rencontre aucune difficulté pour régler un appareil quelconque, quelles que soient les dispositions adoptées par le constructeur ; il suffit de se laisser guider par le raisonnement pour reconstituer tous les détails de la manœuvre à effectuer.

à *l'axe principal de l'instrument* [1], de manière que, lorsque celui-ci aura été rendu vertical, par le calage, l'axe de rotation de la lunette soit lui-même horizontal, et le plan décrit par l'axe optique, vertical.

a. — PREMIÈRE CONDITION. — *Perpendicularité de l'axe optique de la lunette à son axe de rotation*

160. Méthode de vérification. — Soit RT (*fig.* 87) l'axe de rotation de la lunette. Pour reconnaître si son axe optique

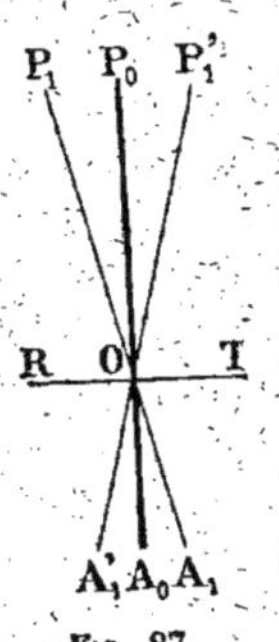

Fig. 87.

AO est perpendiculaire à RT, on vise un signal P ; puis on retourne la lunette sens dessus dessous, de manière à faire passer à droite le tourillon de gauche, et réciproquement, et en ayant soin de maintenir ou de ramener (n° 163) l'axe de figure de la lunette dans sa position initiale ; alors, si le signal se projette encore sur le fil vertical du réticule, comme ce serait le cas pour un axe optique dirigé suivant A_0OP_0, la condition ci-dessus est satisfaite. En effet, supposons qu'elle ne le soit pas et que l'axe optique occupe, au moment du premier pointé, la position A_1OP_1 ; après le retournement de la lunette, cet axe prend la direction $A'_1P'_1$, symétrique de A_1P_1, par rapport à la normale A_0P_0 à RT, et, par suite, le point P_1 ne se projette plus sur le fil vertical.

161. Mode de rectification ou centrage du fil vertical. — Dans ce dernier cas, pour effectuer la rectification nécessaire, il faut modifier la direction de l'axe optique, sans changer l'orientation de l'axe de figure de la lunette, de manière à amener sous le fil vertical un point P_0, situé au milieu de l'intervalle $P_1P'_1$, compris entre le signal visé P_1 et son symétrique P'_1 par lequel passe l'axe optique, après retournement de la lunette.

[1] Nous appelons *axe principal* d'un instrument goniométrique l'axe de rotation de l'alidade servant à la mesure des angles horizontaux ; dans les instruments servant à la mesure des angles verticaux nous aurons à considérer un autre axe dit, *secondaire*.

Ce résultat s'obtient en déplaçant le réticule de droite à gauche ou de gauche à droite, à l'aide des vis disposées à cet effet (n° 88).

L'épreuve doit être recommencée à titre de vérification.

162. On peut aussi procéder comme suit : après le premier pointé sur le signal P_1, on fait une lecture L sur le limbe ; puis, après avoir retourné la lunette sens dessus dessous (position $A'_1P'_1$), on fait tourner l'alidade de manière à ramener la visée sur le signal P_1 et on fait une seconde lecture L' ; il est évident que la différence $L' - L$ des deux lectures mesure l'angle $P_1OP'_1$; la correction à apporter à la direction de l'axe optique, étant égale à la moitié $\dfrac{L' - L}{2}$ de cet angle, on dispose l'alidade de manière à faire sur le limbe une lecture :

$$L + \frac{L' - L}{2} = \frac{L + L'}{2},$$

puis on ramène le fil sur le point P_1 en déplaçant le réticule.

Exemple :

Lecture après le 1ᵉʳ pointé sur le signal P_1.... $L = 178^g,26$
    —   2ᵉ   —   — $L' = 178^g,18$
Double de l'erreur de centrage........... $L' - L = -0^g,08$
    Erreur de centrage............ $\dfrac{L' - L}{2} = -0^g,04$
Lecture correspondant à un centrage correct....................... $L + \dfrac{L' - L}{2} = 178^g,22$

Quand l'instrument est répétiteur (n° 153), on peut, avant le premier pointé, établir la coïncidence des zéros du limbe et du vernier ; on a alors $L = 0$, ce qui simplifie les calculs.

163. **Manœuvre pour effectuer le retournement de la lunette sens dessus dessous.** — Trois cas peuvent se présenter :

1° La lunette *repose* par deux tourillons sur deux montants verticaux. Le retournement se fait directement, en soulevant la lunette, sans qu'il soit nécessaire de démonter aucune pièce de l'instrument. Tel est le cas du cercle d'alignement représenté par les figures 84 et 84 *bis*.

2° La lunette est *fixée* sur un ou deux montants et peut effectuer une révolution totale autour de son axe de rotation, comme dans le goniomètre portatif (*fig.* 86). Après la première visée, on fait sur le limbe une lecture en regard de l'un des verniers ; on retourne la lunette sens dessus dessous en la faisant basculer autour de ses tourillons et on ramène l'objectif vers le signal à l'aide du mouvement de l'alidade ; on pointe le signal et on fait une nouvelle lecture au même vernier que précédemment. Si le fil vertical est bien centré, les deux lectures doivent différer exactement de 200ᵍ. Dans le cas contraire, on procède au réglage comme il est indiqué au n° 162, en ayant soin de corriger de 200ᵍ la première lecture L, par exemple.

D'ailleurs, si les deux verniers diamétralement opposés fournissent bien, comme cela doit être, des lectures discordant exactement d'une demi-circonférence, on peut ne pas se préoccuper de la correction de 200ᵍ, à la condition de faire toujours les lectures sur le vernier qui se trouve semblablement placé par rapport à l'opérateur.

3° La lunette est *fixée* sur un montant dont la hauteur est trop faible pour que la lunette puisse effectuer une révolution complète, comme, par exemple, dans le cercle géodésique (*fig.* 85). Après la première visée, on fait une lecture sur le limbe ; on démonte la lunette en dévissant le bouton B (*fig.* 85 et 91), on la retourne sens dessus dessous en la faisant basculer de manière à inverser l'objectif et l'oculaire, puis on la remonte ; au moyen du mouvement de rotation de l'alidade, on ramène l'objectif vers le signal et on fait un second pointé et une seconde lecture qui doit être égale à la première, plus ou moins 200ᵍ, si le fil vertical est centré [1]. Dans le cas contraire, on procède comme ci-dessus (2°).

REMARQUE I. — Les manœuvres exposées ci-dessus aux

---

[1] Ceci suppose, bien entendu, que le système de montage de la lunette ne laisse rien à désirer et que l'axe de figure de la lunette occupe bien après démontage et remontage de la lunette la même position qu'auparavant.

alinéas 2° et 3° entraînent le choix d'un signal peu éloigné du plan horizontal passant par les tourillons ; en effet, si le signal était très élevé ou très bas, la discordance entre les deux observations pourrait provenir, en tout ou en partie, d'un défaut de perpendicularité dès tourillons à l'axe principal de l'instrument (voir ci-après, n° 166).

Remarque II. — *Défaut de constance du centrage. — Manière d'y remédier.* — Il arrive parfois que le fil vertical, ayant été parfaitement centré pour un signal déterminé, ne l'est plus quand on vise un point situé à une distance différente. Ce défaut provient du vice de construction suivant : le tube porte-réticule, au lieu de se mouvoir perpendiculairement à l'axe de rotation RT de la lunette (*fig.* 88), quand on amène le réticule dans le plan de l'image de l'objet visé, se déplace obliquement ; suivant la distance des objets visés, la croisée des fils se meut alors sur une oblique telle que A'A″, et la visée prend des directions A′B, A″B, etc., non perpendiculaires à RT.

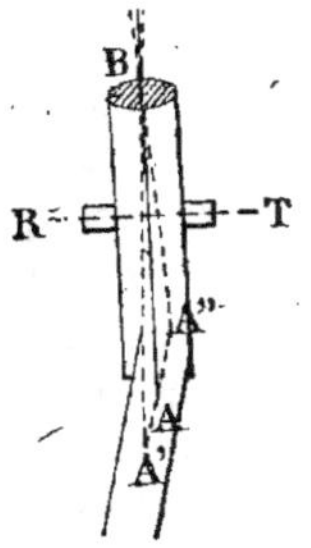

Fig. 88.

L'écart entre les deux lectures répondant aux visées faites avant et après retournement de la lunette mesure, comme nous l'avons montré, le double de l'erreur de centrage, et la moyenne de ces lectures est affranchie de cette erreur (n° 162). Par conséquent, on aura soin, le cas échéant, de réitérer chaque pointé après retournement de la lunette et de prendre la moyenne des deux lectures correspondantes (l'une d'elles étant, au besoin, préalablement corrigée de 200°).

b. — Deuxième condition. — *Perpendicularité de l'axe de rotation de la lunette à l'axe principal de l'instrument*

Méthodes de vérification. — Pour vérifier si l'axe de rotation de la lunette est perpendiculaire à l'axe principal de l'instrument, on peut employer, suivant le cas, l'une des trois méthodes suivantes :

164. Première méthode. — Vérification directe. — On assure aussi exactement que possible la verticalité de l'axe principal en procédant au calage (n° 79). Puis on dirige la lunette vers un long fil à plomb placé à quelques mètres en avant de l'instrument, ou vers l'angle d'un édifice dont on a préalablement vérifié la verticalité. Après avoir amené la croisée des fils sur un point de la ligne verticale observée, on fait basculer la lunette autour de son axe de rotation; la croisée des fils ne doit pas s'écarter de cette verticale. Dans le cas contraire, on procède à la rectification nécessaire en agissant, dans le sens convenable, sur le dispositif de réglage (n° 165).

165. Dispositif de réglage. — Ce dispositif varie suivant les modèles d'instruments. Nous en décrirons quelques-uns. Quand la lunette possède deux tourillons, l'un des supports est quelquefois pourvu d'une vis *v* (*fig.* 89), sur la tête de laquelle vient reposer le tourillon correspondant *t* ; il suffit alors d'agir sur cette vis pour soulever ou abaisser le tourillon et, par suite, modifier la position relative de l'axe des tourillons et de l'axe de l'instrument.

Une autre disposition très répandue (*fig.* 90) consiste à monter l'une des fourches porte-tourillons sur une pièce

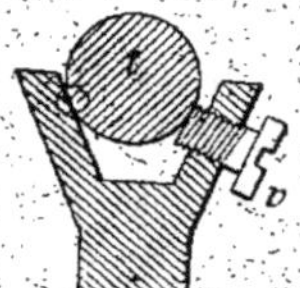

Fig. 89.   Fig. 90.   Fig. 91.

fendue sur la plus grande partie de sa longueur; une vis de réglage V permet, en raison de l'élasticité du métal, de modifier d'une petite quantité la largeur de la fente et, par suite, la hauteur du porte-tourillon.

Enfin, quand la lunette est montée, en porte-à-faux, sur un support unique, comme dans les cercles géodésiques, le montant porte-lunette est formé de deux pièces M (*fig.* 91) réunies par des vis dont le jeu peut modifier l'inclinaison de la pièce mobile par rapport à la partie fixe et, par suite, l'inclinaison du tourillon.

166. DEUXIÈME MÉTHODE. — Rotation de l'alidade autour de l'axe principal. — Le fil vertical ayant été préalablement centré (n° 161), on vise, sans qu'il soit nécessaire de procéder à un calage exact, un point aussi éloigné que possible du plan mené, par les tourillons, perpendiculairement à l'axe principal (plan horizontal des tourillons, quand l'axe principal est vertical [1]). Soient, à ce moment (*fig.* 92), AO l'axe principal, et R_1T_1 l'axe des tourillons, que nous supposons *non* perpendiculaire au premier. A l'aide du mouvement de l'alidade, on fait tourner celle-ci exactement d'une demi-circonférence autour de AO. L'axe des tourillons prend alors la position R_2T_2. On ramène l'objectif vers le signal, en faisant pivoter, si possible, la lunette autour de ses tourillons (*fig.* 84, 84 *bis* et 86), ou en la démontant pour la replacer ensuite dans la position convenable (*fig.* 85). La lunette, qui pouvait décrire un plan OP_1 perpendiculaire à son axe R_1T_1 de rotation, décrit maintenant un plan OP_2, perpendiculaire au même axe venu en R_2T_2, et le point visé P_1 ne se trouve plus sur le prolongement de l'axe optique.

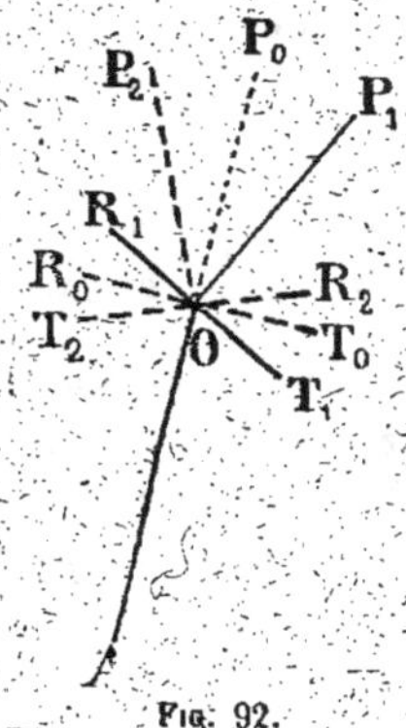

FIG. 92.

Au contraire, si l'axe des tourillons était perpendiculaire à celui de l'instrument, comme en R_0T_0, les deux plans OP_0 décrits par la lunette, avant et après retournement de l'alidade, coïncideraient, et l'on retrouverait sous le fil de la lunette, dans la seconde position, le signal P_0 visé dans la première.

Réglage. — Quand, à la seconde visée, on ne retrouve pas le point visé sous le fil vertical, on fait rétrograder celui-

---

[1] La direction des visées contenues dans ce plan n'est pas, en effet, modifiée par un défaut de perpendicularité des deux axes.

ci, au moyen de la vis de réglage (n° 165), de la moitié de sa distance au signal ; puis on recommence l'épreuve.

167. Pour éviter tout tâtonnement, on peut aussi procéder comme suit :

1° Pointer le signal et lire l'angle L, marqué par l'un des verniers ;

2° Faire tourner l'alidade d'une demi-circonférence et pointer de nouveau le signal ; puis lire au second vernier l'angle L' (ou bien lire au même vernier que précédemment et corriger la lecture de 200ᵍ) ;

3° Si L' = L, l'instrument est réglé. Sinon, à l'aide de la vis de rappel de l'alidade, faire rétrograder celle-ci de l'angle $\dfrac{L' - L}{2}$, c'est-à-dire jusqu'à ce que le second vernier marque l'angle $\dfrac{L' + L}{2}$; puis, achever de ramener le fil sur le signal en agissant sur la vis spéciale de réglage (n° 165).

168. Troisième méthode. — **Vérification à l'aide d'une nivelle mobile.** — Quand une nivelle à fourches peut être placée sur les tourillons de la lunette, comme c'est le cas pour le cercle d'alignement (*fig.* 84 *bis*), la vérification est plus facile.

L'instrument étant calé aussi exactement que possible, et la nivelle mobile (supposée non réglée) placée sur les tourillons, on fait une première lecture l_1 sur la division de la fiole, en regard de l'une des extrémités de la bulle ; puis on retourne la nivelle bout pour bout, et on fait une seconde lecture l_2, en regard de la même extrémité de la bulle, qui, d'ailleurs, est passée de droite à gauche, ou *vice versa*, par suite du retournement.

La demi-différence $\dfrac{l_2 - l_1}{2}$ mesure l'inclinaison des tourillons (n°ˢ 74 et 75). Pour que ceux-ci soient horizontaux, il faut que cette différence soit nulle, c'est-à-dire que l'on ait $l_2 = l_1$. Si cette condition ne se trouve pas satisfaite, on la réalise en agissant sur le dispositif spécial de réglage (n° 165), de manière à annuler l'inclinaison constatée $\dfrac{l_2 - l_1}{2}$; pour cela, il suffit évidemment de faire rétrograder la bulle de cette quantité $\dfrac{l_2 - l_1}{2}$, c'est-à-dire de la moitié de son déplacement total entre les deux lectures, en amenant l'extrémité considérée de la bulle sous la division $\dfrac{l_1 + l_2}{2}$; on a, en effet :

$$l_2 - \frac{l_2 - l_1}{2} = \frac{l_1 + l_2}{2}.$$

REMARQUE. — *Égalité des diamètres des tourillons.* — Ce que nous venons de dire suppose que les tourillons ont rigoureusement le même diamètre. En effet, s'il n'en était pas ainsi, l'opération précédente aurait seulement pour résultat de rendre horizontales les génératrices de contact avec les jambes de la nivelle, mais non pas l'*axe* des tourillons. Pour reconnaître si les tourillons ont même diamètre, on place sur ceux-ci la nivelle mobile et on observe la position de l'une des extrémités de la bulle ; puis on soulève la nivelle et on inverse les tourillons en retournant la lunette sens dessus dessous ; enfin on repose la nivelle sans la retourner. La bulle doit revenir à sa position initiale. Si elle n'y revient pas, il y a inégalité de diamètre des tourillons, et il convient de rendre l'instrument au constructeur pour être rectifié.

c. — *Perpendicularité du fil vertical à l'axe des tourillons*

169. Les vérifications et rectifications ci-dessus sont seules nécessaires si l'on s'astreint à viser toujours par le point d'intersection des deux fils horizontal et vertical du réticule. Mais il est utile de pouvoir bissecter un signal avec un point quelconque du fil vertical. La position de l'alidade devant rester invariable, quelle que soit la partie du fil qui détermine la ligne de visée, il devient nécessaire qu'un même point reste couvert par le fil vertical, quand on fait tourner la lunette autour de ses tourillons ; pour cela, il faut évidemment que ce fil soit lui-même perpendiculaire à l'axe des tourillons (par exemple, exactement vertical quand l'axe est horizontal). On vérifie comme suit que cette condition est remplie : on amène l'une des extrémités du fil considéré sur l'image d'un point très net, puis on fait tourner lentement la lunette autour de ses tourillons jusqu'à ce que l'image soit venue à l'extrémité opposée du champ de la lunette; pendant ce mouvement, le fil ne doit pas cesser de bissecter le point visé. Dans le cas où l'on constaterait un écart entre ce point et la seconde extrémité du fil, on le détruirait en faisant tourner le réticule autour de l'axe de figure de la lunette, jusqu'à ce que le fil couvre de nouveau l'image.

Les instruments présentent des dispositions variables qui permettent ce mouvement du réticule.

Le fil horizontal doit être, par construction, exactement perpendiculaire au premier.

E. — Causes d'erreurs

a. — Fautes

170. Les fautes à craindre dans l'emploi des goniomètres proviennent surtout des lectures (fautes de 1^g, de 5^g, de 10^g). L'attention seule peut en diminuer la fréquence. Nous avons déjà indiqué aux n°s 102 et 104, remarque III, les fautes inhérentes à certains modes de division et de chiffraison; nous n'y reviendrons pas.

b. — Erreurs

171. Quant aux erreurs, elles sont dues à la mise en station du goniomètre, à son calage, aux pointés et aux lectures d'angles, et, si l'on vise des signaux mobiles, tels que jalons, à l'installation de ces derniers.

172. Erreur de mise en station. — Soit S (*fig.* 93) le signal dont la direction doit être déterminée par une visée issue du point de station P. Si le centre du limbe se trouve installé sur la verticale d'un point excentrique, tel que I, la ligne de visée prend la direction IS au lieu de PS, et la lecture angulaire est erronée de l'angle ISP = ε. L'erreur est nulle quand le centre de l'instrument reste fixé sur la direction PS, comme en I_0 ou I'_0, et, pour une excentricité donnée, elle atteint son maximum quand il est placé dans une direction perpendiculaire à celle du signal, en I_m ou I'_m, par exemple. Dans ce dernier cas, l'erreur ε_m a alors pour expression, en désignant l'excentricité par e et la longueur de la visée par d :

$$\operatorname{tang}\varepsilon_m = \frac{e}{d}.$$

Pour une visée de 100 mètres et une excentricité de $0^m,03$, on trouverait à peu près $\varepsilon = 0^g,02$ (ou $1'$ environ).

La formule montre que l'erreur est inversement proportionnelle à la longueur des visées ; par conséquent, il conviendra, dans la pratique, de chercher à réduire d'autant plus l'excentricité que les visées seront plus courtes, sans perdre de vue, bien entendu, la précision strictement nécessaire que l'on doit atteindre dans l'opération considérée.

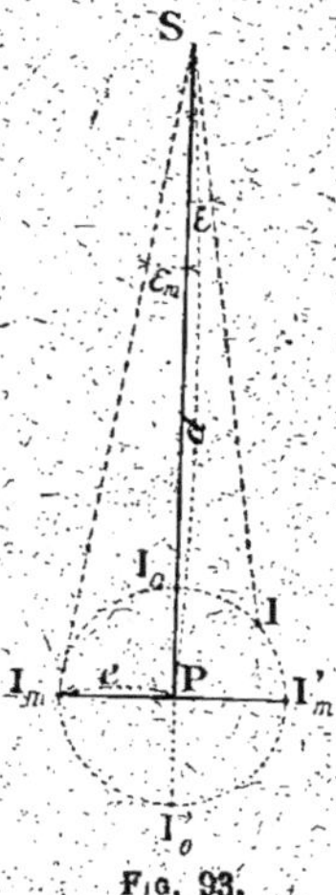
Fig. 93.

173. Erreur de calage. — Un calage défectueux a pour effet d'incliner l'axe vertical de l'instrument ; alors l'axe de rotation de la lunette, qui est perpendiculaire au précédent, n'est pas horizontal, et le plan décrit par la lunette n'est pas vertical. Il en résulte que, sauf pour les visées horizontales, la lecture faite sur le limbe diffère de celle qu'aurait fourni l'instrument parfaitement calé. L'erreur angulaire commise est d'ailleurs facile à mettre en évidence et à évaluer. Soient, en effet (*fig.* 94), gd, $g'd'$, les projections horizontale et verticale de l'axe des tourillons, supposé horizontal. Les traces du plan de visée sont ov, $o'v'$[1]. Sans modifier la direction de la visée, donnons à l'axe des tourillons une inclinaison α ; cet axe se projette maintenant en gd, $g'd'$, et la nouvelle trace verticale, $o'v'_1$

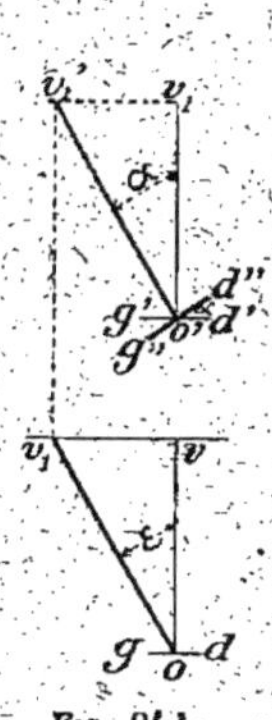
Fig. 94.

[1] Le lecteur est prié de substituer v' à v_1, à la partie supérieure de la figure 94.

du plan de visée fait avec l'ancienne un angle égal à α. La figure montre que si, dans le premier cas, la lunette était pointée sur un signal projeté en vv', la visée, dans le second cas, ne passe plus par ce signal. La quantité dont il faudrait faire tourner l'alidade pour ramener la visée sur le point V représente l'erreur due au défaut d'horizontalité de l'axe des tourillons.

Pour évaluer cette erreur, menons par le point V une horizontale parallèle à la ligne de terre. Cette horizontale coupe le plan de visée en un point dont la projection verticale est v'_1 et la projection horizontale v_1 ; l'angle que nous cherchons à évaluer se trouve donc projeté horizontalement et en vraie grandeur en v_1ov. Soit ε cet angle. Nous avons d'abord d'après la figure 94 :

$$(1) \qquad v'v'_1 = o'v' \times \tang\,\alpha.$$

Mais $o'v'$, hauteur du point V au-dessus de l'instrument, est égale au produit de la distance horizontale ov par la tangente de l'angle d'inclinaison i de la visée :

$$o'v' = ov \times \tang\,i.$$

Remplaçant $o'v'$ par sa valeur dans l'équation (1), il vient :

$$(2) \qquad v'v'_1 = ov \times \tang\,i \times \tang\,\alpha.$$

On a encore :

$$v'v'_1 = vv_1 = ov\,\tang\,\varepsilon.$$

Portant cette dernière valeur dans la relation (2) et supprimant le facteur commun ov, on obtient enfin :

$$(3) \qquad \tang\,\varepsilon = \tang\,\alpha \times \tang\,i.$$

Les angles ε et α étant en pratique toujours très petits, on peut d'ailleurs, sans erreur sensible, remplacer les tangentes par les arcs et écrire :

$$(4) \qquad \varepsilon = \alpha\,\tang\,i;$$

ce qui montre que l'erreur cherchée est égale *au produit*

de l'inclinaison des tourillons par celle de la visée. Par conséquent, quelle que soit l'inclinaison de l'axe, l'erreur est
nulle quand on vise horizontalement ; cette conclusion
résulte d'ailleurs également de l'examen de la figure.

EXEMPLE : Pour $\alpha = 1^{\text{gr}},5$ et $\tan i = 0,2$, on aurait :

$$\varepsilon = 1^{\text{gr}},5 \times 0,2 = 0^{\text{gr}},3.$$

Cette erreur est négligeable dans les opérations courantes ;
mais, dans certains cas spéciaux où l'on recherche une précision exceptionnelle (dans une triangulation complémentaire,
par exemple), on la corrige par le calcul au moyen de la formule 4 ci-dessus. On mesure alors, au moment même des observations, l'inclinaison des tourillons de la lunette à l'aide
d'une nivelle spéciale qui se place sur ces derniers (n° 351).

174. Erreur de pointé. — L'erreur de pointé pour une
lunette donnée varie avec la nature du signal, son éloignement et son éclairage. L'expérience montre qu'elle est généralement très faible ; nous adopterons ici $0^{\text{gr}},005$ pour sa
valeur moyenne.

175. Erreur de lecture. — Cette erreur varie avec le diamètre du limbe, la finesse de ses divisions et de celles du
vernier. Pour un bon cercle ordinaire de $0^{\text{m}},13$ à $0^{\text{m}},15$ de
diamètre, l'erreur moyenne d'une lecture est de $0^{\text{gr}},005$ à $0^{\text{gr}},007$.

176. Erreur due à l'installation des signaux. — Les signaux
mobiles, tels que jalons, mires, au moyen desquels on rend
apparents les points à viser, doivent être placés très exactement sur les points à lever. Le déplacement d'un signal
donne lieu à des erreurs identiques au défaut de mise en
station (voir ci-dessus, n° 172).

D'autre part, les signaux doivent être maintenus parfaitement verticaux ; leur obliquité peut en effet donner lieu à
d'importantes erreurs analogues à celles qui résulteraient
d'un déplacement du signal. Supposons, par exemple, qu'un
jalon, situé à 50 mètres du goniomètre, soit incliné de $\dfrac{1}{20}$ sur

la verticale dans une direction perpendiculaire à la visée et
que divers obstacles masquent la partie inférieure du jalon
sur une hauteur de 1 mètre. Le point le plus bas que l'on
puisse viser se trouve déplacé par rapport au pied du jalon
de $\dfrac{1 \text{ mètre}}{20} = 0^m,05$, ce qui correspond à une erreur angulaire :

$$\tan g\,\varepsilon = \frac{0,05}{50} = 0^g,06.$$

L'importance de cette erreur prouve que l'on ne saurait
trop surveiller la mise en place des jalons et se mettre en
garde contre un dérangement accidentel ultérieur que le
vent suffit d'ailleurs à provoquer ; d'autre part, il convient de
pointer le pied des signaux ou tout au moins le point le plus
bas que l'on puisse découvrir.

Quand les signaux sont constitués par des mires, comme
dans les levés tachéométriques, l'importante cause d'erreur
en question disparaît presque entièrement, parce que la
mire n'est posée sur le point à lever qu'au moment de la
visée et qu'elle est tenue verticale par le porte-mire grâce à
la nivelle **ou au fil à plomb dont elle est munie.**

F. — Précision

177. La précision peut varier beaucoup suivant les soins
apportés pour éviter les causes d'erreurs que nous avons
signalées ou en restreindre les effets, la longueur moyenne
des visées, etc... Nous envisagerons ici deux cas seulement,
celui d'opérations précises exécutées avec un cercle de $0^m,13$
à $0^m,15$ de diamètre et celui d'opérations expédiées pour
lesquelles on utilise un petit goniomètre portatif à cercle
de $0^m,10$.

1° Opérations précises. — Visées de 60 mètres de longueur
moyenne, instrument établi sur la verticale du point de station à moins de 2 centimètres près, soit avec une inexactitude moyenne de 1 centimètre, signal placé sur le point à
lever avec une excentricité moyenne de 1 centimètre, cercle
de $0^m,13$ de diamètre, lecture à un seul vernier.

On trouve avec les éléments ci-dessus, pour chaque visée, les erreurs moyennes suivantes :

milligrades

Erreur moyenne de mise en station de l'instrument : $e_i = \text{tang} \dfrac{0,01}{60} = \pm 11$

Erreur moyenne d'installation du signal : $e_s = \text{tang} \dfrac{0,01}{60} = \pm 11$

Erreur moyenne de pointé : $e_p = \qquad \pm 5$

Erreur moyenne de lecture : $e_l = \qquad \pm 7$

Erreur moyenne quadratique totale pour une visée (n° 8) :

$$e = \sqrt{e_i{}^2 + e_s{}^2 + e_p{}^2 + e_l{}^2} = \pm 18 \text{ milligrades.}$$

Cette erreur correspond à un déplacement linéaire moyen de 17 millimètres environ pour des visées de 60 mètres de longueur. L'erreur moyenne sur la mesure d'un angle serait, dans les mêmes conditions, $18 \sqrt{2} = 25$ milligrades, puisque cette mesure résulte de deux visées successives (n° 17).

Il est utile de remarquer que l'erreur de pointé et l'erreur de lecture seules ne conduiraient, pour chaque direction, qu'à une erreur moyenne de $\sqrt{5^2 + 7^2} = \pm 9$ milligrades. Aussi dans les opérations *très précises*, par exemple, dans la constitution des cheminements servant de base à un levé, réduit-on notablement les erreurs e_i et e_s en soignant l'installation de l'instrument et des signaux, et surtout en augmentant la longueur des visées, qui atteignent alors habituellement 150 à 200 mètres.

2° **Opérations expédiées.** — *Cercle de* $0^m,10$. — En admettant pour e_i et e_s des taux d'erreurs presque doubles des précédents (n° 149) et en portant l'erreur de lecture à 10 milligrades, on trouve que l'erreur moyenne totale est de ± 30 milligrades pour une visée, soit de ± 42 milligrades sur la mesure d'un angle ; ce chiffre est inférieur de 25 0/0 à celui que nous avons trouvé pour le graphomètre, dans des conditions identiques (n° 149).

§ 3. — BOUSSOLE

A. — Description générale

178. La boussole se compose d'un limbe annulaire divisé A, à l'intérieur duquel l'aiguille aimantée est disposée sur un pivot occupant le centre du limbe. Le limbe et l'aiguille sont emprisonnés, soit dans une boîte carrée en bois (*fig.* 95), soit dans une gaîne circulaire en laiton (*fig.* 96 et 97).

Un viseur à pinnules V (*fig.* 95), ou une lunette L (*fig.* 96

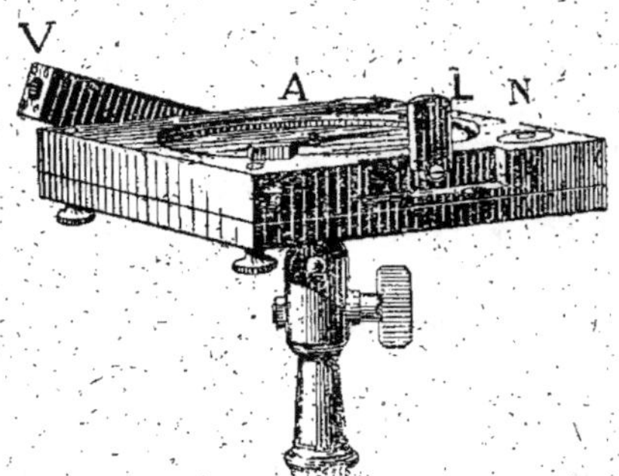

Fig. 95. — Boussole à viseur excentrique

et 97), est placé parallèlement au diamètre 0 — 200ᵍ du limbe et monté sur un axe de rotation horizontal, ce qui permet de viser sous diverses inclinaisons. Quand le plan vertical de la lunette ou du viseur passe par le centre du limbe (*fig.* 97), la boussole est dite à lunette ou à viseur *central*; dans le cas contraire, elle est dite à viseur *excentrique*. La boussole est fixée soit sur un génou à coquille (*fig.* 95), soit sur un triangle à vis calantes (*fig.* 96 et 97) portant lui-même un axe vertical de rotation autour duquel peut tourner la boussole.

Un levier actionné par un bras extérieur *l* permet de soulever l'aiguille aimantée, quand les observations sont terminées, pour éviter l'usure de la chape et du pivot.

Dans certaines boussoles, la position du limbe peut être modifiée de manière à changer l'orientation du diamètre

Fig. 96. — Boussole à lunette excentrique.

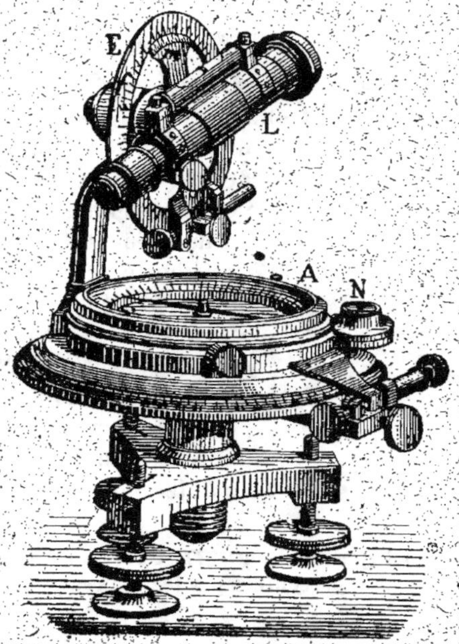

Fig. 97. — Boussole à lunette centrale.

0 — 200ᵍ du limbe par rapport au viseur ; à cet effet, le limbe porte un arc denté engrenant avec un pignon de réglage.

L'instrument est généralement muni d'une nivelle N permettant de régler la verticalité de l'axe de rotation ou l'horizontalité du limbe, et d'un éclimètre E (voir n° 206) destiné à la mesure des angles verticaux.

Le diamètre 0 — 200ᵍ prend le nom de *ligne de foi* de la boussole[1].

B. — THÉORIE DE L'EMPLOI DE LA BOUSSOLE

179. Azimut. — Le limbe de la boussole étant disposé, par construction ou par réglage, de manière que la pointe bleue de l'aiguille coïncide avec le zéro lorsque le viseur est pointé soit sur le nord magnétique soit sur le nord vrai, on peut dire d'une manière générale que la boussole sert à déterminer l'angle formé par une ligne quelconque soit avec la méridienne magnétique, soit avec la méridienne vraie. Cet angle prend, suivant le cas, le nom d'*azimut magnétique* ou d'*azimut vrai*.

180. Détermination d'un azimut. — Supposons le limbe disposé horizontalement et son centre placé sur la verticale d'un point quelconque C d'une droite AB (*fig.* 98). Soit NS la position constante que vient occuper l'aiguille aimantée mise en liberté. Quand le viseur, que nous supposons parallèle au diamètre 0 — 200ᵍ, est dirigé dans la direction de la méridienne magnétique (position représentée en ponctué sur la figure 98), le zéro du limbe est, avons-nous dit, placé sous la pointe nord N de l'aiguille ; si

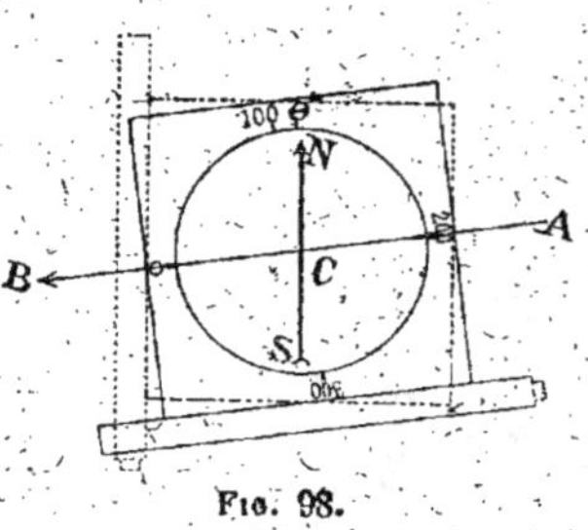

Fig. 98.

---

on amène ensuite le viseur dans la direction d'un point éloigné B, la boussole tourne d'un angle NCB égal à l'azimut cherché; le zéro vient se placer dans la direction du point B, et la division θ du limbe qui se trouve alors en regard de la pointe N de l'aiguille (dont la position dans l'espace n'a pas varié) indique précisément la valeur de l'angle NCB, évalué à partir de la direction NC et en tournant dans le sens inverse de la chiffraison du limbe. Si cette chiffraison croît, par exemple, dans le sens du mouvement des aiguilles d'une montre, l'azimut est compté à partir du nord, en passant par l'ouest, le sud et l'est; cet azimut, lu sur le limbe, est, dans l'exemple représenté par la figure, de 110^g environ. Si la chiffraison croissait en sens inverse, l'angle lu serait le supplément à 400^g du précédent, soit 290^g.

Les azimuts varient de zéro à 400^g.

181. Détermination d'un angle. — Pour mesurer avec la boussole un angle tel que B_2AB_1 (*fig.* 99), on détermine les azimuts $N_1C_1B_1 = \theta_1$ et $N_2C_2B_2 = \theta_2$ des deux directions AB_1, AB_2, issues du sommet de l'angle, et constituant les côtés de ce dernier. La valeur α de l'angle cherché est alors :

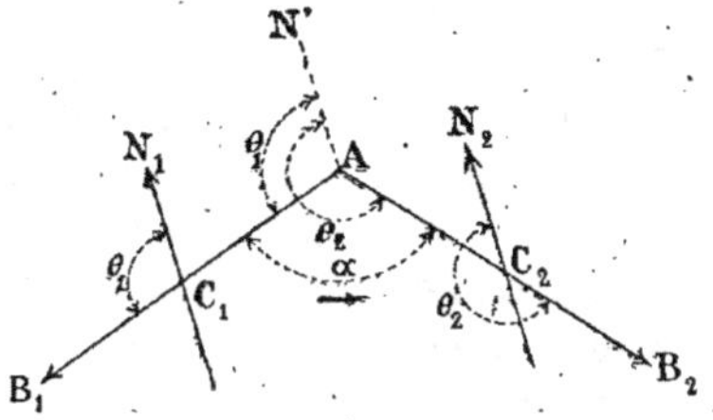

$$\alpha = B_2AB_1 = \theta_2 - \theta_1.$$

Fig. 99.

En effet, menons par le sommet A de l'angle une parallèle N'A aux méridiennes N_1C_1, N_2C_2. On a alors en vertu de l'égalité des angles correspondants et en remarquant que tous les angles azimutaux sont comptés à partir du nord et en tournant dans le sens inverse des aiguilles d'une montre:

(1) $N'AB_1 = N_1C_1B_1 = \theta_1$

(2) $N'AB_2 = N_2C_2B_2 = \theta_2.$

Mais il résulte, d'autre part, de l'examen de la figure, que l'on a :

$$B_2 A B_1 = \text{azimut } N'AB_2 - \text{azimut } N'AB_1,$$

d'où, en remplaçant $N'AB_2$ et $N'AB_1$ par leurs valeurs tirées des égalités (1) et (2) ci-dessus :

$$(3) \qquad \alpha = B_2 A_1 B_1 = \theta_2 - \theta_1.$$

C. Q. F. D.

Il peut arriver que l'azimut θ_2 soit plus petit que l'azimut θ_1 et que la soustraction $\theta_2 - \theta_1$ soit, par suite, impossible. La figure 100, qui offre un exemple de cette particularité, montre qu'il suffit, dans ce cas, d'augmenter l'azimut θ_2 d'une circonférence entière (400^g) pour rendre possible l'application de la formule générale (3).

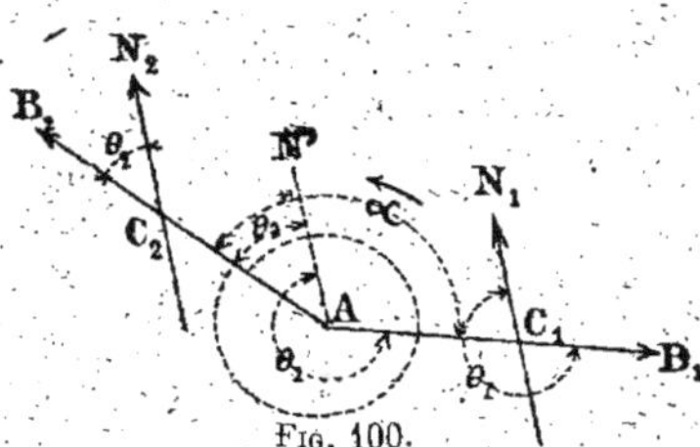

Fig. 100.

Enfin il y a lieu de remarquer que l'angle α ainsi obtenu est toujours compté à partir de la direction AB_1 et en tournant dans le sens inverse de la chiffraison de la boussole (sens des azimuts). Cet angle peut donc varier de zéro à 400^g. Nous le désignerons sous le nom d'*angle topographique*. Moyennant cette remarque, la formule (3) peut se traduire par la règle générale suivante :

RÈGLE. — *L'angle topographique de deux directions concourantes* AB_1, B_2 *s'obtient en retranchant l'azimut de la direction* AB_1 *de celui (augmenté s'il est nécessaire de 400^g) de la direction* AB_2.

REMARQUE I. — **Pour déterminer un angle avec la boussole, il n'est donc pas nécessaire de se placer à son sommet, mais alors l'opération exige deux stations ; au contraire, en choisissant le sommet de l'angle pour y installer l'instrument, on a l'avantage de pouvoir mesurer les deux azimuts de cette station unique.**

182. Influence de l'excentricité du viseur. — Ce que nous avons dit ci-dessus (n° 180) au sujet de la détermination d'un azimut suppose que le plan vertical du viseur passe par le centre de l'instrument. Mais, lorsque le viseur est excentrique (n° 178, *fig.* 95 et 96), il en résulte une petite erreur sur chaque azimut déterminé. En effet, soit CD (*fig.* 101) l'alignement dont il s'agit de mesurer l'azimut, et C le centre de la boussole. Quand on dirige le viseur V, placé à droite de l'instrument, sur le point D, la ligne de foi, parallèle par hypothèse au viseur, vient se placer suivant CF et non suivant CD. L'azimut lu sur le limbe est donc celui de la droite CF; il diffère de l'azimut de la direction CD du petit angle

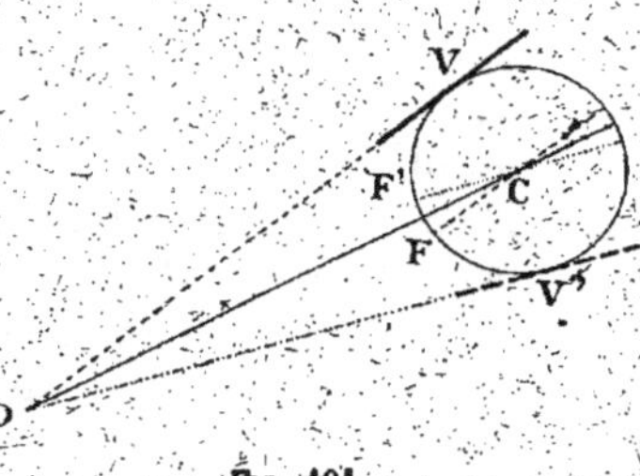

Fig. 101.

FCD = CDV qui représente, par conséquent, l'erreur $d\theta$ due à l'excentricité du viseur. En désignant par e cette excentricité, et par d la distance du point D à l'instrument, on trouve pour valeur de l'angle CDV, exprimé en parties du rayon, et eu égard à sa petitesse :

$$d\theta = \mathrm{CDV} = \frac{e}{d}.$$

L'erreur angulaire commise est donc inversement proportionnelle à la longueur de la visée.

Pour une boussole de $0^m,10$ de rayon et une visée de 50 mètres, on aurait :

$$d\theta = \frac{1}{500},$$

ou en grades :

$$d\theta = \frac{1}{500} \times \frac{400^g}{2\pi} = 0^g,13.$$

Si, du même point de station C, on déterminait l'azimut d'une seconde ligne de longueur d', on aurait pour erreur

$d\theta'$ de ce deuxième azimut :

$$d\theta' = \frac{e}{d'}.$$

L'angle compris entre les deux lignes étant égal à la différence des deux azimuts serait erroné lui-même de la quantité :

$$d\theta' - d\theta = \frac{e}{d'} - \frac{e}{d} = e\left(\frac{1}{d'} - \frac{1}{d}\right),$$

qui s'annule quand on a $d' = d$, c'est-à-dire lorsque les signaux visés sont également éloignés. Dans ce dernier cas, l'orientation générale des directions relevées dans la station considérée est défectueuse, mais les angles compris entre les différentes lignes d'égale longueur sont exacts.

183. Correction de l'erreur due à l'excentricité du viseur. — Lorsque l'on juge ne pas pouvoir tolérer l'erreur due à l'excentricité du viseur (notamment quand les lignes de visée ont une longueur inférieure à une trentaine de mètres), on compense cette erreur par l'un des procédés suivants :

1° On dresse une petite table des corrections angulaires à apporter aux résultats en fonction des longueurs des visées, et on corrige ensuite les azimuts observés ;

2° On cloue, à la partie inférieure de chacun des jalons employés pour signaler les points visés, une petite pièce de bois transversale faisant sur l'un des côtés du jalon une saillie égale à l'excentricité du viseur. On fait placer l'extré-

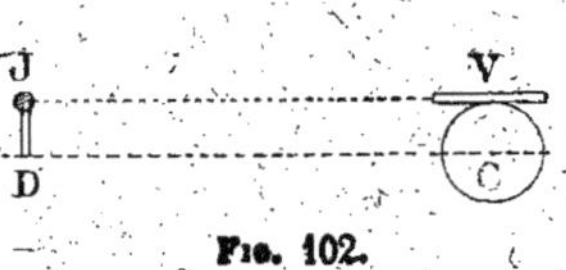

mité de cette pièce sur le point D (*fig.* 102) à viser, et le jalon J à droite de ce point, si le viseur est à droite de la boussole. Le viseur, étant pointé sur le jalon, détermine alors une visée VJ parallèle à la droite CD et ayant, par suite, même azimut que cette dernière ;

3° On dispose, à la partie supérieure de chacun des jalons utilisés, un voyant portant une ligne de foi verticale distante de l'axe du jalon d'une quantité égale à l'excentricité du viseur. Le jalon étant planté sur le point D, on vise la ligne de foi du voyant préalablement disposée du côté convenable ; on obtient encore ainsi une visée parallèle à CD ;

4° Après avoir noté l'azimut répondant à une première visée faite sur le signal avec le viseur à droite, on fait tourner l'instrument, de manière à amener le viseur à gauche ; on pointe de nouveau le signal et on fait une nouvelle lecture. La moyenne de la première lecture et de la seconde, préalablement augmentée ou diminuée de 200°, est indépendante de l'excentricité du viseur.

En effet, la première lecture représente, comme nous l'avons vu, l'azimut de la ligne CF parallèle à VD (*fig*. 101) ; lorsque, après rotation, le viseur est à gauche, la visée est dirigée suivant V'D, et la ligne de foi est venue se placer dans une direction CF', symétrique de CF, par rapport à CD, car les deux angles en D sont égaux, et l'on a :

$$FCD = CDV \quad \text{et} \quad F'CD = CDV',$$

comme angles alternes internes ; d'où, par suite,

$$FCD = F'CD.$$

La moyenne des azimuts des deux directions CF et CF' est donc égale à l'azimut cherché de CD. Mais il faut remarquer que la seconde lecture doit être corrigée de 200°, puisque l'on a fait tourner la boussole d'une demi-circonférence entre les deux observations. Au lieu de faire cette correction par le calcul, on peut aussi faire la première lecture en regard de la pointe bleue de l'aiguille, et la seconde en regard de la pointe blanche, mais c'est là une pratique peu recommandable, en raison des confusions qu'elle peut provoquer.

La discordance entre les deux lectures représente le double de l'erreur due à l'excentricité (angle VDV' = FCF').

Remarque. — Quand on ne compense pas l'erreur d'excentricité du viseur par l'une des méthodes précédentes, il convient de placer le viseur toujours du même côté (à droite, par exemple) pour toutes les observations. Les erreurs sont ainsi de même signe et se détruisent en partie dans les différences d'azimuts.

C. — Mode d'emploi de la boussole

184. Sous réserve des mesures à prendre pour combattre l'excentricité du viseur (n° 183), le mode d'emploi de la boussole pour déterminer un azimut est le suivant :

1° Installer le centre de l'instrument au-dessus de la ligne considérée et assurer l'horizontalité du limbe, en utilisant les indications de la nivelle ;

2° Viser le signal déterminant la direction ;

3° Se placer dans le plan vertical qui contient l'aiguille (n° 188) et, dès que les oscillations sont éteintes ou suffisamment amorties, effectuer la lecture de l'azimut en regard de la pointe nord (pointe bleue). Le limbe étant généralement divisé en grades et demi-grades, les décigrades sont obtenus à l'estime.

D. — Vérification et compensation des erreurs de réglage

185. La boussole doit être soumise à diverses vérifications relatives à l'aiguille aimantée et au viseur. Les premières ont été signalées au chapitre II (n°ˢ 127 à 132). Quant aux secondes, elles sont identiques à celles que l'on fait subir aux pinnules du graphomètre (n° 148) et aux lunettes des goniomètres (n°ˢ 159 et suivants). Il faut en effet :

1° Que l'axe optique soit perpendiculaire à l'axe de rotation du viseur (n° 160 à 163) ;

2° Que cet axe de rotation soit perpendiculaire à l'axe principal de la boussole (n° 164).

Il nous suffira de dire ici, sans entrer dans de nouvelles démonstrations, que les imperfections de réglage de la boussole peuvent être compensées en faisant deux observations, l'une avec le viseur à droite, l'autre avec le viseur à gauche et en prenant la moyenne des deux résultats après avoir corrigé de 200ᵍ la seconde lecture.

En traitant des *Méthodes*, nous verrons plus tard que les mêmes erreurs, à l'exception toute-fois de celle due au défaut de per-pendicularité de l'axe optique à l'axe de rotation du viseur, sont également compensées quand, le viseur étant placé toujours de la même manière, à droite par exemple, on adopte, pour

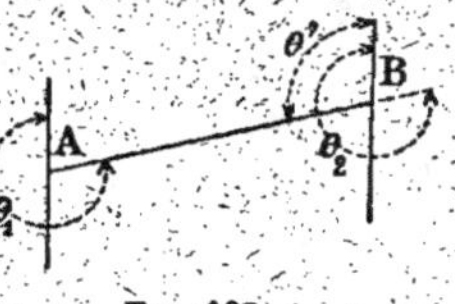

Fig. 103.

azimut θ de la direction AB (*fig.* 103), la moyenne de la lecture θ_1 faite en A quand on vise B et de celle, corrigée de 200ᵍ $(\theta_2 = \theta' + 200)$, faite en une seconde station B quand on vise A. Cette dernière méthode est appelée *méthode des visées inverses*.

E. — DÉCLINER UNE BOUSSOLE. — ACCORDER PLUSIEURS BOUSSOLES.

186. Décliner une boussole. — Décliner une boussole con-siste à régler la position du limbe de manière à y lire les *azimuts vrais*. Pour cela, la direction du méridien ayant été tracée sur le terrain, par l'un des procédés indiqués aux *Méthodes*, on installe la boussole sur cette direction dont on détermine l'*azimut magnétique* (nᵒˢ 179 et 180). Celui-ci est, dans le cas présent, égal à la *déclinaison de la boussole*. A l'aide du dispositif de réglage du limbe (nᵒ 178), on fait tour-ner celui-ci de manière à amener son zéro sous l'aiguille. Il est évident que, si l'appareil est resté fixe, on a ainsi im-primé au limbe un déplacement angulaire égal à la déclinai-son de la boussole. On recommence l'opération à titre de contrôle pour s'assurer que la lecture est bien nulle quand on vise le signal marquant la direction du méridien.

Dans le cas où l'on opère avec une boussole à viseur laté-ral il faut avoir égard à l'excentricité de celui-ci, et le mode opératoire le plus simple consiste alors à faire usage des jalons à tasseau dont il a été parlé aux alinéas 2ᵒ et 3ᵒ du nᵒ 183.

187. Accorder plusieurs boussoles. — La même opération peut servir aussi à accorder plusieurs boussoles devant être

employées simultanément dans le même lever. Si **on ne juge**
pas utile de déterminer la direction réelle d'un méridien,
on installe la boussole prise pour étalon en un point quelconque et on l'oriente de manière que l'aiguille marque zéro.
On fait alors placer un signal dans la direction indiquée
par le viseur. Puis on substitue à la boussole-étalon successivement chaque boussole à accorder, et on règle le limbe de
chacune de telle sorte que l'aiguille marque zéro quand on
vise le signal.

F. — Causes d'erreur et précision

188. La boussole est assujettie aux mêmes causes d'erreurs
que tous les goniomètres et, en outre, aux erreurs dues à la
variation de la déclinaison (n°s 118 à 125).

L'erreur de lecture est beaucoup plus grande que pour les
autres goniomètres, d'une part, parce que l'estime des fractions de division se fait à vue et non avec un vernier [1]; d'autre
part, parce que la pointe de l'aiguille servant d'index est
rarement dans le plan du limbe et, en tout cas, se trouve
toujours séparée par un petit espace du bord des divisions;
il en résulte une parallaxe dont on ne restreint les effets
qu'en se plaçant aussi exactement que possible, pour faire les
lectures, dans le plan vertical qui contient l'axe de l'aiguille
(n° 184, 3°). L'erreur s'accroît encore quand on effectue la lecture, sans attendre que l'aiguille ait atteint sa position d'équilibre, dès que les oscillations sont suffisamment amorties pour
qu'il soit possible d'apprécier la position moyenne autour de
laquelle elles se produisent. Aussi la valeur de l'erreur de
lecture sur le limbe d'une boussole peut-elle varier beaucoup
plus que pour les autres goniomètres, non seulement en raison des dimensions ou de la perfection de l'instrument, mais
aussi suivant l'habileté de l'opérateur. En général, elle varie
de 0ᵍ,05 à 0ᵍ,10. Quand on emploie une **boussole à lunette et**

---

[1] Il existe cependant un modèle de boussole dans lequel l'aiguille
entraîne un vernier ; mais ce dispositif est très peu répandu et
présente peut-être quelques inconvénients spéciaux.

qu'on opère avec soin, toutes les autres causes d'erreurs instrumentales et d'observation, sont négligeables, par rapport à la précédente, au moins quánd on opère entre midi et trois heures ; mais, si l'on travaille indistinctement le matin et le soir, il faut alors, le cas échéant, avoir égard à l'erreur due à la variation diurne de la déclinaison de l'aiguille aimantée (n° 122).

§ 4. — GONIOGRAPHES. — PLANCHETTE ET ALIDADE

Nous désignons sous le nom de *goniographe*[1] tout appareil servant à l'enregistrement direct des angles ou de leur projection horizontale sur la feuille destinée à recevoir le plan.

Le goniographe le plus usuel se compose d'une planchette destinée à supporter la feuille en question et d'une alidade servant à déterminer les directions.

A. — DESCRIPTION DE LA PLANCHETTE ET DE L'ALIDADE

189. Description de la planchette. — La planchette n'est

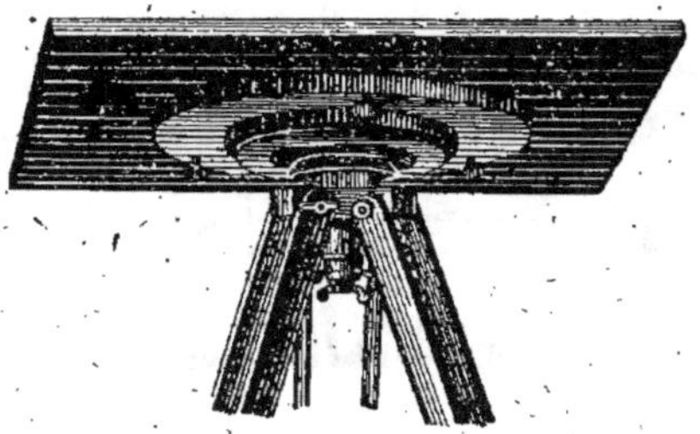

Fig. 104. — Planchette vue par dessous

autre chose qu'une tablette à dessin ordinaire que l'on fixe

[1] Du grec : γωνια, angle ; γραφὴ, description.

soit sur un trépied à trois branches (n° 40) par l'intermédiaire d'un genou de Cugnot (n° 56) ou de tout autre dispositif approprié, soit sur un trépied à six branches (n° 41), pourvu d'un plateau mobile à calotte sphérique et à translation (n° 52).

Le papier est maintenu sur la planchette au moyen de punaises, de colle, ou de rouleaux disposés latéralement sur lesquels s'enroule et se déroule la feuille de papier et dont le mouvement est limité par des rochets.

190. Description de l'alidade. — L'alidade [1] est une règle munie d'un viseur, à pinnules (*fig.* 105) ou à lunette

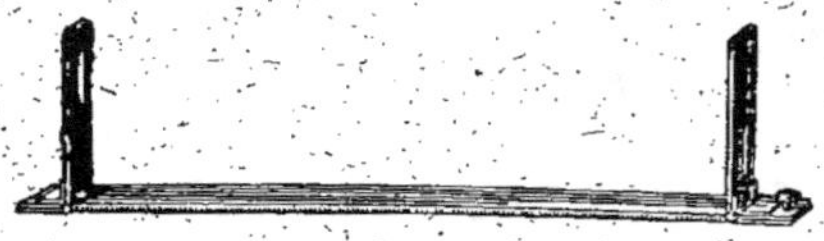

Fig. 105. — Alidade à pinnules.

(*fig.* 106), dont le plan de visée, ou plan de collimation, doit théoriquement passer par l'une des arêtes de la règle qui prend le nom de *ligne de foi*; en pratique, le plan de collima-

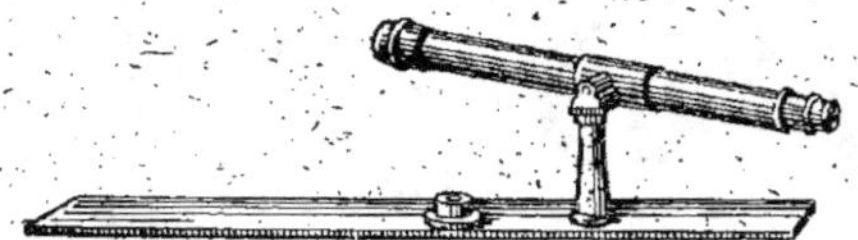

Fig. 106. — Alidade à lunette.

tion peut cependant s'écarter de 2 à 3 centimètres de la ligne de foi sans qu'il en résulte aucune erreur appréciable. La lunette est mobile autour d'un axe de rotation parallèle au plan de base de la règle alidade.

[1] De l'arabe : alhlédada.

B. — Mode d'emploi

191. Deux cas élémentaires sont à considérer dans l'emploi de la planchette :

1° La feuille de papier ne porte aucune indication ;

2° Le sommet de l'angle et la direction de l'un de ses côtés sont déjà indiqués sur la feuille. Ce second cas est d'ailleurs le plus général ; le premier se rencontre seulement dans la première station d'un lever.

PREMIER CAS. — *La feuille ne porte aucune indication.* — On installe la planchette au-dessus du sommet d'angle et on la dispose horizontalement soit à vue, soit à l'aide d'une nivelle sphérique fixée sur la planchette ou sur l'alidade (*fig.* 106) Puis on marque sur la feuille la trace de la verticale du sommet d'angle ; à cet effet, on projette à l'aide d'un fil à plomb le sommet d'angle sur la face inférieure de la tablette et on détermine le point correspondant de la face supérieure

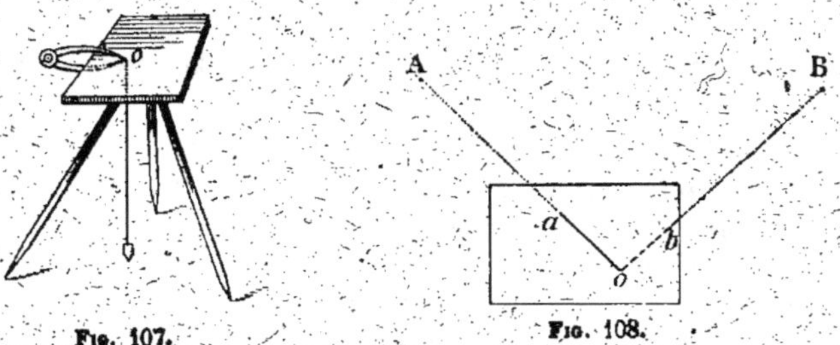

FIG. 107.   FIG. 108.

soit au jugé, soit, comme le montre la figure 107, à l'aide d'un compas d'épaisseur, à l'extrémité de l'une des branches duquel on suspend le fil à plomb. Sur le point *o* (*fig.* 107 et 108) ainsi déterminé, on plante une épingle contre laquelle on vient appuyer la ligne de foi de l'alidade. On fait ensuite pivoter cette dernière de manière à faire passer son plan de collimation par l'un des signaux A (*fig.* 108) déterminant l'un des côtés de l'angle ; puis on trace un trait au crayon en suivant la ligne de foi de l'alidade ; ce trait est la trace du plan vertical qui contient le côté considéré de l'angle.

On désoriente ensuite l'alidade pour l'amener dans la direction du second signal B, et on trace de même la projection horizontale du second côté de l'angle ; cet angle se trouve alors projeté sur la planchette en *aob*.

DEUXIÈME CAS. — *Le sommet de l'angle et l'un des côtés sont déjà figurés sur la feuille.* — Soit *o* (*fig.* 108), le point représentant sur le papier le sommet O de l'angle, et *oa* la projection du côté OA. Pour obtenir la projection du second côté OB, il faut d'abord mettre la planchette en station au point O ; après cette mise en station, la planchette doit satisfaire aux trois conditions suivantes :

1° Elle doit être *horizontale*;

2° Elle doit être *sur le point*, c'est-à-dire que le point *o* du plan doit se trouver sur la verticale du point O du terrain;

3° Elle doit être *orientée* de telle sorte que la ligne *oa* tracée sur le papier soit bien la trace du plan vertical passant par la ligne OA du terrain.

Pour effectuer la mise en station de la planchette, on installe d'abord celle-ci au jugé, de manière que les trois précédentes conditions paraissent à peu près réalisées. Puis on rectifie la position en agissant sur les organes de l'appareil qui permettent de modifier successivement :

1° L'inclinaison de la planchette pour compléter son horizontalité ;

2° Sa position dans le sens latéral et d'avant en arrière pour amener le point *o* du plan exactement au-dessus du point O du terrain ; on peut se servir à cet effet du compas d'épaisseur et du fil à plomb dont il a déjà été parlé ;

3° Son orientation de telle sorte que l'alidade, étant posée sur la planchette, et la ligne de foi mise en coïncidence avec *ao*, le plan de collimation passe par le signal B.

Il est à remarquer qu'en cherchant à réaliser l'une des trois conditions de la mise en station de la planchette, on peut détruire ce qui a été fait précédemment pour satisfaire aux deux autres. Par exemple, si après avoir placé le point *o* du plan (*fig.* 109) dans la verticale du point O du terrain, on fait tourner la planchette autour de son centre C pour l'orienter, le point *o* généralement excentrique s'écarte de sa position primitive, vient se placer en *o'*, et la mise sur le point est de nouveau à rectifier. La mise en station définitive nécessite donc générale-

Fig. 109.

ment une série de tâtonnements qu'on parvient à abréger en réalisant d'abord avec soin la mise en station approximative.

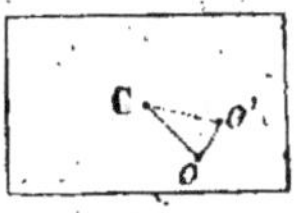

Certains praticiens préfèrent supprimer ces tâtonnements en stationnant systématiquement en dehors du point O. Nous montrerons dans le volume consacré aux *Méthodes* comment on opère dans ce cas.

Quand la mise en station est terminée, on dirige l'alidade sur le signal B (*fig.* 108), tout en maintenant sa ligne de foi en coïncidence avec le point *o*, et on trace la projection *ob* du second côté de l'angle, comme dans le premier cas.

C. — Vérification

192. La seule condition essentielle à laquelle doit satisfaire la planchette est d'être plane ; mais l'alidade doit être soumise aux mêmes vérifications que les alidades des goniomètres.

Dans une alidade à pinnules il faut :

1° Que les pinnules déterminent bien un plan de visée (nos 83 et 148) ;

2° Que ce plan soit vertical quand la règle alidade est horizontale (n° 148, 2°).

Pour une alidade à lunette on doit s'assurer (n° 159) :

1° Que l'axe optique de la lunette est perpendiculaire à son axe de rotation ;

2° Que cet axe de rotation est parallèle au plan de base de la règle alidade, de manière qu'il soit horizontal lorsque l'alidade repose elle-même sur une planchette rendue horizontale.

Ces deux vérifications sont essentielles ; on les effectue et on remédie, le cas échéant, au défaut constaté, comme il est dit aux nᵒˢ 160 à 165 et 169.

En outre, le plan de collimation de l'alidade devrait théoriquement passer par la ligne de foi de l'alidade, mais cette condition n'est pas indispensable. Soient, en effet (*fig.* 110), *f, f* la ligne de foi de l'alidade et *o* la projection du sommet de l'angle. Quand le plan de collimation passe par la ligne de foi, la direction d'un signal visé A se trouve projetée comme il convient suivant *oa*. Mais, si ce plan a une trace *cc'* ne coïncidant pas avec la ligne de foi *f, f*, cette dernière vient occuper une position *of*, quand on vise le signal. Cette

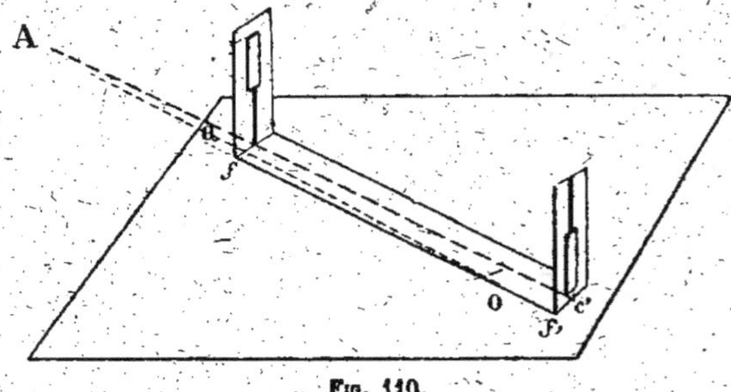

Fɪɢ. 110.

droite *of* fait avec *oa* un angle qui représente l'erreur due à l'excentricité du plan de collimation par rapport à la ligne de foi. Cette erreur est tout à fait comparable à celle causée par l'excentricité du viseur des boussoles (nᵒ 182); mais, comme la règle alidade n'a habituellement que quelques centimètres de largeur, elle est très faible. On la met en évidence en effectuant deux visées sur le même signal, d'abord avec la ligne de foi à droite, puis avec la ligne de foi à gauche. Pour que cette erreur agisse dans le même sens sur toutes les directions tracées d'une même station, il suffit de prendre la précaution de placer la ligne de foi toujours du même côté par rapport à l'opérateur effectuant la visée. Enfin l'erreur n'a aucune influence sur l'orientation de la planchette. Dans la pratique, il n'y a donc pas lieu de se préoccuper de l'excentricité du plan de collimation.

Remarque. — Le plan de collimation, ne passant pas par la ligne de foi, devrait au moins lui être parallèle ; lorsque le viseur est constitué par une lunette tournant autour d'un axe de rotation, cette condition ne peut être réalisée que si cet axe est perpendiculaire au bord de la règle.

Quand le plan de collimation n'est pas parallèle à la ligne de foi, toutes les directions sont déviées dans le même sens d'un angle égal à celui formé par la trace de ce plan avec la ligne de foi. Les angles compris entre ces directions sont donc toujours exacts. Enfin il faut remarquer que la déviation ne change pas de sens ni de grandeur quand on effectue la visée en disposant la ligne de foi soit à droite, soit à gauche. Il est donc également permis de ne pas se préoccuper du défaut en question dans la pratique.

Cette défectuosité de l'instrument ne peut d'ailleurs pas être constatée facilement. Le procédé le plus simple, mais peu précis, à la vérité, consiste à diriger l'alidade sur un signal et à repérer les extrémités de la ligne de foi au moyen de deux aiguilles fixes plantées dans la planchette. Les deux aiguilles et le signal doivent se trouver sur un même alignement.

D. — Causes d'erreurs et précision

193. Chacune des directions tracées sur la planchette est d'abord affectée, comme toute mesure goniométrique, des erreurs dues au défaut d'installation sur le point de station (n° 172), au défaut d'installation du signal visé (n° 176) et au pointé (n°ˢ 85 et 174). Toutefois, lorsqu'on fait usage d'une alidade à lunette, cette dernière cause d'erreur peut être considérée comme négligeable et les pointés effectués avec une précision surabondante, eu égard aux autres incertitudes du procédé.

Mais la planchette a, en outre, une erreur propre très importante dont sont affranchis les goniomètres : l'erreur d'orientation, qui peut dans certains cas (voir aux *Méthodes*) amener d'importantes déformations du plan. Il y a d'ailleurs lieu de remarquer que l'erreur de mise sur le point (n° 191) entraîne nécessairement une erreur d'orientation ; il est donc indispensable de soigner la mise sur le point, de manière que pour les plans à grande échelle $\left(\dfrac{1}{1000}\ \text{et}\ \dfrac{1}{2000}\ \text{par exemple}\right)$ l'écart n'excède pas 1 à 2 centimètres environ[1].

Si l'on tient compte, en outre, des déformations incessantes que subit le papier, soit par dessiccation, sous l'influence des rayons solaires, soit en raison des variations de l'état hygrométrique, la planchette se présente, sous le rapport de la précision, avec une infériorité marquée sur tous les goniomètres fournissant des données numériques.

E. — PLANCHETTE DÉCLINÉE

194. On désigne ainsi une planchette sur laquelle on fixe, habituellement dans l'un des angles (*fig.* 111), un déclinatoire (n° 128) qui donne à l'appareil l'avantage de pouvoir être orienté sans avoir à effectuer aucune visée suivant une direction déjà figurée sur le plan. On a d'ailleurs soin de tracer un trait au crayon sur la feuille, autour de la boîte du déclinatoire, afin de pouvoir constater, au cours des opérations, l'invariabilité de ce dernier et, au besoin, rectifier sa position.

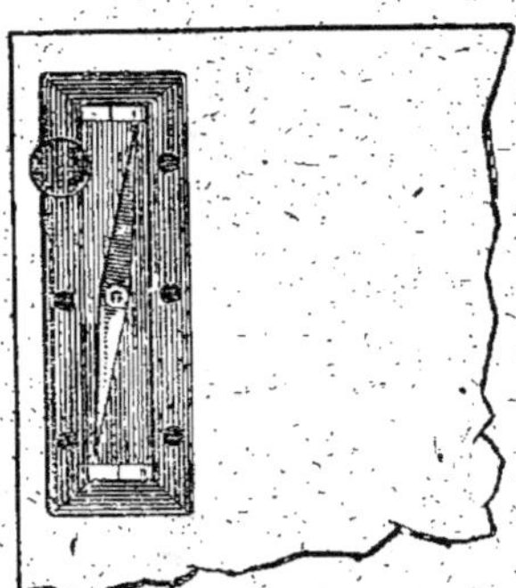

Fig. 111. — Déclinatoire fixé dans l'un des angles d'une planchette.

A chaque station on oriente la planchette de telle sorte que la pointe nord de l'aiguille se trouve en regard de son trait de repère. Sous réserve des variations diurnes ou locales de la déclinaison de l'aiguille aimantée, la planchette se trouve ainsi toujours disposée parallèlement à elle-même. On peut alors décupler la tolérance de mise sur le point.

[1]. On peut dire d'une manière générale que la tolérance de la mise sur le point, exprimée en centimètres, est égale au dénominateur, divisé par 1.000, de la fraction représentant l'échelle du plan.

§ 5. — ÉQUERRES

195. On donne le nom d'*équerre* à tout instrument établi spécialement en vue de la construction, sur le terrain, des angles droits. Les équerres sont à *visée directe*, comme les anciennes *équerres d'arpenteur*, dont l'usage tend à se restreindre, ou *à réflexion*.

A. — Équerre a visée directe

196. Description. — L'équerre d'arpenteur la plus répandue a la forme d'un prisme octogonal creux (*fig.* 112). Chacune des huit facettes latérales présente une pinnule disposée de manière à constituer avec la pinnule de la face diamétralement opposée une alidade fixe (n° 83). On dispose ainsi de quatre alidades qui déterminent quatre plans de visée formant entre eux des angles de 50°. A la partie inférieure du prisme est vissée une douille qui sert à fixer l'équerre sur la pointe d'un bâton ferré.

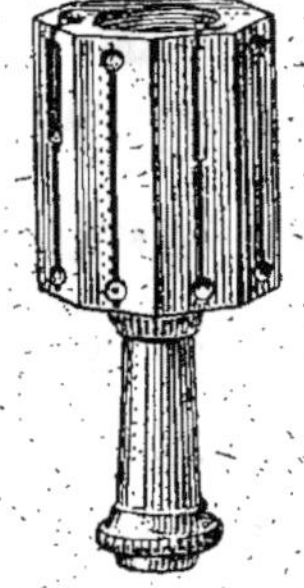

Fig. 112.
Équerre
d'arpenteur.

197. Mode d'emploi. — L'équerre d'arpenteur sert à résoudre les deux problèmes fondamentaux ci-après :

1° *Élever en un point* P *donné sur une droite* AB *une perpendiculaire à cette droite* (*fig.* 113).

On plante verticalement le bâton surmonté de l'équerre au point P, ou, si la résistance du terrain ne permet pas d'enfoncer dans le sol la pointe ferrée du bâton, on maintient celui-ci sur le point P en amoncelant à son pied des matériaux quelconques. On fait tourner l'équerre autour de son axe vertical, de manière à ce que l'une des alidades soit dirigée sur l'un des signaux extrêmes, A par exemple ; puis on vérifie l'opération en visant en sens inverse, pour s'assurer que le même plan de visée passe bien aussi par le second signal B. Enfin on dirige une visée par l'alidade perpendiculaire à la pre-

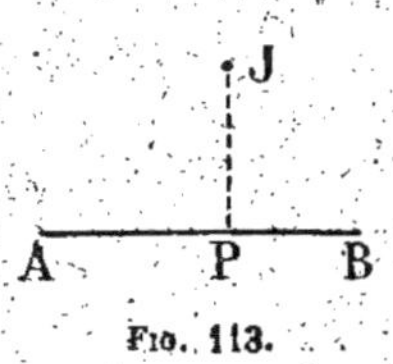

Fig. 113.

mière et on fait placer un jalon J dans le nouveau plan de visée. La droite JP est perpendiculaire à AB.

Quand la visée inverse, faite de P vers B, ne passe pas par le signal B, on vérifie d'abord le premier pointé sur A. Si ce pointé n'est pas correct, on rectifie l'orientation de l'équerre. Dans le cas contraire, on a la preuve que le point P n'est point sur l'alignement AB; on déplace alors l'équerre latéralement dans le sens convenable et on recommence les observations.

2° *Trouver, sur une droite* AB, *le pied de la perpendiculaire abaissée d'un point signalé* J. — En réalité, ce problème est double, car il faut trouver un point qui soit : 1° dans l'alignement de deux autres A et B ; 2° sur la perpendiculaire abaissée du point J sur cet alignement. Le problème se résout par tâtonnements. On place l'équerre au point qui paraît, à vue, satisfaire aux deux conditions ci-dessus, et on dirige l'un des plans de visée sur l'un des signaux extrêmes, A par exemple, puis on procède à la visée inverse ; cette visée passe généralement dans le voisinage de B ; on note immédiatement que l'équerre devra être déplacée transversalement de manière à ramener la visée sur B, c'est-à-dire vers la *droite* par exemple, si le jalon B apparaît à *droite* de la visée ; la grandeur de l'écart, estimé à vue, indique, en tenant compte du rapport des distances des points B et P au point A, l'importance du déplacement transversal à imprimer à l'équerre. Ces remarques faites, on dirige une visée par l'alidade perpendiculaire à la première et on examine de même si cette visée laisse le point J à droite ou à gauche. En tenant compte de la désorientation qui doit résulter du déplacement de l'équerre, précédemment reconnu nécessaire, on cherche à évaluer la quantité dont l'équerre devra être transportée dans le sens AB ou BA pour que la visée se rapproche du point J. Ayant fait toutes ces remarques, on déplace l'équerre et on procède

à un nouvel essai. Un opérateur exercé est rarement obligé
de procéder à plus de deux ou trois tâtonnements.

REMARQUE. — Pour résoudre les deux problèmes précédents, on utilise deux plans de visée se coupant à angle droit.
Mais l'angle compris entre les plans de visée correspondant
à deux pinnules consécutives de l'équerre étant de 50ᵍ seulement, on peut aussi, en suivant la même méthode que ci-
dessus, mener, par un point pris sur un alignement donné,
ou en dehors de celui-ci, une droite coupant cet alignement
sous un angle de 50ᵍ.

198. **Vérification.** — On doit s'assurer :
1° Que les alidades déterminent des plans de visée (n° 83);
2° Que tous ces plans sont verti-
caux quand les arêtes extérieures
de l'équerre sont elles-mêmes verticales (n° 148);
3° Que les quatre plans de visée
déterminés par les alidades se
coupent sous des angles égaux. Pour
effectuer cette dernière vérification,
on installe l'équerre en un point
quelconque P (*fig.* 114) et on fait
placer des jalons dans le prolongement des alidades en A, B, C, ..., G,

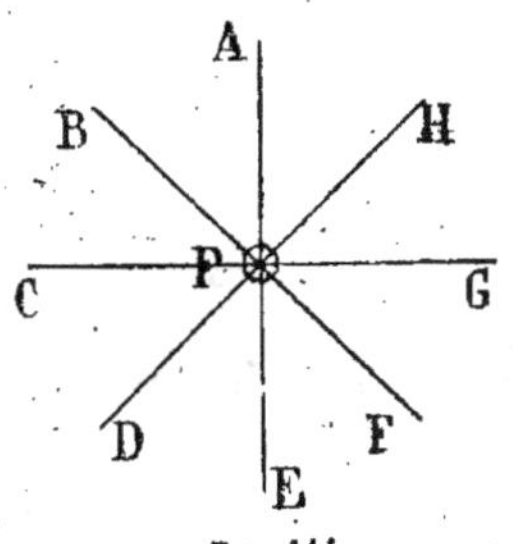

Fig. 114.

H ; puis on fait tourner l'équerre de 50ᵍ, et l'on pointe l'un
des signaux, B par exemple; si les autres plans de visée
passent par les jalons déjà plantés, c'est que les angles à
vérifier sont bien égaux. Dans le cas contraire, on ne peut
utiliser l'instrument qu'après rectification par le constructeur.

199. **Précision.** — A diamètre égal, la précision de
l'équerre d'arpenteur est identique à celle du pantomètre.
En général, les angles de 100ᵍ ou de 50ᵍ déterminés avec une
équerre de 8 à 10 centimètres de diamètre ont une incertitude moyenne de 0ᵍ,1 environ.

B. — ÉQUERRE A RÉFLEXION

200. Théorie. — La construction de cette équerre est basée sur le principe de la *double réflexion* sur des miroirs plans.

Soient deux miroirs M et N (*fig.* 115) formant entre eux un angle quelconque α. On sait que l'image doublement réfléchie I d'un point P est vue dans une direction OI faisant

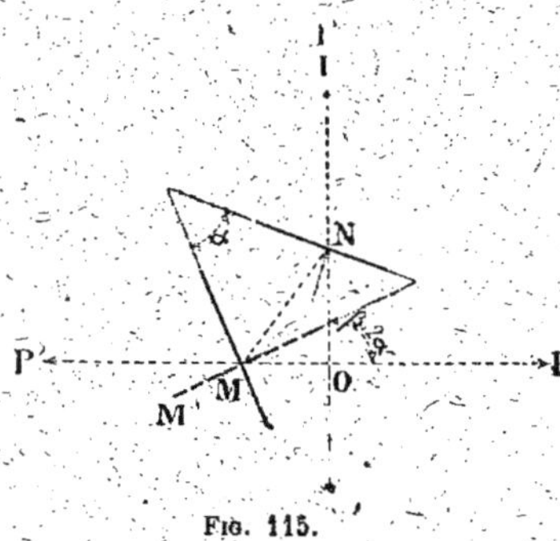

avec le rayon incident PO, réfléchi une première fois en M et une seconde fois en N, un angle β double de celui α des miroirs. Si donc la position des miroirs est réglée de telle sorte que l'angle α compris entre leurs faces soit exactement de 50ᵍ, on a β $=2\alpha=$ 100ᵍ; les angles en O sont droits et, pour élever une perpendiculaire sur une ligne OP, il suffit de faire placer un jalon I dans la direction où l'on voit l'image doublement réfléchie du point P.

Fɪɢ. 115.

Imaginons maintenant un troisième miroir M' fixé perpendiculairement au miroir M et formant, par suite, lui aussi, un angle de 50ᵍ avec le miroir N ; tout point P' situé sur le prolongement de PO aura son image vue dans la direction OI ; en effet le rayon doublement réfléchi OI' forme, avec le rayon incident P'O un angle double de celui des deux miroirs, soit un angle de 100ᵍ. Les angles POI et P'OI' étant droits, les images I et I' sont vues dans une direction unique, perpendiculaire à PP'. Par conséquent, avec un tel instrument on reconnaît que l'on se trouve sur l'alignement de deux signaux P et P', quand les images doublement réfléchies de ces deux objets sont vues dans une même direction I ; cette direction est d'ailleurs perpendiculaire à l'alignement.

RᴇᴍᴀʀQᴜᴇ. — Les mouvements que la main communique à l'instrument pendant les observations ne modifient pas la direction des images. En effet, conservant sur la figure 115 la droite PP', déterminée par deux signaux, imaginons que l'on fasse tourner l'ensemble des miroirs d'un angle quelconque; à cause de la double réflexion, le rayon réfléchi OI ne cessera pas de faire avec les rayons incidents PM ou P'M des angles doubles de celui invariable des miroirs N et M ou N et M', et, par conséquent, les images des points P et P' ne cesseront pas d'être vues dans la direction OI.

201. Description. — Nous reproduisons ci-contre (*fig. 116*) l'excellente équerre Coutureau, maintenant très répandue et adoptée par le service du Cadastre d'Italie. Les trois miroirs M, M' et N sont logés dans un cadre métallique mesurant moins de 5 centimètres de longueur et 3 centimètres de largeur et de hauteur. Les petits miroirs M et M' sont reliés au cadre au moyen de vis de réglage qui permettent de rectifier, le cas échéant, l'angle qu'ils forment entre eux ou avec le grand miroir N.

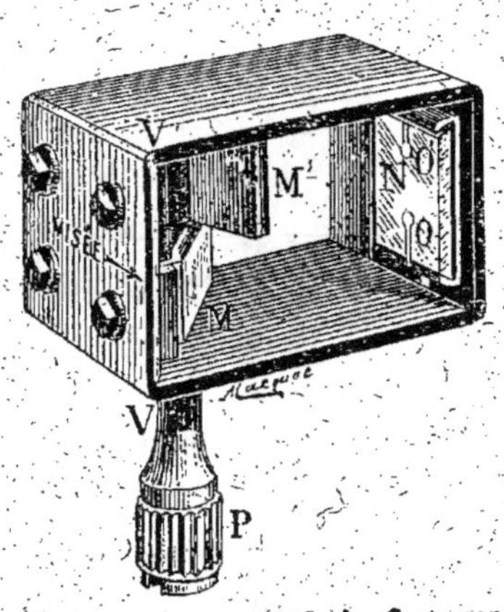

Fig. 116. — Équerre à réflexion Coutureau.

Le miroir N présente deux œilletons OO', disposés respectivement à hauteur du centre des miroirs M et M', et permettant d'observer directement le terrain placé en avant, tout en examinant les images fournies par les objets placés à droite et à gauche.

Une petite poignée P sert à tenir l'instrument. On peut y suspendre le fil à plomb nécessaire pour projeter sur le sol la position de l'équerre.

202. Mode d'emploi. — Pour faire les observations, on tient l'instrument à la main et on place l'œil le plus près possible de l'arête VV, près du mot « Visée » gravé sur le cadre. On voit alors dans la partie supérieure du grand miroir les images des objets situés à gauche, dans la partie inférieure, celles des objets situés à droite et, par les ouvertures O, O', le terrain placé en avant. On opère comme il va être indiqué, suivant le problème que l'on doit résoudre.

1° *Trouver un point placé sur l'alignement de deux autres.* — Pour trouver un point intermédiaire de la droite déterminée par deux jalons A et B (*fig.* 117), on se place parallèlement à l'alignement, et l'on vise dans une direction perpendiculaire, en observant les positions relatives des images des deux jalons.

Si l'équerre est au-dessus d'un point P'₁ situé lui-même en arrière de l'alignement, la position des jalons paraît inversée, c'est-à-dire que l'on aperçoit à droite, en A'₁, l'image du jalon A de gauche, et à gauche, en B'₁, l'image du jalon B de droite. Il faut donc marcher en avant pour se porter sur l'alignement.

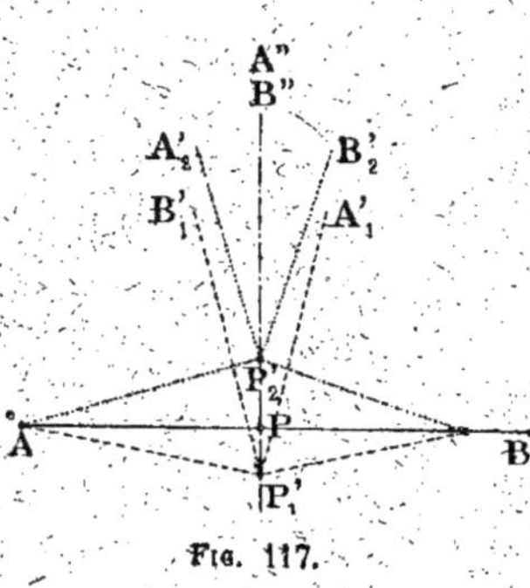

Fig. 117.

Quand l'équerre se trouve, au contraire, en avant de l'alignement, comme en P'₂, les images A'₂ et B'₂ sont disposées dans le même ordre que les jalons correspondants A et B; il faut alors reculer, pour se porter sur l'alignement.

Enfin, comme nous l'avons déjà dit, on reconnaît que l'équerre, ou, plus exactement, le point d'intersection des rayons incidents et doublement réfléchis, est sur l'alignement quand les images des deux jalons semblent se prolonger l'une l'autre, déterminant ainsi une même direction PA'. A ce moment, on projette la position de l'équerre sur le sol soit au moyen d'un fil à plomb, soit au moyen d'un bâton tenu entre deux doigts seulement, sous la poignée, et on obtient ainsi le point cherché P.

2° *Élever en un point donné P d'une droite AB une perpendiculaire à cette droite.* — A l'aide du fil à plomb, on amène l'équerre au-dessus du point P, puis on fait aligner un jalon dans la direction de l'image de l'un des signaux A ou B.

Remarque. — Les deux problèmes précédents se confondent souvent en un seul et se résolvent alors simultanément.

3° *Trouver, sur une droite AB, le pied de la perpendiculaire abaissée d'un point A'.* — On se place en un point que l'on estime peu éloigné du pied cherché de la perpendiculaire ; puis, à l'aide de l'équerre, on se place dans l'alignement des points A et B (*fig.* 117) (voir ci-dessus 1°); puis, tout en se maintenant sur l'alignement, on se déplace latéralement jusqu'à ce que les images des jalons extrêmes et le jalon placé au point A' apparaissent sur une même ligne verticale.

203. **Vérification et réglage.** — L'équerre Coutureau doit être soumise à deux vérifications visant respectivement l'alignement et le tracé des angles droits. Il faut s'assurer :

1° Que les deux petits miroirs sont perpendiculaires l'un à l'autre ;

2° Que le grand miroir forme avec les deux autres des angles de 50ᵍ. Lorsque la première condition est remplie, il suffit d'ailleurs, pour vérifier la seconde, de s'assurer que l'angle du grand miroir avec l'un des deux petits est de 50ᵍ, car alors le second petit miroir sera nécessairement lui-même incliné de 50ᵍ sur le grand.

Vérification de la première condition. — On cherche à se placer, au moyen de l'équerre, sur l'alignement de deux points A et B (*fig.* 118). Soit P'₁ le point trouvé. On fait demi-tour et on recommence l'opération ; soit P'₂ le nouveau point indiqué par l'instrument. Si ces deux points coïncident à 2 ou 3 centimètres près, l'instrument peut être considéré comme réglé ; mais, s'ils sont séparés par un écart notable, on en conclut que l'angle formé par les petits miroirs n'est pas droit.

En raison de la symétrie des opérations, il est d'ailleurs évident que le point cherché de l'alignement AB est situé au milieu P de la droite P'₁P'₂.

Vérification de la deuxième condition. — On place l'équerre au point P (*fig.* 118), et, considérant l'un des petits miroirs, celui du haut par exemple, on fait placer un jalon J dans la direction de l'image du signal correspondant A (signal de gauche); puis on retourne l'équerre sens dessus dessous, de manière que le même petit miroir soit tourné vers le second signal B. Si l'image de celui-ci apparaît dans la direction du jalon J, c'est que les angles APJ et BPJ sont égaux;

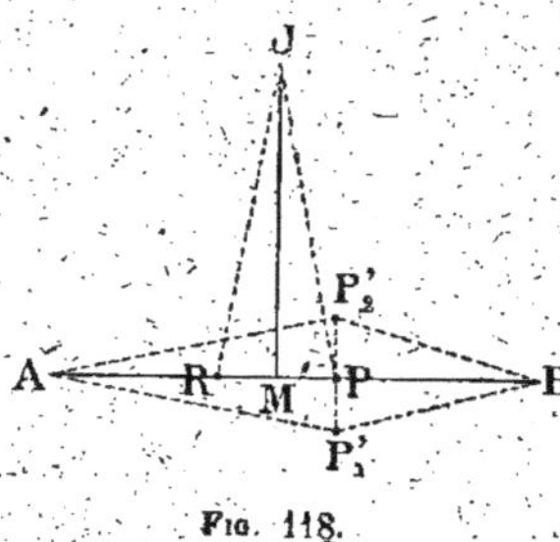

Fig. 118.

dans ce cas, ils valent chacun, par conséquent, un angle droit, et la position du petit miroir est correcte. Mais si, au contraire, l'image du point B ne se confond pas avec J, on a une preuve de l'inégalité des angles en P, et JP n'est pas perpendiculaire à AB. Pour trouver le pied de la perpendiculaire abaissée du point J sur AB, on se déplace alors sur l'alignement de manière que l'image de B apparaisse dans la direction du jalon J; soit R le point où l'on s'arrête; toujours par raison de symétrie, le point cherché est au milieu de PR, soit en M. On vérifie, comme il a été dit ci-dessus, que ce point appartient bien en même temps à la droite AB et on rectifie, s'il y a lieu, sa position. Finalement, on a donc ainsi, avec un instrument mal réglé, déterminé un point M placé à la fois sur l'alignement AB et sur la perpendiculaire abaissée du point J.

RÉGLAGE. — On rectifie l'équerre en la maintenant exactement sur la verticale du point M, et en agissant successivement sur les vis de réglage des petits miroirs (n° 201) pour amener l'image du signal correspondant dans la direction du jalon placé en J.

204. Précision. — L'erreur moyenne des directions tracées au moyen de l'équerre à réflexion Coutureau est inférieure à 0ᵍ,05.

La précision notable de l'équerre à réflexion, jointe à l'avantage que présente cet instrument de n'exiger l'emploi d'aucun support, explique l'extension rapide de l'usage des appareils de ce genre.

CHAPITRE IV

MESURE DES ANGLES VERTICAUX

205. Il est d'usage, en topographie, d'exprimer les angles verticaux soit par leurs arcs, soit par leurs tangentes. De là, deux catégories d'instruments que nous désignerons respectivement par les noms d'*éclimètres*[1] et de *clisimètres*[2].

§ 1. — ÉCLIMÈTRES

206. Description. — Un éclimètre E (*fig.* 96, 97 et 119) se compose essentiellement de deux cercles verticaux concen-

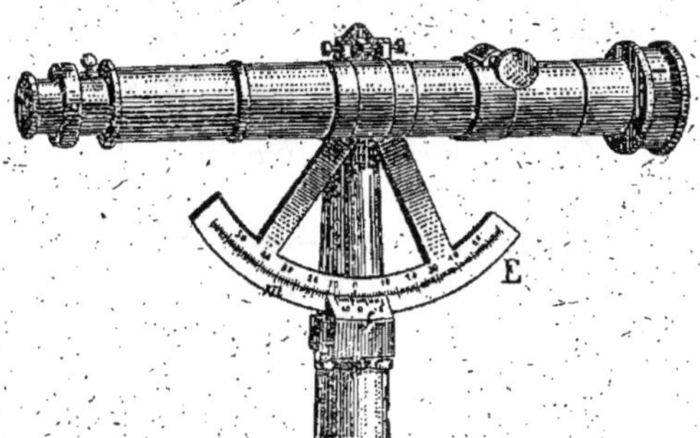

Fig. 119.

triques, l'un *f* fixe, l'autre *m* mobile. Le cercle mobile est habituellement muni d'une pince destinée à l'immobiliser et d'une vis de rappel. Les cercles sont complets ou réduits à un ou deux secteurs; l'un d'eux porte une division en grades

[1] Du grec : κλίμω, incliner; μετρον, mesure (éclimètre: mesure des inclinaisons).
[2] Du grec : κλίσις, pente; μετρον, mesure (clisimètre: mesure des pentes).

ou en degrés, et l'autre un ou deux index accompagnés chacun d'un vernier. Le cercle fixe est relié au bâti de l'instrument auquel l'éclimètre est annexé; le cercle mobile est
entraîné par le viseur. Les index sont disposés de manière à
marquer zéro sur le limbe gradué, quand l'axe du viseur est
perpendiculaire à l'axe principal de l'appareil, c'est-à-dire
quand le viseur, après calage de l'instrument, est horizontal.
Si la division du limbe croît dans les deux sens à partir du
zéro comme sur la figure 119, les lectures font connaître l'inclinaison du viseur sur l'horizontale ; l'opérateur doit alors
noter le signe de cette inclinaison. Pour éviter cette dernière
sujétion, on préfère souvent faire occuper à la division 100^g du
limbe, la position ci-dessus assignée au zéro. De cette façon,
on lit 100^g pour une visée horizontale ; les angles inférieurs à
100^g caractérisent les visées ascendantes, et les angles supé-
rieurs à 100^g les visées descendantes. Autrement dit, le zéro
de la graduation correspond aux visées sur le zénith ; les angles
enregistrés prennent alors le nom de *distances zénithales*. Dans
ce dernier cas, la chiffraison est généralement continué de 0^g à
400^g, et l'éclimètre comporte deux verniers diamétralement
opposés. Suivant que l'on fait usage de l'un ou de l'autre, on
obtient soit la distance zénithale du point visé, soit cette même
distance augmentée de 200^g.

Disons, pour terminer cette description, que l'éclimètre est
généralement adjoint soit à un instrument permettant d'effectuer la mesure des angles horizontaux, soit à une alidade de
planchette.

207. Mode d'emploi. — L'emploi de l'éclimètre est très
simple. L'instrument ayant été calé, c'est-à-dire son axe
principal rendu vertical, on vise
le point du signal qui détermine
avec le centre de l'éclimètre la
ligne dont on se propose d'évaluer l'inclinaison, et on lit sur le
limbe de l'éclimètre soit cette inclinaison même, soit la distance
zénithale correspondante.

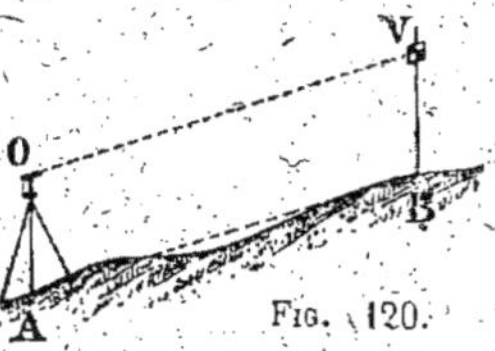

Il faut toutefois remarquer que la ligne dont on cherche

l'inclinaison est souvent déterminée par deux points du terrain A et B (*fig.* 120). Dans ce cas, on fixe sur une mire un voyant V à une hauteur VB égale à celle du centre O de l'éclimètre au-dessus du point A sur lequel il est installé, puis on fait porter la mire sur le point B et l'on vise le voyant; la visée OV est alors parallèle à AB et forme par suite le même angle qu'elle avec l'horizontale.

208. Vérification. — Indépendamment des vérifications communes à tous les cercles gradués (n°⁵ 107 à 114) et qu'il suffit d'effectuer une fois pour toutes, l'éclimètre doit être soumis fréquemment à l'épreuve suivante: l'axe principal de l'instrument étant vertical, il faut s'assurer que l'éclimètre donne bien une inclinaison nulle ou une distance zénithale de 100^g, quand la visée est horizontale. On peut employer, à cet effet, l'une des deux méthodes suivantes :

Première méthode, applicable aux éclimètres a cercle complet. — On vise un point bien net P (*fig.* 121), et on note l'angle L_1 correspondant ; puis on fait tourner l'éclimètre de 200^g autour de l'axe principal de l'instrument, ce qui revient à amener l'éclimètre à gauche de cet axe, s'il était primitivement à droite, ou *vice versa*; on ramène ensuite le viseur sur le point P (*fig.* 122), et on fait, au même vernier que précédemment, une nouvelle lecture L_2. Si l'éclimètre est réglé, on doit évidemment avoir, d'après les figures :

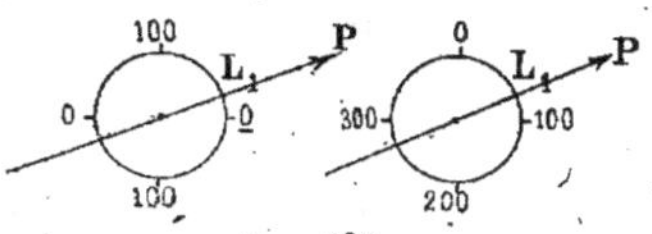

Fig. 121.

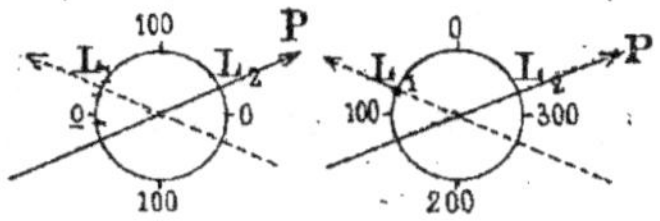

Fig. 122.

1° $L_1 = L_2$, quand l'instrument fournit les inclinaisons;

2° $L_1 = 400^g - L_2$, quand l'instrument fournit les distances zénithales.

Lorsque les relations ci-dessus ne sont pas satisfaites, l'éclimètre donne des résultats inexacts; le viseur étant horizontal, la lecture L_1 de l'éclimètre, au lieu d'être 0°, ou 100°, suivant le cas, est alors égale à l'erreur ε de réglage, ou à $100^g + \varepsilon$; quant à la lecture L_2, faite après retournement de l'éclimètre, elle devient dans le premier cas $L_2 = -\varepsilon$, et, dans le second, $L_2 = 300^g + \varepsilon$; on a donc:

$$1° \qquad\qquad L_1 - L_2 = 2\varepsilon,$$
$$2° \qquad\qquad L_1 - (400^g - L_2) = 2\varepsilon.$$

Ces dernières relations sont encore vraies pour des visées inclinées. En effet, pour une visée notablement ascendante, par exemple, la lecture effective L_1, faite sur l'éclimètre donnant les inclinaisons, est égale à celle L'_1 que l'on obtiendrait si l'instrument était réglé (c'est-à-dire s'il donnait 0^g pour une visée horizontale), augmentée algébriquement de ε, soit:

$$L_1 = L'_1 + \varepsilon.$$

Après retournement de l'éclimètre, on trouve de même, en désignant par L'_2 la lecture théorique répondant à l'instrument réglé:

$$L_2 = L'_2 - \varepsilon,$$
d'où:
$$L_1 - L_2 = (L'_1 + \varepsilon) - (L'_2 - \varepsilon) = 2\varepsilon.$$

Par un raisonnement du même genre, on démontrerait que, dans le cas d'un éclimètre donnant les distances zénithales et pour des visées inclinées, on a encore :

$$L_1 - (400 - L_2) = 2\varepsilon.$$

En résumé, on trouve donc, pour expression de l'erreur de réglage suivant le type de l'instrument:

$$1° \qquad\qquad \varepsilon = \frac{L_1 - L_2}{2};$$
$$2° \qquad \varepsilon = \frac{L_1 - (400^g - L_2)}{2} = \frac{L_1 + L_2}{2} - 200^g.$$

Les éclimètres sont tous pourvus d'un dispositif de réglage

qui permet d'annuler l'erreur en question, en faisant tourner d'une petite quantité le cercle fixe autour de son centre. Pour effectuer le réglage, on vise le point déjà observé dans la première position de l'instrument et on agit sur ce dispositif de manière à lire sur le limbe, suivant le cas, au lieu de L_1, les angles :

$$1° \qquad L_1 - \varepsilon = \frac{L_1 + L_2}{2},$$

$$2° \qquad L_1 - \varepsilon = \frac{L_1 - L_2}{2} + 200°.$$

Au lieu de ramener l'éclimètre dans la position correspondant à la première visée, on peut effectuer le réglage dans la seconde position. On doit alors lire sur le limbe, suivant le type de chiffraison :

$$1° \qquad L_2 + \varepsilon = \frac{L_1 + L_2}{2},$$

$$2° \qquad L_2 - \varepsilon = \frac{L_2 - L_1}{2} + 200°.$$

Quand la disposition de l'instrument s'y prête, par exemple lorsque la pince du cercle mobile ne prend pas appui sur le cercle fixe, on peut employer un procédé de réglage encore plus simple. On dispose le cercle mobile de manière que le zéro du vernier se trouve éloigné du zéro du limbe et dans le sens convenable de l'angle ε ; puis, la pince de l'éclimètre étant serrée, on déplace le cercle fixe à l'aide de la vis de réglage disposée à cet effet jusqu'à ce que la coïncidence des deux zéros soit établie. Il est clair que, de cette façon, on a fait tourner le cercle fixe du petit angle ε et que l'on a ainsi corrigé l'erreur de l'éclimètre. On recommence d'ailleurs la vérification à titre de contrôle.

DEUXIÈME MÉTHODE. — La première méthode, très pratique pour les éclimètres comportant un cercle complet, n'est pas toujours applicable aux instruments dont l'éclimètre est constitué par un simple secteur donnant directement les inclinaisons ; on peut alors effectuer la vérification comme suit :

On installe l'instrument en un point A (*fig.* 123), on le cale, et on fait porter en un point B, distant d'une centaine de

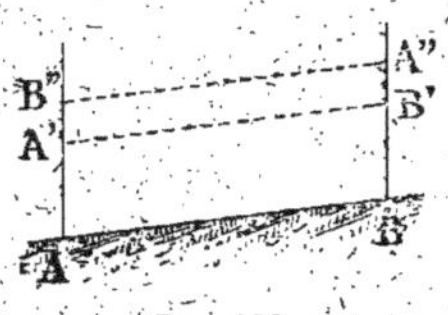

Fig. 123.

mètres, une mire sur laquelle on a fixé un voyant à une hauteur BB' égale à celle AA' de l'axe de rotation de la lunette au-dessus du sol. On pointe la ligne de foi du voyant et on note la lecture L_1 faite sur le cercle.

Puis on porte l'instrument en B et la mire en A; on fixe le voyant à une hauteur AB" égale à la nouvelle hauteur BA' de l'instrument, de manière que la nouvelle ligne de visée A"B" soit exactement parallèle à la première A'B'; on enregistre enfin la lecture L_2 correspondante, en ayant égard à son signe. On considère habituellement comme positives les chiffraisons répondant à des visées ascendantes et négatives celles qui se rapportent aux visées descendantes.

Si les deux lectures L_1 et L_2 sont égales et de signes contraires, l'instrument est réglé [1]; sinon, l'écart entre les valeurs absolues des lectures, ou plus exactement leur somme algébrique $L_1 + L_2$, mesure le double de l'erreur ε de centrage; leur demi-somme $\dfrac{L_1 + L_2}{2}$ fait donc connaître la division du limbe en regard de laquelle il faudrait amener l'index pour obtenir une visée horizontale, l'instrument étant calé.

La lecture L_0 répondant à un instrument réglé serait :

$$L_0 = L_1 - \varepsilon = \frac{L_1 - L_2}{2},$$

ou :

$$-L_0 = L_2 - \varepsilon = -\frac{L_1 - L_2}{2} = \frac{L_2 - L_1}{2}.$$

Pour effectuer le réglage, il suffit donc, l'instrument restant en station en B et la lunette pointée sur le voyant,

---

[1] Deux lectures égales et de même signe indiquent que les lignes de visée A'B' et A"B" sont horizontales, et que l'instrument n'est pas réglé. Elles représentent l'erreur de centrage même.

d'amener l'index du vernier en regard de la division L_0, au moyen du dispositif de réglage que comporte l'instrument. Si les dispositions de l'instrument s'y prêtent, on peut aussi amener l'index en regard de la division $\dfrac{L_1 + L_2}{2}$, qui correspondrait à l'horizontalité du viseur, puis établir la coïncidence de l'index et du zéro de la division, en agissant sur le dispositif de réglage.

209. **Causes d'erreur et précision.** — Les lectures sur les limbes verticaux sont sujettes aux mêmes fautes et erreurs que celles faites sur les limbes horizontaux. Les erreurs de pointé dans le sens vertical sont de même ordre que celles que l'on a à craindre dans le sens horizontal; elles sont négligeables quand on pointe les divisions d'une mire.

Nous prions donc le lecteur de se reporter aux n°ˢ 170, 174 et 175.

L'erreur de calage peut, en général, être considérée comme négligeable. On a vu, en effet, au n° 71, que chaque division d'une fiole de 27 mètres de rayon de courbure correspond à un angle au centre de $0^g,007$. Si l'on admet que la bulle est amenée entre ses repères à 1/3 de division près, l'erreur due au calage, avec une telle fiole, ne sera que $0^g,002$ environ.

En résumé, on peut admettre que l'erreur moyenne de chaque visée, pour les éclimètres à lunette dont le limbe mesure de $0^m,10$ à $0^m,12$ de diamètre, est à peu près de $0^g,01$.

§ 2. — CLISIMÈTRES

210. Nous classerons dans la catégorie des clisimètres tous les instruments qui fournissent directement la valeur des tangentes trigonométriques des angles verticaux comptés à partir de l'horizontale, c'est-à-dire les *pentes* des lignes de visée. Nous nous bornerons à mentionner ici le niveau de pente à pinnules de Chézy, le niveau de pente à lunette de Berthélemy et le clisimètre du tachéomètre Sanguet.

A. — Niveau de pente a pinnules de Chézy

211. Description. — Cet instrument (*fig.* 124) comporte un dispositif de calage à 2 ou à 3 vis et une règle R sur laquelle sont fixées une nivelle à bulle d'air N et deux pinnules A et B.

La pinnule A comprend un cadre à l'intérieur duquel est fixée une pièce portant un œilleton o_1 et, à côté, une fenêtre f_1 sur laquelle sont tendus deux fils, l'un vertical, l'autre horizontal au même niveau que l'œilleton. Une vis de réglage V permet de modifier d'une petite quantité, dans le sens vertical, la position relative de cette pièce par rapport au cadre.

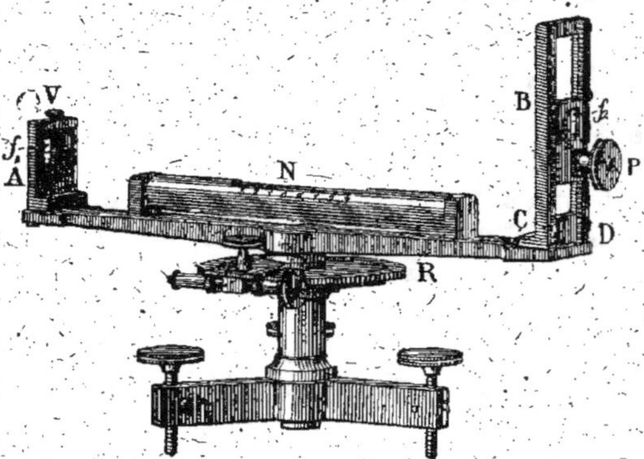

Fig. 124. — Niveau de pente à pinnules de Chézy.

La pinnule B est formée aussi d'une partie mobile portant également un œilleton o_2 et une croisée f_2 qui correspondent respectivement à la croisée et à l'œilleton de la pinnule A ; cette pièce est munie d'un pignon P engrenant avec une crémaillère fixée le long du cadre à l'intérieur duquel elle est disposée. En agissant sur la tête du pignon P, on élève ou on abaisse à volonté la pièce mobile.

Cette dernière porte un index avec vernier qui se déplace devant une échelle divisée gravée sur le cadre.

Lorsque l'axe de l'instrument a été rendu vertical et que
l'index, ou zéro du vernier, se trouve en regard du zéro de
l'échelle, les lignes de visée déterminées
par l'œilleton d'une pinnule et la croisée
de l'autre sont horizontales. Quand, au
contraire, l'index est amené dans une
autre position, la ligne de visée AB (*fig.* 125)
est naturellement inclinée, et la division
marquée par l'index fait connaître la pente de cette ligne, soit

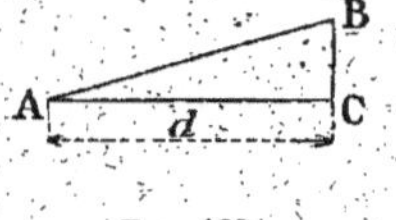

Fig. 125.

le rapport $\dfrac{BC}{AC}$.

Les divisions indiquent les pentes de centième en centième;
si d représente la distance horizontale AC des deux pinnules, l'intervalle x compris entre deux traits consécutifs de

la division est alors déterminé par la relation $0,01 = \dfrac{x}{d}$.
Soit, par exemple, $d = 0^{m},30$; on a, dans ce cas :

$$x = 0,01 \times d = 3 \text{ millimètres.}$$

Le vernier adjoint à l'index permet d'apprécier le chiffre
des millièmes.

212. Mode d'emploi. — Les visées dont on cherche l'inclinaison sont pratiquement déterminées par l'un des œilletons
de l'instrument O et par un signal S (*fig.* 126 et 127). Deux
cas sont à considérer, suivant que ces visées sont ascendantes ou descendantes. Dans le premiers cas (*fig.* 126) on

Fig. 126.   Fig. 127.

vise par l'œilleton du petit cadre, et dans le second (*fig.* 127),
par celui du grand. La visée s'effectue toujours en déplaçant la pinnule du grand cadre jusqu'à ce que le signal (habituellement le voyant d'une mire) soit bissecté par le fil
horizontal observé par l'œilleton placé du côté de l'opéra

teur. On n'a plus ensuite qu'à effectuer la lecture et à noter
le sens de la pente, c'est-à-dire le signe de la tangente trigonométrique ainsi déterminée.

213. Vérification. — On doit s'assurer, une fois pour toutes,
que l'instrument est convenablement gradué, en vérifiant
directement la longueur totale comprise entre les traits
extrêmes de l'échelle.

De plus, il faut vérifier en cours d'opération que la visée
répondant à la lecture *o* est horizontale quand l'instrument
est calé. A cet effet, on amène la bulle entre ses repères et
on fait repérer, sur un mur, un jalon ou une mire, la direction
de la visée. Puis on fait tourner l'instrument de 200° autour
de son axe vertical et on ramène, s'il y a lieu, la bulle entre
ses repères. On doit alors retrouver le point de repère sous
la nouvelle ligne de visée.

Si la ligne de visée n'est pas horizontale, le retournement
de l'instrument a pour effet de l'amener dans une position
symétrique de sa position initiale. On repère alors, sur l'objet
vertical choisi comme signal, les deux points répondant aux
deux visées ; le point qui partage l'intervalle des premiers
en parties égales est celui par lequel passerait la visée, si
elle était horizontale. Pour régler l'instrument, on déplace
alors, dans le sens convenable, au moyen de la vis de
réglage V (*fig.* 124), la pinnule du petit cadre de manière à
ramener la visée sur le point médian.

214. Causes d'erreurs et précision. — Les lectures sur les
échelles rectilignes sont sujettes aux mêmes fautes et erreurs
que celles faites sur les limbes circulaires.

Dans le niveau de Chézy, les pointés, étant faits à l'œil nu,
sont assujettis à l'erreur que nous avons signalée au n° 85.

L'erreur moyenne à craindre sur chaque inclinaison est
voisine de $\dfrac{1}{1.000}$.

B. — Niveau de pente à lunette Berthélemy

215. Cet instrument a été construit sur les indications de M. Durand-Claye, inspecteur général des Ponts et Chaussées. Une lunette, mobile autour du point O (*fig.* 128), est portée par un dispositif de calage à trois vis et entraîne un index qui se meut devant un arc de cercle fixe F dont la tranche,

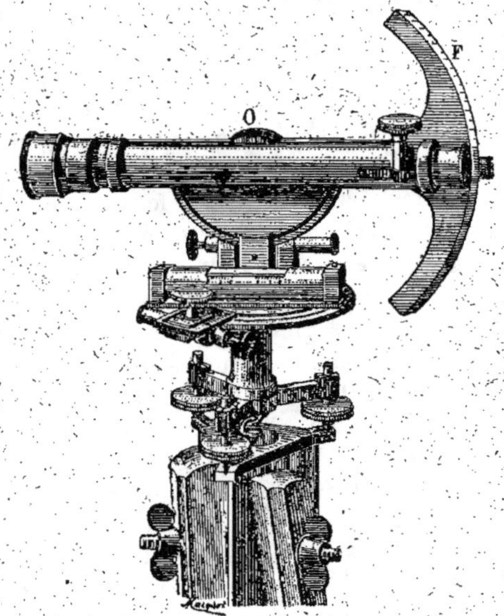

Fig. 128. — Niveau de pente à lunette Berthélemy.

placée près de l'oculaire de la lunette, porte la division des tangentes ou pentes par mètre. L'index n'est pas accompagné d'un vernier, car les divisions, étant tracées sur un arc de cercle, sont naturellement inégales. Leur intervalle correspond, suivant la partie considérée du secteur à 2, 5 ou 10 millièmes de pente. Une interpolation par estime fournit les millièmes. Pour vérifier que la ligne de visée est horizontale quand l'index coïncide avec le zéro de la division et que l'instrument est calé, on procède exactement comme il est dit pour les éclimètres au n° 208, deuxième méthode. Le réglage, s'il y a lieu, s'effectue lui-même comme il est indiqué.

C. — CLISIMÈTRE DU TACHÉOMÈTRE SANGUET

216. La lunette tourne autour de l'axe O (*fig.* 156), quand on déplace verticalement le curseur **c** qui entraîne la lunette. Ce curseur, qui porte un index muni de deux verniers servant, l'un pour les inclinaisons positives, l'autre pour les inclinaisons négatives, est mobile le long de la règle R, qui porte une échelle donnant les tangentes de 5 en 5 millièmes ; le vernier est gradué de 5 en 5 dix-millièmes, et permet d'estimer, s'il est utile, les dix-millièmes. On dispose ainsi d'un excellent clisimètre donnant les déclivités des lignes de visée avec une erreur moyenne de 0,0001 seulement.

Quand l'appareil est réglé et que les 0 du double-vernier et de l'échelle coïncident, la lunette doit être horizontale. Cette vérification s'effectue, en procédant exactement comme il a été indiqué au n° 208, deuxième méthode. Le réglage, s'il y a lieu, s'obtient en déplaçant le vernier qui est fixé, à cet effet, sur le curseur au moyen de deux vis.

REMARQUE. — Nous verrons plus loin (n°s 271 et 273) qu'en manœuvrant le levier *l* on peut modifier automatiquement l'inclinaison de la lunette de 10, 18 ou 22 millièmes, à volonté. Les déclivités lues sur la règle divisée du clisimètre peuvent donc être contrôlées ; il suffit, pour cela, après avoir noté la lecture répondant à la position normale du levier, déterminée par le contact de celui-ci avec le premier buttoir, de faire une nouvelle lecture après avoir amené le levier dans une autre position. Si l'on utilise, par exemple, les 1er et 3e buttoirs, la différence des deux lectures doit être égale à 0,018; avec les 1er et 4e buttoirs, elle serait de 0,022.

TROISIÈME PARTIE

MESURE DES DISTANCES

——————

217. La mesure des distances est dite *directe* quand on parcourt dans toute son étendue la ligne à mesurer en appliquant, sur le terrain, autant de fois que l'exige l'étendue de la ligne, l'unité de mesure ; elle est dite *indirecte* quand elle est basée sur l'emploi de procédés optiques.

Dans le chapitre v nous étudierons tout ce qui a rapport à la mesure directe des longueurs, et, dans le chapitre vi, les procédés de mesure indirecte.

CHAPITRE V

MESURE DIRECTE DES DISTANCES

§ 1. — JALONNEMENT DES LIGNES

218. Les lignes à mesurer sont définies sur le terrain par leurs deux extrémités A et B (*fig.* 129 ci-après). La mesure de leur longueur doit nécessairement s'effectuer en suivant l'alignement droit AB, car toute mesure faite suivant une ligne excentrique, telle que AMB, fournirait un résultat trop fort.

Les points A et B doivent donc être apparents sur le terrain. Quand ils ne le sont pas naturellement, on plante sur leur emplacement une tige verticale qui, suivant son importance, prend le nom de *balise*, de *jalon* ou de *jalonnette*.

219. Balise, jalon, jalonnette. — Une *balise* est un mât rendu plus apparent soit à l'aide d'un drapeau, soit au moyen d'une couronne de paille, fixés à son extrémité supérieure, soit par tout autre moyen.

Un *jalon* est une tige de 1ᵐ,50 à 3 mètres de longueur que l'on peint habituellement en rouge et en blanc pour augmenter sa visibilité ; dans le même but, on peut glisser un voyant en papier dans une fente disposée à cet effet à la partie supérieure. Les jalons sont en bois ou en fer. Dans le premier cas, ils ont 3 à 4 centimètres de diamètre, et, dans le second, 2 centimètres seulement, et même moins. Les jalons métalliques sont souvent constitués par des tubes creux, ce qui diminue leur poids.

Une *jalonnette* est une simple petite branche de bois dont on assure la visibilité au moyen d'un voyant en papier.

220. Jalonnement. — Si la distance AB à mesurer est grande et si le degré de précision recherché l'exige, il peut être utile de repérer la ligne droite AB sur le terrain soit d'une façon continue, soit d'une façon discontinue, pour guider l'opérateur.

Le repérage continu s'effectue à l'aide d'un cordeau tendu entre des piquets correctement alignés.

Le repérage discontinu consiste à planter verticalement, sur la droite AB, un ou plusieurs *jalons*.

Pour mettre un jalon C en alignement avec deux autres A et B (*fig.* 129), il faut placer l'œil à 2 mètres environ en

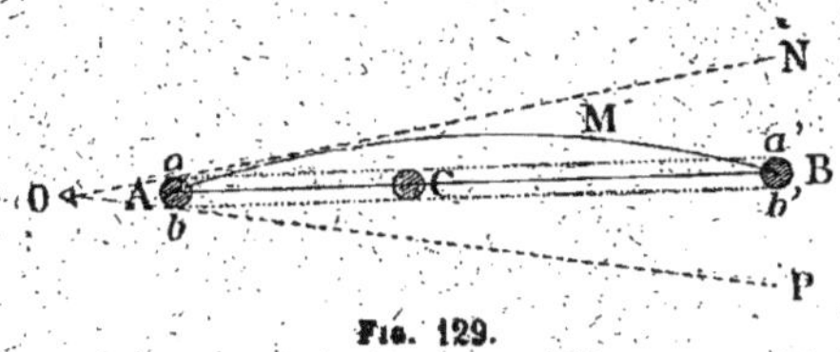

Fig. 129.

arrière de l'un de ces derniers A, par exemple, et indiquer au porteur du jalon, de la voix ou par gestes, le sens dans lequel il doit se déplacer. Le jalon C est aligné quand il paraît compris entre les rayons visuels aa', bb', tangents aux jalons extrêmes, ce que l'on constate en portant l'œil successivement à droite et à gauche du premier jalon.

Quand, au lieu de procéder comme il vient d'être indiqué, l'opérateur place l'œil en O, dans l'axe du jalon A, celui-ci masque une étendue de terrain NOP, qui croît en raison directe du diamètre du jalon et en raison inverse de la distance de l'œil au jalon; il est alors impossible de construire un alignement correct.

Le tracé des alignements très longs ou nécessitant une précision que ne comporte pas la méthode précédente est effectué au moyen d'instruments à lunette dits cercles d'alignement et cercles géodésiques (nᵒˢ 156 et 157).

221. Jalonnement d'une ligne franchissant un obstacle. — On peut avoir à jalonner une ligne sur le parcours de laquelle un obstacle élevé, tel que bâtiment, bois, monticule, etc., empêche toute visée directe et réciproque entre les deux extrémités de cette ligne.

Les instruments servant à la mesure des angles permettent de tourner la difficulté de diverses manières. Toutefois, quand il existe une zone intermédiaire de quelque étendue d'où l'on aperçoit les deux extrémités de la ligne, il est facile de tracer l'alignement en se servant seulement de jalons, à la condition d'opérer dans la zone en question. On place un premier jalon en un point quelconque M (*fig.* 130) aussi voisin que possible

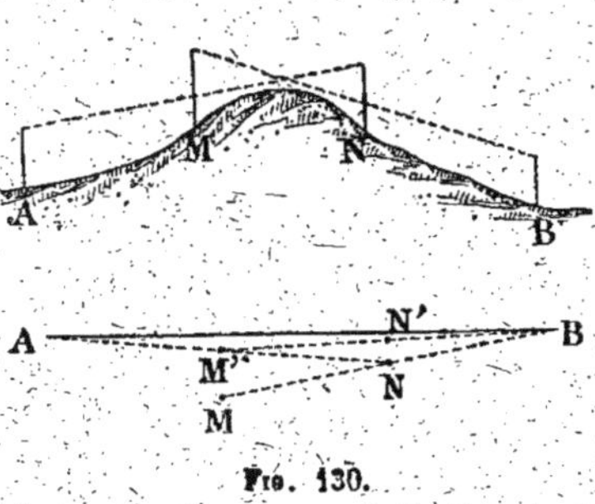

Fig. 130.

de l'emplacement présumé de la droite AB; puis on aligne un second jalon N sur la droite MB. On enlève le jalon M pour le porter en M′ sur la direction NA, puis le jalon N que l'on place en N′ sur M′B, et ainsi de suite, jusqu'à ce que les jalons M et N se trouvent tous deux sur l'alignement AB, ce qui doit nécessairement se produire, puisque chaque tâtonnement a pour effet de rapprocher de cet alignement le jalon déplacé.

§ 2. — RÉDUCTION A L'HORIZON DES LONGUEURS MESURÉES SUIVANT LA PENTE DU TERRAIN

222. Établissement de la formule de réduction. — Les opérations du levé topographique servent à dresser des *plans* ou projections horizontales du terrain ; le but des procédés de mesure des longueurs sera donc la détermination des distances comprises entre les verticales menées par les différents points du levé. Quand les instruments de mesure fournissent les distances réelles de ces points, suivant la pente du terrain, il faut, par un calcul dit de *réduction à* l'horizon, évaluer les projections horizontales de ces distances, puisque ces projections seules sont utiles pour l'établissement du plan.

Soient (*fig.* 131) :

D, la distance, mesurée suivant la pente, des points A et B;

d, la projection horizontale A*b* de cette distance ;

α, l'inclinaison du terrain sur l'horizontale.

On a :

$$(1) \qquad d = D \cos \alpha,$$

d'où l'on déduit la formule donnant la correction δ à apporter à D pour obtenir *d* :

$$(2) \qquad \delta = d - D = D (\cos \alpha - 1) = - D \sin v.\alpha.$$

Cette correction se calcule à l'aide d'une table numérique ou d'une table graphique dressée une fois pour toutes [1].

§ 3. — RÈGLES

223. Description et emploi. — Le procédé le plus simple et le plus ancien, employé pour mesurer une distance, consiste à poser bout à bout sur le sol deux règles en bois de longueur connue (deux *perches* comme on disait autrefois); on relève ensuite la première règle pour venir la poser dans le prolongement de la seconde et ainsi de suite. L'usage des perches dans les levés topographiques courants s'est beaucoup restreint en France d'abord, dans les pays voisins ensuite, à la suite de la création et du perfectionnement d'instruments métalliques permettant d'opérer plus vite dans les terrains moyens.

---

[1] Voir à l'appendice la description et la théorie d'une échelle pour réduction graphique à l'horizon, dont on se sert quand la précision n'exige pas la détermination numérique des longueurs réduites.

En géodésie on emploie, pour la mesure des bases des triangulations, des règles munies d'accessoires spéciaux destinés à augmenter la précision des mesures.

Les règles modernes employées en topographie sont des tiges de bois prismatiques de 4 ou de 5 mètres de longueur; des divisions peintes et des clous à large tête facilitent le comptage des mètres et des décimètres; les centimètres s'estiment à vue.

224. Causes d'erreurs et précision. — Les causes d'erreurs sont :

1° L'inexactitude initiale de longueur des règles et la faible variation de celle-ci provenant des variations de l'humidité et de la température ;

2° Le défaut d'alignement dans la direction de la ligne mesurée ;

3° Le défaut d'horizontalité ;

4° La flexion, quand la règle ne repose pas entièrement sur le sol ;

5° La translation de la règle arrière sous l'influence du petit choc provoqué par la mise en contact de la seconde règle.

La variation de longueur d'une règle de 5 mètres, sous l'influence de l'humidité et de la température, peut atteindre 2 millimètres en quelques semaines ; dans le cours d'une même journée la variation est, en général, de $0^{mm},5$.

Les deuxième et troisième causes d'erreurs seront étudiées à propos de la chaîne (n°ˢ 231 et 232).

Enfin les erreurs dues à la flexion des règles peuvent être considérées comme négligeables ainsi que celles résultant de la translation de la règle arrière, au moins quand on opère avec soin.

D'après les expériences du professeur Lorber, l'erreur moyenne d'une longueur L mètres, évaluée avec des règles de 4 mètres, sans cordeau tendu, est en millimètres :

1° Pour la partie systématique : $e_s = 0^{mm},09 L^m$;

2° Pour la partie accidentelle : $e_A = \pm 0^{mm},9 \sqrt{L^m}$.

Mais de tels résultats ne sont réalisables que dans des conditions et sur un terrain absolument favorables ; pour un

terrain moyennement accidenté et avec des règles de
5 mètres, on trouve les coefficients suivants :

1° Pour la partie systématique : $e_s = 0^{mm},3 L^m$;

2° Pour la partie accidentelle : $e_A = \pm 3^{mm},0 \sqrt{L^m}$, ce qui
représente 3 centimètres par 100 mètres pour l'erreur systématique et autant pour l'erreur accidentelle.

§ 4. — CHAINES D'ARPENTEUR

A. — CHAINES ORDINAIRES EN FIL DE FER.

a. — DESCRIPTION

225. La chaîne d'arpenteur ordinaire (*fig.* 132) se compose
de chaînons en fil de fer recourbés à leurs extrémités en
forme d'anneaux ; deux chaînons consécutifs sont réunis par
un anneau de liaison, et les deux chaînons extrêmes sont
reliés chacun à une poignée P.

La longueur d'un chaînon, comptée entre les centres de

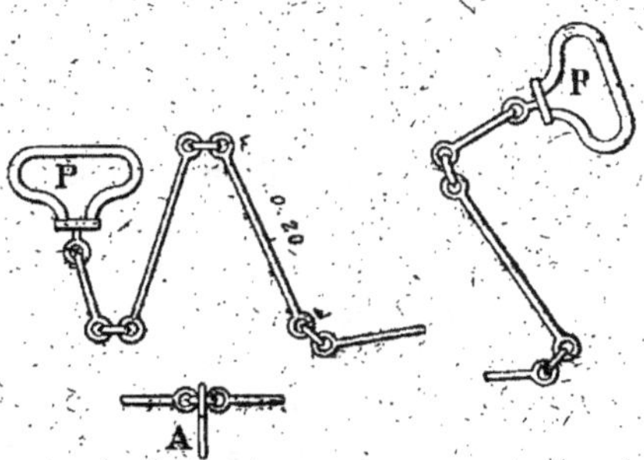

Fig. 132. — Chaîne d'arpenteur.

deux anneaux de liaison consécutifs, est de $0^m,20$; les chaînons extrêmes sont plus courts, la largeur des poignées
comptant dans la longueur de $0^m,20$. Il existe des chaînes de
10 mètres de longueur, constituées par cinquante chaînons,
et des chaînes de 20 mètres comprenant cent chaînons. Les

premières sont désignées sous le nom de *décamètres*, les secondes sous celui de *doubles-décamètres*. Les mètres sont caractérisés par la substitution d'un anneau de liaison en cuivre à l'anneau de fer, et les quintuples mètres par un petit appendice A fixé à l'anneau en cuivre correspondant.

Dans les instruments soignés les poignées présentent vers l'extérieur (*fig*. 133) une cannelure *cc*, demi-circulaire, dont la profondeur est égale à la demi-épaisseur des fiches dont il va être parlé.

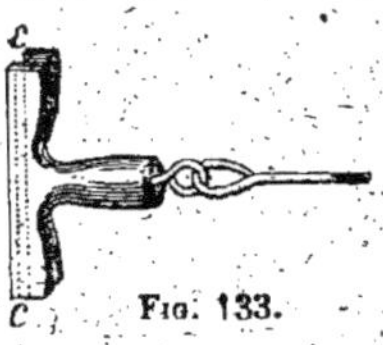

A toute chaîne sont jointes onze fiches[1], également en fil de fer ; chaque fiche F (*fig*. 134) a 0^m,25 à 0^m,30 de longueur ; elle peut être plantée en terre pour laisser une trace de la position occupée par l'extrémité de la chaîne.

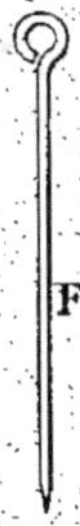

Fig. 133.

Fig. 134
Fiche.

b. — MODE D'EMPLOI

226. Chaînage en terrain horizontal. — La chaîne est portée par deux opérateurs : l'un, dit *chaîneur*, reste toujours à l'arrière ; l'autre, appelé *porte-chaîne*, à l'avant. Au départ, le chaîneur remet au porte-chaîne *dix fiches* et conserve avec lui la onzième.

La chaîne étant déployée, le chaîneur place l'extrémité de la poignée en regard de l'axe du jalon ou contre le point désigné comme origine de la ligne à mesurer ; il la maintient près du sol et il aligne, à moins de 20 centimètres près dans les levés précis, le porte-chaîne sur le signal placé à l'autre extrémité de la ligne. Le porte-chaîne tend la chaîne dans la direction indiquée par le chaîneur, en exerçant une traction modérée de 5 à 10 kilogrammes au plus ; la poignée touchant le sol et une fiche étant placée dans la cannelure de la poignée, on pique celle-ci dans la terre, puis on l'enfonce *verticalement*, le plus possible.

---

[1] Le jeu ne comporte souvent que dix fiches, mais il est préférable d'en posséder onze.

Les deux opérateurs avancent alors simultanément d'une portée de chaîne en maintenant toujours celle-ci à peu près tendue. Le chaîneur approche la cannelure de la poignée d'arrière contre la fiche plantée en terre, maintient la poignée au ras du sol, et aligne le porte-chaîne qui opère comme précédemment.

Au moment de repartir, le chaîneur enlève la fiche et la conserve. L'opération se poursuit ainsi de proche en proche jusqu'à ce que le porte-chaîne ait planté sa dernière fiche. A ce moment, laissant la chaîne à terre, le chaîneur s'assure qu'il a en main les dix autres fiches du jeu et il les remet au porte-chaîne en ayant soin de noter, par écrit, *cet échange des fiches*. Chaque *échange de fiches* correspond donc, si l'on opère avec un décamètre, à une longueur de 100 mètres, mesurée depuis le point de départ jusqu'à la fiche restée en terre pour marquer le point où l'on s'est arrêté. Les opérations reprennent ensuite à partir de cette dernière fiche.

Arrivé à l'extrémité de la ligne, le porte-chaîne place sa poignée contre le point d'arrivée, et le chaîneur, laissant le décamètre étendu à terre, évalue la longueur totale de la ligne, qui comprend :

1° Autant d'hectomètres qu'il y a eu d'échanges de fiches;

2° Autant de décamètres que le chaîneur a de fiches en main (on vérifie à ce moment que ce nombre, augmenté de celui des fiches conservées par le porte-chaîne et de la fiche encore en terre, forme bien un total de onze fiches);

3° Un appoint que le chaîneur détermine de la manière suivante : se portant vers la dernière fiche plantée, il tend la chaîne en la tirant à lui et évalue la longueur comprise entre le point d'arrivée et cette fiche en se servant de l'appendice et des anneaux de cuivre pour compter les mètres et des anneaux en fer pour compter les doubles-décimètres du dernier mètre; enfin il évalue à vue sur le chaînon en contact avec la fiche le nombre de centimètres.

La longueur totale de la ligne est alors enregistrée, puis on arrache la dernière fiche.

227. Chaînage en terrain incliné. — Le chaînage en terrain incliné peut s'effectuer de trois manières :

1° *En suivant la pente du terrain.* — On procède alors exactement comme en terrain horizontal, la chaîne traînant sur le sol ; mais il faut alors mesurer en même temps l'inclinaison du terrain (n° 207), afin de pouvoir effectuer ultérieurement le calcul de la réduction à l'horizon (n° 222).

2° *Par cultellation, en descendant.* — Pour éviter le calcul de la réduction à l'horizon on chaîne habituellement par portées horizontales. Quand on progresse de haut en bas, le porte-chaîne élève l'extrémité de la chaîne de telle sorte que celle-ci paraisse horizontale ; il place contre la poignée l'appendice supérieur d'une fiche spéciale P (*fig.* 135), dite *fiche plombée* ; puis, lorsque les oscillations de cette fiche sont convenablement amorties, il la laisse tomber sur le sol.

Cette fiche porte, vers le tiers de sa hauteur, une masse pesante ; quand on l'abandonne à elle-même d'une certaine hauteur, elle tombe verticalement et vient s'implanter dans le sol, déterminant ainsi la projection horizontale de son point de départ.

Fig. 135. — Fiche plombée.

Le porte-chaîne remplace immédiatement la fiche plombée par une fiche ordinaire plantée exactement au même point.

On peut utiliser aussi, à la place de la fiche plombée, un jalon que l'on tient en équilibre entre deux doigts ; la pointe du jalon indique la projection horizontale de l'extrémité de la chaîne.

3° *Par cultellation, en montant.* — Quand on progresse de bas en haut, c'est le chaîneur qui doit élever sa poignée pour rendre la chaîne horizontale. Mais, comme il faut en même temps la maintenir sur la verticale de la fiche marquant l'origine de la portée, il doit s'aider d'un bâton rectiligne qu'il plante *verticalement* en terre et sur lequel il prend appui pour maintenir la poignée dans la position convenable. Ce procédé est inférieur à celui qui consiste à chaîner en descendant.

Remarque. — Le chaînage par cultellation n'est possible qu'autant que la dénivellation du terrain, sur une étendue égale à celle d'une portée de chaîne, est inférieure à la hauteur à laquelle un homme peut facilement maintenir la poignée placée vers la partie basse, soit 1ᵐ,50 environ. Sur les terrains très inclinés, on réduit la portée à 5 mètres en se servant de l'anneau portant l'appendice comme poignée et en tenant repliée le reste de la chaîne. On peut même, s'il est nécessaire, chaîner par 4 mètres ou par 3 mètres, mais il est bien préférable, sur des terrains aussi fortement déclives, de chaîner suivant la pente et de réduire les longueurs à l'horizon. Ces fortes inclinaisons sont d'ailleurs très rares et ne se présentent qu'en pays montagneux.

c. — Vérification.

228. La chaîne d'arpenteur a, comme nous l'avons dit, 10 mètres ou 20 mètres de longueur. Les opérateurs qui emploient fréquemment cet instrument doivent avoir une base repérée sur un sol horizontal et uni ; cette base peut être prise, par exemple, contre un mur ou sur une bordure de trottoir ; sa longueur, de 10 mètres ou de 20 mètres, est déterminée très exactement une fois pour toutes avec une mesure métrique en bois préalablement vérifiée.

On répète la mesure de la base plusieurs fois pour éliminer l'influence des erreurs accidentelles, puis on repère ses extrémités à l'aide de traits gravés dans la pierre.

Les décamètres ou doubles-décamètres doivent ensuite être comparés fréquemmcnt à la base ainsi établie. Leur longueur ne doit pas légalement différer de celle de la base de plus de 2 millimètres pour 1 décamètre ou de 4 millimètres pour 1 double-décamètre à la température de 15°.

d. — Causes d'erreurs

229. Les inexactitudes à craindre dans l'emploi de la chaîne proviennent :

α) Des fautes matérielles ;

β) Des erreurs dues aux défauts de longueur, d'alignement, d'horizontalité et de rectitude de la chaîne, à l'inclinaison et à l'instabilité de la fiche ordinaire, à la déviation de la fiche plombée ou du bâton dans le chaînage par cultellation, et, exceptionnellement, à l'épaisseur des poignées.

α) *Fautes*

230. Les fautes les plus communes sont :

1° Les fautes de 10 portées (100 mètres ou 200 mètres) provenant de l'oubli d'inscription d'un échange de fiches. — Leur grandeur les rend peu dangereuses, parce qu'elles passent difficilement inaperçues ;

2° Les fautes d'une portée (10 mètres ou 20 mètres) provenant d'une erreur dans le comptage des fiches ou de l'oubli d'une fiche sur le terrain. Pour les éviter, il faut vérifier à chaque échange de fiches que le nombre total des fiches est bien de 11 (ou de 10 si l'on opère avec 10 fiches seulement) ;

3° Les fautes de mètres ou de doubles-décimètres dues à une erreur dans le comptage des anneaux. Elles ne peuvent s'éviter que par une attention soutenue ;

4° Les fautes complémentaires (inférieures à $0^m,20$). A la fin d'une mesure, on doit estimer à vue le nombre de centimètres compris entre la fiche et l'anneau suivant du chaînon. On peut, par mégarde, faire l'estime pour le second tronçon du chaînon. La lecture erronée est alors égale *au complément* à $0^m,20$ de l'appoint qu'il aurait fallu lire ;

Fig. 136.

5° Les fautes provenant des anneaux bouclés. — Quand on déploie une chaîne, il arrive fréquemment que deux anneaux de jonction restent superposés comme le montre la figure 136, ce qui provoque un raccourcissement de la chaîne ; c'est ce que les praticiens appellent un *voleur*. Pour éviter ce genre de faute il faut, une fois la chaîne déployée, s'assurer en passant la main sur tous les anneaux qu'il n'existe pas de nœuds, ou voleurs, puis maintenir ensuite la chaîne constamment tendue.

β) *Erreurs*

Nous examinerons successivement les causes d'erreurs énumérées au n° 229.

231. Défaut de longueur. — Si la chaîne est trop longue, les mesures faites sont trop faibles de quantités proportionnelles à leur longueur. Elles sont trop grandes, au contraire, si la chaîne est trop courte. L'erreur de longueur se détermine en étalonnant la chaîne à l'aide de la base dont nous avons parlé ci-dessus (n° 228) et en ayant soin de tendre la chaîne avec un effort de 3 à 4 kilogrammes, reconnu comme suffisant pour assurer le contact parfait des anneaux. Si cette erreur dépasse la tolérance fixée de 2 millimètres pour 10 mètres, à la température de 15°, et si la précision des opérations l'exige, on peut la corriger par le calcul.

La chaîne peut augmenter de longueur par suite de l'usure des parties des anneaux qui se trouvent en contact ou de la déformation de ces anneaux sous l'influence des tractions continuelles opérées sur la chaîne.

En opération, les anneaux et les boucles des chaînons n'arrivent à leur point de contact normal que sous un certain effort de traction que l'on peut évaluer à 3 kilogrammes. Sous un effort moindre la chaîne est trop courte.

En cours d'opérations, la tension moyenne doit être de 5 à 7 kilogrammes. Au-delà, la longueur de la chaîne s'accroît de 1 millimètre par kilogramme de tension [1].

Enfin les variations de température modifient également la longueur de la chaîne ; la variation est de 1^{mm},5 environ pour 10 mètres et pour un changement de température de 10°.

232. Défaut d'alignement. — La chaîne occupe presque

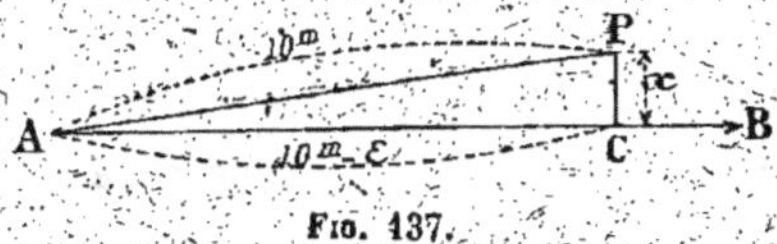

Fig. 137.

toujours une position AP (*fig.* 137), oblique par rapport à la direction de la droite AB à mesurer. On compte alors pour

[1] Voir à cet égard dans le *Journal des Géomètres* (année 1894, pages 207 et suivantes) le compte rendu des expériences de M. Richard, géomètre.

10 mètres une longueur AC qui, en réalité, ne mesure que
$10^m - \varepsilon$. L'erreur commise est donc $+ \varepsilon$ pour 10 mètres, et
elle est proportionnelle à la longueur mesurée. Calculons
cette erreur :

Le triangle APC donne :

$$\overline{AP}^2 = \overline{PC}^2 + \overline{AC}^2$$

ou, en posant :

$$PC = x,$$

et

$$AC = AP - \varepsilon.$$

$$AP^2 = x^2 + \overline{AP}^2 - 2\overline{AP} \times \varepsilon + \varepsilon^2.$$

ε étant, par hypothèse, une quantité très petite relativement à AP, son carré ε^2 est pratiquement négligeable, et l'on
trouve finalement, en supprimant AP^2 dans les deux
membres de l'équation :

$$(1) \qquad \varepsilon = \frac{x^2}{2AP}.$$

Il est indispensable de se rendre compte de l'écart en alignement x, que l'on peut se tolérer pour une valeur déterminée de ε. L'équation (1) donne immédiatement :

$$(2) \qquad x = \sqrt{2\varepsilon \times \overline{AP}}.$$

Si l'on veut, par exemple, que l'erreur de longueur ε due
au défaut d'alignement reste intérieure à $\dfrac{1}{5.000}$ de la distance, le plus grand écart admissible sera, pour un déca-

Cette formule est d'un usage fréquent dans la pratique. Il est
bon de la retenir. Elle peut s'énoncer ainsi : Dans un triangle rectangle comportant un angle très aigu, la différence entre les deux
grands côtés est sensiblement égale au carré du petit côté, divisé
par le double de l'un des deux premiers.

mètre :

$$x = \sqrt{2 \times \frac{10^m}{5000} \times 10^m} = 0^m,2$$

et, pour un double décamètre, $0^m,3$ (environ).

233. Défaut d'horizontalité. — Le défaut d'horizontalité, quand on chaîne par cultellation en terrain accidenté, produit évidemment les mêmes effets que le défaut d'alignement. Les tolérances pour l'alignement s'appliquent donc à l'horizontalité. Disons seulement qu'il est pratiquement plus difficile de ne pas les dépasser et qu'il y a là une première cause d'infériorité pour les chaînages par portées horizontales.

Les mêmes tolérances prouvent que l'on peut négliger l'inclinaison du terrain quand elle est inférieure à $\dfrac{0^m,2}{10}$ ou *2 centimètres pour mètre*. Jusqu'à cette limite, il convient d'opérer comme si le sol était horizontal.

234. Défaut de rectitude. — Quand on opère par cultellation, la chaîne n'étant plus soutenue par le sol, prend la forme d'une courbe AMB (*fig.* 138), dite *chaînette*. Il en résulte, dans les mesurages, une nouvelle erreur positive qui peut atteindre facilement 1 ou 2 centimètres par portée. Cette erreur est donnée approximativement en fonction de la portée AB = L et de la flèche f par la relation :

$$\iota = \frac{8}{3}\frac{f^2}{L}$$

Fig. 138.

La grandeur de la flèche f et, par suite, l'erreur due à la chaînette, diminuent à mesure qu'augmente la traction opérée sur la chaîne. Celle-ci doit donc être plus forte dans le chaînage par cultellation que dans le chaînage à plat.

235. Défaut de verticalité et instabilité de la fiche ordinaire. — Si on a soin de placer la poignée au ras du sol et de prendre appui sur ce dernier pour établir le contact de la poignée et de la fiche, le défaut de verticalité et d'instabilité de la fiche n'a aucune influence. En fait, il est vrai, on prend appui moitié sur le sol, moitié sur la fiche, et il en résulte une poussée de la fiche vers l'arrière.

Mais, dans le cas où la poignée n'est pas tenue au ras du sol, le défaut de verticalité produit une erreur accidentelle dont l'amplitude croît avec l'inclinaison de la fiche, d'une part, et avec la hauteur de la poignée au-dessus du sol, d'autre part. En outre, le point d'appui faisant défaut, les oscillations de la main qui opère la traction de la chaîne se transmettent à la fiche qui se trouve déviée vers l'arrière.

236. Déviation de la fiche plombée ou du bâton qui en t ent lieu. — Dans les chaînages en terrain accidenté, la fiche plombée ou le bâton employés pour projeter horizontalement l'extrémité du décamètre dévient plus ou moins de la verticale. L'erreur qui en résulte est généralement accidentelle ; toutefois, si le vent agit dans une direction non normale à la ligne mesurée, la fiche ou le bâton ont une tendance à se porter dans cette direction, et l'erreur commise devient systématique.

Dans le chaînage en montant, la non-verticalité du bâton produit les mêmes effets que le défaut de verticalité de la fiche, mais l'erreur peut devenir considérable.

Fig. 139.

On a, en effet (*fig.* 139), en désignant par i l'inclinaison du bâton, h la hauteur de la poignée au-dessus du sol, et e l'erreur commise sur la portée :

$$e = i.h.$$

Avec :

$$i = \frac{1}{20} \quad \text{et} \quad h = 1 \text{ mètre,}$$

on aurait :

$$e = 5 \text{ centimètres.}$$

Sous l'action de l'effort tirant qu'exerce la chaîne sur la main de l'opérateur, celui-ci a une tendance à entraîner le bâton vers l'avant, ce qui produit une erreur systématique négative.

237. Épaisseur des poignées. — Quand les poignées ne présentent pas une rainure pour loger le demi-diamètre de la fiche, une nouvelle cause d'erreur intervient.

Si on place systématiquement la fiche à l'extérieur des poignées (*fig.* 140, A), la longueur se trouve diminuée (erreur négative) d'une épaisseur de fiche par portée; si, au contraire, la fiche est à l'intérieur des poignées (*fig.* 140, B),

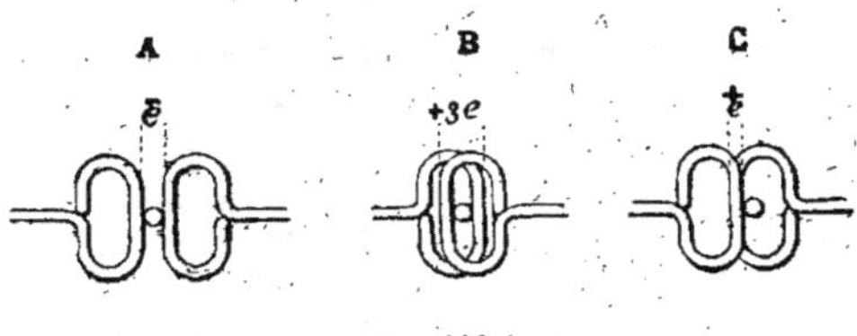

Fig. 140.

l'erreur commise est *positive* et égale, pour chaque portée, à l'épaisseur de la fiche augmentée de deux épaisseurs de poignée (+ 3*e*); enfin, en mettant la fiche à l'extérieur de la poignée d'avant et à l'intérieur de la poignée d'arrière (*fig.* 140, C), on a encore une erreur *positive*, mais réduite cette fois à une épaisseur de poignée (+ *e*).

Quoi qu'il en soit, il convient, en pratique, de placer les fiches extérieurement aux poignées, parce que l'erreur ainsi commise, étant *négative*, vient en déduction des autres erreurs inhérentes à l'emploi de la chaîne, qui, comme on l'a vu, sont presque toutes *positives*.

e. — Précision des résultats

238. Nous donnons, dans le tableau ci-après, pour chacune des erreurs qui influent sur les résultats des chaînages, ses coefficients approximatifs pour la partie systématique et pour la partie accidentelle. La plupart des erreurs considérées sont des erreurs systématiques dont le coefficient, tout en conservant son signe, varie d'une portée à l'autre; les erreurs totales peuvent dès lors être considérées chacune comme la somme d'un coefficient constant représentant une erreur systématique régulière et d'une erreur accidentelle.

Les coefficients que nous publions s'appliquent à une portée de 10 mètres et supposent observées la plupart des recommandations contenues dans les précédents paragraphes *b* et *d*. Ces nombres peuvent, suivant les circonstances, subir des fluctuations, mais, malgré leur aléa, ils se rapprochent suffisamment de la réalité pour servir de guide dans la discussion des opérations.

	ERREURS MOYENNES POUR UNE PORTÉE DE 10 MÈTRES QUAND ON OBSERVE LES RECOMMANDATIONS FORMULÉES AUX PARAGRAPHES *b* ET *d*	
	ERREURS SYSTÉMATIQUES proportionnelles à la longueur exprimée en décamètres	ERREURS ACCIDENTELLES proportionnelles à la racine carrée de la longueur exprimée en décamètres
	mm.	mm.
Erreur de longueur...................	± 2,5	± 1,2
Défaut d'alignement...................	+ 0,1	
Inclinaison et instabilité de la fiche..	+ 1,5	± 5,0
Défaut d'horizontalité................	+ 2,0	± 1,0
Défaut de rectitude	+ 5,0	± 3,0
Déviation de la fiche plombée quand on chaîne en descendant................		± 10
Inclinaison du bâton quand on chaîne en montant.........................		± 20
Déviation du bâton...................	— 5,0	

En général, l'*erreur moyenne* de chaînage à craindre sur une longueur L, exprimée en mètres, est :

1° En terrain horizontal, la chaîne traînant sur le sol :
Partie systématique : $e_s = + 0^{mm},4\,L^{m}$;
Partie accidentelle : $e_{\triangle} = \pm\, 3^{mm}\, \sqrt{L^{m}}$

2° En terrain moyennement accidenté :
Partie systématique : $e_s = + 1^{mm} L$;
Partie accidentelle : $e_A = \pm 5^{mm} \sqrt{L}$.

D'après les expériences de M. Lorber, professeur à l'Académie des Mines de Leoben, on aurait les coefficients suivants :

1° En terrain facile :

$$e_s = 0^{mm},46L \ (46^{mm} \text{ pour } L = 100 \text{ mètres});$$

$$e_A = 3^{mm},0 \ \sqrt{L} \ (30^{mm} \text{ pour } L = 100 \text{ mètres});$$

2° En terrain difficile :

$$e_s = 0^{mm},46L \ (46^{mm} \text{ pour } L = 100 \text{ mètres});$$

$$e_A = 10^{mm},7 \ \sqrt{L} \ (107^{mm} \text{ pour } L = 100 \text{ mètres}).$$

Le professeur Lorber trouve l'erreur systématique constante dans tous les terrains; cela doit tenir à ce qu'il chaîne en terrain horizontal comme en terrain incliné, c'est-à-dire les poignées non au ras du sol ; il a alors toujours à compter avec la flexion de la chaîne (chaînette).

B. — Chaînes Tranchart en fil d'acier

239. Un très grand progrès a été réalisé dans la construction des chaînes d'arpenteur par la substitution du fil d'acier au fil de fer et par la suppression des anneaux de liaison des chaînons consécutifs. C'est à un distingué géomètre, M. Tranchart, qu'est dû ce perfectionnement.

Les chaînes ainsi construites sont plus résistantes en même temps que plus légères et ne subissent pas d'autres variations de longueur que celles dues à la température. Enfin la suppression des anneaux et la forme spéciale donnée aux boucles qui terminent les chaînons empêchent complètement la formation des nœuds.

La précision des mesurages effectués avec cette chaîne est comprise entre celle de la chaîne ordinaire et celle du ruban d'acier dont il va être question.

§ 5. — RUBAN D'ACIER

240. Description. — Le *ruban d'acier* peut avoir, comme la chaîne, 10 mètres ou 20 mètres de longueur ; sa largeur est de 1 centimètre et demi. Il est terminé par des poignées présentant une rainure pour recevoir la fiche. Il s'enroule sur une bobine (*fig.* 141) pour le transport, mais, en opérations, il doit rester constamment étendu, ou tout au moins partiellement roulé ; tout repli brusque provoque, en effet, la rupture du ruban.

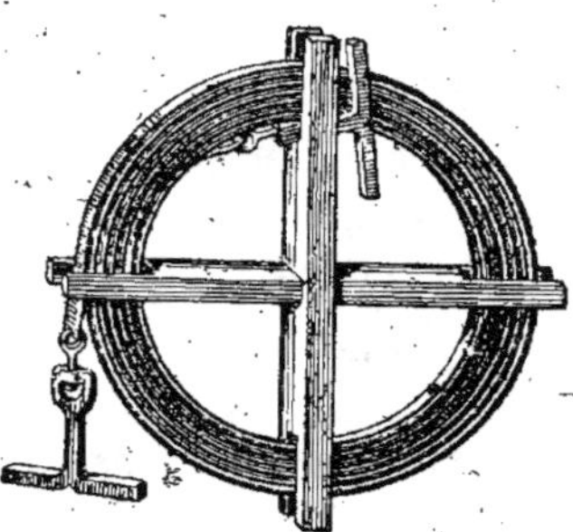

Fig. 141. — Ruban d'acier enroulé.

Le demi-décamètre est caractérisé par un losange de cuivre ; les mètres, par des rondelles en cuivre ; les doubles-décimètres, par des rondelles plus petites, et enfin les décimètres, par des trous.

241. Mode d'emploi et précision. — Le mode d'emploi du ruban d'acier est identique à celui de la chaîne.

Le ruban d'acier n'a pas besoin d'être étalonné aussi fréquemment que la chaîne, parce que sa longueur ne peut guère, par suite de l'absence de tout anneau, être modifiée que par la température.

Son faible poids rend à peu près nulle la flèche de la chaînette, quand on opère par cultellation. Il exige une traction moins forte que la chaîne, ce qui diminue l'erreur due à l'instabilité de la fiche ou du bâton.

Les autres causes d'erreurs sont identiques à celles de la chaîne.

Employé avec soin, le ruban d'acier a des coefficients d'erreurs inférieurs à ceux de la chaîne de 30 à 40 0/0 environ quand on opère en terrain quelconque.

L'erreur moyenne sur une longueur L, mesurée en terrain facile, est :

1° Pour la partie systématique :

$$e_s = + 0^{mm},3 L^m.$$

2° Pour la partie accidentelle :

$$e_A = \pm 2^{mm},0 \sqrt{L^m}.$$

Le professeur Lorber indique, d'autre part, d'après ses expériences, les coefficients suivants :

1° Mesure en terrain facile :

$$e_s = 0^{mm},32 L^m \quad (32^{mm} \text{ pour } L = 100 \text{ mètres});$$
$$e_a = 2^{mm},2 \sqrt{L^m} \quad (22^{mm} \text{ pour } L = 100 \text{ mètres});$$

2° Mesure en terrain difficile :

$$e_s = 0^{mm},32 L^m \quad (32^{mm} \text{ pour } L = 100 \text{ mètres});$$
$$e_a = 7^{mm},8 \sqrt{L^m} \quad (78^{mm} \text{ pour } L = 100 \text{ mètres}).$$

CHAPITRE VI

STADIMÉTRIE OU MESURE INDIRECTE DES DISTANCES

PRINCIPE DE LA STADIMÉTRIE ET GÉNÉRALITÉS

242. Le principe de la stadimétrie est le suivant : le rapport de la grandeur H d'un objet AB (*fig.* 142) à la distance D qui le sépare du point de vue O est égal au rapport de la grandeur apparente h de cet objet à la distance d du point de vue à l'écran, parallèle à AB, sur lequel se mesure la grandeur apparente.

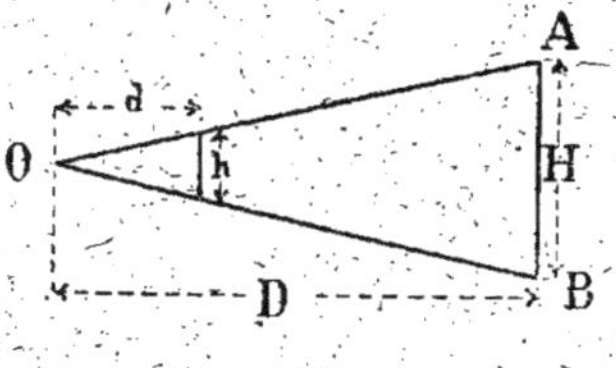

On a, en effet, en raison de la similitude des triangles :

$$(1) \qquad \frac{D}{H} = \frac{d}{h}.$$

On tire de là :

$$(2) \qquad D = H \frac{d}{h}.$$

Fig. 142.

Dans les instruments stadimétriques, la quantité d, ainsi que l'une des deux grandeurs H ou h, sont des constantes; on mesure celle de ces deux dernières grandeurs qui est inconnue, et la relation (2) donne ensuite la distance cherchée à l'objet visé.

En topographie de précision, l'objet visé est une règle divisée appelée *stadia* [1] (nos 133 et suivants), sur laquelle on marque ou mesure, suivant le cas, la grandeur H. La grandeur apparente h est évaluée :

1° A l'aide, soit de deux fils parallèles disposés sur le réticule d'une lunette appelée, pour cette raison, lunette

---

[1] Du grec : σταδιον, stade (mesure itinéraire), distance.

stadimétrique, soit d'un seul fil associé avec un dispositif optique particulier;

2° Au moyen d'une lunette à un seul fil à laquelle on imprime un déplacement angulaire convenable.

Dans le premier cas l'appareil donne la distance, comptée suivant l'inclinaison de la visée, de la stadia à la lunette. Dans le second on obtient directement, c'est-à-dire sans calcul intermédiaire, la même distance *réduite à l'horizon*.

Les stadimètres de la première catégorie (stadimètres *non réducteurs*) que nous décrirons sont :

1° Les lunettes stadimétriques ;

2° Le diastimomètre Sanguet.

Les stadimètres de la seconde catégorie, dits **réducteurs**, mentionnés plus loin sont :

1° Les niveaux de pente ;

2° Le tachéomètre auto-réducteur Sanguet ;

3° Le longi-altimètre Sanguet.

§ 1. — LUNETTE STADIMÉTRIQUE

A. — DESCRIPTION ET THÉORIE

243. Description générale. — La lunette stadimétrique est une lunette astronomique (n°ˢ 86 et suivants) dont le réticule porte soit deux fils fixes, soit un fil fixe et un fil mobile ; dans le premier cas, on mesure la longueur H de stadia interceptée entre les fils ; dans le second, on fait usage d'une stadia de longueur constante, et on utilise le déplacement du fil mobile pour évaluer la grandeur apparente de la stadia.

Les lunettes à fil mobile sont trop délicates pour être employées par tous les temps sur le terrain ; aussi ne sont-elles guère utilisées par les topographes français. Pour cette raison, nous nous bornerons à parler des lunettes stadimétriques à fils fixes.

244. Théorie de la lunette stadimétrique à fils fixes. — Soient (*fig.* 143) : *a* et *b*, les positions des deux fils ; O, l'objectif, et AB, la stadia, parallèle au plan des fils et perpendiculaire à leur direction, c'est-à-dire verticale si les fils sont horizontaux, et horizontale si les fils sont verticaux.

Lorsque la lunette est mise au point (n° 94) le réticule se trouve situé dans le plan de l'image de la stadia fournie par

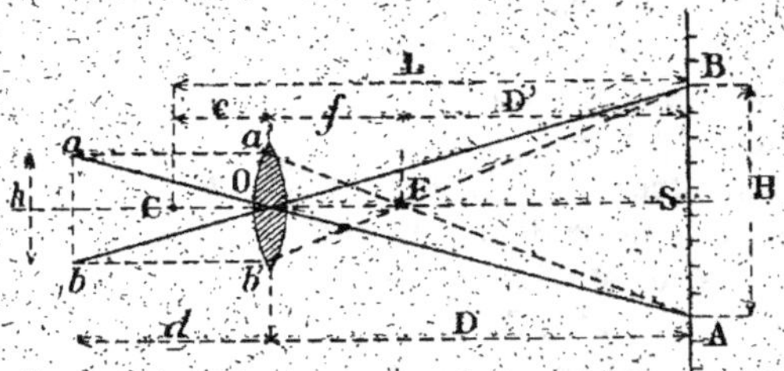

Fig. 143. — Théorie de la lunette stadimétrique.

l'objectif; par conséquent, les points a et b de l'image correspondent respectivement aux points A et B de la stadia [1].

Les deux triangles AOB, aOb, opposés par le sommet, sont semblables, et l'on a encore, comme précédemment (n° 242), en conservant les mêmes notations :

$$(1) \qquad \frac{D}{H} = \frac{d}{h}, \qquad \text{ou} \qquad \frac{D}{d} = \frac{H}{h}.$$

Mais ici d n'est pas rigoureusement constant, comme nous l'avons supposé dans l'exposé du principe de la stadimétrie ; on sait, en effet, que la distance d d'une image à la lentille varie en raison de l'éloignement D de l'objet observé, suivant la loi suivante :

$$(3) \qquad \frac{1}{d} + \frac{1}{D} = \frac{1}{f},$$

f représentant la distance focale principale de la lentille.

Pour déterminer la quantité qui est réellement égale, dans tous les cas, au rapport $\frac{H}{h}$, il suffit d'éliminer la variable d entre les équations (1) et (3).

---

[1] Nous supposons connues les propriétés des lentilles.

A cet effet, on tire de la relation (3) :

$$d = \frac{Df}{D - f},$$

et, portant cette valeur dans l'équation (1), il vient, après simplification :

$$(4) \qquad \frac{D - f}{f} = \frac{H}{h}.$$

Remarquons que $D - f$ est la distance de la stadia au foyer antérieur de l'objectif, et appelons D' cette distance. On a finalement :

$$(5) \qquad D' = \frac{f}{h} \cdot H.$$

Or, dans la lunette considérée, f, distance focale de l'objectif, et h, écartement des deux fils du réticule, sont des quantités constantes ; par conséquent, la mesure de la longueur de stadia H, interceptée entre les fils, permet de déterminer la valeur de l'autre variable D', c'est-à-dire la distance de la stadia au foyer antérieur de l'objectif. Ce dernier point, à partir duquel les longueurs H sont proportionnelles aux distances D', est appelé pour cette raison *centre d'anallatisme* (de ἀναλλάττω : immuable, invariable).

REMARQUE. — Il est facile de démontrer géométriquement que les distances évaluées avec une lunette stadimétrique ont pour origine le foyer antérieur de l'objectif. En effet, d'après la théorie des lentilles, on sait que tout rayon aa' (*fig.* 143), parallèle à l'axe optique, est dévié en traversant l'objectif de manière à suivre ensuite la direction a'A passant par le foyer principal F de la lentille ; d'autre part, tout rayon, tel que aO, passant par le centre O de l'objectif, ne subit aucune déviation. L'intersection A des rayons a'F et aO prolongés détermine le point de la stadia dont l'image vient se peindre en a. On trouverait de même que le point B de la stadia est celui qui se projette sur le fil b. Or les triangles semblables a'Fb' et AFB fournissent immédiatement :

$$\frac{FS}{FO} = \frac{AB}{a'b'}.$$

En remplaçant les quatre termes de cette proportion par les lettres que nous leur avons assignées, on trouve :

$$\frac{D'}{f} = \frac{H}{h},$$

d'où l'on tire :

$$D' = \frac{f}{h} H,$$

c'est-à-dire précisément la relation (5) que nous avons établie ci-dessus en suivant une autre méthode.

245. Angle stadimétrique. — On appelle *angle stadimétrique* l'angle AFB (*fig.* 143), compris entre les points visés A et B et le centre d'anallatisme, ou encore l'angle aOb (égal au précédent), déterminé par les deux fils stadimétriques et le centre de l'objectif quand le réticule est au foyer principal de celui-ci, c'est-à-dire lorsque la lunette étant au point pour un objet très éloigné, on a $d = f$. L'angle stadimétrique, que nous désignerons par ω, étant très petit, sa tangente est égale au rapport $\frac{h}{f}$, et la relation (5) peut s'écrire :

$$(6) \qquad D' = \frac{H}{\tan g\,\omega}.$$

REMARQUE. — Quand la lunette est munie d'un oculaire négatif (n° 91), il suffit, pour changer la grandeur de l'angle stadimétrique ω, de faire varier la distance comprise entre le verre de champ et le réticule, sans modifier l'écartement des fils.

246. Nombre générateur. — On appelle *nombre générateur* le nombre n des divisions de la stadia comprises dans la grandeur H ; en désignant par λ la largeur d'une division, on a :

$$(7) \qquad H = n\lambda,$$

et, en portant cette valeur de H dans les relations (5) et (6) :

$$(8) \qquad D' = \frac{\lambda . f}{h} \cdot n = \frac{\lambda}{\tan g\,\omega} \cdot n.$$

Les éléments λ et h sont toujours fixés de manière que l'on ait pour $\dfrac{\lambda.f}{h}$ ou $\dfrac{\lambda}{\tang \omega}$ une valeur simple, par exemple, $\dfrac{1}{2}$, 1 ou 2.

Avec $\dfrac{\lambda}{\tang \omega} = 1$ on a $D' = n$, c'est-à-dire que le nombre n des divisions comprises entre les deux fils est égal au nombre de mètres contenus dans la distance D'.

247. Correction de Reichenbach. — Mais il ne suffit pas de déterminer cette distance D' de la stadia au foyer antérieur de l'objectif ; ce qu'il importe de connaître, c'est la distance de la stadia au point de station, c'est-à-dire à la verticale passant par le centre C de l'instrument (*fig.* 143). Cette verticale étant généralement située à une distance c en arrière de l'objectif, la longueur cherchée L est (*fig.* 143) :

$$(9) \qquad L = D' + f + c.$$

Pour chaque instrument, $f + c$ est une correction constante dont la valeur est habituellement de 4 à 5 décimètres ; elle est connue sous le nom de correction de Reichenbach.

On peut tenir compte de cette correction de deux manières :

1° Par le calcul (correction de Reichenbach) ;

2° En intercalant, dans l'échelle divisée de la stadia, comme l'a proposé le colonel Goulier, une division trop petite d'une quantité λ', telle que l'on ait :

$$\frac{\lambda'}{\tang \omega} = f + c.$$

En comptant cette division plus petite comme une division ordinaire, la longueur *nominale* de stadia interceptée par les fils est supérieure à la longueur réelle de λ', et la distance correspondante se trouve elle-même augmentée, en vertu de l'équation (8), de $\dfrac{\lambda'}{\tang \omega}$, c'est-à-dire précisément de $f + c$.

Ce dernier procédé de correction oblige l'opérateur à

s'assurer que la division corrigée se trouve toujours comprise entre les fils du réticule, ce qui devient, dans certains cas, une gênante sujétion. Quant au premier, il impose un surcroît de travail.

248. Lunette anallatique. — La lunette anallatique, imaginée vers 1840, par Porro, officier du Génie piémontais, réalise une solution plus pratique du problème. Dans cette lunette, le centre d'anallatisme peut être ramené en un point convenable, notamment au centre de l'instrument.

Pour atteindre ce résultat, on intercale, entre l'objectif proprement dit O (*fig.* 144) et son foyer postérieur (côté de l'oculaire), une lentille supplémentaire V, appelée *verre anallatiseur*.

Considérons un rayon lumineux issu d'un point A_1 de la

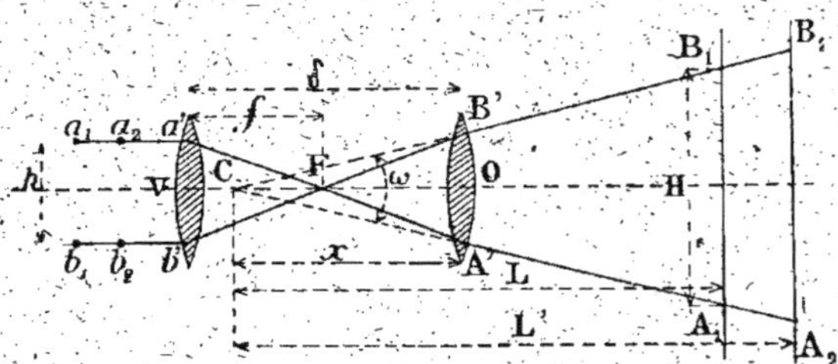

Fig. 144. — Théorie de la lunette anallatique.

stadia et passant, après réfraction par l'objectif, au foyer F du verre anallatiseur. Ce rayon subit une nouvelle déviation, en traversant cette seconde lentille et devient parallèle à l'axe.

Si cette parallèle passe par le fil a du réticule, préalablement amené dans le plan de l'image par la mise au point de la lunette (n° 94), c'est que le point A_1 considéré est celui qui forme son image en a_1. De même le point B_1 forme son image en b_1.

Prolongeons les rayons extérieurs A_1A', B_1B' jusqu'à leur rencontre en C. Nous allons montrer que le point C est le *centre d'anallatisme*, c'est-à-dire que les distances de ce point à la stadia sont proportionnelles aux longueurs de stadia interceptées par les fils.

En effet, supposons la stadia déplacée, et soit $a_2 b_2$ la position du réticule après la nouvelle mise au point de la lunette; en suivant sur la figure, à partir des fils a_2 et b_2, la marche des rayons lumineux, il est facile de constater que les points de la stadia qui forment leur image sur ces fils sont situés respectivement en A_2 et B_2 sur le prolongement des droites CA_1, CB_1. On a donc bien, comme nous l'avons annoncé, en désignant par L et L' les distances successives de la stadia au point C :

$$\frac{L}{L'} = \frac{A_1 B_1}{A_2 B_2}.$$

Soient :

ω, l'angle stadimétrique (angle en C);

φ, la distance focale de l'objectif;

f, la distance focale du verre anallatiseur;

δ, la distance des deux lentilles;

x, la distance du centre d'anallatisme C à l'objectif;

h, l'écartement des fils réticulaires;

H, la longueur interceptée entre les fils de la stadia, placée à une distance L;

n, le nombre des divisions comprises dans cette longueur, ou *nombre générateur*;

λ, la largeur d'une division.

On a successivement :

$$(10) \qquad L = \frac{H}{\tang \omega} = \frac{\lambda}{\tang \omega} \cdot n$$

(λ et tang ω doivent être tels que le rapport $\dfrac{\lambda}{\tang \omega}$ soit un nombre simple);

$$(11) \qquad \tang \omega = \frac{A'B'}{x} = \frac{(\delta - f)\, \tang \widehat{A'FB}}{x} = \frac{\delta - f)\dfrac{h}{f}}{x}.$$

La distance x du centre d'anallatisme à l'objectif, devant être prise égale à la distance de l'objectif au centre de l'instrument, il reste trois variables δ, f et h, que l'on peut faire varier de manière à réaliser un angle stadimétrique ω convenable. Il est important de remarquer que, pour un instrument donné, h et f étant fixés, il suffit, pour régler l'angle stadimétrique, de faire varier la distance δ du verre anallatiseur à l'objectif.

B. — VÉRIFICATION ET RÉGLAGE DES STADIAS

249. Deux cas sont à considérer. Si la lunette stadimétrique doit être utilisée sans qu'il soit possible d'en modifier les éléments, notamment l'angle stadimétrique, c'est la largeur λ des divisions qui doit être réglée de manière que l'on ait :

$$\frac{\lambda}{\tan \omega} = 1 \text{ (et plus rarement } \frac{1}{2} \text{ ou 2)}$$

et, par suite (voir équation 8),

$$D' = n \text{ (et plus rarement } \frac{n}{2} \text{ ou } 2n).$$

Dans le cas contraire on peut, au moins dans une certaine mesure, choisir λ arbitrairement et régler, en conséquence, la valeur de l'angle ω. On en profite généralement pour donner aux divisions de la stadia une largeur métrique de manière que cette stadia puisse servir en même temps de mire (n° 133). Pour rendre facile le réglage de l'angle stadimétrique, la lunette doit alors être munie soit d'un oculaire négatif, soit d'une lentille anallatique. Dans le premier système, elle ne peut être réglée que par le constructeur; dans le second, l'opérateur peut rectifier le réglage à volonté.

250. PREMIER CAS. — Détermination ou vérification des divisions de la stadia. — On choisit un terrain *horizontal* sur lequel on mesure, avec des règles ou un ruban d'acier étalonnés, à partir de l'*objectif* de la lunette stadimétrique, une distance de 100 mètres, par exemple, augmentée de la distance focale de l'objectif [1].

Cette mesure doit être effectuée avec le plus grand soin et répétée plusieurs fois, de manière à obtenir la position moyenne de l'extrémité de la ligne avec une précision supérieure à celle des mesurages ordinaires.

On fait placer, sur le point ainsi déterminé, la règle qui doit servir de stadia, puis on dirige la lunette horizontalement vers cette règle, et l'on fait marquer sur celle-ci les deux points sur lesquels se projettent les deux fils stadimétriques ; puis, pour une stadia au $\frac{1}{100}$, on divise l'intervalle compris entre ces points en autant de parties égales qu'il y a de mètres dans la distance, comptée du foyer antérieur de l'objectif à la règle, soit, dans notre exemple, en 100 parties. On peint enfin les divisions en les groupant par cinq, et on chiffre les dizaines (n° 140). Dans l'utilisation ultérieure de la stadia, chaque division représente un mètre de distance, et les chiffres expriment des décamètres.

Si l'opération a pour but de vérifier une stadia déjà établie, on fait tenir celle-ci à l'extrémité de la ligne mesurée, et, la lunette étant sensiblement horizontale, on pointe l'un des fils sur une division (division à cote ronde autant que possible), et on s'assure qu'il y a exactement 50, 100 ou 200 divisions comprises entre les deux fils.

251. DEUXIÈME CAS. — Vérification et réglage de l'angle stadimétrique d'une lunette anallatique. — Pour vérifier le réglage de l'angle stadimétrique, on fait porter la mire ou stadia sur un point placé à une certaine distance horizontale du centre de l'instrument, que l'on mesure avec soin au moyen des règles ou du ruban d'acier étalonnés ; puis on examine si le nombre de divisions compris entre les fils est

---

[1] Si cette focale est inconnue, on l'évalue avec une précision très suffisante de la manière suivante : on sépare l'objectif de la lunette et on recueille sur une feuille de papier formant écran les rayons solaires réfractés par l'objectif ; on déplace l'écran jusqu'à ce que l'image solaire se réduise à un point lumineux ; la distance qui le sépare de la lentille est alors égale à la distance focale de l'objectif.

bien .égal au nombre n qu'indique, pour l'instrument et la distance considérés, la relation 10.

Si, par exemple, la stadia, divisée en centimètres, est placée à 200 mètres de l'instrument, et si les fils sont disposés de manière à réaliser un angle stadimétrique de $\frac{1}{200}$ le nombre de divisions entières comprises entre les deux fils doit être :

$$\frac{L}{\lambda} \cdot \text{tang } \omega = \frac{200^{\text{m}}}{0^{\text{m}},01} \times \frac{1}{200} = 100.$$

S'il n'en est pas ainsi, on agit sur la vis de réglage qui actionne le verre anallatiseur (la tête de cette vis est extérieure au corps de la lunette) jusqu'à ce que cette condition soit exactement remplie.

C. — Mode d'emploi de la lunette stadimétrique

252. La mire ou stadia reposant sur le point dont on cherche la distance, il suffit d'enregistrer les deux lectures (n° 141) faites, sur la mire, au moyen des fils stadimétriques pour obtenir ensuite, par une simple différence, le *nombre générateur* (n° 246). En multipliant ensuite ce nombre par le coefficient constant $\frac{\lambda}{\text{tang } \omega}$ (formules 8 et 10), on obtient la distance cherchée.

EXEMPLE. — On a lu :

1° En regard du fil supérieur (vu en haut de la lunette) [1]	56,7
2° En regard du fil inférieur (vu en bas dans la lunette)	213,9
Le nombre générateur est................................	157,2

Si l'angle stadimétrique ω est de $\frac{1}{50}$ et la mire divisée en

---

[1] Nous désignerons toujours sous le nom de *fil supérieur* celui qui est vu en haut dans la lunette, bien qu'en réalité il se trouve fixé en bas sur le réticule. L'autre fil, symétrique du précédent, sera toujours appelé *fil inférieur*.

centimètres, on a (formules 8 ou 10) :

$$D = \frac{\lambda}{\tang \omega} \cdot n = 0,01 \times 50 \times n = \frac{1}{2}$$

La distance cherchée est donc :

$$\frac{1}{2} \times 157,2 = 78^m,6.$$

En pratique, il est préférable de diriger la lunette de manière à pointer le fil supérieur sur une division à cote ronde. On simplifie ainsi le calcul de la différence des deux lectures (que beaucoup d'opérateurs effectuent même mentalement), en même temps que l'on augmente un peu la précision du résultat, l'erreur moyenne d'un pointé étant inférieure de 50 0/0 à celle d'une lecture faite par estime.

Remarque. — Les lectures faites sur les mires sont sujettes à des fautes ; pour prévenir ces dernières, il est utile de faire usage d'une lunette à trois fils parallèles, soit un fil niveleur dans l'axe et deux fils stadimétriques symétriqués de part et d'autre du premier. On enregistre alors les lectures répondant aux trois fils, et on vérifie que leurs différences deux à deux sont égales, à deux ou trois dixièmes de division près.

Exemple :

Fil supérieur.....................	100,0	78,5
Fil niveleur.....................	178,5	78,7
Fil inférieur.....................	257,2	
Nombre générateur.............	157,2	

D. — Réduction a l'horizon

253. Dans tout ce qui précède nous avons supposé la mire ou stadia tenue perpendiculairement à la visée[1] ; les distances

[1] Il y a, en réalité, autant de visées que de fils, et elles ne peuvent être toutes simultanément perpendiculaires à la stadia ; mais, l'angle stadimétrique étant toujours très petit, on peut, dans la présente étude, considérer simplement la direction de l'axe optique.

obtenues sont alors comptées suivant l'inclinaison de cette visée; il faut donc apporter aux résultats une correction de réduction à l'horizon.

D'autre part, la stadia est quelquefois oblique par rapport à la visée et il faut avoir égard à cette circonstance dans le calcul de la distance réduite à l'horizon.

Nous allons établir les formules de réduction successivement pour les cas suivants :

1° La stadia est horizontale et perpendiculaire à l'axe optique de la lunette.

2° La stadia repose par son talon sur le point à lever et est tenue perpendiculairement à l'axe optique de la lunette;

3° La stadia est verticale.

254. Premier cas. — Stadia horizontale et perpendiculaire à l'axe optique de la lunette. — La stadia est alors fixée perpendiculairement à une tige que l'on tient verticale sur le point à lever (*fig.* 145); elle est munie d'un petit viseur ou

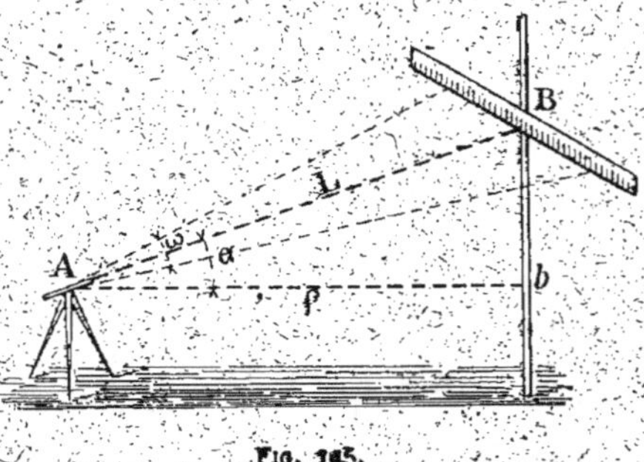

Fig. 145.

collimateur, dans le champ duquel le porte-mire doit voir l'instrument pour assurer à la stadia une direction perpendiculaire à la visée.

La longueur L fournie par la stadia est la distance AB[1], comprise entre le centre de l'instrument et le point où l'axe

---

[1] Nous supposons faite, s'il y a lieu, la correction de Reichenbach (n° 247).

optique prolongé rencontre la stadia. En appelant α l'angle d'inclinaison de la ligne AB, et ρ, la distance réduite à l'horizon Ab, on a :

$$(12) \qquad\qquad \rho = L \cos \alpha.$$

Nous avons indiqué, à propos de la mesure directe des distances, quels sont les procédés à employer pour calculer cette réduction (n° 222).

255. Deuxième cas. — Stadia reposant par son talon sur le point à lever et tenue perpendiculairement à la visée. — Soient (*fig.* 146) : P, le point dont on évalue la distance à l'instrument ; PB, la stadia ; AB, la longueur L fournie par la stadia, et α l'inclinaison de l'axe optique sur l'horizontale, égale à celle de la stadia sur la verticale.

La distance horizontale ρ comprise entre le centre de l'instrument et le point à lever est :

$$(13) \quad \rho = Ab + Bb.$$

Mais, dans le triangle rectangle ABb, on a :

$$(14) \quad Ab = L \cos \alpha,$$

et le triangle PBb donne lui-même, en désignant par h la longueur PB comprise entre le pied de la stadia et le point d'intersection de celle-ci avec le prolongement de l'axe optique :

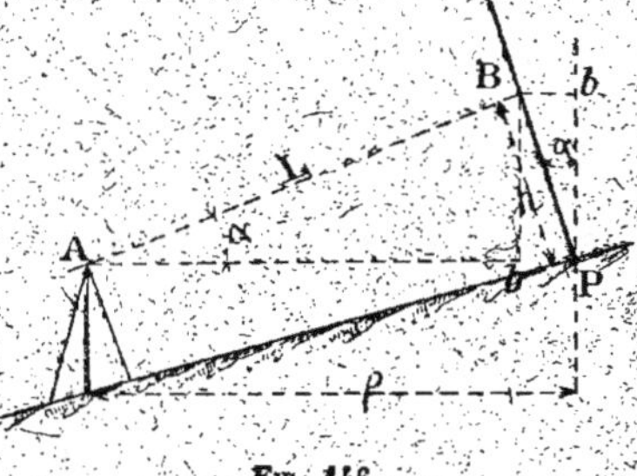

Fig. 146.

$$(15) \qquad\qquad Bb' = h \sin \alpha.$$

Portant les valeurs (14) et (15) dans la relation (13), il vient :

$$(16) \qquad\qquad \rho = L \cos \alpha + h \sin \alpha.$$

On peut se proposer de chercher à partir de quelle inclinaison α, il y a lieu de tenir compte de l'appoint :

$$Bb' = h \sin \alpha.$$

Il suffit pour cela d'égaler $h \sin \alpha$ à l'erreur que l'on croit pouvoir se tolérer, de remplacer h par son maximum pratique et de tirer de la nouvelle équation la valeur de α.

Exemple : On désire que l'erreur Bb' reste inférieure à $0^m,05$; quelle est l'inclinaison minimum à partir de laquelle il faut tenir compte du terme $h \sin \alpha$, sachant que la hauteur h maxima, à laquelle peut être pointé l'axe optique, est de 3 mètres environ ?

$$0,05 = 3 \sin \alpha;$$

d'où l'on tire :

$$\sin \alpha = 0,016 \qquad \text{et} \qquad \alpha = 0^g,11 \text{ (un décigrade environ)}$$

On voit que, dans la plupart des cas, l'appoint Bb' n'est pas négligeable.

Ce genre de stadia n'est pas pratique, non seulement parce que la formule de réduction comporte deux termes, mais surtout parce qu'il est difficile de maintenir la stadia dans la position convenable. Comme dans le cas du n° 254 la stadia doit d'ailleurs être munie d'un viseur spécial.

256. Troisième cas. — Stadia verticale. — En général, on préfère employer la stadia verticale. Soient encore (*fig.* 147) : AB, la direction de l'axe optique ; α, son angle d'inclinaison ; ω, l'angle stadimétrique ; et ρ, la distance horizontale cherchée.

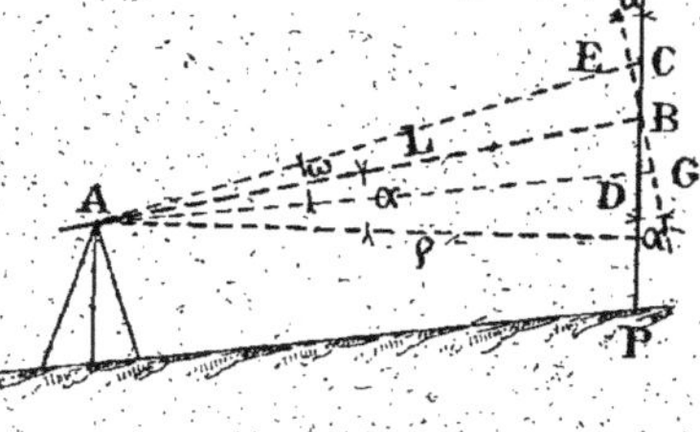

Fig. 147.

Si la stadia occupait une position EG perpendiculaire à AB, on aurait, d'après les formules (8) et (10),

$$(17) \qquad AB = \frac{EG}{\tan g\, \omega}.$$

Mais, dans le cas considéré, la longueur de stadia CD, interceptée entre les fils, est plus grande que EG. Les triangles ECB et BDG peuvent être considérés, vu la petitesse de l'angle ω, comme rectangles en E et G, et l'on peut écrire, sans erreur sensible, en remarquant que les angles en B sont égaux à α,

$$EB = CB \cos \alpha,$$
$$BG = BD \cos \alpha ;$$

d'où, en totalisant :

$$EG = CD \cos \alpha.$$

Portant cette valeur dans l'équation (17), il vient :

$$(18) \qquad AB = \frac{CD}{\operatorname{tang} \omega} \cdot \cos \alpha$$

et, enfin, la distance horizontale ρ est fournie par la relation :

$$(19) \qquad \rho = AB \cos \alpha = \frac{CD}{\operatorname{tang} \omega} \cos^2 \alpha,$$

dans laquelle $\dfrac{CD}{\operatorname{tang} \omega}$ est la distance non réduite à l'horizon que l'on déduit directement des lectures faites sur la stadia. En désignant par D cette distance, on met la formule (19) sous l'une des formes suivantes, facile à retenir,

$$(20) \qquad \rho = D \cos^2 \alpha = D (1 - \sin^2 \alpha).$$

En vue de faciliter le calcul de cette formule de réduction, on a dressé des tables numériques donnant soit la valeur de ρ en fonction de D et α, soit les produits successifs de $\cos^2 \alpha$ par les neuf premiers nombres.

Nous pensons que le procédé le plus expéditif consiste à lire la petite correction $D \sin^2 \alpha$ sur une table graphique et à retrancher ensuite, par un calcul direct, ladite correction du nombre D.

E. — Causes d'erreurs

a. — Fautes

257. Les fautes à craindre sont celles qui proviennent des lectures; les plus fréquentes sont les suivantes :

GRANDEUR DES FAUTES	CAUSES DES FAUTES
1 division...	Erreur de comptage.
5 divisions...	Le fil tombant dans le second groupe de cinq divisions d'une case numérotée (V. *fig.* 78), on oublie de tenir compte des cinq premières divisions; on note alors 1 division au lieu de 6; 2 au lieu de 7; 3 au lieu de 8; 4 au lieu de 9.
10 divisions...	Le fil tombant dans une case très près de la limite de la case suivante, on lit le chiffre inférieur au lieu du chiffre supérieur, par exemple 6 au lieu de 5 (cette faute se produit surtout avec les mires dont les chiffraisons sont disposées à cheval sur la limite de deux cases consécutives).
$10 - n$ divisions (lectures complémentaires)	Comptage des divisions effectué, par erreur, de bas en haut. On compte 1 division au lieu de 9, 2 au lieu de 8, etc. Cette faute est excessivement rare.

b. — Erreurs

Les erreurs des mesures stadimétriques sont :

1º Le défaut de réglage des appareils;

2º Les erreurs de pointé et d'estime des fractions de division ;

3º L'erreur due à la parallaxe des fils ;

4º Les incertitudes dues aux circonstances atmosphériques;

5º Le défaut de perpendicularité de la stadia à l'axe optique ou le défaut de verticalité de la stadia ;

6º Les variations de longueur de la stadia.

258. Défaut de réglage des appareils. — Nous avons vu que la grandeur des divisions d'une stadia et l'angle stadimétrique sont réglés de telle sorte que la distance soit obtenue en multipliant le nombre générateur par un coefficient simple $\left(\frac{1}{2}, 1 \text{ ou } 2 \text{ par exemple}\right)$. Si le réglage n'est pas parfait, le coefficient appliqué n'est pas exact, et les distances obtenues diffèrent de la réalité d'une quantité égale au produit du nombre générateur par l'erreur du coefficient. On se trouve donc en présence d'une erreur systématique, proportionnelle au nombre générateur et, par conséquent, à la distance elle-même. Cette erreur dépasse rarement $\frac{1}{2.000}$ de la distance. Nous verrons plus tard (voir aux *Méthodes*) qu'elle s'élimine, sans calcul spécial, lorsque les opérations du levé sont encadrées dans une triangulation ou dans un réseau de cheminements d'une précision supérieure.

259. Erreurs de pointé et d'estime des fractions de division. — Ces erreurs varient avec la puissance de la lunette, l'ouverture de l'angle stadimétrique et la grandeur des divisions de la stadia. Nous considérerons seulement le cas d'une lunette grossissant une vingtaine de fois, comportant un angle stadimétrique de $\frac{1}{100}$, employée avec une stadia divisée en centimètres. L'expérience prouve que, dans ces conditions, l'erreur moyenne d'une lecture, faite avec un trait réticulaire ne couvrant pas plus de 1 millimètre à 100 mètres, sur une stadia éloignée de 100 mètres, est environ de $\pm \frac{7}{100}$ de division, ce qui correspond à une erreur, en distance, de $\pm$ 0^m,07 ; l'erreur moyenne de pointé est moitié moindre, soit de $\frac{4}{100}$ de division, ou de $\pm$ 0^m,04 en distance. L'observation comportant habituellement le pointé du fil supérieur sur une division à cote ronde et une lecture sur le fil inférieur, l'erreur moyenne qui en résulte est la somme des deux erreurs accidentelles de pointé et d'estime; soit d'après l'équation (3) du n° 8 :

$$\varepsilon = \sqrt{0,04^2 + 0,07^2} = \pm\, 0^m,08$$

Pour une distance quelconque D, l'erreur moyenne de pointé et d'estime serait donnée par la relation :

$$e = \pm \left(0^m,03 + \frac{D}{2000} \right)$$

260. Erreur due à la parallaxe des fils. — Plusieurs auteurs ont déjà signalé un phénomène observé par un grand nombre d'opérateurs et qui, dans certaines lunettes, diminue très notablement la précision des mesures stadimétriques. Dans toute lunette comportant plusieurs fils, si l'on met l'un de ces derniers exactement au point, on constate généralement une parallaxe pour les autres fils. En d'autres termes, il est à peu près impossible que les fils d'une lunette soient simultanément au point. Il en résulte dans les lectures stadimétriques une incertitude moyenne qui ne paraît guère devoir être inférieure à $\frac{1}{20}$ de division pour une mire placée à 100 mètres, ce qui correspond, dans l'hypothèse du n° 259, à une erreur moyenne sur la distance de $\pm 0^m,05$.

261. Incertitudes dues aux circonstances atmosphériques. — Les observations stadimétriques peuvent être influencées par les réfractions, les ondulations, le vent et l'éclairage des instruments.

1° *Réfractions.* — Les réfractions sont dues aux différences de densité des couches d'air successives traversées par les visées. Lorsqu'un rayon visuel rencontre des couches dont les températures vont en décroissant et dont, par suite, les densités augmentent, il s'infléchit vers le sol au lieu de se prolonger en ligne droite ; si la température est, au contraire, croissante, la ligne de visée affecte la forme d'une courbe dont la convexité est tournée du côté du terrain.

Les réfractions sont surtout à craindre le matin dans le voisinage immédiat du sol ; à ce moment, celui-ci est plus froid que l'air, et la température ambiante croît à mesure qu'on s'élève. Les déviations atteignent parfois plusieurs millimètres. Elles diminuent d'ailleurs très rapidement à mesure qu'on s'élève : aussi, s'en affranchit-on, en général, presque

complètement en n'utilisant pas le demi-mètre inférieur de
la stadia.

Quand on a des visées qui rasent le sol, il est indispensable
de pouvoir vérifier si la réfraction ne produit pas une erreur
intolérable. Il suffit, pour cela, de lire les trois fils de la lunette
et de comparer les deux différences entre le fil niveleur et les
fils stadimétriques. Les trois fils sont généralement équidistants; en tout cas, si leurs intervalles ne sont pas rigoureusement égaux, on connaît leur rapport. On peut donc vérifier si
les différences stadimétriques sont égales ou dans le rapport
voulu à la tolérance près. Dans le cas contraire, la lecture faite
vers le pied de la mire doit être considérée comme suspecte.

2° *Ondulations*. — Lorsque le sol s'échauffe, sous l'ardeur
des rayons solaires, les couches d'air qui sont en contact
avec lui lui empruntent du calorique, et leur densité diminue;
elles s'élèvent alors et sont remplacées par l'air plus frais;
les courants ainsi déterminés provoquent ces oscillations
des images qui sont si gênantes pour les observations, surtout vers dix heures du matin. Il existe aussi, dans le voisinage des murs exposés au soleil, des ondulations horizontales.

Les ondulations ont surtout comme inconvénient d'augmenter la durée des observations en rendant plus difficiles
les lectures; mais, contrairement à ce que l'on pourrait
croire, elles ont peu d'influence sur la précision des résultats;
elles augmentent seulement un peu l'erreur accidentelle de
l'estime des fractions de division. L'amplitude des ondulations croît comme le carré de la longueur de la visée; en rac-
courcissant cette dernière de *moitié*, par exemple, on réduit
donc au *quart* les vacillations de l'image de la mire;

3° *Vent*. — Le vent a l'avantage de brasser les couches
d'air et d'égaliser leur température, ce qui évite les réfractions et les ondulations, mais provoque des trépidations des
instruments; celles-ci ne sont guère gênantes qu'avec des
instruments trop légers ou lorsque le vent est fort. Cependant, quand le porte-mire n'est pas muni d'un arc-boutant
(n° 139) pour maintenir efficacement la mire dans sa position

normale, le vent retarde beaucoup les opérations et provoque
une augmentation de l'erreur due à l'inclinaison de la mire
(n° 262).

4° *Éclairage de la lunette.* — Divers opérateurs ont remarqué
depuis longtemps déjà que la distance de deux points, mesurée, avec une lunette stadimétrique, dans la direction du
soleil, est souvent trouvée plus grande que lorsque l'on vise
en sens inverse [1]. On a même constaté, dans des circonstances
spéciales, des écarts atteignant plusieurs *décimètres.*

Ce curieux phénomène n'a pas encore été expliqué d'une
manière formelle, mais il est permis de supposer qu'il est dû
à l'éclairage des fils. Cette hypothèse paraît être confirmée
par des expériences sommaires que nous avons faites, en 1894,
dans un lieu clos et couvert, soustrait, par conséquent, à toute
influence extérieure, et que nous nous proposons de compléter.
En éclairant les instruments avec des lampes placées à moins
de 2 décimètres au-dessus ou au-dessous de l'axe optique,
nous avons pu faire varier progressivement la quantité
de lumière qui pénétrait dans la lunette. Le résultat de ces
expériences se trouve mis en évidence par le diagramme
ci-contre (*fig.* 148). Les bandes verticales correspondent chacune à une série d'expé-
riences ; les cinq séries
sont classées de la gauche
vers la droite dans l'ordre
de croissance de l'éclai-
rage des fils ; la hauteur
des bandes représente
l'excès pour 100 mètres,
sur la distance corres-
pondant à l'éclairage mi-
nimum (expérience n° 1),
de la distance moyenne,

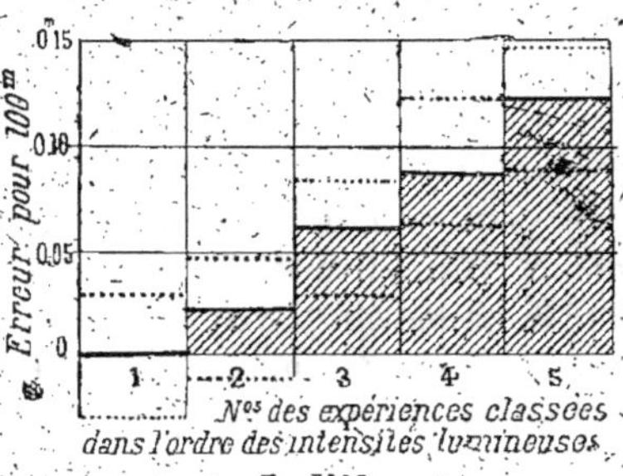

Fig. 148.

fournie par chaque série d'expérience.

Nous avons indiqué, sur la figure, l'incertitude de chaque
résultat en traçant des lignes ponctuées de part et d'autre du

[1] Ce phénomène nous a été signalé pour la première fois par
M. Sanguet, ingénieur topographe.

sommet de chaque rectangle, et à une distance égale à l'erreur moyenne quadratique d'un résultat.

262. Défaut de perpendicularité de la stadia à l'axe optique ou défaut de verticalité de la stadia. — La mauvaise position de la stadia influe différemment sur les résultats, suivant qu'elle est tenue perpendiculaire à la visée ou verticale.

1° *Stadia perpendiculaire à la visée.* — Soient (*fig.* 149) : aA, oO, bB, les visées déterminées par les trois fils ; AB, la position normale que devrait occuper la stadia ; CD, celle que lui donne effectivement le porte-mire ; et i, l'angle AOC. Les triangles AOC et BOD peuvent être considérés comme rectangles en A et B, à cause de la petitesse de l'angle stadimétrique, et l'on a sensiblement :

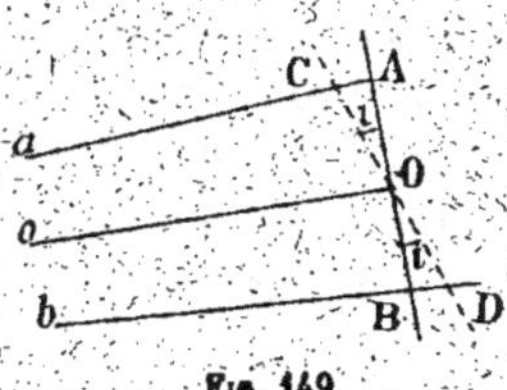

Fig. 149.

$$CD = AB \ \text{séc} \ i.$$

L'erreur absolue résultant de la substitution de la longueur CD à AB est donc :

$$CD - AB = AB \ (\text{séc} \ i - 1)$$

et l'erreur relative :

$$\frac{CD - AB}{AB} = \text{séc} \ i - 1.$$

La distance étant d'ailleurs proportionnelle à la longueur de stadia interceptée par les fils, son erreur relative est également représentée par séc i — 1.

Le tableau suivant donne une idée de l'importance de cette cause d'erreur.

ANGLES i	TANGENTES i	ERREURS RELATIVES sur les DISTANCES	ERREURS ABSOLUES pour une distance de 100 mètres
$0^g,6$	0,01	0,000 0	$0^m,00$
$1^g,3$	0,02	0,000 2	$0^m,02$
$3^g,2$	0,05	0,001 3	$0^m,13$
$6^g,4$	0,10	0,005 1	$0^m,51$
$12^g,6$	0,20	0,019 9	$1^m,99$

Nous avons négligé l'inclinaison que peut prendre la stadia dans son propre plan, parce que, lorsque cette inclinaison se produit, l'image de la stadia n'est plus perpendiculaire aux fils servant à faire les lectures; l'opérateur s'en aperçoit donc et fait rectifier la position.

2° *Stadia verticale.* — Soient (*fig.* 150): P, le point à relever; PA, la stadia tenue verticale; et PC, la même stadia inclinée

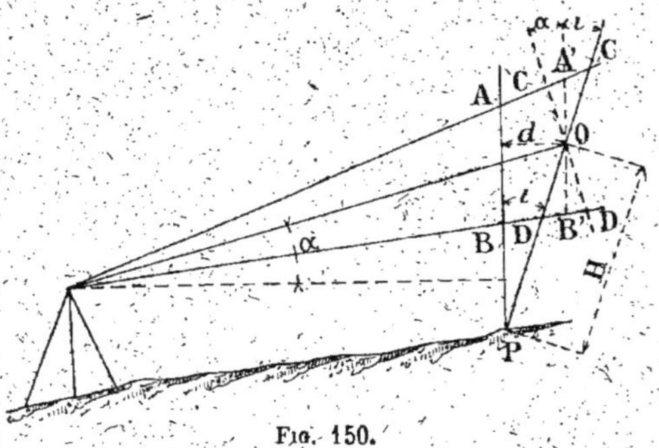

Fig. 150.

d'un angle i. Cherchons l'erreur qui résulte de cette inclinaison. A cet effet, menons par le point O, où l'axe optique rencontre la stadia, la verticale A'B'. On voit d'abord que, si la stadia se confondait avec cette verticale, la distance déduite des lectures serait, après réduction à l'horizon, trop grande d'une quantité d; en désignant par H la hauteur PO à laquelle la stadia est rencontrée par la visée axiale, le triangle rectangle dont OP est l'hypoténuse donne, pour expression de cette première erreur :

$$(21) \qquad d = H \sin i.$$

Si la stadia était inclinée vers l'instrument, l'erreur deviendrait négative.

A cette première erreur s'en ajoute une seconde plus importante due à ce que la longueur CD embrassée par les fils stadimétriques diffère de celle A'B' qui serait déterminée sur une stadia verticale passant par le point O. Menons C'D' perpendiculaire à l'axe optique [1] ; en raison de la petitesse de l'angle stadimétrique, on peut considérer les angles C' et D' comme droits, ce qui permet d'écrire :

$$(22) \qquad C'D' = A'B' \cos \alpha$$
$$(23) \qquad C'D' = CD \cos (\alpha + i).$$

Des formules (22) et (23) on déduit :

$$(24) \qquad A'B' \cos \alpha = CD \cos (\alpha + i) ;$$

d'où :

$$(25) \qquad CD - A'B' = CD \left(1 - \frac{\cos \alpha + i}{\cos \alpha} \right).$$

En développant et en remarquant que l'on peut, en pratique, admettre sans erreur sensible que $\cos i = 1$, il vient :

$$(26) \qquad CD - A'B' = CD \tang \alpha \sin i.$$

Nous savons que les distances réduites à l'horizon sont proportionnelles aux nombres générateurs ; on peut donc écrire, en désignant par D' la distance qui serait déduite du nombre générateur CD, et par δ' la discordance entre cette distance et celle correspondant à A'B' :

$$(27) \qquad \delta' = D' \tang \alpha \sin i.$$

---

[1] La droite C'D' est tracée en tireté sur la figure ; le lecteur est prié d'ajouter les accents aux lettres C et D qui servent à définir cette droite.

Enfin, en rapprochant les équations (21) et (27), on trouve pour expression de l'erreur totale δ qui affecte la distance horizontale, quand la stadia n'est pas rigoureusement verticale :

$$(28) \qquad \delta = \delta' + d = D' \tang \alpha \sin i + H \sin i$$

Cette formule est générale, à la condition de donner aux angles α et i les signes qui leur conviennent :

α est *positif* quand la visée s'élève au-dessus de l'horizon ;

α est *négatif* quand la visée s'abaisse au-dessous de l'horizon ;

i est *positif* quand la mire est inclinée vers l'avant (*fig.* 150) ;

i est *négatif* quand la mire est inclinée vers l'arrière.

Abaque hexagonal représentatif du premier terme de la formule (28) donnant l'erreur des distances due au défaut de verticalité de la mire.

$$\delta' = D' \tang \alpha \sin i$$

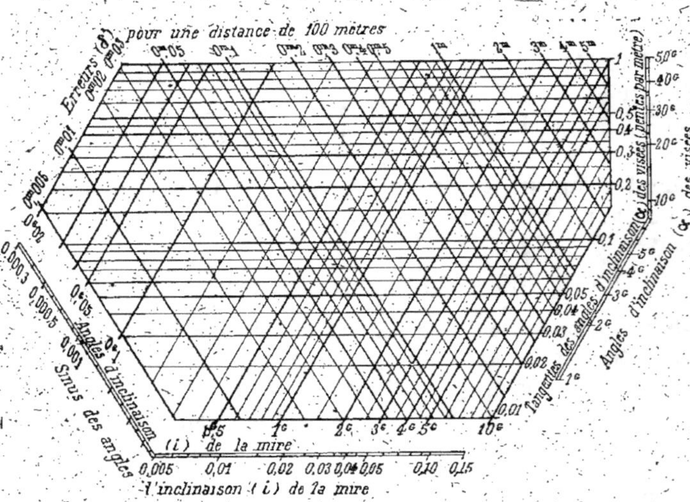

Fig. 151.

En examinant a formule (28), on remarque que le premier terme de l'erreur est proportionnel à la distance et que le second croît seulement avec la hauteur à laquelle on vise sur la stadia.

Pour mieux faire ressortir les variations de l'erreur en fonction des diverses valeurs des éléments dont elle dépend, nous donnons ci-contre la traduction graphique des deux termes de la formule, sous forme de deux abaques que nous avons établis d'après la méthode des abaques hexagonaux, imaginée par M. Ch. Lallemand.

Le premier terme est représenté par la figure 151 dans laquelle nous avons supposé la distance constante et égale à 100 mètres.

Les isoplèthes (lignes d'égale cote) horizontales indiquent les inclinaisons α de la visée, et les obliques ($\diagup$) celles i de la stadia. Les erreurs δ' sont figurées par un second réseau d'obliques ($\diagdown$) dont les cotes expriment l'erreur en mètres pour une distance de 100 mètres.

Les chiffraisons des échelles se rapportant aux inclinaisons sont doubles : l'une fournit les angles en grades, l'autre fait connaître la valeur des tangentes ou des sinus des mêmes angles qui entrent dans la formule.

Sur la figure 152, qui est la représentation graphique du second terme de notre formule, les isoplèthes horizontales correspondent aux hauteurs H de stadia ; les obliques du premier réseau ($\diagup$) aux inclinaisons i de celle-ci, et celles du second ($\diagdown$) aux erreurs absolues d résultant des données.

La figure 151 montre que, si l'on désire rendre l'erreur inférieure à $0^m,05$ pour 100 mètres $\left(\dfrac{1}{2000} \text{ de la distance} \right)$, avec des pentes atteignant $0^m,5$ par mètre au maximum, il faut assurer la verticalité de la stadia à moins de $0,001 \left(\dfrac{1}{1000} \right)$ près, ce qui exigerait l'emploi d'un fil à plomb ayant beaucoup plus de 1 mètre de longueur. Les indications ne seraient d'ailleurs suffisantes que par un temps calme.

Aussi est-il bien préférable de faire usage d'une nivelle sphérique, dont il est facile de calculer le rayon de courbure minimum. En effet l'expérience prouve qu'un porte-mire exercé parvient facilement à amener la bulle de la nivelle au centre de la boîte à moins de 1 millimètre près, ce qui correspond à une inégalité de 2 millimètres, entre les deux

intervalles diamétralement opposés compris entre les deux
bords de la bulle et le cercle de repère.

En désignant par R le rayon de courbure à déterminer, on
doit avoir (n° 70, formule 1) :

$$\frac{0^m,001}{R} \leq 0,001 ;$$

d'où : $R > 1$ mètre.

Le rayon de courbure des nivelles destinées aux stadias ne
doit donc pas être inférieur à 1 mètre.

L'inclinaison maxima possible de la mire étant dès lors de
$\frac{1}{1000}$, on voit, en se reportant à la figure 152, que le second

Abaque hexagonal représentatif du deuxième terme de la formule (28) donnant
l'erreur des distances due au défaut de verticalité de la mire.

$$d = H \cdot \sin i$$

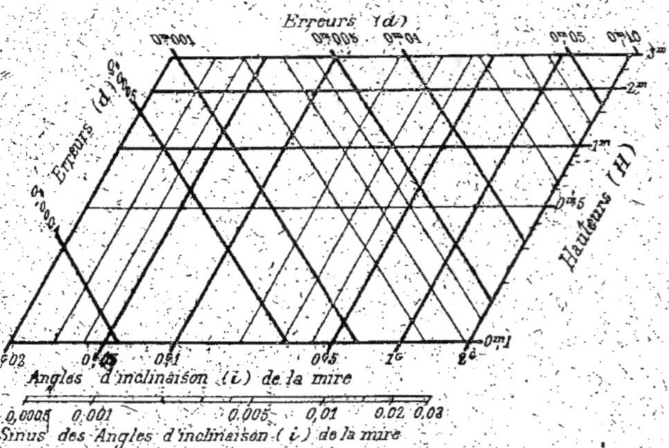

Fig. 152.

terme de la formule (28) de l'erreur à craindre devient négligeable.

Comme d'ailleurs, pour des angles aussi faibles que i, le
sinus se confond avec la tangente, on peut, à défaut de la

figure 151, déterminer l'erreur à craindre sur une distance quelconque, au moyen de la formule suivante facile à retenir et à calculer :

$$(29) \qquad \varepsilon = D \tan \alpha \tan i.$$

263. Erreurs dues aux variations de longueur de la stadia. — Sous l'influence des fluctuations de l'humidité de l'air et de la température, la longueur des stadias subit des variations dont les mires à compensation du colonel Goulier, employées au nivellement général de la France (n° 143) ont permis d'évaluer l'importance. On a constaté que la longueur d'une mire est soumise à une double variation :

1° Chaque jour, la longueur varie suivant la marche de la température, et les écarts par rapport à la longueur moyenne journalière sont généralement de $\pm\ 0^{mm},02$ par mètre, soit $\pm \dfrac{1}{50.000}$ de la longueur, ce qui correspond, pour une distance de 100 mètres, à une erreur de ± 2 millimètres tout à fait négligeable ;

2° La longueur d'une mire subit, en outre, des variations lentes, mais plus importantes, dues à la dessiccation du bois et aux variations de l'humidité ; elles peuvent atteindre au maximum $\pm 0^{mm},2$ à $0^{mm},3$ par mètre, soit $\pm \dfrac{1}{4000}$ environ, ce qui correspond, sur la distance, à une erreur maxima de ± 25 millimètres par 100 mètres. L'erreur moyenne correspondante est $\pm \dfrac{1}{8.000}$.

F. — Précision des résultats

264. Il est maintenant facile d'établir, en utilisant les données précédentes, les formules qui, pour les divers cas de la pratique, permettent de calculer l'erreur à craindre sur une longueur déterminée au moyen de la stadia.

A titre d'exemple, nous établirons la formule relative à des mesures effectuées avec une lunette grossissant une vingtaine de fois, comportant un angle stadimétrique de $\dfrac{1}{100}$ et em-

ployée avec une stadia divisée en centimètres ; nous supposerons celle-ci tenue verticalement au moyen d'une nivelle
sphérique de 1 mètre de rayon de courbure.

Nous ne nous occuperons pas de l'erreur systématique de
réglage qui peut s'éliminer, comme on le verra plus tard, ni
de l'erreur due à l'éclairage des fils, mais seulement des
autres causes d'erreurs.

L'erreur moyenne provenant du pointé et de l'estime des
fractions de division est (n° 259) :

$$(30) \qquad e_z = \pm \left(0^m,03 + \frac{D}{2.000} \right).$$

Celle due à la parallaxe des fils peut être évaluée
à (n° 260) :

$$(31) \qquad e_v = \pm \frac{D}{2.000}.$$

L'incertitude due aux circonstances atmosphériques
(n° 261) défavorables est difficile à évaluer ; nous la laisse-
rons en dehors de nos évaluations.

L'erreur due au défaut de verticalité de la mire donnée par
l'équation (29),

$$(29) \qquad z = D \tang i \tang \alpha,$$

est nulle quand les visées s'écartent peu de l'horizontale ;
elle ne devient appréciable que dans les opérations en terrain
moyennement accidenté ; en supposant la bulle de la nivelle
de la mire amenée sous son repère avec une incertitude
moyenne de un demi-millimètre, le défaut moyen corres-
pondant de verticalité de la mire est de $0,000.5 \left(\frac{1}{2.000} \right)$, ce
qui provoque, avec des inclinaisons moyennes de 0,2,
une erreur e_v (Voir *fig.* 151) de $0^m,01$ pour une distance de
100 mètres, soit de $\frac{1}{10.000}$ de la distance :

$$(32) \qquad e_v = \pm \frac{D}{10.000}$$

Enfin l'erreur moyenne provenant des variations de longueur de la stadia est:

$$(33) \qquad e_L = \pm \frac{1}{8.000} D,$$

Les erreurs (30), (31), (32) et (33) étant accidentelles, leur somme e_2 est (n° 8, équation 3) :

$$(34) \qquad e_2 = \sqrt{e_B^2 + e_r^2 + e_v^2 + e_L^2},$$

ou, en remplaçant les lettres par leurs valeurs :

$$e_2 = \sqrt{8^2 + 5^2 + 1^2 + 1^2} = \pm 10 \text{ centimètres.}$$

La loi théorique d'erreur en fonction de la distance est représentée avec une approximation suffisante par la formule :

$$(35) \qquad e = 0^m,04 + 0^m,0006 \, D.$$

Cette évaluation théorique est plutôt faible, surtout pour les lunettes anallatiques, parce que l'addition du verre supplémentaire diminue un peu la puissance de la lunette ; d'autre part, nous avons négligé l'influence de l'éclairage (n° 261, 4°) qui, avec les lunettes à plusieurs fils, produit fréquemment des erreurs notables.

Résultats d'expériences. — Du résultat d'expériences effectuées par M. Jordan (V. *Handbuch des Vermessungs Kunde*, 1888) on peut conclure que l'erreur à craindre sur une distance D, avec une lunette stadimétrique grossissant 25 fois peut être représentée par la formule approchée :

$$e = \frac{D}{700} + \frac{D^2}{100,000},$$

ce qui correspond à $\pm 0^m,24$ pour $D = 100$ mètres.

D'autre part, d'après les expériences et les études faites par le colonel Goulier et mentionnées dans son ouvrage sur les *levers topométriques*, les erreurs moyennes à craindre sur une distance de 100 mètres seraient celles indiquées ci-après :

INSTRUMENTS	ANGLE stadimétrique	PUISSANCE de la lunette	GROSSISSEMENT de la lunette	ERREUR MOYENNE pour 100^m
Lunette de Porro (à 5 ou 7 fils et plusieurs oculaires)...............	1/50	36	»	± 0^m,03
Lunette de la boussol nivelante du Génie...............	1/50	12	12	± 0^m,08
Tachéomètre du Génie...............	1/70	14	14	± 0^m,10
Tachéomètre de Goulier...............	1/100	20	18	± 0^m,11
Tachéomètre à grande portée...............	1/200	26	30	± 0^m,15
Tachéomètre de Moinot...............	1/200	15	»	± 0^m,30

Enfin les tolérances admises dans le Cadastre italien pour les cheminements dont les côtés sont mesurés avec la stadia sont les suivantes :

$$\text{Règlement de 1889} : t = 0{,}004 D \quad \text{(côtés plus petits que 150 mètres),}$$
$$\text{— de 1897} : t = 0{,}08 \sqrt{D}.$$

En admettant que les tolérances aient été prises égales à 4 fois l'erreur probable ou 2 fois 1/2 l'erreur moyenne (n° 27), on trouve que l'erreur moyenne pour 100 mètres, admise par le règlement de 1889 était de ± 0^m,16 et que celle qui correspond au règlement le plus récent atteindrait ± 0^m,3 environ.

G. — AVANTAGES ET INCONVÉNIENTS
DES STADIAS VERTICALES ET DES STADIAS HORIZONTALES

265. La stadia verticale est maintenue très facilement dans la position normale qu'elle doit occuper, même lorsque sa longueur dépasse 3 mètres. Elle présente l'inconvénient d'être souvent masquée, en partie, par des obstacles. Ainsi il arrive fréquemment que le mètre inférieur disparaît dans les broussailles ou les hautes herbes ; d'autres fois, dans les contrées riches en arbres fruitiers, par exemple, c'est la partie supérieure qui devient invisible. D'autre part, nous avons vu que l'on doit redouter, dans le voisinage immédiat du sol, la réfraction, et que les lectures faites dans la partie inférieure de la mire se trouvent, en outre, gênées par les ondulations.

La stadia horizontale est d'un maniement moins facile que la stadia verticale; sa longueur ne peut guère excéder 1ᵐ,50; plus longue, elle serait encombrante et peu stable.

Cette circonstance ne permet pas de mesurer des distances aussi grandes qu'avec la stadia verticale; à portées égales, cette dernière se prête à l'emploi d'un angle stadimétrique plus grand et fournit, par suite, des résultats plus précis que la stadia horizontale.

Mais la stadia horizontale est soustraite, au moins en grande partie, aux erreurs dues à la réfraction et aux ondulations, sauf le cas, assez rare, où la stadia est placée près d'une paroi verticale surchauffée donnant naissance à des ondulations horizontales.

Les deux systèmes ont donc chacun leurs avantages et leurs inconvénients; jusqu'ici au moins les stadias verticales ont été plus employées que les stadias horizontales.

§ 2. — DIASTIMOMÈTRE SANGUET

266. Soient (*fig.* 153): OS, la direction de l'axe optique d'une lunette; O, l'objectif de celle-ci; et S le point d'intersection avec une stadia, de la visée déterminée par le centre du réticule.

Amenons devant l'objectif un prisme en verre V à faces non parallèles; la ligne de visée, en

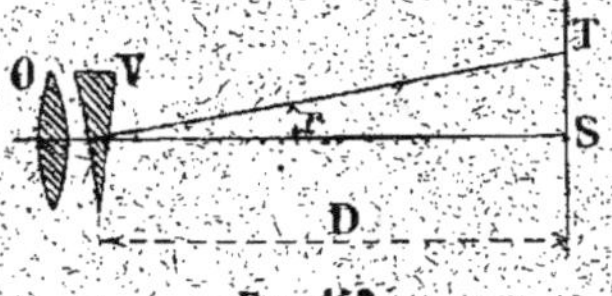

Fig. 153.

traversant ce verre, est déviée suivant une direction VT, formant un angle r avec la première. Si r est connu, on peut déduire la distance D, qui sépare la stadia du prisme, de la longueur ST de stadia comprise entre les deux visées faites avant et après interposition du prisme sur le trajet des rayons lumineux.

On a, en effet,

$$D = \frac{ST}{\tan g \; r}$$

M. Sanguet a donné le nom de *diastimomètre* (διαστημα, intervalle, distance ; μέτρον, mesure) au prisme V, qu'il a imaginé de monter, comme le montre la figure 154, à l'extrémité des lunettes dont le réticule ne comporte pas de fil stadimétrique, pour les rendre propres à la détermination des distances.

Pour un prisme donné, l'angle de réfraction ne dépend que de l'indice de réfraction du verre employé et de l'angle des faces non parallèles ; il est donc constant. On peut obtenir, par construction, pour sa tangente, une valeur simple, telle que $\frac{1}{100}$.

Les longueurs évaluées à l'aide du diastimomètre ont pour origine l'axe du prisme ; pour les rapporter à l'axe du trépied portant la lunette, il faut donc leur ajouter une constante

Fig. 154. — Diastimomètre.

égale à la distance comprise entre cet axe et le prisme en verre, soit à peu près la demi-longueur de la lunette. Ces longueurs doivent, en outre, le cas échéant, être réduites à l'horizon, comme dans le cas de la lunette stadimétrique (nos 253 et suivants).

L'emploi du diastimomètre est moins pratique que celui de la lunette stadimétrique, à cause de la manœuvre nécessaire pour écarter le prisme avant la première visée et pour le rabattre ensuite devant l'objectif avant la seconde visée ; mais, la lunette étant dépourvue de fils stadimétriques, on évite, dans certaines opérations, les fautes tenant à ce que l'on prend, parfois, un fil stadimétrique pour le fil niveleur, et, avantage des plus précieux pour la précision, l'erreur du parallaxe signalée au n° 260 se trouve supprimée, ainsi que celle due à l'intensité de l'éclairage (voir n° 261, 4°).

Les expériences auxquelles nous avons procédé ont montré

que la précision des distances déterminées avec le diastimomètre est au moins égale à celle des mesures faites avec une
lunette stadimétrique ; dans la pratique courante elle doit
même lui être supérieure pour les raisons ci-dessus.

§ 3. — DÉTERMINATION DES DISTANCES HORIZONTALES AU MOYEN DES NIVEAUX DE PENTE

267. Principe. — Soient (*fig. 155*) :

Deux visées de pentes par mètre p_1, p_2 ;

H_1, H_2, les hauteurs de mire correspondant respectivement
à ces deux visées ;

H_0, la hauteur comprise entre le talon de la mire et l'hori-

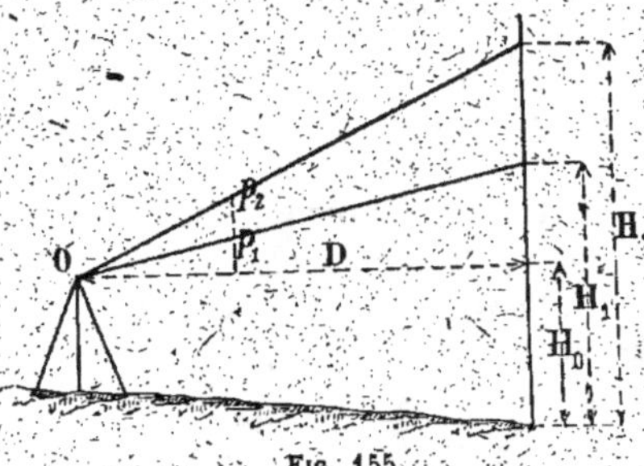

Fig. 155.

zontale du point O ; et D, la distance horizontale comprise
entre l'origine des visées et la mire.

On a, entre ces diverses quantités, les relations suivantes :

(1) $$\qquad\qquad D.\, p_1 = H_1 - H_0 ;$$
(2) $$\qquad\qquad D.\, p_2 = H_2 - H_0.$$

Retranchant, membre à membre, l'équation (1) de l'équation (2), il vient :

(3) $$\qquad\qquad D\, (p_2 - p_1) = H_2 - H_1 ;$$

d'où l'on tire :

$$(4) \qquad D = \frac{H_2 - H_1}{p_2 - p_1} = \frac{dH}{dp}.$$

La distance horizontale D est donc égale au quotient de la différence des hauteurs de mire par la différence des inclinaisons.

Par conséquent, tout instrument, permettant de déterminer les inclinaisons des lignes de visée, peut servir à la mesure des distances horizontales. Les clisimètres (niveaux de pente) (n°s 210 et suivants) rentrent dans ce cas.

268. Application. — En pratique, il est avantageux, à tous égards, d'effectuer les visées suivant des inclinaisons correspondant aux divisions réelles de l'échelle des pentes ; en évitant ainsi les inclinaisons fractionnaires, on supprime l'estime des fractions de division que nécessiteraient les lectures p_1, p_2 et, par suite, les erreurs inhérentes à cette estime ; de plus, la différence $p_2 - p_1$ se trouve alors elle-même exprimée par un nombre rond, ce qui simplifie notablement les calculs. On peut même choisir les visées de telle sorte que $p_2 - p_1$ soit un nombre simple, tel que 0,01 par exemple. La distance horizontale peut alors être obtenue à l'aide d'un simple calcul mental :

$$D = \frac{H_2 - H_1}{0,01} = 100 (H_2 - H_1).$$

269. Précision. — Ce procédé de détermination des distances laisse beaucoup à désirer en ce qui concerne la précision. Avec les niveaux de pente à *visée directe*, les distances sont obtenues avec une approximation bien inférieure à celle des mesures au pas (voir n° 16, et *Appendice*, § 7) ; leur détermination est d'ailleurs laborieuse en raison de l'emploi des mires à voyant. Nous allons montrer que, même dans le cas d'instruments à lunette, les erreurs possibles sont encore considérables.

A cet effet nous supposerons :

1° Que la différence $p_2 - p_1$ des inclinaisons des deux visées successives servant à déterminer chaque distance est égale nominalement à $\frac{1}{100}$;

2° Que, sur l'échelle des pentes de l'instrument, les traits de division indiquant les inclinaisons de centième en centième sont espacés de 2 millimètres, ce qui suppose l'échelle placée à $0^m,20$ du point de convergence des visées.

En admettant, dans le calcul de la distance, que la différence des inclinaisons des deux visées est égale à 0,01, on suppose que la mise en coïncidence de l'index avec chacun des deux traits considérés de l'échelle s'effectue exactement. Mais, en fait, il résulte d'expériences spéciales[1] que l'erreur à craindre sur chaque coïncidence est, en moyenne, de $\frac{1}{80}$ de millimètre, soit, avec des divisions de 2 millimètres de hauteur, à $\frac{1}{80} : 2 = \frac{1}{160}$ de division. L'opération comportant d'ailleurs deux mises en coïncidence, l'erreur moyenne totale (n° 9, formule 4) se trouve portée à $\frac{1}{160}\sqrt{2} = \frac{1}{113}$ de division, soit, dans l'espèce, à $\frac{1}{113}$ du coefficient $p_2 - p_1$.

La distance D, étant proportionnelle à ce coefficient, se trouve elle-même affectée d'une erreur moyenne égale à $\frac{1}{113}$ de sa valeur, ce qui représente près de 1 mètre pour une distance de 100 mètres.

Si on donnait à $p_2 - p_1$ une valeur de 0,03, ce qui nécessiterait une longueur utile de mire de 3 mètres pour une distance de 100 mètres, l'erreur, réduite au tiers, serait encore plus considérable que celle des lunettes stadimétriques.

C'est donc par erreur que certains auteurs ont pu croire et écrire que l'approximation inhérente à la méthode résulte uniquement de celle des lectures faites sur la mire. Cette dernière cause d'erreurs est, au contraire, négligeable relativement à celle dont nous avons établi ci-dessus l'influence.

[1] Expériences de M. Sanguet.

§ 4. — STADIMÈTRE AUTO-RÉDUCTEUR DU TACHÉOMÈTRE SANGUET

A. — Description et théorie

270. Principe. — Le stadimètre auto-réducteur du tachéomètre Sanguet constitue une application du principe exposé dans le précédent paragraphe. La distance horizontale est déduite, en principe, de la différence de deux lectures de mire faites à l'aide d'une lunette à laquelle on donne successivement deux inclinaisons dont la différence est connue ; mais, au lieu de fixer les deux positions de la lunette en amenant un trait de repère successivement en coïncidence avec deux traits de division d'une échelle de pentes, la variation de l'inclinaison de la lunette est obtenue mécaniquement.

271. Description. — Une lunette L (*fig.* 154) est mobile autour d'un axe constitué par des tourillons O reposant sur une fourche F ; cette dernière est réunie invariablement à une règle fixe R, parallèlement à laquelle est disposé un coulisseau C dont les extrémités peuvent glisser à frottement doux dans les parties saillantes s, s, de la règle R ; la règle et le coulisseau sont verticaux quand l'instrument est calé. Le coulisseau repose sur la pointe d'une vis de rappel r_3 ; un levier l, mobile autour d'un point fixe o, actionne le coulisseau par l'intermédiaire d'une bielle qui entraîne l'écrou de la vis r_3 ; le grand bras butte toujours contre l'un des quatre taquets a, b, c, d, implantés dans l'une des faces de la fourche.

Un curseur c, mobile le long du coulisseau, peut être fixé en un point quelconque de ce dernier par une vis de pression p_3 ; il entraîne un couteau sur lequel repose la lunette par l'intermédiaire d'une règle d'acier.

La lunette ayant été amenée dans une position quelconque, puis fixée au moyen de la pince p_3, la simple manœuvre du levier l communique au coulisseau d'abord et, par suite, à la partie postérieure de la lunette, des déplacements verticaux correspondants.

Ces déplacements, *indépendants de l'inclinaison initiale de la lunette*, sont *constants*, puisqu'ils ne dépendent que de la

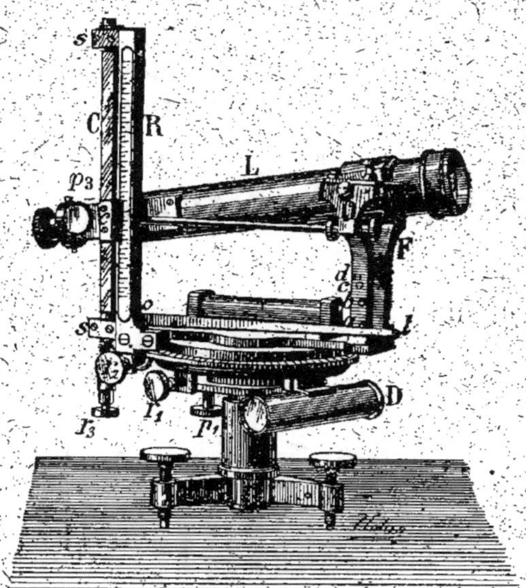

Fig. 156. — Tachéomètre auto-réducteur de Sanguet.

position assignée par construction aux buttoirs *a*, *b*, *c*, *d*.

272. Théorie. — Si nous appelons *dp* la différence connue des inclinaisons de l'axe optique pour deux positions du levier ; D, la distance horizontale de l'axe O des tourillons T à une mire tenue verticalement sur le point à lever, et *dH* la longueur de mire comprise entre les deux visées, la distance D est donnée, comme précédemment (n° 267, équation 4), par la relation :

$$(1) \qquad D = \frac{dH}{dp}.$$

La quantité *dp*, qui est ici le rapport *constant* $\dfrac{dH}{D}$ de la hauteur de mire à la distance horizontale sera, pour cette raison, dénommée *rapport diastimométrique*.

273. Rapports diastimométriques. — La figure 157 qui représente schématiquement les quatre positions L_1, L_2, L_3, L_4 de la lunette, déterminées par les contacts successifs du levier avec les quatre buttoirs dont nous avons parlé, montre que l'on peut prendre, à volonté, pour différence dp des inclinaisons, l'un des nombres de la série suivante :

$$(2) \qquad dp = a, b, c, \quad b - a, \quad c - a, \quad c - b,$$

a, b, c, etc..., représentant respectivement les différences

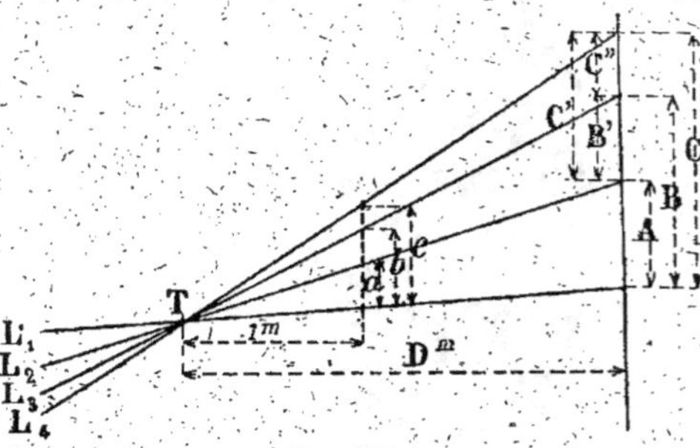

Fig. 157.

d'inclinaisons de la lunette amenée dans les positions 1 et 2, 1 et 3, 1 et 4, 2 et 3, 2 et 4, 3 et 4.

Les longueurs de mire correspondantes étant respectivement :

$$(3)\quad dH = A, B, C, \quad B - A = B', \quad C - A = C', \quad C - B = C'';$$

la distance D est fournie par l'une des relations :

$$(4) \qquad D = \frac{A}{a} = \frac{B}{b} = \frac{C}{c} = \frac{B'}{b-a} = \frac{C'}{c-a} = \frac{C''}{c-b},$$

qui deviennent, après remplacement des quantités a, b, c, par les valeurs numériques ($a = 0,010$; $b = 0,018$; $c = 0,022$) qui leur sont assignées par construction :

$$(5) \quad D = \frac{A}{0,010} = \frac{B}{0,018} = \frac{C}{0,022} = \frac{B'}{0,008} = \frac{C'}{0,012} = \frac{C''}{0,004}.$$

On voit donc, d'après cela, que l'opérateur a le choix entre six rapports diastimométriques ; 1 mètre de distance horizontale se trouve représenté sur la mire, à sa volonté, par 4, 8, 10, 12, 18 ou 22 millimètres.

274. Remarques sur l'emploi des six rapports diastimométriques élémentaires. — La précision des résultats est d'autant plus élevée que le rapport diastimométrique utilisé est lui-même plus grand ; il est évident, en effet, qu'une distance sera, par exemple, bien mieux déterminée par le dernier rapport, pour lequel 22 millimètres de mire représentent 1 mètre de distance, que par le premier où chaque mètre de distance ne correspond plus sur la mire qu'à 4 millimètres.

Par contre, les distances que l'on peut évaluer avec une mire de longueur déterminée croissent en même temps que diminue le rapport diastimométrique. Ainsi, une mire de 3 mètres de longueur utile permet, avec le rapport 0,022, d'évaluer une longueur maxima de $\dfrac{3 \text{ mètres}}{0,022} = 136$ mètres, tandis qu'avec le rapport 0,004 la portée maxima se trouve être de $\dfrac{3 \text{ mètres}}{0,004} = 750$ mètres, ce qui permet de dire qu'à toute perte de précision provenant de l'emploi d'un petit rapport diastimométrique correspond une plus grande rapidité d'exécution, en raison de l'augmentation possible de la longueur des portées.

On voit donc, en résumé, que la variété des rapports diastimométriques ci-dessus permet de proportionner la portée de l'instrument à la précision que l'on se propose d'atteindre.

D'autre part, il peut arriver que, par suite d'obstacles, de branches d'arbres par exemple, les seules parties visibles d'une mire ne permettent pas de faire usage du rapport habituellement employé ; la possibilité de choisir un autre rapport mieux approprié permet alors d'éviter la difficulté sans perte sensible de temps.

275. Rapports diastimométriques usuels. — Quand on exécute des levés expédiés, de précision moyenne, pour lesquels les mesures peuvent ne pas être soumises à un contrôle individuel, on utilise le rapport 0,01, qui supprime tout calcul, puisqu'il suffit alors de considérer la mire comme une échelle au centième des longueurs à mesurer. Mais, s'il y a utilité à vérifier toutes les observations ou à augmenter la précision des mesures, on emploie simultanément deux ou trois rapports élémentaires.

Nous choisirons comme exemples de combinaison des rapports élémentaires les trois rapports composés les plus usuels.

PREMIER EXEMPLE (*rapport de 0,02*). — Les relations (5) (n° 273) donnent :

$$D = \frac{B'}{0,008} = \frac{C'}{0,012},$$

ce qui permet d'écrire :

$$(6) \quad D = \frac{B' + C'}{0,008 + 0,012} = \frac{B' + C'}{0,02} = 100\left(\frac{B' + C'}{2}\right).$$

La distance en mètres est donc égale à la demi-somme des *deux* longueurs de mire, exprimées en centimètres.

En d'autres termes, 2 centimètres représentent 1 mètre de distance.

Pour se procurer une vérification des lectures, on remarque que l'on a aussi :

$$D = \frac{C' - B'}{0,012 - 0,008} = \frac{C' - B'}{0,004} ;$$

d'où :

$$(7) \quad C' - B' = \frac{B'}{2} = \frac{C'}{3} = \frac{B' + C'}{5}.$$

Si les longueurs de mire sont correctes, leur différence doit donc être égale à la moitié de la première, au tiers de la seconde et au cinquième de leur somme.

Exemple :

$$\text{Soient les longueurs de mire} \quad \left\{ \begin{array}{l} B' = 69^{cm},4 \\ C' = 104\phantom{^{cm}},2 \end{array} \right.$$

$$B' + C' = 173^{cm},6$$

$$D = \frac{B' + C'}{2} = 86^{m},8.$$

On a d'ailleurs comme contrôle :

$$C' - B' = 34,8 ; \qquad \frac{B'}{2} = 34,7 ; \qquad \frac{C'}{3} = 34,7 ; \qquad \frac{B' + C'}{5} = 34,7.$$

Deuxième exemple (*rapport de 0,04*). — On a (n° 273, égalité 5) :

$$(8) \qquad D = \frac{B}{0,018} + \frac{C}{0,022} = \frac{B + C}{0,04} = 100 \left(\frac{B + C}{4} \right)$$

et :

$$D = \frac{C - B}{0,022 - 0,018} = \frac{C - B}{0,004} ;$$

d'où :

$$(9) \qquad C - B = \frac{B + C}{10}.$$

La distance en mètres est égale au quart de la somme des deux longueurs de mire exprimées en centimètres ; si aucune faute n'a été commise, la différence de ces deux longueurs est égale au dixième de leur somme.

Exemple :

$$\text{Soient :} \qquad \begin{array}{l} B = 156^{cm},1 \\ C = 190\phantom{^{cm}},9 \end{array}$$

$$\text{on a :} \qquad B + C = 347^{cm},0$$

d'où :

$$D = \frac{B + C}{4} = 86^{m},75.$$

Calculs de contrôle :

$$\frac{B + C}{10} = 34,7 ; \qquad C - B = 34,8.$$

TROISIÈME EXEMPLE (*rapport de 0,05*). — On a (n° 273, relation 5) :

$$(10) \qquad D = \frac{A}{0,010} = \frac{B}{0,018} = \frac{C}{0,022} = \frac{A + B + C}{0,05}$$

ou :

$$(10\ bis) \qquad D = 100 \left(\frac{A + B + C}{5}\right) = 100 \left(\frac{2(A + B + C)}{10}\right)$$

et :

$$(11) \qquad \frac{A + B + C}{5} = A \qquad \text{et} \qquad C - B = \frac{B + C}{10}.$$

La distance en mètres est égale au cinquième de la somme des longueurs de mire en centimètres ou, plus simplement, au dixième du double, et les relations (11) doivent être satisfaites, si les lectures de mire sont correctes.

Exemple :

$$
\begin{aligned}
A &= 86^{cm},7 \\
B &= 156\ \ ,1 \\
C &= 190\ \ ,9 \\
\hline
A + B + C &= 433^{cm},7 \\
D = \frac{2(A + B + C)}{10} &= 86^{m},74.
\end{aligned}
$$

La concordance de ce résultat moyen avec A est une preuve de l'exactitude des lectures ; les lectures B et C pourraient, le cas échéant, être contrôlées à part comme dans le second exemple.

Le troisième rapport de 0,05 est celui qui doit être utilisé normalement dans les levés de haute précision (levés des plans parcellaires, cadastraux, etc.).

Il assure aussi efficacement que possible à la fois la vérification des pointés et la compensation des erreurs d'estime.

En règle générale la distance est égale à la somme des longueurs de mire divisée par la somme des rapports diastimométriques élémentaires correspondants.

Remarque. — La distance obtenue est celle qui sépare l'axe des tourillons de la lunette de la face divisée de la mire. Mais, d'une part, la position des tourillons est excentrique par rapport au centre de l'instrument et, par suite, à la verticale passant par le point de station et, d'autre part, c'est la face postérieure de la mire que l'aide ajuste sur le point à lever ; la distance doit donc être augmentée d'une correction constante égale à l'excentricité des tourillons plus l'épaisseur de la mire ; par construction, cette correction est de $0^m,1$.

B. — Mode d'emploi

276. L'instrument étant supposé en station, la mire reposant sur le point à lever, la lunette mise au point sur cette mire et le levier en contact avec le buttoir de départ, on pointe le fil horizontal de la lunette sur le zéro de la mire, ou tout au moins sur une division à cote ronde ($0^m,5$ ou 1 mètre, par exemple). A cet effet, on desserre la vis de la pince p_3 et on incline la lunette de manière à amener le point convenable de la mire vers le milieu du champ de la lunette. Après avoir resserré la vis de pression, on achève le pointé au moyen de la vis de rappel r_3.

Pour effectuer les lectures, on écarte légèrement le grand bras du levier l de sa position, de manière à le dégager du premier buttoir ; aussitôt libre, il remonte de lui-même et vient s'appliquer contre le buttoir suivant ; on fait alors la première lecture de mire. Si l'on doit déterminer une ou deux autres lectures on dégage de nouveau le levier, qui vient prendre appui contre le buttoir suivant, on fait une lecture, puis on répète une troisième fois la manœuvre, s'il y a lieu.

Quand toutes les lectures ont été effectuées, on ramène immédiatement le levier à son point de départ, et l'on s'assure que le pointé est toujours correct ; s'il n'en était pas ainsi, il conviendrait d'annuler l'opération et de la recommencer.

Supposons que l'on ait effectué trois lectures en amenant le levier successivement en contact avec les quatre buttoirs.

On aura, par exemple, les résultats suivants :

			LONGUEURS de mire $l-p$	RAPPORTS diastimo-métriques correspondants
Pointé correspondant au 1ᵉʳ buttoir..............	$p =$	$100^{cm},0$		
Lecture correspondant au 2ᵉ buttoir.	$l_1 =$	$186\ \ ,7$	$86^{cm},7$	0,010
3ᵉ —	$l_2 =$	$256\ \ ,1$	$156\ \ ,1$	0,018
4ᵉ —	$l_3 =$	$290\ \ ,9$	$190\ \ ,9$	0,022
			$433^{cm},7$	0,050

$$D = \frac{433,7}{5} = \frac{2 \times 433,7}{10} = 86^m,74.$$

Les opérateurs exercés font mentalement la différence entre la cote de pointé et les lectures de mire et n'enregistrent ainsi que les longueurs de mire.

C. — VÉRIFICATIONS

277. Pour vérifier le stadimètre auto-réducteur, on mesure avec des règles ou un ruban d'acier étalonnés une base de $100^m,10$ par exemple. L'instrument ayant été exactement centré sur l'une des extrémités de cette base et la mire installée sur l'autre, la distance des tourillons à la face divisée de la mire est alors de 100 mètres.

En pointant d'abord la lunette sur le zéro de la mire, puis en effectuant les trois lectures correspondant aux rapports 0,010, 0,018 et 0,022, on doit trouver, en moyenne, si le stadimètre est bien réglé, les nombres suivants, à 0,05 près :

$$100,0 ; \qquad 180,0 ; \qquad 220,0.$$

Quand il n'en est pas ainsi, on peut remédier au défaut de réglage en limant un ou plusieurs taquets de la quantité et dans le sens convenables. Cette rectification est délicate ; elle peut cependant être effectuée par un opérateur adroit en se conformant à certaines instructions spéciales. Mais, une fois qu'un instrument a été reconnu exact, il est excessivement rare que l'on ait à y toucher ultérieurement, sauf, bien entendu, le cas d'accident.

La vérification doit toujours être effectuée sur un sol uni et régulier pour que les mesurages directs soient faciles. Il est bon de choisir deux bases, l'une horizontale, l'autre très inclinée. On détermine la longueur de la base inclinée en disposant l'instrument successivement aux deux extrémités de cette base ; si les deux mesures ainsi effectuées donnent le même résultat, c'est que le couteau qui porte l'extrémité postérieure de la lunette se meut bien suivant une ligne verticale. Toutefois, avant de procéder à cette dernière vérification, il importe de s'assurer du réglage de la nivelle sphérique servant à rendre la mire verticale (n° 144).

D. — Causes d'erreurs

278. Les fautes à craindre sont les mêmes que pour les lunettes stadimétriques (voir n° 257). Les causes d'erreurs communes aux deux procédés sont les suivantes : défaut de réglage des appareils, erreurs de pointé et d'estime, incertitudes dues aux circonstances atmosphériques, défaut de verticalité et variation de longueur de la mire.

Il faut remarquer que les résultats du stadimètre auto-réducteur sont complètement soustraits à l'influence de la parallaxe (n° 260) et à celle de l'éclairage (n° 261, 4°), qui fausse parfois notablement les mesures obtenues avec les lunettes stadimétriques. Ici, en effet, la lunette ne comporte qu'un seul fil avec lequel se font toutes les lectures.

Par contre, une nouvelle cause d'erreurs doit être envisagée, celle des contacts qui déterminent les angles diastimométriques et qui varient d'une visée à l'autre, c'est-à-dire les contacts du grand bras du levier moteur avec les buttoirs[1].

D'après Porro, l'erreur moyenne d'un contact ordinaire peut être évaluée à $\frac{1}{200}$ de millimètre. Nous admettrons que ce coefficient représente l'erreur accidentelle par rapport à la position des pièces répondant à un contact moyen.

Dans l'espèce, et c'est là une autre caractéristique essentielle du tachéomètre Sanguet, cette erreur se trouve réduite dans le rapport des bras de levier, soit à :

$$\frac{1}{200} : \frac{1}{8} = \frac{1}{1.600} \text{ de millimètre.}$$

L'axe des tourillons de la lunette étant placé à 160 millimètres de la règle verticale le long de laquelle se meut le second point de suspension de la lunette, l'inexactitude sur la direction de l'axe optique se trouve être de $\frac{1}{1.600} : 160 = \frac{1}{256.000}$. L'erreur correspondante sur une mire placée à 100 mètres, par exemple, serait donc finalement de $\frac{100^\mathrm{m},000}{256.000} = 4$ déci-millimètres environ.

E. — Précision des résultats

279. La lunette du stadimètre auto-réducteur Sanguet grossissant de 30 à 35 fois, les erreurs moyennes de pointé et d'estime des fractions de division admises au n° 259, pour une lunette stadimétrique grossissant une vingtaine de fois $\left(\text{maximum réalisable avec un angle stadimétrique de } \frac{1}{100}\right)$,

---

[1] A la rigueur, il faudrait encore évaluer l'influence des contacts du couteau du curseur c qui supporte la lunette par l'intermédiaire d'une règle biseautée en acier. Mais, pour des pièces de cette nature, l'expérience a prouvé que l'erreur peut être considérée comme nulle.

doivent être réduites respectivement à $\dfrac{3}{100}$ et à $\dfrac{5}{100}$ de division.

Nous admettrons donc les taux d'erreurs suivants :

Erreur moyenne de pointé :

$\dfrac{3}{100}$ de division, soit, ici, $e_p = \pm 3$ décimillimètres,

Erreur moyenne d'estime des fractions :

$\dfrac{5}{100}$ de division, soit, ici, $e_k = \pm 5$ décimillimètres ;

Erreur moyenne de contact, évaluée sur une mire placée à 100 mètres :

$$e_c = \pm 4 \text{ décimillimètres ;}$$

Erreur moyenne de verticalité de la mire :

$$e_v = \frac{D}{10.000},$$

soit, pour $D = 100$ mètres, $e_v = 1^{cm},0$;
Erreur moyenne de longueur de la mire :

$$e_L = \pm \frac{D}{8.000},$$

soit pour $D = 100$ mètres, $e_L = \pm 1^{cm},2.$

Nous nous bornerons ici à traiter, à titre d'exemple, deux cas usuels ; le premier vise l'emploi du rapport élémentaire de 0,01 ; il équivaut à l'utilisation d'une lunette stadimétrique comportant un angle stadimétrique de 0,01 ; le second, relatif au rapport composé de 0,05, fait ressortir la précision maxima que permet d'atteindre le stadimètre auto-réducteur Sanguet quand on se réserve la possibilité de vérifier le pointé et les lectures.

Erreur moyenne de la mesure d'une distance de 100 mètres avec le rapport 0,01. — L'opération comporte un *pointé*, une *lecture* et, par conséquent, *deux contacts*. L'erreur totale instrumentale e_i sur la hauteur de mire à 100 mètres sera (n° 8, formule 3) :

$$e_i = \sqrt{e_P^2 + e_R^2 + 2e_C^2} = \sqrt{3^2 + 5^2 + 2 \times 4^2} = \pm 8^{dmm},1$$

L'erreur correspondante sur la distance est, par suite, égale à $\pm 8^{dmm},1 \times 100 = \pm 8,1$ centimètres.

Combinant maintenant cette erreur instrumentale avec celles dues au défaut de verticalité et aux variations de longueur de la mire, on trouve pour l'erreur totale moyenne :

$$e_i = \sqrt{e_i^2 + e_V^2 + e^2_L} = \sqrt{8,1^2 + 1^2 + 1,2^2} = \pm 8^{cm},3.$$

Erreur moyenne de la mesure d'une distance de 100 mètres avec le rapport $0,05 \left(ou \dfrac{1}{20}\right)$. — L'opération comprend *un pointé, trois lectures* et, par conséquent, *quatre contacts*. Remarquons, de plus, que l'erreur de pointé e_p n'altère pas la cote ronde enregistrée, mais modifie d'une même quantité e_p chacune des lectures suivantes. Dans la somme des hauteurs de mire, l'erreur de pointé se trouve donc triplée $(3e_p)$.

En combinant comme précédemment les trois erreurs, il vient :

$$e = \sqrt{(3e_p)^2 + 3e_R^2 + 4e_C^2} = \sqrt{(3 \times 3)^2 + 3 \times 5^2 + 4 \times 4^2} = \pm 14^{dmm},8.$$

L'erreur instrumentale sur la distance est donc égale à $14^{dmm},8 \times 20 = 3^{cm},0$. Ajoutons que cette précision théorique se trouve confirmée par de nombreuses expériences.

En pratique, il faut encore avoir égard, comme précédemment, aux erreurs provenant de la mire. On obtient alors pour l'erreur moyenne totale d'une longueur de 100 mètres.

$$e^2 = \sqrt{e_i^2 + e_V^2 + e_L^2} = \sqrt{3^2 + 1^2 + 1,2^2} = \pm 3,4 \text{ centimètres.}$$

D'après l'inventeur, l'erreur à craindre sur une distance quelconque D serait :

1° Avec le rapport de 0,01 :

$$e = 0^m,04 + \frac{D}{4.000} ;$$

2° Avec le rapport de 0,05 :

$$e = 0^m,02 + \frac{D}{10.000}.$$

§ 4. — STADIMÈTRE AUTO-RÉDUCTEUR DU LONGI-ALTIMÈTRE SANGUET

280. Pour compléter l'étude des procédés applicables à la détermination des distances, il resterait à parler du stadimètre auto-réducteur du longi-altimètre Sanguet, qui est basé sur un principe tout différent du précédent. Mais, comme le même principe a été utilisé, dans l'instrument en question, pour effectuer en même temps la mesure des hauteurs, nous avons préféré exposer la théorie complète de cet appareil au chapitre des tachéomètres (chap. xi).

QUATRIÈME PARTIE

MESURE DES HAUTEURS OU NIVELLEMENT

CHAPITRE VII

NIVELLEMENT DIRECT OU GÉOMÉTRIQUE

§ 1. — PRINCIPE DU NIVELLEMENT GÉOMÉTRIQUE

281. Soient deux points rapprochés A et B (*fig.* 158). Le

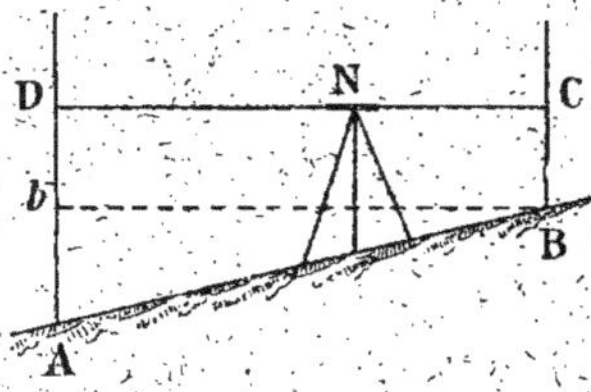

Fig. 158.

nivellement géométrique a pour but de déterminer la hauteur du point le plus élevé B au-dessus de l'autre point A. On met cette hauteur en évidence en menant par le point B une horizontale Bb, qui rencontre la verticale du point A en b. La hauteur cherchée est Ab; on l'appelle *différence de niveau*, ou *dénivellation*, des deux points considérés.

282. Pour la déterminer, on installe en un point quelconque N un instrument, appelé *niveau*, qui fournit un plan horizontal CD, et on mesure, à l'aide d'une mire verticale placée successivement sur les points A et B, les distances verticales de ces points au plan CD; ces distances AD, BC sont appelées « hauteurs de mire ». La différence de niveau cherchée est égale à leur différence.

On a, en effet, d'après la figure :

$$A b = AD - b D = AD - BC.$$

REMARQUE I. — Si le point B était au-dessous de A, on devrait retrancher AD de BC pour obtenir la hauteur de A au-dessus de B; mais il est préférable, comme nous le verrons aux *Méthodes*, de retrancher algébriquement, dans tous les cas, la hauteur de mire BC correspondant au second point B, de celle AD répondant au premier A; le résultat est alors *positif* si le second point est le plus élevé, et *négatif* dans le cas contraire.

REMARQUE II. — On peut installer le niveau sur l'un quelconque des points à niveler. On mesure alors directement la hauteur du viseur au-dessus du sol, et cette hauteur remplace la hauteur de mire manquante.

283. Comme les goniomètres, les niveaux peuvent être divisés en deux grandes catégories, suivant que les visées se font directement ou au moyen d'une lunette. Les niveaux à lunette sont tous munis d'une nivelle à bulle d'air.

§ 2. — NIVEAUX A VISÉE DIRECTE

Nous décrirons quatre types de niveaux à visée directe : le niveau d'eau, le niveau à réflexion, le niveau à collimateur et le niveau à pinnules et à bulle d'air.

A. — NIVEAU D'EAU

284. Description. — Le niveau d'eau (*fig.* 159) se compose

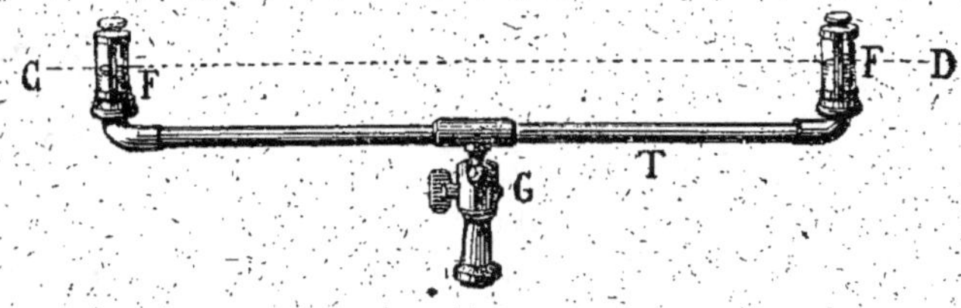

Fig. 159.

d'un tube métallique T de 1 mètre à 1ᵐ,50 de longueur, recourbé à angle droit à ses deux extrémités et terminé par

deux fioles verticales en verre, F, F, de 3 à 4 centimètres de
diamètre et de 10 centimètres au moins de hauteur, ouvertes
à leur partie supérieure. Le tube est muni en son milieu d'un
genou à coquilles G (n° 54) et d'une douille qui sert à le
fixer sur un pied à trois branches (n° 40). Quand on doit se
servir de l'instrument, on le remplit d'eau, de manière que,
le tube étant à peu près horizontal, l'eau apparaisse dans les
deux fioles extrêmes ; en vertu du principe des vases com-
muniquants, les surfaces de l'eau dans ces fioles s'établissent
dans un même plan horizontal CD.

285. **Mode d'emploi.** — L'instrument étant installé en un
point N (*fig.* 160), on dirige le tube dans la direction d'une
mire à voyant (n° 135) tenue sur le point A dont on veut mesurer
la profondeur AD au-dessous du plan horizontal CD ; puis,

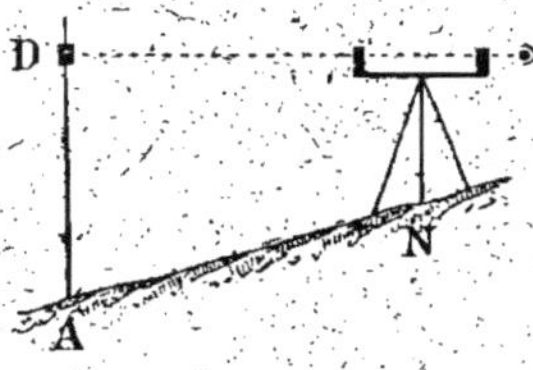

plaçant l'œil dans ce plan à
1 mètre environ de la fiole postérieure, on fait baisser ou élever le voyant jusqu'à ce que sa
ligne de foi vienne s'y placer également. On n'a plus alors qu'à
enregistrer la hauteur AD, qui est
lue sur la mire.

Fig. 160.

Il faut avoir soin, pour déter-
miner le plan de visée, de considérer la partie inférieure des
ménisques et de disposer le tube un peu obliquement, de
manière que les fioles paraissent l'une à droite, l'autre à
gauche de la mire.

286. **Vérification.** — Pendant les observations, l'horizontalité du tube du niveau d'eau n'est qu'approchée, et son
inclinaison peut varier quand on vise dans des directions
différentes, puisqu'on le fait tourner à la main sur son genou.
Les deux ménisques restant toujours de niveau, l'eau s'écoule
alors pour passer de la fiole qui s'élève dans celle qui s'abaisse.
Il faut que ce déplacement d'eau n'ait pas pour effet de modifier la hauteur du plan déterminé par les ménisques. Or il
est facile de se rendre compte que cette condition sera satisfaite si les fioles ont même diamètre et si elles sont cylin-

driques. Il faudrait d'ailleurs une inégalité des diamètres d'au moins 3 millimètres pour que l'erreur devienne appréciable.

L'égalité des fioles est encore nécessaire pour que l'épaisseur des ménisques soit identique.

287. Précision. — L'erreur moyenne d'une hauteur de mire, pour une visée d'une trentaine de mètres est de 2 centimètres environ.

B. — NIVEAU À RÉFLEXION.

288. Description. — La figure 161 représente le niveau à réflexion de Burel. Une glace G, à faces parallèles, est étamée sur la moitié droite de chacune de ses faces et enchâssée dans un perpendicule logé à l'intérieur d'une gaine cylindrique protectrice ; celle-ci présente à hauteur de la glace une ouverture que l'on ferme au moyen d'un manchon entourant la gaine, quand on ne se sert pas du niveau.

En tournant le bouchon porte-glace dans son manchon, on peut retourner la glace de manière à viser par l'un ou l'autre des deux miroirs.

Les faces de la glace doivent être verticales quand le pendule est en liberté ; un dispositif de réglage permet, au besoin, de rectifier cette verticalité en cas de dérangement de l'appareil.

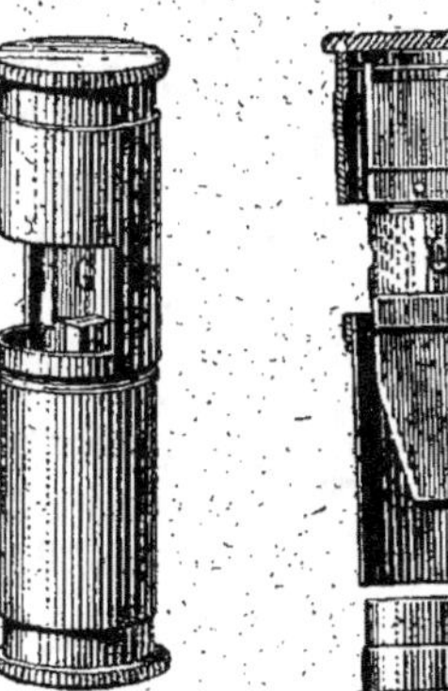

FIG. 161. — Niveau à réflexion de Burel.

L'instrument se tient à la main ou s'emploie monté sur un pied.

289. Mode d'emploi. — On place l'œil à $0^m,80$ ou 1 mètre de l'instrument, de manière à voir à mi-hauteur de la glace et près du bord l'image de sa pupille. Cette image, étant symétrique de l'œil par rapport au miroir, détermine une ligne de visée perpendiculaire aux faces de ce miroir ; cette ligne est, par conséquent, horizontale. En visant latéralement dans la direction d'une mire à voyant, on peut faire amener la ligne de foi de celui-ci dans le plan horizontal déterminé par la ligne de visée.

Quand l'instrument est employé sur un pied, on peut remplacer la mire à voyant par une mire parlante semblable à celle qui est décrite ci-après (n° 294), à propos du niveau à collimateur.

L'emploi du niveau à réflexion est moins fatiguant que celui du niveau d'eau. Alors que celui-ci exige l'accommodation de la vue de l'opérateur pour trois distances, celles de l'œil aux deux fioles et à la mire, le niveau à réflexion n'exige, en effet, l'observation que de deux points : l'image de l'œil, placée à 2 mètres environ de celui-ci, et la mire.

290. Vérification. — Il faut s'assurer que les faces de la glace sont verticales quand le pendule est en liberté ou, ce qui revient au même, que la ligne de visée est horizontale.

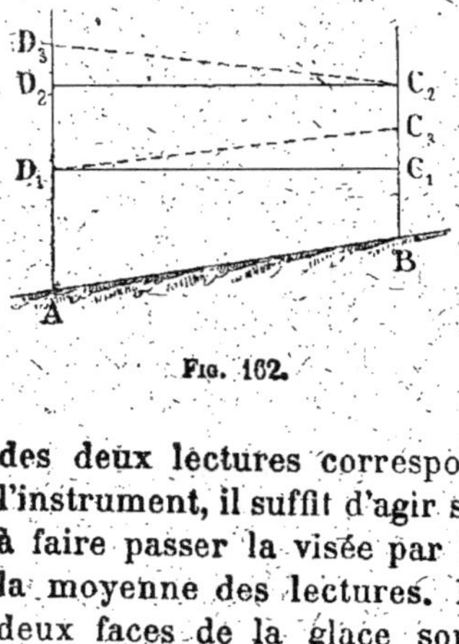

Pour effectuer cette vérification, on vise une mire et on note la hauteur de mire correspondante ; puis on retourne la glace et on fait, en utilisant le second miroir une deuxième lecture. Les deux résultats doivent être identiques. Dans le cas contraire, la moyenne des deux lectures correspond à l'horizontale. Pour régler l'instrument, il suffit d'agir sur la vis de réglage, de manière à faire passer la visée par le point de la mire répondant à la moyenne des lectures. Mais tout ceci suppose que les deux faces de la glace sont bien parallèles. Il sera bon de s'en assurer au moyen d'un *nivellement* dit *réciproque* (n° 291).

Fig. 162.

291. Nivellement réciproque. — On choisit deux points A et B (*fig.* 162) distants d'une trentaine de mètres, et on détermine leur dénivellation en installant le niveau d'abord sur le point A, puis sur le point B (n° 282, Remarque II).

Si l'instrument est réglé, les deux différences de niveau trouvées $AD_1 - BC_1$, $AD_2 - BC_2$, sont égales. Les lignes de visée étant horizontales par hypothèse, on a, en effet,

$$D_1D_2 = C_1C_2,$$

ou :

$$AD_2 - AD_1 = BC_2 - BC_1,$$

d'où enfin :

$$AD_1 - BC_1 = AD_2 - BC_2.$$

C. Q. F. D.

Mais, si le niveau fournit une ligne inclinée sur l'horizontale, les deux résultats ne sont pas égaux. Comme le montre la figure 162, sur laquelle cette ligne a été supposée ascendante, l'erreur ε_1 du premier résultat est :

$$\varepsilon_1 = (AD_1 - BC_3) - (AD_1 - BC_1) = - C_1C_3,$$

et celle ε_2 du second :

$$\varepsilon_2 = (AD_3 - BC_2) - (AD_2 - BC_2) = + D_2D_3.$$

Or $C_1C_3 = D_2D_3$, car ces grandeurs représentent la quantité dont les deux visées également inclinées s'écartent de l'horizontale sur une distance déterminée, celle des points A et B.

On a donc :

$$\varepsilon_1 = - \varepsilon_2.$$

Les deux différences de niveau étant affectées d'erreurs égales et de signes contraires, leur moyenne est exacte, mais leur différence est égale au double de l'erreur de l'une d'elles. En désignant la dénivellation correcte par Δ, le premier résultat erroné par Δ_1, et le second par Δ_2, on a, en effet,

$$\Delta_1 = \Delta - \varepsilon,$$
$$\Delta_2 = \Delta + \varepsilon;$$

d'où l'on déduit :

1°
$$\frac{\Delta_1 + \Delta_2}{2} = \Delta;$$

2°
$$\Delta_2 - \Delta_1 = 2\varepsilon.$$

Le niveau restant en station au point B, on peut calculer la hauteur de mire AD_2, qui correspondrait à une différence de niveau correcte, égale à la moyenne des deux résultats; pour cela, on retranche de cette différence la hauteur de l'instrument, ou encore on retranche l'erreur ε de la hauteur primitive AD_3. On a, en effet,

$$AD_2 = \frac{\Delta_1 + \Delta_2}{2} - BC_2 = AD_3 - \varepsilon.$$

Remarque I. — Il est utile de répéter plusieurs fois de suite le nivellement réciproque et de prendre la moyenne de toutes les déterminations pour réduire l'influence des petites erreurs inévitables de l'opération.

Remarque II. — Au lieu de placer le niveau sur les points A et B, on préfère quelquefois l'installer à une petite distance de ceux-ci en A' et B' (*fig.* 163) et effectuer les observations réciproques en faisant porter la mire successivement sur les deux points.

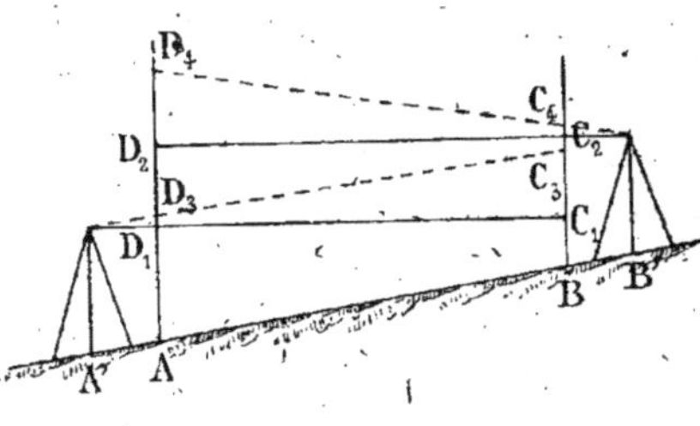

Fig. 163.

Remarque III. — *Exécution d'un nivellement exact avec un niveau déréglé.* — Pour faire un nivellement exact avec un niveau déréglé sans employer le retournement ou la méthode du nivellement réciproque, il suffit de s'astreindre à placer l'instrument à égales distances des deux points dont on cherche la dénivellation.

L'inclinaison a (*fig.* 164) de la visée étant invariable, les erreurs e qui altèrent les deux hauteurs de mire sont, en raison de l'équidistance,

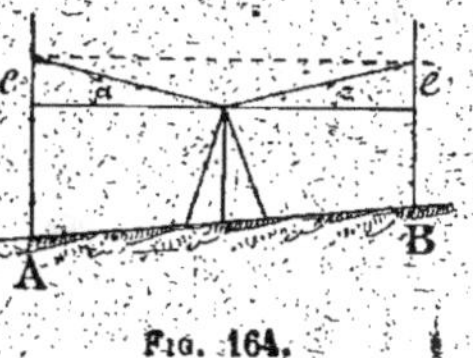

Fig. 164.

égales et de même sens. Elles s'annulent donc dans la différence de ces hauteurs.

292. Causes d'erreurs et précision. — Outre les fautes et erreurs inhérentes à l'emploi de la mire, le niveau à réflexion présente une cause d'erreur particulière, d'ailleurs peu importante. Le plan de visée ne reste pas nécessairement au même niveau pendant les observations faites d'une même station, puisqu'il dépend de la hauteur à laquelle l'œil est placé. La hauteur du miroir doit donc être très faible pour réduire l'amplitude de l'erreur en question. Si l'opérateur s'astreint d'ailleurs, ce qui est très facile, à se placer de manière à voir l'image de sa pupille vers le milieu de la hauteur du miroir, l'erreur possible se réduit alors à moins de 3 ou 4 millimètres et devient tout à fait négligeable. Elle est, en tout cas, indépendante de la distance. Quand on observe cette précaution et que l'on place l'œil à 0^m,80 ou 1 mètre du miroir, la précision du niveau Burel est moindre que celle du niveau d'eau et l'erreur moyenne, pour une portée d'une trentaine de mètres, peut même se réduire à 1 centimètre.

C. — NIVEAU A COLLIMATEUR

293. Description du niveau. — Le niveau à collimateur, inventé par feu le colonel Goulier, se compose (*fig.* 165) d'un pendule P, suspendu à la partie supérieure d'un étui cylindrique au moyen d'une double articulation o, o' à la Cardan. Ce pendule porte fixé perpendiculairement à son axe un collimateur C, formé d'un petit tube terminé d'un côté par une lentille convergente *c*, de l'autre par un verre V dépoli. Un fil horizontal *f* (*fig.* 166) est tendu sur un diaphragme un peu en avant du foyer F de la lentille, à peu près au foyer conju-

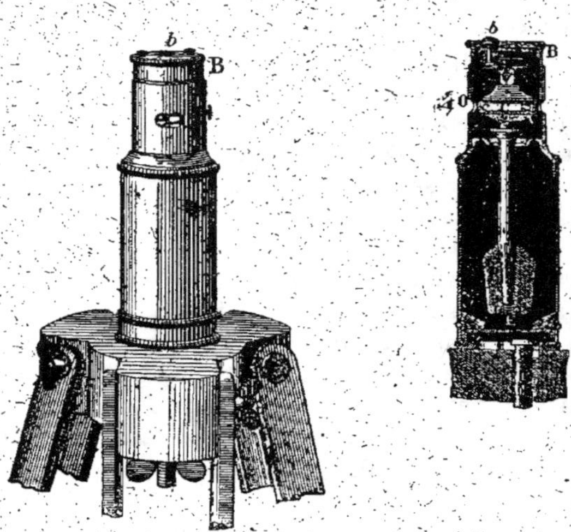

Fig. 165. — Niveau à collimateur.

gué d'un point éloigné de 30 mètres; l'œil placé près de la lentille, en O, aperçoit alors ce fil, comme s'il était situé à une trentaine de mètres en avant, en *f'*.

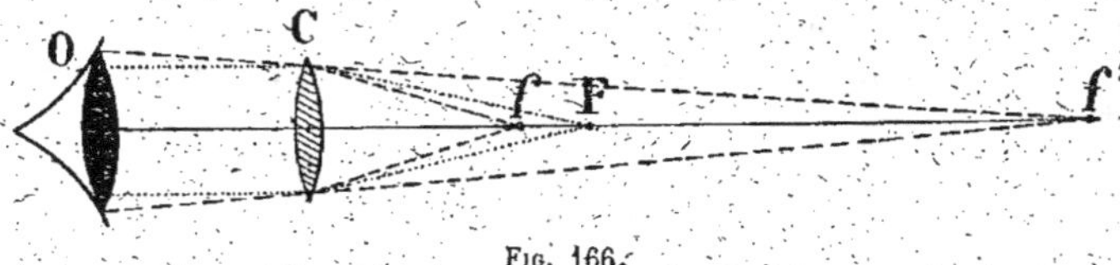

Fig. 166.

L'appareil est réglé par construction de manière, que la ligne déterminée par le fil et le centre optique de la lentille soit horizontale quand le pendule est librement suspendu. Il ne possède pas de moyen de rectification à la portée de l'opérateur, parce qu'il est considéré comme étant invariable;

des chocs extrêmement violents pourraient seuls le déranger.

Des ouvertures pratiquées dans l'étui permettent d'apercevoir à la fois le collimateur et le terrain en avant de l'instrument.

Lorsqu'on ne nivelle pas, la partie supérieure B de l'étui, à laquelle est suspendu le pendule, peut être abaissée de manière à faire entrer dans un encastrement E la base du contrepoids P, ce qui évite les chocs de ce dernier contre les parois.

Pour amortir les oscillations du pendule, une lame formant ressort peut, sous l'action d'un bouton extérieur b, venir appuyer sur la tête du pendule.

Le niveau à collimateur se place sur un pied à six branches.

294. Description de la mire parlante spéciale. — On emploie ce niveau avec une mire à voyant, ou mieux avec la mire parlante représentée ci-après (*fig.* 167).

Cette mire, de 3 mètres de longueur, est divisée en décimètres. Comme elle doit être consultée à l'œil nu à des distances pouvant atteindre une trentaine de mètres, elle ne porte pas de chiffres. Le comptage des divisions est facilité par l'emploi de quatre couleurs ; dans le premier ainsi que dans le dernier mètre les divisions sont peintes en noir et jaune, tandis que celles du second mètre le sont en rouge et blanc. On estime à vue les centimètres.

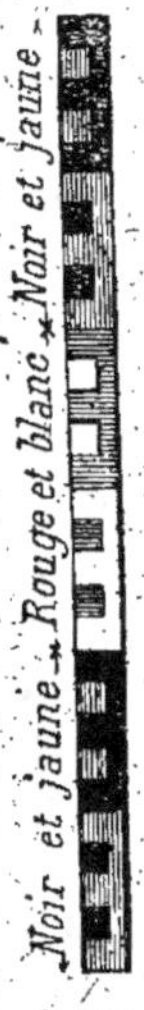

295. Mode d'emploi du niveau. — On dirige le collimateur dans la direction de la mire en plaçant l'œil devant la lentille, très près de l'ouverture O pratiquée dans l'étui ; on cherche à percevoir simultanément : 1° le fil qui détermine le plan horizontal de visée, en regardant dans la lentille ; 2° la mire, en dirigeant un rayon visuel latéralement au collimateur. Avec un peu d'habitude on parvient avec facilité à voir à la fois les deux objets, et on peut soit faire placer le voyant de la mire dans le plan de visée, si l'on fait usage d'une mire à voyant, soit lire directement la hauteur marquée par

Fig. 167.

le fil, si l'on utilise la mire parlante ci-dessus décrite. L'opération se fait d'ailleurs avec moins de fatigue encore qu'avec
le niveau à réflexion, parce que, le fil paraissant vu à une
distance peu différente de celle de la mire, l'œil n'est plus
astreint qu'à une seule accommodation.

Remarque. — Il n'est pas indispensable d'attendre que le
pendule ait atteint son état d'équilibre pour effectuer les
visées ; on obtient des résultats suffisants dès que les oscillations sont notablement amorties ; les positions extrêmes du
fil étant symétriques par rapport au plan horizontal, il suffit
de pouvoir choisir la position moyenne correspondante.

296. Vérification. — 1° Le fil doit être horizontal pour
que l'on puisse se servir indistinctement d'un point quelconque de ce fil pour faire les visées. On vérifie que cette
condition est remplie en s'assurant qu'une hauteur de mire
obtenue avec l'extrémité gauche du fil ne varie pas quand on
la détermine avec l'extrémité droite.

2° Le plan de visée doit être horizontal. On vérifie que cette
condition est remplie en exécutant un nivellement réciproque, cor *e il a été dit au n° 291.

297. Causes d'erreurs et précision. — Quand la mire est
placée à 30 mètres, le fil couvre toujours un même point,
quelle que soit la position de l'œil devant la lentille, car l'image
du fil est vue à la même distance que la mire et, par conséquent, se trouve dans le même plan qu'elle.

Pour des distances notablement différentes, un déplacement vertical de l'œil aurait pour effet de provoquer un
mouvement apparent de l'image par rapport aux détails de la
mire, c'est-à-dire une *parallaxe optique* ; mais, en raison des
dimensions de l'instrument, l'œil ne peut guère s'écarter de
plus de $1^{mm},5$ de l'axe optique, et l'erreur qui en résulte est
inappréciable.

Les oscillations du pendule sont la cause d'erreurs plus
considérables, quand on opère avant qu'elles soient complètement éteintes.

égale à celles faites avec le niveau à réflexion, et l'erreur moyenne, pour une portée de 30 mètres, ne dépasse pas 1 centimètre.

D. — NIVEAUX A BULLE D'AIR ET A PINNULES

298. On a beaucoup employé autrefois les niveaux à pinnules et à bulle d'air. Mais ces instruments ne sont plus guère utilisés. Leur installation est aussi longue que celle des instruments à lunette, et ils sont assujettis à tous les inconvénients qui résultent de l'emploi des pinnules. Nous nous bornerons donc à en reproduire ci-contre un type (*fig.* 168); ces instruments ne diffèrent d'ailleurs du niveau de pente

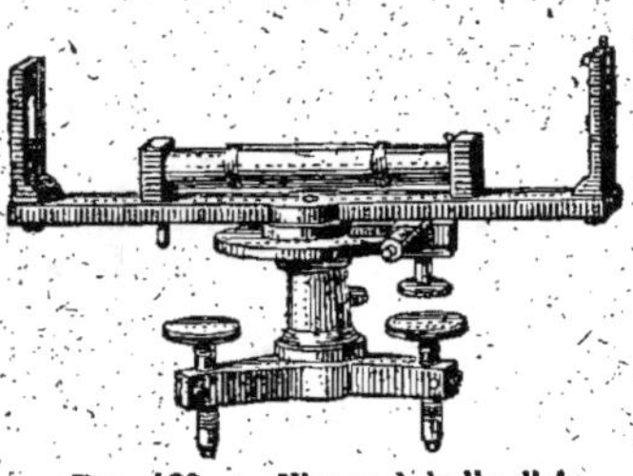

Fio. 168. — Niveau à bulle d'air et à pinnules.

de Chézy déjà décrit que par le remplacement du grand cadre à pinnule mobile par une pinnule fixe. On vérifie et on règle un niveau à pinnules en procédant comme il a été dit pour le niveau de Chézy (n° 213).

§ 3. — NIVEAUX A LUNETTE ET A NIVELLE A BULLE D'AIR

A. — DESCRIPTION DES NIVEAUX A NIVELLE FIXE

NIVEAU D'ÉGAULT (LUNETTE A COLLIERS CIRCULAIRES) ET NIVEAU BOURDALOUË (LUNETTE A COLLIERS PRISMATIQUES)

299. Les niveaux à nivelle fixe (*fig.* 169 et 170) se composent d'une lunette L reposant sur des fourches F, F', qui font corps avec une traverse T. La nivelle à bulle d'air N est fixée sur cette traverse, qui est montée elle-même sur le pivot servant d'axe de rotation; un triangle à vis calantes sert à effectuer le calage.

La lunette est munie d'un réticule ayant au moins un fil horizontal pour déterminer le plan horizontal de visée et un fil vertical qui est utile, mais non nécessaire. Le fil horizontal

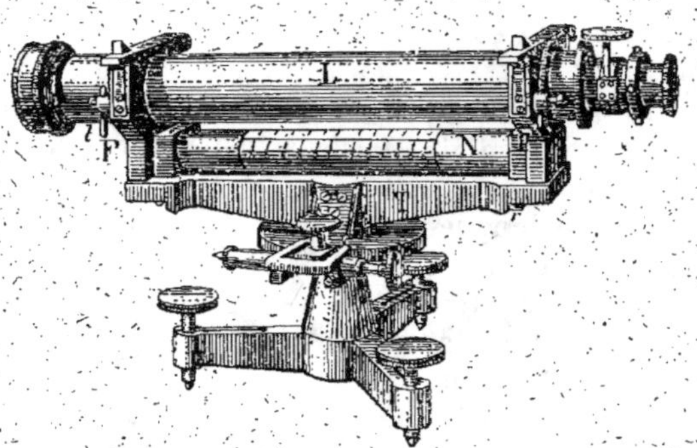

Fig. 169. — Niveau à nivelle fixe d'Egault.

prend le nom de *fil niveleur*. Cette lunette prend quatre positions principales, par rapport aux fourches qui la supportent. La

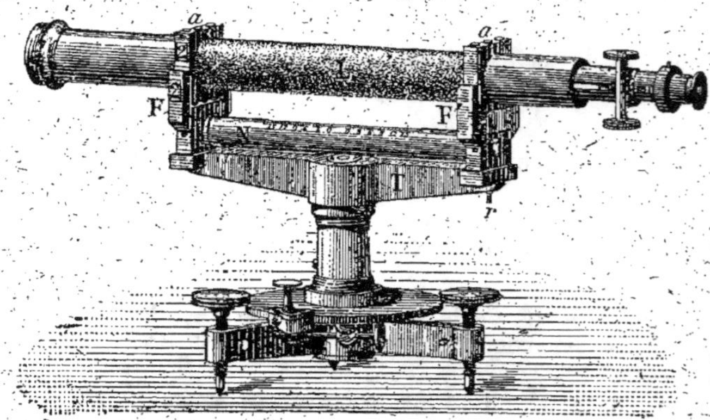

Fig. 170.   Niveau à nivelle fixe, de Bourdaloue.

considérant, par exemple, dans la position représentée par la figure, on peut la retourner sens dessus dessous en la faisant tourner de 200° autour de son axe de figure; enfin, dans chacune de ces deux positions, on peut disposer l'extrémité portant l'objectif soit à gauche, soit à droite.

Dans le niveau d'Egault (*fig.* 169) la lunette repose sur des fourches à plans inclinés par des *anneaux* ou *colliers* circulaires qui doivent avoir même diamètre. Chacun des quatre contacts ne se fait ainsi que par une génératrice de l'anneau.

Le mouvement de la lunette autour de son axe est limité par des taquets venant buter contre une vis *t* reliée au bâti.

Dans le niveau Bourdalouë (*fig.* 170), les anneaux de la lunette sont remplacés par des colliers prismatiques munis de goupilles d'acier *a*, *a*, par l'intermédiaire desquelles la lunette repose sur le fond des fourches, dont les branches sont verticales.

Dans les deux instruments la nivelle est munie d'une vis de réglage *r*, et l'un des supports F ou F′ de la lunette peut subir un petit déplacement vertical.

B. — DESCRIPTION DES NIVEAUX COMPORTANT UNE NIVELLE INDÉPENDANTE

a. — NIVEAU-CERCLE DE LENOIR (LUNETTE A COLLIERS PRISMATIQUES)

300. La lunette est enchâssée dans des colliers carrés par

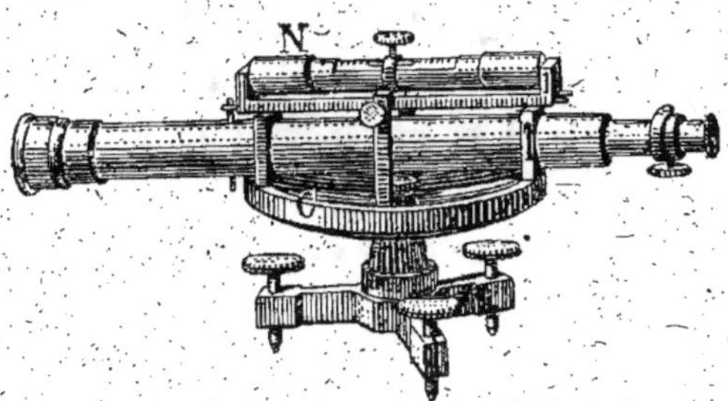

FIG. 171. — Niveau à cuvette, de Lenoir

lesquels elle repose sur les bords d'un plateau affectant la forme plane ou, mieux, celle d'une cuvette C (*fig.* 171) faisant corps avec la colonne surmontant le triangle à vis calantes. Par construction, les colliers ont exactement la même hauteur. La nivelle N est mobile et se place soit sur la lunette, soit sur le plateau, à la place de la lunette.

L'instrument étant dépourvu d'axe de rotation, et la lunette simplement posée sur le plateau, une goupille centrale guide les mouvements que l'on imprime à la lunette pour l'amener dans les directions des points à viser et sert en même temps à maintenir la nivelle sur la lunette.

b. — NIVEAU A NIVELLE INDÉPENDANTE

301. La lunette L (*fig.* 172) repose, par des anneaux circulaires, égaux par construction, dans des fourches faisant corps avec une traverse mobile R qui est reliée au moyen d'une articulation O à la traverse fixe T portée par le triangle métallique. La vis C, dite de *fin calage*, sur la tête de laquelle

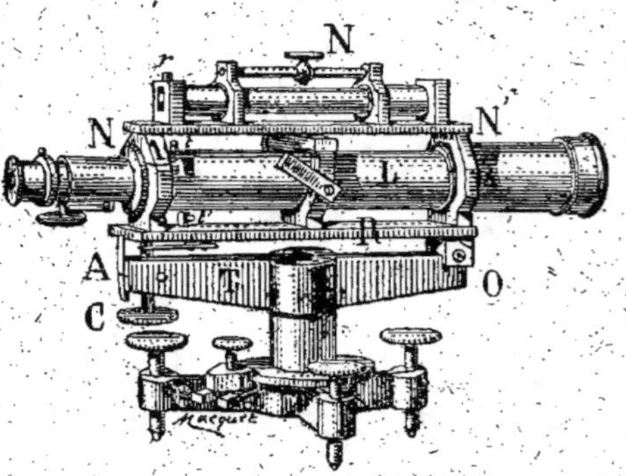

Fig. 172. — Niveau à nivelle indépendante.

s'appuie la traverse mobile R, permet de faire tourner celle-ci autour de l'articulation.

La nivelle à bulle d'air N se pose sur les anneaux de la lunette par l'intermédiaire de fourches NN'.

La lunette, comme celle du niveau d'Egault, est munie

d'un réticule comportant au moins un fil horizontal, dit fil niveleur, et un fil vertical. La lunette pouvant tourner autour de son axe de figure quand elle repose sur les fourches, on ménage sur le corps de la lunette et sur la traverse mobile des taquets avec vis butantes *tt* pour limiter ce mouvement.

Ces taquets déterminent deux positions principales de la lunette, la seconde étant obtenue par une rotation de 200^g de la lunette autour de son axe de figure.

La nivelle est munie d'une vis de réglage **r**. Deux traits de repères gravés en A, l'un sur l'about de la traverse fixe T, l'autre sur une glissière solidaire de la traverse mobile R, permettent de constater la position relative des deux traverses. Quand les deux index coïncident, l'axe de figure de la lunette est perpendiculaire à l'axe de rotation du niveau.

C. — Conditions auxquelles devraient théoriquement satisfaire les niveaux à lunette et à nivelle à bulle d'air.

302. L'axe optique de la lunette d'un niveau doit, en principe, après le calage de l'instrument (n° 79), décrire un plan horizontal quand on fait pivoter cette lunette autour de l'axe de rotation du niveau, de manière à lui faire décrire un tour d'horizon. Pour qu'il en soit ainsi, l'instrument doit satisfaire aux conditions suivantes :

1°. *L'axe optique doit coïncider avec l'axe de figure de la lunette,* pour qu'il soit horizontal en même temps que celui-ci ;

2° *L'axe de figure de la lunette doit être perpendiculaire à l'axe de rotation,* afin qu'il soit horizontal quand celui-ci est vertical ;

3° *L'axe de rotation doit être vertical.*

Nous allons examiner comment on peut réaliser ces trois conditions ou vérifier qu'elles sont remplies.

303. Première condition. — Coïncidence de l'axe optique et de l'axe de figure de la lunette. — Pour que cette coïncidence fût possible rigoureusement, il faudrait pouvoir amener sur l'axe de figure les deux points qui déterminent l'axe optique, c'est-à-dire le centre optique de l'objectif et le point d'intersection des deux fils axiaux du réticule. Or, si les instruments présentent des vis de réglage permettant de déplacer le réticule, il n'en est pas de même en ce qui concerne l'objectif.

Nous sommes donc amenés à supposer que le centre de l'objectif coïncide, par construction, avec l'axe de figure ; mais comme, en fait, cette coïncidence laisse généralement à désirer, on ne devra pas perdre de vue que le réglage dont nous allons parler n'est qu'approximatif. Ceci n'a, d'ailleurs, comme on le verra par la suite, aucune importance pratique, parce que les méthodes d'observation permettent d'éliminer les erreurs de réglage.

Soient (*fig.* 173) : aF, l'axe de figure de la lunette ; et M, une mire placée à une distance moyenne. Supposons d'abord que le centre du réticule a soit placé sur cet axe ; la direction de l'axe optique (l'objectif étant supposé parfaitement centré) coïncide alors avec aF. Sans toucher au bâti de l'instrument,

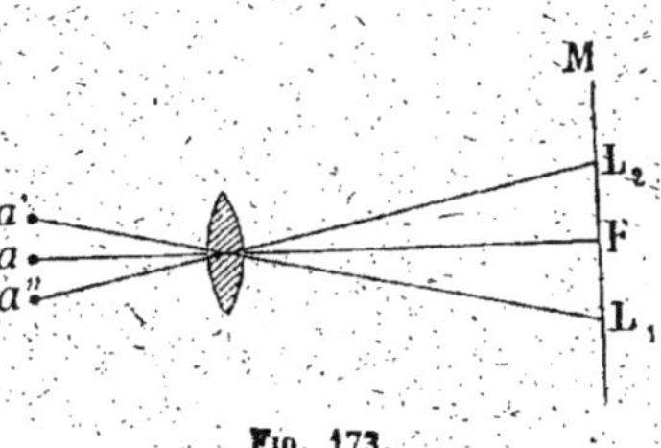

Fig. 173.

faisons tourner la lunette de 200ᴳ autour de son axe de figure ; le point a restant sur l'axe, la visée passera comme précédemment par le point F.

Si, au contraire, le centre du réticule se trouve en dehors de l'axe de figure, en a', par exemple, l'axe optique est dirigé suivant une ligne a'L₁, oblique sur l'axe de figure ; soit L₁ la lecture correspondante faite sur la mire.

Après le retournement sens dessus dessous de la lunette, la croisée des fils passe de a' en a'', et l'axe optique prend une direction symétrique de la première par rapport à l'axe de figure ; la nouvelle lecture de mire L₂ diffère de la première d'une quantité L₂ — L₁ qui mesure le *double du décentre-*

ment de la lunette pour une distance égale à celle du niveau
à la mire. Les points L_1 et L_2 sont évidemment symétriques
par rapport à F.

Pour *centrer* la lunette, quel que soit le type d'instrument
considéré, on ramène au moyen des vis qui permettent de
déplacer verticalement le réticule (n° 88), la visée sur le
point de la mire qui a pour cote la moyenne $\dfrac{L_1 + L_2}{2}$ des
deux premières lectures.

REMARQUE I. — Si le centre optique de l'objectif ne coïncide pas avec l'axe de figure de la lunette (*fig.* 174), le réglage
précédent ne peut pas avoir pour effet de centrer, à proprement parler, le fil horizontal. En effet, quand le réglage
est effectué, la visée passe avant et après retournement de la
lunette par un même point F de la mire ; mais le centre *o'*
de l'objectif venant après ce retournement en *o″*, il
faut nécessairement que le centre du réticule occupe, lui
aussi, deux positions *a'a″*, symétriques par rapport à l'axe de
figure, c'est-à-dire qu'il soit excentrique. Il en résulte que,
pour toute autre distance que celle à laquelle est placée la
mire pendant le réglage, les visées faites dans les deux positions précitées de la lunette ne passent pas par un même
point de la mire. Par exemple, si la mire était portée en N,
les visées la couperaient en L' et L″.

Quand l'objectif n'est pas exactement centré, ce qui est

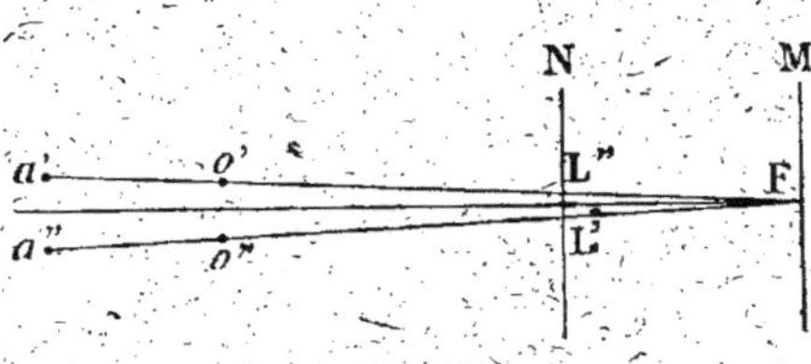

Fig. 174.

fréquent, l'opération habituellement désignée sous le nom
de centrage de la lunette revient donc seulement à disposer
le réticule de telle sorte qu'aux distances égales à l'éloignement de la mire pendant le réglage le point d'intersection

de la visée et de la mire soit le même que si l'axe optique coïncidait avec l'axe de figure.

REMARQUE II. — *Perpendicularité du fil niveleur à l'axe de rotation.* — Dans ce qui précède nous avons supposé les visées faites toujours par le centre du réticule. Mais il peut être utile de se servir d'un point quelconque du fil niveleur ; en tout cas, l'estime des fractions de division se trouve facilitée quand ce fil est parallèle aux bords de ces divisions. Il convient donc de rendre le fil niveleur perpendiculaire à l'axe de rotation de manière qu'il soit horizontal, quand celui-ci est vertical.

A cet effet, on dirige la lunette vers la mire ; puis, à l'aide de la vis de rappel du mouvement de rotation, on amène l'image vers la limite du champ de la lunette et, à l'aide d'une vis de calage, on fait bissecter une division par le fil niveleur ; on fait ensuite tourner l'instrument, au moyen de la vis de rappel, pour amener l'image de la mire vers l'autre extrémité du fil niveleur ; si ce fil est perpendiculaire à l'axe de rotation, il ne cesse pas de bissecter la division considérée ; dans le cas contraire, si le niveau est à colliers circulaires, on rectifie la position du fil en tournant dans le sens convenable la vis butante *t* ou *t'* (*fig.* 169 et 172) qui limite la rotation de la lunette sur son axe, jusqu'à ce que l'écart constaté soit annulé. Ce réglage doit être effectué pour les deux vis d'arrêt *t* et *t'*.

Dans les niveaux à collets carrés, la rectification s'obtient en faisant tourner, au moyen d'un dispositif *ad hoc*, le réticule dans le sens convenable.

304. DEUXIÈME CONDITION. — **Perpendicularité de l'axe de figure de la lunette à l'axe de rotation.** — 1° *Niveau à nivelle fixe* (niveau d'Egault). — Pour reconnaître si cette perpendicularité existe, on fait une lecture sur une mire placée à une distance moyenne (80 mètres environ) du niveau. Puis on soulève la lunette, on fait tourner le bâti de 200° autour de l'axe de rotation (vertical ou non), et on repose la lunette sur les fourches sans lui imprimer aucun retournement.

Si la ligne des supports de la lunette et, par suite, son axe de figure, qui est parallèle à la première par construction, sont perpendiculaires à l'axe de rotation OO′ (*fig.* 175), ces deux lignes reviennent occuper, après rotation du bâti, la même situation qu'auparavant, et l'axe optique, lié invariablement à la lunette, passe par le même point P′ de la mire; la lecture faite à ce moment doit donc être identique à celle enregistrée au début de l'expérience.

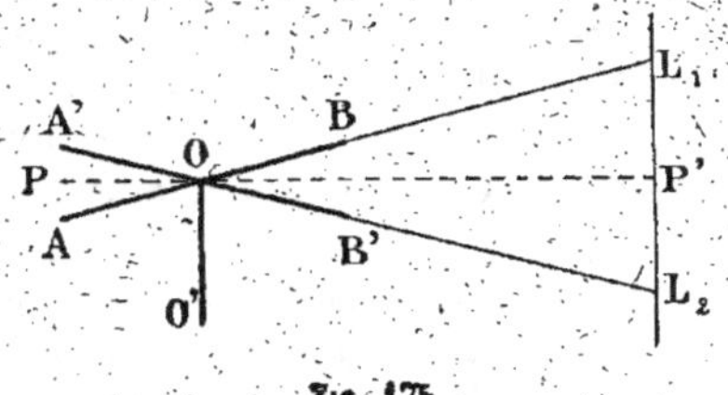

Fig. 175

Si la ligne des supports de la lunette AB (*fig.* 175) n'est pas perpendiculaire à l'axe de rotation OO′, le retournement autour de cet axe a pour effet de l'amener dans une position A′B′ symétrique par rapport à la perpendiculaire PP′ à OO′. Il en est de même de l'axe de figure, puisque celui-ci est parallèle à la ligne des supports. Enfin l'axe optique, étant lié invariablement à la lunette, prend lui-même deux positions symétriques par rapport à celle qu'il occuperait si l'axe de figure était perpendiculaire à l'axe de rotation. Par conséquent, les lectures de mire L_1 et L_2, faites avant et après retournement, sont discordantes, et leur différence représente le double du défaut de perpendicularité de l'axe de figure à l'axe de rotation.

Pour effectuer le réglage, il suffit évidemment d'agir sur la vis qui permet d'élever ou d'abaisser l'une des fourches (n° 299) de manière à faire passer la visée par le point P′, de la mire qui a pour coté la moyenne $\frac{L_1 + L_2}{2}$ des deux lectures.

2° *Niveau-cercle de Lenoir.* — La lunette est simplement posée sur le plateau; l'instrument étant dépourvu de pivot, la lunette peut être considérée comme tournant autour d'un axe idéal perpendiculaire à sa direction et au plan du plateau.

3° *Niveau à nivelle indépendante.* — Par construction, la

seconde condition doit être satisfaite quand les index A (*fig.* 172) servant à repérer la position de la traverse mobile sont en coïncidence. Il suffit donc de vérifier, une fois pour toutes, que ces index sont bien disposés (voir aux vérifications, n° 318) et d'assurer ensuite leur coïncidence en agissant sur la vis de fin calage C au début de chaque station, avant de procéder au calage.

305. Troisième condition. — Verticalité de l'axe de rotation. — Nous avons appris à rendre un axe vertical, et nous avons vu avec quelle facilité pratique s'effectue l'opération quand, la nivelle portant des divisions chiffrées symétriques (n° 77, remarque II), on la *règle* préalablement de telle sorte que les extrémités de la bulle viennent sous des divisions de même cote quand l'axe est dans un plan vertical perpendiculaire à la direction de la nivelle (n°⁸ 76, 77 et 79). Il faut donc commencer tout d'abord par régler la nivelle. On procède exactement comme l'indique la *règle* du n° 77, sous réserve des remarques suivantes :

Le retournement de la nivelle bout pour bout s'obtient, en principe, par une demi-révolution de l'instrument autour de son axe de rotation. Cette manœuvre est la seule possible avec les niveaux à nivelle fixe. Elle est d'ailleurs applicable aussi aux niveaux à nivelle indépendante, mais il est facile de se rendre compte que ces appareils se prêtent à un retournement de la nivelle plus simple. Il suffit de soulever cette nivelle et de la retourner bout pour bout sur la lunette sans désorienter cette dernière ; cette opération revient, en effet, à faire tourner la nivelle autour d'un axe idéal normal à ses supports et, par suite, à l'axe de figure de la lunette. La nivelle indépendante étant ainsi réglée, si l'on amène la bulle entre ses repères en agissant sur les vis calantes du niveau, on rend horizontale la ligne des supports et, conséquemment, vertical l'axe idéal ; mais, comme la mise en coïncidence des traits de repère des traverses assure la perpendicularité de la lunette à l'axe de rotation, ce dernier coïncide avec l'axe idéal ; il est donc vertical quand la bulle est entre ses repères.

Le niveau-cercle de Lenoir ne comportant pas de pivot, il ne saurait d'ailleurs être procédé, pour le réglage de la nivelle, autrement que par la méthode applicable aux niveaux à nivelle indépendante.

La nivelle étant préalablement réglée, on rendra vertical l'axe de l'instrument, quel que soit le type de ce dernier, en opérant, à chaque station, comme il est indiqué au n° 79.

D. — MODE D'EMPLOI DES NIVEAUX A LUNETTE ET A NIVELLE A BULLE D'AIR. — COMPENSATION DES ERREURS DE RÉGLAGE.

306. Il n'y aurait rien de particulier à signaler relativement au mode d'emploi des niveaux à lunette et à nivelle à bulle d'air, si l'on devait toujours opérer avec un instrument parfaitement réglé. Il suffirait, en effet, dans ce cas, de rendre l'axe de l'instrument vertical et de diriger la lunette sur la mire pour enregistrer la lecture déterminée par le fil horizontal. Mais, en fait, les réglages ne sont jamais parfaits ; le seraient-ils d'ailleurs au moment où on les effectue, qu'ils ne tarderaient pas à être détruits sous l'action des chocs, des variations de la température, etc. Il faut donc, au moins dans les opérations qui exigent une grande précision prévoir des méthodes d'observations qui éliminent les erreurs provenant d'un défaut de réglage.

La méthode généralement employée, due à l'ingénieur Egault, est connue sous le nom de méthode des doubles visées. Elle consiste à obtenir des visées symétriques de l'horizontale déterminant, par suite, deux lectures individuellement erronées, mais dont la moyenne correspond à la hauteur de mire qui serait enregistrée si l'instrument était exactement réglé.

Reprenons donc, à ce point de vue, l'examen des trois conditions précédemment énoncées, en supposant qu'elles ne soient pas complètement réalisées.

1° COÏNCIDENCE DE L'AXE OPTIQUE ET DE L'AXE DE FIGURE
DE LA LUNETTE

307. Nous avons montré (n° 303) que la moyenne des deux lectures faites avant et après retournement de la lunette sens dessus dessous est égale à celle que l'on ferait si la coïncidence des deux axes était réelle. On devra donc effectuer une lecture dans chacune de ces deux positions de la lunette.

2° PERPENDICULARITÉ DE L'AXE DE FIGURE DE LA LUNETTE
A L'AXE DE ROTATION

308. Niveau à nivelle fixe (niveau d'Egault). — Si la hauteur des supports n'est pas bien réglée, l'axe de figure s'écarte de la perpendiculaire à l'axe. Nous avons vu (n° 304) qu'en inversant les supports par une rotation de l'instrument de 200ᵍ autour de son axe, on amène l'axe de figure dans une position symétrique par rapport à la perpendiculaire et que la moyenne des lectures faites dans les deux positions est indépendante du défaut de perpendicularité des deux axes considérés.

On devra donc, après avoir fait une lecture sur la mire, soulever la lunette, faire tourner l'instrument sur son pivot de manière à inverser les fourches, replacer la lunette et faire une seconde lecture.

309. Niveau-cercle de Lenoir. — L'instrument étant dépourvu d'axe réel de rotation, il n'y a pas à se préoccuper de cette seconde condition ; l'axe virtuel de rotation est d'ailleurs perpendiculaire par hypothèse à la lunette.

310. Niveau à nivelle indépendante. — Si l'axe de figure de la lunette n'est pas perpendiculaire à l'axe de rotation, la lunette est inclinée sur l'horizontale quand le pivot est vertical ; mais, comme ici la nivelle repose directement sur la lunette, rien n'est plus facile que de vérifier l'horizontalité de celle-ci ; on sait en effet (n° 74) que, si l'on retourne la nivelle bout pour bout sur ses supports, le déplacement de la bulle mesure le double de l'inclinaison du plan des supports. Si donc, après retournement de la nivelle, on ramène, à l'aide d'une vis calante, la bulle exactement dans la position qu'elle occupait auparavant, on fait tourner la lunette d'un angle égal au double de son inclinaison primitive ; par suite, on détermine ainsi une seconde position de la lunette symétrique de la première, par rapport à l'horizontale, et la moyenne des deux lectures de mire correspondantes est égale à la lecture qu'aurait fournie une lunette rigoureusement horizontale.

3° VERTICALITÉ DE L'AXE DE ROTATION

311. Niveau à nivelle fixe. — Puisque cette verticalité s'obtient en amenant le centre de la bulle sous la division zéro de la fiole, c'est-à-dire les extrémités de la bulle, sous des divisions symétriques, elle ne sera correcte qu'autant que la nivelle aura été parfaitement réglée. Supposons le réglage imparfait. L'axe est incliné dans le plan vertical de la visée d'un angle α (*fig.* 176) ; la visée OL_1, supposée perpendiculaire à cet axe, forme le même angle α avec l'horizontale OV. Faisons tourner l'instrument de 200° autour de l'axe ; la bulle de la nivelle ne revient pas entre ses repères, car nous savons qu'elle a dû se déplacer d'une quantité qui mesure le double 2α de l'inclinaison de l'axe (n° 72) et que, si l'on voulait assurer la verticalité de celui-ci, il faudrait la faire rétrograder de la moitié de son déplacement. Mais, sans nous préoccuper de l'importance de ce mouvement, ramenons-la simplement entre ses repères en agissant

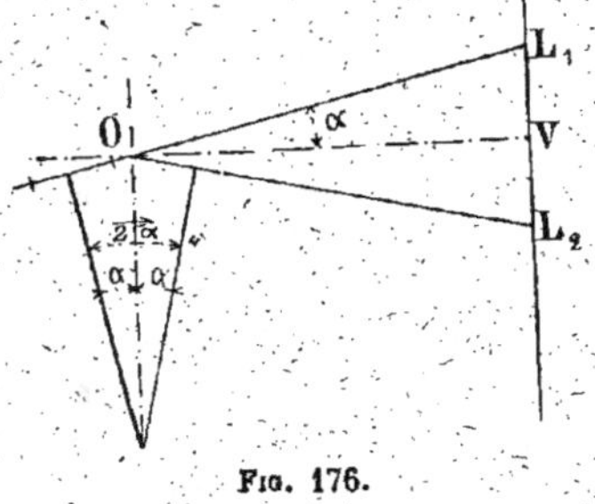

Fig. 176.

sur celle des trois vis calantes qui se trouve le plus rapprochée de la direction de la visée. Nous avons ainsi fait tourner l'axe d'un angle 2α, et l'avons par conséquent amené dans une position symétrique de celle qu'il occupait auparavant. La ligne de visée qui a suivi le mouvement vient passer maintenant par un point de la mire L_2 symétrique du premier L_1 par rapport à l'horizontale. Par conséquent, la moyenne des deux lectures qui sont faites en L_1 et L_2 est égale à la cote V qui aurait été obtenue **avec** un axe parfaitement vertical.

312. Niveau-cercle de Lenoir. — Ce que nous avons dit pour le niveau à nivelle fixe s'applique au niveau-cercle de Lenoir, à la condition de remarquer que, l'axe de rotation étant virtuel, le retournement de la nivelle s'effectue directement sur les prismes de la lunette; en ramenant la bulle entre ses repères après le retournement, on détermine une seconde position de la lunette symétrique de la première par rapport à l'horizontale.

313. Niveau à nivelle indépendante. — Comme pour le niveau d'Egault, l'axe n'est vertical que si la nivelle est bien réglée. Dans le cas contraire, cet axe est incliné et, par suite, la lunette n'est pas horizontale quand la condition de perpendicularité à l'axe est satisfaite. Mais nous avons vu ci-dessus comment on compense le défaut d'horizontalité de la lunette en faisant deux lectures avant et après retournement de la nivelle bout pour bout. Par conséquent, dans le niveau à nivelle indépendante, cette manœuvre compense à la fois les erreurs qui résulteraient d'un défaut de perpendicularité de la lunette à l'axe de rotation ou d'un défaut de verticalité de celui-ci.

Remarque relative au niveau a fiole indépendante. — Quand, pour ramener la bulle entre ses repères après le retournement de la nivelle, on se sert de la vis de fin calage, on détruit, si elle existait auparavant, la perpendicularité des deux axes; mais l'axe de rotation conserve sa position initiale. Si l'on utilise, au contraire, une des trois vis calantes, la position relative des deux axes reste invariable, mais l'axe de rotation s'infléchit. Dans un cas comme dans l'autre, le but cherché est atteint, puisque l'on amène la lunette dans une seconde position symétrique de la première par rapport à l'horizontale.

Il est préférable d'agir sur la vis de fin calage, qui a d'ailleurs l'avantage de se trouver toujours à portée de la main de l'opérateur et dont le pas est plus petit que celui des vis calantes. Pour la même raison, on se sert également de cette vis pour amener la bulle exactement entre ses repères au moment de la lecture dans la première position de la lunette.

314. Règles pratiques pour l'emploi des niveaux à lunette et à bulle d'air. — On peut déduire de l'ensemble des explications qui précèdent les règles suivantes pour l'emploi des trois types de niveaux à lunette et à bulle d'air que nous avons décrits.

I. — *Niveau à nivelle fixe* (niveau d'Egault, ou niveau Bourdaloue) : 1° Caler l'instrument;

2° Diriger la lunette vers la mire, amener exactement la bulle entre ses repères à l'aide de la vis calante la plus rapprochée de la direction de la visée et faire une première lecture ;

3° Faire tourner l'instrument de 200ᵍ autour de son axe ; soulever la lunette, la retourner bout pour bout, afin de ramener l'objectif du côté de la mire, lui imprimer en même temps une rotation de 200ᵍ autour de son axe pour la renverser sens dessus dessous et la replacer sur ses fourches ;

4° Ramener, s'il y a lieu, la bulle entre ses repères et faire une seconde lecture.

La moyenne des deux lectures est indépendante des erreurs de réglage.

II. — *Niveau-cercle de Lenoir.* — 1° Rendre horizontal le plateau ou, ce qui revient au même, le plan des faces supérieures des prismes sur lesquelles repose la nivelle, en amenant la lunette successivement dans deux positions perpendiculaires, comme s'il s'agissait de rendre **vertical l'axe** de la colonne;

2° Diriger la lunette vers la mire ; amener exactement la bulle entre ses repères à l'aide de celle des trois vis calantes qui est la plus rapprochée de la direction de la visée et faire la lecture;

3° Retourner la lunette sens dessus dessous et la nivelle bout pour bout; ramener la bulle entre ses repères et faire la deuxième lecture.

La moyenne des deux lectures est indépendante des erreurs de réglage;

III. — *Niveau à nivelle indépendante.* — 1° Amener en coïncidence les traits de repère des traverses en agissant sur la vis de fin calage;

2° Caler l'instrument;

3° Diriger la lunette vers la mire, amener exactement la bulle entre ses repères au moyen de la vis de fin calage et faire une première lecture;

4° Soulever la nivelle, la retourner bout pour bout sur la lunette et, en même temps, imprimer à cette dernière une rotation de 200° autour de son axe de figure, de manière à la retourner sens dessus dessous;

5° Ramener, s'il y a lieu, la bulle entre ses repères avec la vis de fin calage et faire une seconde lecture.

La moyenne des deux lectures est indépendante des erreurs de réglage.

315. Résumé des règles pratiques. — Ces règles peuvent d'ailleurs être condensées en une seule, facile à retenir et applicable à tous les niveaux :

1° Caler l'instrument;

2° Viser la mire, effectuer le fin calage et lire la première hauteur de mire;

3° Retourner la nivelle bout pour bout et la lunette sens dessus dessous;

4° Effectuer le fin calage et lire la deuxième hauteur de mire.

Remarque I. — On peut aussi éliminer les erreurs de réglage en plaçant le niveau à égales distances des points sur lesquels doit reposer la mire. Dans ce cas, on opère au besoin sans effectuer de retournement.

Remarque II. — Il n'y a aucun avantage à chercher à effectuer un réglage très approché d'un niveau, sauf le cas où l'on désire opérer sans faire de retournement et sans se placer à égales distances des points nivelés.

La manœuvre fréquente des vis de réglage peut même devenir une cause de dégradation de l'instrument.

REMARQUE III. — Un réglage soigné est superflu; mais, si on opérait avec un instrument dont la nivelle serait complètement déréglée, le retournement de la nivelle provoquerait un déplacement considérable de la bulle; on perdrait alors beaucoup de temps pour la ramener entre ses repères.

E. — VÉRIFICATIONS DE CONSTRUCTION

316. Égalité de diamètre des anneaux ou de hauteur des prismes. — Dans l'étude du réglage des niveaux nous avons admis que la ligne des supports de la lunette était parallèle, par construction, à l'axe de figure. Pour qu'il en soit ainsi, il faut évidemment que les anneaux aient même diamètre, ou les prismes qui en tiennent lieu, même hauteur.

Tout instrument qui ne satisfait pas à cette condition doit être considéré comme inutilisable, car l'erreur provenant de l'inégalité des colliers ne peut pas être éliminée par la méthode des doubles visées que nous avons exposée.

Supposons, en effet, que le collier voisin de l'objectif soit plus grand que l'autre; alors, lorsque la ligne des supports est parfaitement horizontale et la lunette centrée, la ligne de visée est ascendante; d'autre part, le même collier se trouvant vers l'avant dans toutes les observations, la visée reste toujours inclinée de la même quantité et dans le même sens. Le seul moyen de remédier à ce vice de construction consisterait à toujours placer le niveau exactement à égales distances des points à niveler, mais il n'est pas toujours possible, dans la pratique, d'observer cette assujettissante précaution.

La vérification de l'égalité des colliers est une opération très délicate, en raison de la petitesse de l'erreur à évaluer. Une inégalité de 1/2 centième de millimètre suffit pour provoquer des erreurs de 2 millimètres au moins sur une mire placée à 100 mètres.

Le procédé le plus commode pour effectuer cette vérification consiste à placer sur les colliers une bonne nivelle indépendante à grand rayon de courbure (nivelle à fourche si le niveau est à colliers circulaires, nivelle à embase si le niveau est muni de prismes). On note la position occupée par la bulle sans procéder à aucun calage, puis on retourne la lunette bout pour bout de manière à inverser les colliers, et on repose la nivelle sans la retourner; si les colliers sont égaux, la bulle doit revenir exactement dans la même position.

On peut aussi effectuer un nivellement réciproque entre deux points parfaitement fixes, en ayant soin d'employer la méthode de la double visée pour éliminer les erreurs de réglage ; si, après avoir effectué l'opération plusieurs fois et à des heures différentes, on constate entre les résultats un écart systématique, on pourra attribuer ce dernier à l'inégalité des colliers.

317. Parallélisme du plan méridien de la fiole et de l'axe de la lunette. — Le plan méridien de la fiole doit être, par construction, parallèle à l'axe de la lunette.

En effet, supposons qu'il ne le soit pas, et considérons un niveau dont l'axe serait : 1° contenu dans un plan vertical, projeté horizontalement en PP', perpendiculaire à la direction OV de la visée (*fig.* 177); 2° incliné transversalement dans ce plan. La ligne de visée, perpendiculaire à l'axe de rotation et au plan vertical PP' qui le contient, est supposée horizontale.

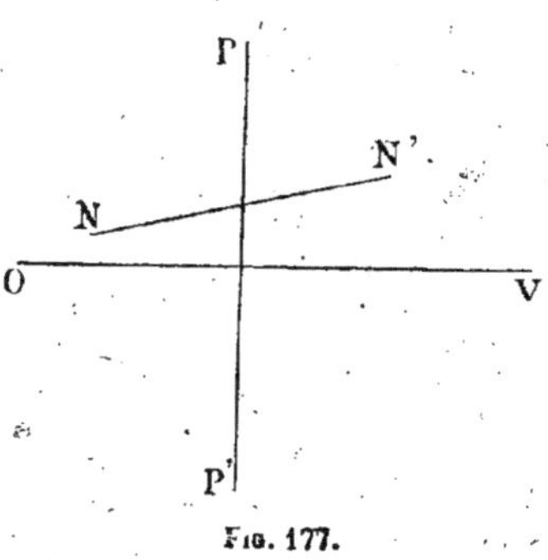

Fᴵᴳ. 177.

D'après l'hypothèse faite, la nivelle, qui est réglée, occupe, *en plan*, une position NN' oblique par rapport à l'axe de la lunette, et la bulle ne se trouve pas entre ses repères, car la projection de l'axe de rotation sur le plan méridien de la nivelle est inclinée, et l'on sait que la moyenne des lectures faites aux deux extrémités de la bulle mesure précisément l'inclinaison de cette projection (n°ˢ 72 et 76). Or, au moment de lire sur la mire, on ramènera la bulle entre ses repères en agissant sur une vis calante voisine de la direction OV ; on fera donc ainsi sortir l'axe du plan vertical PP' et, par suite, l'horizontalité de la visée se trouvera détruite.

Remarquons, en outre, que la position de l'axe restant immuable pendant le retournement nécessité par la seconde visée, celle-ci présentera la même inclinaison que la première ; il ne s'établira donc aucune compensation.

Enfin, si l'on avait à viser ensuite un point diamétralement opposé, l'inclinaison de la visée changerait de signe ; les erreurs des deux hauteurs moyennes de mire, étant de signes contraires, s'ajouteraient en valeur absolue dans le calcul de la différence de niveau des deux points.

318. Position des traits de repère servant à établir la perpendicularité entre l'axe de figure de la lunette et l'axe de l'instrument, dans le niveau à fiole indépendante. — Pour effectuer facilement cette vérification, on met d'abord en coïncidence les traits de repère en question et on assure la verticalité de l'axe de l'instrument, puis on constate la position de la bulle ; on fait ensuite tourner l'instrument de 200° autour de son axe de rotation ; la bulle doit revenir sous les mêmes divisions de la fiole, car, si la perpendicularité de la lunette à l'axe de rotation est assurée, l'axe de figure de la lunette et, par suite, les génératrices sur lesquelles la nivelle prend appui sont restées horizontales pendant le mouvement.

Un déplacement de la bulle révélerait, au contraire, un défaut de perpendicularité des deux axes et, par suite, une mauvaise position des traits de repère. Il faudrait alors faire rétrograder la bulle de la moitié de son déplacement au moyen de la vis de fin calage et tracer un nouvel index sur la traverse mobile en regard du trait de repère gravé sur l'avant de la traverse fixe.

F. — NIVEAU A NIVELLE INDÉPENDANTE ADOPTÉ POUR L'EXÉCUTION DU NIVELLEMENT GÉNÉRAL DE LA FRANCE

319. Nous donnons ci-dessous (*fig.* 178) l'image du niveau qui est employé, depuis 1884, par le Service du Nivellement général de la France.

Ce niveau, du type dit à nivelle indépendante, a reçu de

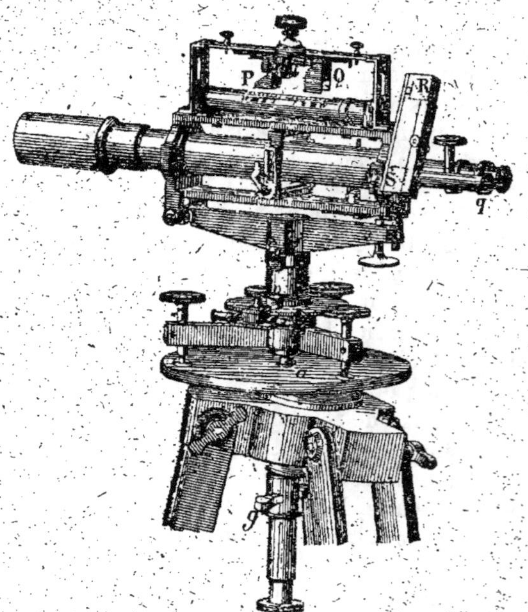

Fig. 178. — Niveau à nivelle indépendante et à prismes, du service du Nivellement général de la France.

notables améliorations dont la principale est due à M. Klein, ancien conducteur des Ponts et Chaussées, chef du Dépôt des instruments à l'École des Ponts et Chaussées. M. Klein a eu l'idée de disposer au-dessus de la nivelle deux prismes à réflexion totale renvoyant à l'œil d'un observateur placé en

R, les images des extrémités de la bulle; ce dispositif[1] a été complété (*fig.* 178 et 179), sur les indications de M. Lallemand, ingénieur en chef au Corps des Mines, directeur du Service du Nivellement général de la France, par deux autres prismes R et S qui ramènent les images au niveau même de la lunette; l'observateur voit alors dans l'œilleton *q*, placé à côté de l'oculaire de la lunette, les extrémités de la bulle et les traits de repères de la fiole (*fig.* 180) et peut ainsi effectuer le fin

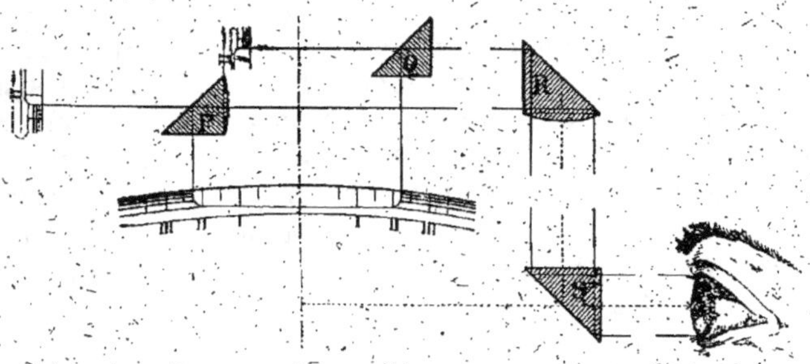

Fig. 179.

calage au moment de chaque lecture, sans avoir à se déplacer autour de l'instrument et sans le secours d'aucun aide.

Les deux prismes P et Q sont montés sur deux crémaillères engrenant avec un pignon denté *d* (*fig.* 178); en actionnant ce pignon, on modifie l'écartement des deux prismes de manière à ce que, l'instrument étant calé, les extrémités de la bulle apparaissent, quelle que soit la longueur de celle-ci, au milieu du champ des prismes. Par suite du peu d'étendue de ce champ, les extrémités de la bulle se trouvent rapprochées (*fig.* 180), ce qui rend plus facile et plus précise l'appréciation de

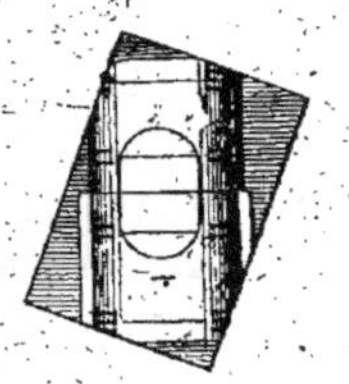

Fig. 180.
Image de la bulle entre ses repères vue dans l'œilleton des prismes.

leur position par rapport aux traits de repère voisins.

Le trépied de l'instrument (*fig.* 178) est muni du plateau à calotte sphérique, que nous avons décrit au n° 49, et le

[1] Réalisé par la maison Berthélemy (Ponthus et Therrode, successeurs), de Paris.

plateau métallique du niveau porte une petite nivelle sphérique *n* et un prisme *o* qui permet de consulter cette dernière quand l'œil est placé près de l'oculaire de la lunette.
Ces deux organes supplémentaires rendent la mise en station
et le calage de l'instrument extrêmement rapides.

Pour mettre le niveau en station, l'opérateur enfonce solidement dans le sol les jambes du trépied, sans avoir à se
préoccuper d'assurer à très peu près l'horizontalité de la
tablette supérieure. En dévissant d'un quart de tour un
écrou *g*, il rend mobile le plateau *a*, et il agit directement
sur celui-ci de manière à amener la bulle de la nivelle sphérique *n* au milieu de son cercle de repère ; puis il resserre
l'écrou *g* pour immobiliser le tout. L'axe de l'instrument se
trouve alors *à peu près vertical*. On complète enfin le calage
par la méthode habituelle, mais on n'a plus à cet effet qu'à
agir d'une très petite quantité et *une seule fois* sur les trois vis
calantes du pied [1].

G. — Causes d'erreurs et précision des niveaux a lunette et a nivelle a bulle d'air

a. — Fautes

320. Les fautes les plus fréquentes, inhérentes à l'emploi
des niveaux à lunette et à bulle d'air, proviennent du calage
et des lectures sur la mire.

1° Les fautes de calage sont dues à ce que l'on amène la
bulle entre deux traits de division de la fiole ne portant pas
le même numéro ; la position de la bulle se trouve alors erronée de 1, 2, ..., divisions. Avec des divisions de 3 millimètres de largeur et une fiole de 20 mètres de rayon de
courbure, une erreur de calage d'une division fausse de

---

[1] Pour donner une idée de la rapidité avec laquelle des niveleurs
exercés opèrent avec cet instrument, il nous suffira de dire que,
lorsqu'elle n'a pas à planter de piquets, une brigade du service du
Nivellement, composée d'1 n opérateur et de deux porte-mires,
exécute *en moyenne* 15 kilomètres de nivellement *de précision* par
jour, ce qui correspond à 125 stations de 120 mètres de longueur
moyenne.

3 millimètres la lecture faite sur une mire placée à 20 mètres du niveau, soit de 15 millimètres celle faite sur la mire éloignée de 100 mètres.

L'emploi des prismes à réflexion totale supprime presque complètement les fautes de calage, parce que le champ réduit des prismes ne permet guère d'apercevoir simultanément plus de trois divisions vers chacune des extrémités de la bulle ; une faute de calage d'une division produit alors un tel défaut de symétrie qu'il est bien difficile qu'elle passe inaperçue.

2° Les fautes de lecture sur la mire les plus fréquentes sont des fautes de 1, 5, 10 ou 100 divisions, soit, pour des mires divisées en centimètres, des fautes de 1 centimètre, 5 centimètres, 1 décimètre et 1 mètre.

L'expérience et l'attention seules peuvent diminuer la fréquence des fautes, mais il serait utopique d'espérer s'en affranchir complètement ; il est, par suite, indispensable de combiner les méthodes d'opérations de manière à ce que les fautes commises soient mises en évidence et que leur recherche et leur correction soient faciles.

b. — ERREURS

321. Les principales erreurs qui altèrent les résultats fournis par les niveaux à lunette et à bulle d'air proviennent des contacts de la lunette et, le cas échéant, de la nivelle avec leurs supports, du calage de la bulle, des lectures de mire, des circonstances atmosphériques et des erreurs de longueur de la mire.

1° *Erreur de contact.* — Nous allons évaluer l'erreur commise sur une lecture faite sur la mire éloignée de 100 mètres par suite de l'imperfection des contacts. Comme nous l'avons déjà fait pour le tachéomètre Sanguet (n° 278), nous admettrons que la partie accidentelle de l'erreur moyenne d'un contact matériel est de $\frac{1}{200}$ de millimètre et que les colliers de la lunette sont distants de 0^m,20. Dans les niveaux à nivelle fixe, l'erreur provient des contacts des colliers de la lunette avec leurs supports ; dans les niveaux à nivelle indépendante, elle résulte des contacts de la nivelle et de la lunette. Dans les deux cas, on a donc à envisager deux erreurs de contact, une pour chaque collier de la lunette. D'après la règle de combinaison des erreurs accidentelles (n° 9), la direction de la visée se trouve faussée en moyenne de $\dfrac{1^{mm}}{200}\sqrt{2}$ sur une longueur de $0^m,20$, soit, sur une distance de 100 mètres, de $\dfrac{1^{mm}}{200} \times \dfrac{100}{0,2} \times \sqrt{2} = 3^{mm},5$, et la moyenne des deux résultats, quand on observe la méthode de la double visée, est encore affectée d'une erreur moyenne de $\dfrac{3^{mm},5}{\sqrt{2}} = 2^{mm},5$. L'importance de ce chiffre montre d'abord combien il est important, dans les opérations de nivellement de précision, de maintenir dans un constant état de propreté les colliers de la lunette et les parties de l'instrument qui doivent les toucher. Leur nettoyage doit s'effectuer deux ou trois fois par jour et plus souvent, quand on opère sur des routes poudreuses ou par la pluie. Mais il convient, en outre, de faire une importante remarque concernant le mode opératoire dans une même station. Le niveau étant généralement placé vers le milieu de l'intervalle qui sépare les points dont on cherche la différence de niveau, les erreurs dues aux contacts s'annulent en partie dans la différence de niveau (différence des deux lectures d'arrière et d'avant), *si l'on ne modifie pas la position relative des pièces du niveau entre les deux lectures.*

Par conséquent, dans une même station, quand on opère par la méthode de la double visée, les lectures doivent être effectuées dans l'ordre suivant :

1° Première lecture sur la mire d'arrière ;
2° Première lecture sur la mire d'avant ;
3° Retournement de la nivelle et de la lunette ;
4° Deuxième lecture de la mire d'avant ;
5° Deuxième lecture sur la mire d'arrière.

Cette méthode exige l'emploi simultané de deux mires, si l'on veut opérer avec célérité.

2° *Erreur de calage.* — On peut admettre, d'après l'expérience, que l'erreur moyenne de position d'une bulle, amenée entre ses repères par un opérateur *exercé*, est de $0^{mm},15$, ce qui correspond à une inégalité moyenne de $0^{mm},3$ des distances des extrémités de la bulle aux traits de repère voisins de même numéro. L'erreur correspondante sur la lecture de mire est de $0^{mm},15$, à une distance égale au rayon de courbure. Avec une fiole de 25 mètres de rayon de courbure, l'erreur moyenne pour une portée de 100 mètres est de:

$$0^{mm},15 \times \frac{100}{25} = 0^{mm},6.$$

Le calcul qui précède est légitime pour les niveaux à prismes (n° 319), parce que l'opérateur peut constater aussitôt la lecture faite, sans déplacement aucun autour de l'instrument, que la bulle est restée immobile, ou répéter l'observation dans le cas contraire. Mais, si l'on opère avec un niveau non muni de prismes et sans s'adjoindre un aide spécialement chargé de surveiller la bulle pendant que l'on effectue la lecture, il n'est pas excessif d'admettre pour erreur moyenne de calage un chiffre double ou triple de celui ci-dessus, soit une erreur moyenne de $1^{mm},5$ environ à 100 mètres.

3° *Erreur de lecture ou d'estime des fractions de division.* — L'expérience montre qu'avec une lunette grossissant une vingtaine de fois l'erreur moyenne d'une lecture faite sur une mire éloignée de 100 mètres est à peu près de $\pm \frac{7}{100}$ de division, soit de $0^{mm},7$ si la mire est divisée en centimètres (n° 259).

4° *Erreurs dues aux circonstances atmosphériques.* — Les phénomènes atmosphériques les plus défavorables aux observations sont (n° 261) : la réfraction, les ondulations, le vent, la pluie et les variations brusques de la température. Sauf lorsque leur intensité est excessive, le vent et la pluie ont peu d'influence sur la précision. Les ondulations augmentent seulement un peu (moins qu'on pourrait le croire de prime abord) l'erreur accidentelle ; mais la réfraction peut provoquer des erreurs de plusieurs millimètres ; comme nous l'avons dit au n° 261, on s'en affranchit presque sûrement, quand on n'utilise pas le demi-mètre inférieur de la mire.

Enfin les variations brusques de la température peuvent produire dans les instruments des déformations qui altèrent les résultats d'autant plus sensiblement que le laps de temps qui s'écoule entre les observations arrière et avant est plus long.

La célérité des observations est donc une condition essentielle de leur précision.

5° *Erreurs de longueur de la mire.* — Nous avons indiqué au n° 263, que la variation moyenne de la longueur des mires en plus ou en moins est de $\dfrac{1}{8.000}$ de leur longueur $\left(\dfrac{1}{4.000}\right.$ de variation maxima$\left.\right)$. Cette erreur est généralement négligeable dans les nivellements ordinaires. Cependant, en pays de montagnes, elle peut acquérir une grande importance. Ainsi des mires qui seraient systématiquement erronées de $0^{mm},2$ seulement par mètre fausseraient d'*un décimètre* le résultat d'un nivellement exécuté entre deux points séparés par une dénivellation de 500 mètres, alors que l'erreur accidentelle moyenne d'une telle opération pourrait rester inférieure à $\pm$ 2 centimètres.

c. — ERREUR MOYENNE DE LA DIFFÉRENCE DE NIVEAU DE DEUX POINTS

322. Nous supposerons le niveau placé à égales distances des deux points, ce qui élimine les erreurs de contact (n° 321, 1°) et celle due à l'inégalité des colliers de la lunette (n° 316) ; muni d'une lunette grossissant une vingtaine de fois et d'une fiole de 25 mètres de rayon de courbure, surmontée de prismes à réflexion totale ; enfin nous négligerons l'influence non permanente des circonstances atmosphériques défavorables (n° 321, 4°) et les erreurs de longueur des mires qui ne peuvent influencer les résultats que dans les régions très accidentées (n° 321, 5°).

L'erreur de calage produisant sur une mire placée à

100 mètres une erreur moyenne de $\pm$ $0^{mm},6$ et celle d'estime des fractions de division, de $\pm$ $0^{mm},7$, on a pour erreur moyenne de la différence de niveau des deux points distants de 200 mètres :

$$e = \sqrt{0^{mm},6^2 + 0,7^2} \sqrt{2} = \pm 1^{mm},3.$$

Si l'on effectue les retournements de la lunette et de la nivelle, l'erreur sur la moyenne des deux déterminations est de :

$$\frac{1,3}{\sqrt{2}} = \pm 0^{mm},9.$$

En réduisant la longueur des stations de 200 à 150 mètres l'erreur moyenne de la différence de niveau descendrait de :

$$\pm 0^{mm},9 \text{ à } \pm 0^{mm},7.$$

Dans ce dernier cas, le nombre moyen des stations au kilomètre est de 6,7 ; par conséquent, l'erreur moyenne kilométrique du nivellement est de :

$$\pm 0^{mm},7 \sqrt{6,7} = \pm 1^{mm},8,$$

ce qui correspond à une erreur maxima possible d'environ $\pm$ 4 millimètres par kilomètre de nivellement simple.

Tel est à peu près le *maximum de précision* qu'il soit possible d'atteindre dans les nivellements géométriques[1]. On peut admettre que la précision des bons nivellements ordinaires est moitié moindre.

[1] L'erreur moyenne a été réduite, dans l'exécution du réseau de premier ordre du nouveau Nivellement général de la France, à $1^{mm},5$, grâce à l'emploi de fioles de 50 mètres de rayon de courbure. Comme, d'autre part, on exécutait deux opérations en sens inverse (*aller* et *retour*), la moyenne des résultats n'était plus erronée que de $1^{mm},1$ en moyenne, soit de 2 à $2^{mm},5$ au maximum par kilomètre.

H. — COMPARAISON ENTRE LES DIVERS TYPES DE NIVEAUX A LUNETTE ET A BULLE D'AIR

323. Les instruments les plus défectueux sont les niveaux-cercles de Lenoir à cuvette et particulièrement ceux dits à plateau.

Les bords de la cuvette ou du plateau doivent constituer un plan parfait ; mais, en supposant même que cette condition ait été rigoureusement réalisée par le constructeur, le frottement des prismes de la lunette provoque des déformations de cette surface; les prismes eux-mêmes peuvent s'user inégalement et ne pas conserver la même hauteur. Les poussières qui se déposent sur les bords de la cuvette et du plateau contribuent à altérer le résultat des observations.

L'absence d'axe de rotation, de pince et de vis de rappel rend les pointés plus difficultueux et plus longs qu'avec les autres types de niveaux.

Dans le niveau d'Egault, l'usure des colliers est plus uniforme ; mais, quand on effectue la double visée, la manœuvre de la lunette est assez incommode, en raison de son retournement bout pour bout sur les supports ; pour ramener l'objectif vers la mire, il faut, en outre, faire pivoter l'instrument autour de son axe et, par conséquent, faire un nouveau pointé et manœuvrer une seconde fois la pince et la vis de rappel.

Le niveau à nivelle indépendante échappe à ces inconvénients. La lunette se retourne simplement sens dessus dessous sur des fourches, ce qui s'effectue en la soulevant seulement de quelques millimètres au-dessus de ses supports. Le retournement bout pour bout de la nivelle est rendu très facile et presque instantané, grâce au bouton qui surmonte cette dernière. La simplicité et la rapidité de ces mouvements font que les dépôts des poussières sur les surfaces de contact est rendu plus difficile encore que dans le niveau d'Egault.

Enfin le double retournement de la lunette et de la nivelle s'effectue sans qu'il soit utile de desserrer la pince qui immo bilise l'instrument, et la lunette reste dirigée vers la mire ; quand la seconde lecture suit immédiatement la première, on n'a donc pas à rectifier le pointé.

Pour ces diverses raisons, nous conseillons l'emploi du niveau à nivelle indépendante ; c'est d'ailleurs avec des instruments de ce type que s'effectuent les opérations du nivellement général de la France.

CHAPITRE III

NIVELLEMENT TRIGONOMÉTRIQUE

A. — Principe du nivellement trigonométrique et formules pour le calcul des différences de niveau

324. Soit à trouver la différence de niveau z de deux points S et P (*fig.* 181). On installe en l'un des points, S par exemple, un

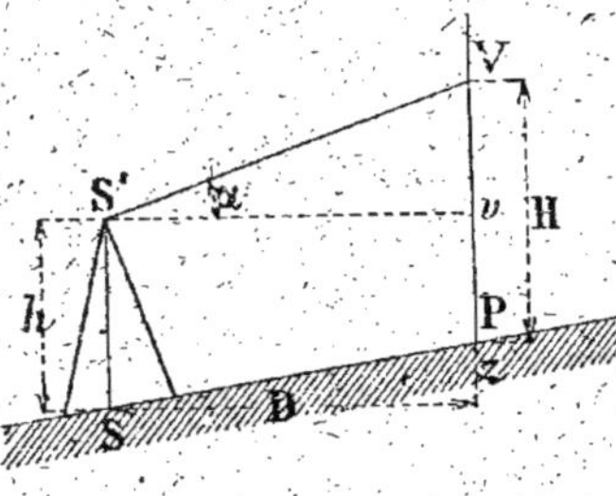

éclimètre ou un clisimètre (n°s 205 et suivants), et on fait porter une mire sur le second point P. Si l'on dispose sur cette mire un voyant à la hauteur PV égale à celle SS' de l'instrument, la ligne S'V est parallèle à SP ; l'angle d'inclinaison a de la visée, dirigé sur le voyant, est aussi celui que forme la ligne SP avec l'horizontale, et l'on a :

$$(1) \qquad z = \mathrm{D\ tang}\, a,$$

Fig. 181.

D désignant la distance horizontale des points S et P.

Mais, plus généralement, surtout avec les mires parlantes, on vise un point V quelconque (*fig.* 181), et S'V n'est plus parallèle à SP. Désignons par h la hauteur de l'instrument, et par H la hauteur de mire PV. On a alors :

$$(2) \qquad z = \mathrm{SS'} - \mathrm{P}v = \mathrm{SS'} - (\mathrm{PV} - \mathrm{V}v) = h - (\mathrm{H} - \mathrm{D\ tang}\, a),$$

ou :

$$(3) \qquad z = h - \mathrm{H} + \mathrm{D\ tang}\, a.$$

Quand on utilise un éclimètre, le calcul de D tang α exige, à défaut de règle à calcul, l'emploi de tables, car cet instrument ne donne, comme on sait, que la valeur de l'angle α, et non celle de sa tangente ; mais, si l'on emploie un clisimètre, on lit directement la valeur de tang α sur l'instrument, et le calcul est plus simple.

325. On peut se proposer de trouver la différence de niveau de deux points A et B (*fig.* 182), entre lesquels on

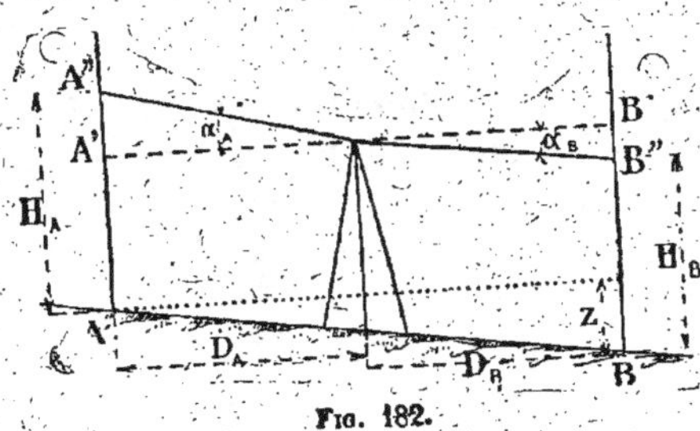

Fig. 182.

place l'instrument. On a, dans le cas représenté par la figure ci-dessus (n° 282, remarque I) :

$$(4) \quad z = AA'' - BB'' = (AA'' - A'A'') - (BB'' + B'B'').$$

Mais, en désignant les hauteurs de mires lues sur A et B, respectivement par H_A et H_B, les distances correspondantes par D_A et D_B, et les angles d'inclinaison des visées par α_A et α_B, on peut écrire :

$$AA'' = H_A \qquad\qquad BB'' = H_B$$
$$A'A'' = D_A \tang \alpha_A \qquad B'B''\ ^1 = D_B \tang \alpha_B.$$

1 Les grandeurs géométriques A'A'', B'B'' sont considérées comme positives dans la relation 4; comme, d'autre part, l'angle α_B, est négatif dans l'exemple représenté par la figure 182, le produit $D_B \tang \alpha_B$ est lui-même négatif.

Remplaçant alors, dans l'expression (4), les grandeurs géométriques par les expressions algébriques correspondantes, il vient :

$$(5) \qquad z = (H_A - D_A \tan \alpha_A) - (H_B - D_B \tan \alpha_B),$$

d'où, enfin :

$$(6) \qquad z = (H_A - H_b) - (D_A \tan \alpha_A - D_B \tan \alpha_B).$$

Cette relation est générale à la condition de donner à chacun des angles α_A et α_B, le signe qui lui convient.

326. L'emploi des tachéomètres (n° 352) offre un exemple d'application du nivellement trigonométrique ; mais, dans certains de ces instruments, les angles fournis par l'éclimètre ont leur origine au zénith. Soient alors (*fig.* 183 et 184) :

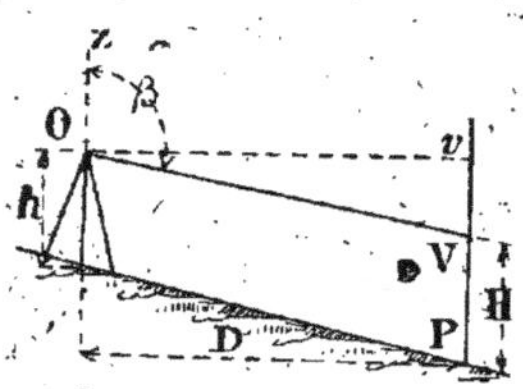

Fig. 183.

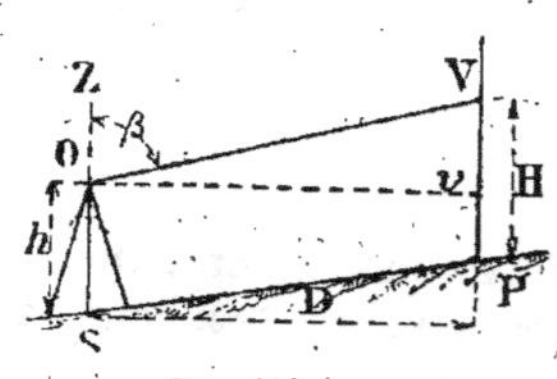

Fig. 184.

β, l'angle zénithal ZOV de la visée OV ;
H, la hauteur de mire PV ;
h, la hauteur de l'instrument,
D, la distance horizontale des points S et P.
La différence de niveau z est :

$$z = h - Pv = h - (H \pm vV).$$

Mais on a d'autre part :

$$\pm vV = D \cot \beta,$$

d'où :

$$z = h - H + D \cot \beta.$$

Cette formule est générale, car le terme D cotg β est positif, quand on a $\beta < 100^g$, et négatif pour $\beta > 100^g$.

B. — Précision du nivellement trigonométrique

327. Le résultat du nivellement trigonométrique est fonction de deux quantités, la distance et l'angle vertical de la visée. Son incertitude résulte donc de la combinaison des erreurs de ces deux facteurs ; or, comme l'erreur angulaire se trouve multipliée par la distance, la précision du nivellement trigonométrique est de beaucoup inférieure à celle du nivellement géométrique.

En effet, en admettant que la distance soit rigoureusement exacte, que l'erreur de calage soit nulle et que l'erreur moyenne de la tangente de l'angle vertical soit de $\frac{1}{10.000}$ seulement, ce qui, pour les angles voisins de l'horizontale, correspond à une erreur angulaire de $0^g,006$, on aurait, pour erreur moyenne de la différence de niveau répondant à une distance de 100 mètres :

$$e = 100^m \times \frac{1}{10.000} = 0^m,01.$$

Mais ce n'est là qu'un minimum d'erreur ; avec un éclimètre de $0^m,10$ de diamètre, l'erreur moyenne angulaire est de $0^g,01$ (n° 209), ce qui, pour les visées peu inclinées, correspond à une erreur de $\frac{1}{6.000}$ environ sur la tangente et, par suite, à une erreur moyenne de $0^m,016$ à 100 mètres.

Enfin, avec un niveau de pente à visée directe comme celui de Chézy, donnant les inclinaisons à $\frac{1}{1.000}$ près, l'erreur correspondante sur la différence de niveau de deux points distants de 100 mètres serait de $0^m,10$.

CHAPITRE IX

NIVELLEMENT BAROMÉTRIQUE

328. On sait que la pression exercée par l'atmosphère est
égale, pour chaque unité de surface, au poids d'une colonne
de mercure mesurant, au niveau de la mer, environ 76 centimètres de hauteur. A mesure que l'on s'élève, la pression
exercée sur les corps par la partie de l'atmosphère qui les
domine diminue, et la hauteur de la colonne mercurielle
faisant équilibre à la pression atmosphérique se réduit proportionnellement ; on conçoit donc que, si l'on parvient à
établir une relation entre les variations de la pression, et,
par suite, de la colonne mercurielle, et les différences d'altitudes correspondantes, on pourra déduire la différence de
niveau de deux points donnés de la différence des hauteurs
barométriques observées simultanément en ces deux points.
Cette relation a pu être établie, mais non d'une façon rigoureuse. La diminution de la hauteur mercurielle, corrélative
de l'élévation du baromètre, dépend, en effet, non seulement
de la diminution d'épaisseur de la couche d'air supérieure,
mais encore des variations de la densité de l'air ; ces dernières sont fonction de plusieurs éléments dont le principal
est la décroissance, suivant une loi non encore parfaitement
déterminée, de la température ambiante.

Quoi qu'il en soit, la relation entre les variations de la
pression et les différences d'altitudes ayant pu être effectivement établie avec une approximation suffisante (voir ci
après n° 333), le baromètre peut, par suite, être considéré
comme instrument de nivellement.

A. — Baromètre a mercure de Fortin

329. Description. — Le baromètre à mercure qui présente le plus de facilités pour les transports et les observa-

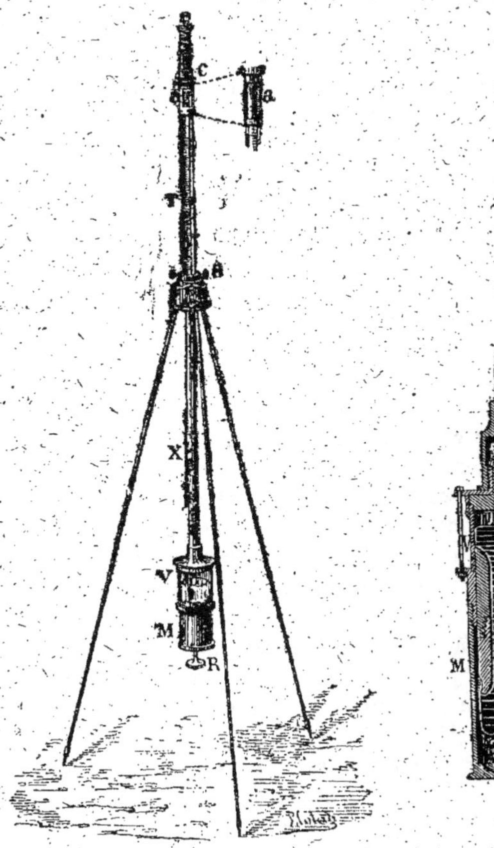

Fig. 185. — Baromètre a mercure, de Fortin.

Fig. 186. — Coupe de la cuvette du baromètre Fortin.

tions en campagne est celui de Fortin (*fig.* 185 et 186). Le tube T pénètre dans une cuvette cylindrique dont les parois latérales sont constituées par un cylindre en verre V permettant d'observer le niveau du mercure dans la cuvette et par un cylindre métallique M sur lequel sont fixés intérieurement des plaques de buis qui empêchent le mercure d'attaquer le métal. La cuvette est fermée : 1° à sa partie supérieure par une peau de chamois qui empêche le mercure de s'échapper, mais dont la perméabilité permet à la pression atmosphérique d'agir sur le mercure intérieur ; 2° à sa partie inférieure, par une seconde peau de chamois P constituant un fond mobile qu'une vis R, prenant appui sur un fond métallique extérieur, permet d'élever ou d'abaisser à volonté. Le tube est protégé par une gaine métallique dans laquelle sont pratiquées, en regard l'une de l'autre, deux fentes longitudinales par lesquelles on observe la colonne de mercure ; la hauteur de celle-ci se lit sur une échelle, divisée en demi-millimètres et gravée sur le bord de l'une des fentes ; pour faciliter cette opération, un curseur C (*fig.* 185) peut être déplacé le long du tube, par un mouvement rapide d'abord, puis par un mouvement lent déterminé par un pas de vis, jusqu'à ce que l'arête horizontale *a* paraisse tangente au ménisque. Le zéro de l'échelle correspond à une pointe d'ivoire *i* (*fig.* 186) fixée à la partie supérieure de la cuvette.

Pendant les observations, le baromètre Fortin repose sur un trépied par l'intermédiaire d'une suspension S (*fig.* 187) à la Cardan, qui en assure automatiquement la verticalité. On le place dans une gaine pour le transporter.

330. Manière de faire une observation. — Le baromètre étant installé sur son trépied, on agit sur la vis R jusqu'à ce que le niveau du mercure dans la cuvette soit en contact avec la pointe d'ivoire *i* ; à cet effet, on remarque, lorsque le ménisque est un peu au-dessous de la pointe d'ivoire, que celle-ci et son image, vue par réflexion dans le mercure, sont séparées par un petit intervalle ; on élève alors le niveau du mercure de manière à faire disparaître cet intervalle, tout en évitant de laisser se superposer la pointe et son image.

On fait ensuite glisser le curseur C sur le tube pour l'amener à la hauteur convenable ; puis on tourne la virole centrale pour imprimer à la partie inférieure le mouvement lent

qui permet de rendre l'arête *a* tangente au ménisque. On lit
alors sur l'échelle, au moyen de l'index *ad hoc* et du vernier
qui l'accompagne, la hauteur barométrique, à $\frac{1}{20}$ de millimètre près. Quand l'observation est terminée, il faut avoir
soin de *visser* la vis R, afin de remplir *complètement* de mercure la cuvette et le tube ; on est averti que le remplissage
est complet par la résistance qui s'oppose au mouvement de
la vis. On renverse alors le baromètre dans son étui.

B. — Baromètre métallique ou anéroïde

331. Description. — Le baromètre à mercure est relativement encombrant ; aussi lui préfère-t-on, dans la plupart des
cas où l'on a recours au nivellement barométrique, le baromètre anéroïde dont il existe d'excellents types de volume
très réduit. Nous représentons ci-contre, à titre d'exemple,
un type déjà ancien de baromètre anéroïde ; cet instrument,
dû à Vidie, se compose d'une boîte métallique circulaire B
(*fig.* 187) dont les deux bases se composent de cannelures qui

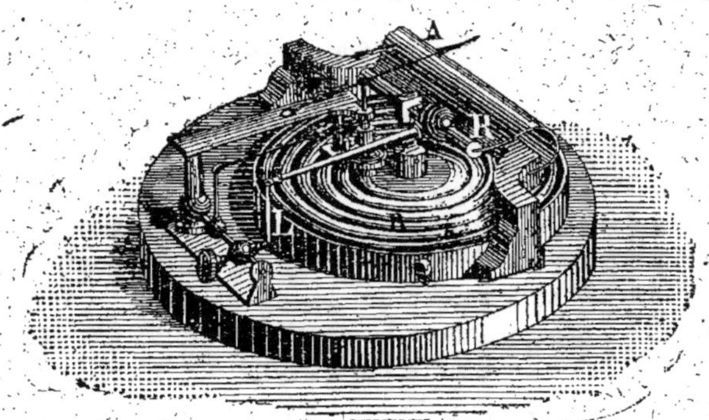

Fig. 187. — Baromètre anéroïde.

en augmentent l'élasticité et à l'intérieur de laquelle on a fait
le vide. En l'absence d'air intérieur, la pression atmosphérique
tend à aplatir la boîte, mais un ressort R soutient le centre

de la base supérieure. Quand la pression augmente, cette base descend en déterminant un infléchissement du ressort; quand, au contraire, elle diminue, le ressort se soulève. Ces mouvements sont amplifiés au moyen d'un système de leviers L et transmis finalement par une chaîne à un pivot qui entraîne une aiguille A. Cette aiguille se meut devant un cadran portant une circonférence qui a été divisée et graduée par comparaison avec un baromètre à mercure.

Certains baromètres dits *orométriques*, établis sur les indications du colonel Goulier, portent à l'intérieur de l'échelle des pressions, divisée en parties égales (*fig.* 188), une seconde échelle chiffrée en hectomètres dont les subdivisions, d'inégale largeur, représentent les décamètres de hauteur. Nous indiquerons plus loin la raison d'être et l'usage de cette échelle orométrique.

Le colonel Goulier a fait construire aussi des baromètres très pratiques, dits *altimétriques*, munis d'une division sur laquelle on lit directement, en regard de l'aiguille, l'altitude absolue du lieu où se fait l'observation.

A cet effet, le mécanisme de transmission des pressions à l'aiguille a été modifié de manière que le mouvement angulaire de l'aiguille soit proportionnel aux différences d'altitudes et non aux différences de pressions. Alors l'échelle orométrique du cadran est subdivisée en parties égales et l'échelle des pressions, en parties inégales.

332. **Manière de faire une observation.** — Les petits baromètres-portatifs doivent être maintenus dans le gousset, de manière à leur conserver une température à peu près constante. On les sort seulement au moment de l'opération, qui doit être aussi rapide que possible; on frappe légèrement sur le verre pour vaincre l'inertie du mécanisme, puis on fait la lecture soit de la pression, soit du nombre orométrique, en ayant soin de se placer bien normalement à l'aiguille, pour éviter toute parallaxe; on lit d'abord le nombre inscrit à gauche de l'aiguille, on y ajoute le nombre de petites divisions entières que l'on compte jusqu'à l'aiguille, puis l'appoint, estimé en dixièmes, de la division dans laquelle se projette l'extrémité de l'aiguille.

C. — Détermination de la différence de niveau de deux points

333. Formules de Laplace et de Babinet, tables numériques du Bureau des Longitudes et de Sanguet. — Abaques Prévot. — Pour fournir le maximum de précision que comporte le procédé, les opérations doivent être effectuées par deux opérateurs munis chacun d'un baromètre, d'un thermomètre, et d'une montre ; l'un reste à la station de départ, et l'autre se porte sur le second point et, à l'heure convenue, ils enregistrent chacun la hauteur barométrique et la température correspondante de l'air. On recueille donc ainsi les quatre éléments suivants :

H, hauteur barométrique
t, température de l'air $\Big\}$ à la station inférieure.

h, hauteur barométrique
t', température de l'air $\Big\}$ à la station supérieure.

La formule la plus complète pour déterminer la différence de niveau des deux stations est due à Laplace. En désignant par dN la différence de niveau cherchée et par L la latitude, on a :

$$dN = 18\,336^{\mathrm{m}}\,(1 + 0{,}00265 \cos 2\,L)\left[1 + \frac{2\,(t + t')}{1.000}\right] \log \frac{H}{h}.$$

Pour les observations faites en France et pour les différences d'altitudes peu considérables, on peut employer la formule simplifiée de Babinet :

$$dN = 16.000\left(1 + \frac{2\,(t + t')}{1.000}\right)\frac{H - h}{H + h}.$$

Si les observations sont faites avec un baromètre à mercure, ce qui est le cas général quand on a recours à la formule de Laplace, il faut, en outre, au cours des observations, enregistrer la température du baromètre et ajouter au résultat une correction tenant compte des dilatations du mercure et de l'échelle gravée sur la gaine en cuivre. En désignant par T la température du baromètre de la station inférieure, et par T' celle du baromètre de la station supérieure, le terme correctif en question est :

$$+ 1^m,3\ (T' - T).$$

Des tables facilitant le calcul de la formule de Laplace se trouvent dans l'*Annuaire du Bureau des Longitudes*.

M. Sanguet, ingénieur-géomètre, a, de son côté, calculé et publié des tables permettant de calculer rapidement la différence de niveau entre deux stations barométriques, au moyen de la formule de Laplace légèrement modifiée.

Deux petites tables spéciales fournissent, en outre, une solution encore plus rapide du problème, pour le cas où la différence de niveau n'excède pas quelques centaines de mètres.

Enfin nous avons construit pour nos lecteurs les abaques reproduits à la fin de cet ouvrage sur la planche hors texte et qui donnent, *sans aucun calcul*, la différence de niveau des deux stations, connaissant la moyenne des températures observées aux deux stations, celle des pressions et la différence de ces dernières.

Exemple :

Observations faites à la station inférieure :

$$H = 722^{mm},6, \qquad t = 15°,2$$

Observations faites à la station supérieure :

$$h = 698^{mm},3 \qquad t' = 12°,0$$

$$H - h = \overline{24^{mm},3} \qquad t - t' = \overline{3°,2}$$

$$\frac{H + h}{2} = H - \frac{H - h}{2} = 710,4. \quad \frac{t + t'}{2} = t - \frac{t - t'}{2} = 13,6.$$

L'abaque fournit pour différence de niveau correspondante : $dN = + 289$ mètres.

L'altitude de la station inférieure étant, par exemple, 427^m, on en déduit pour l'altitude de la station supérieure : 716^m.

334. Divisions orométriques. — Dans le but de supprimer tout calcul, le colonel Goulier a fait ajouter sur les baromètres anéroïdes, en regard de l'échelle des pressions, une seconde échelle *orométrique* (*fig.* 188), sur laquelle on lit, à chaque station, en regard de l'aiguille, un nombre dit orométrique; la différence des nombres orométriques répondant à deux stations fait connaître la différence de niveau qui les sépare.

Pour calculer la graduation de l'échelle orométrique, le colonel Goulier a supposé que les observations seraient faites aux latitudes moyennes pendant la bonne saison, et il a admis :

1° Pour pression moyenne au niveau de la mer : 76 centimètres ;

2° Pour température au niveau de la mer : 20° ;

3° Pour diminution de température en fonction de l'altitude : 1° par 165 mètres d'élévation.

On trouve dans le commerce deux types de baromètres orométriques établis l'un pour les nivellements dans les montagnes

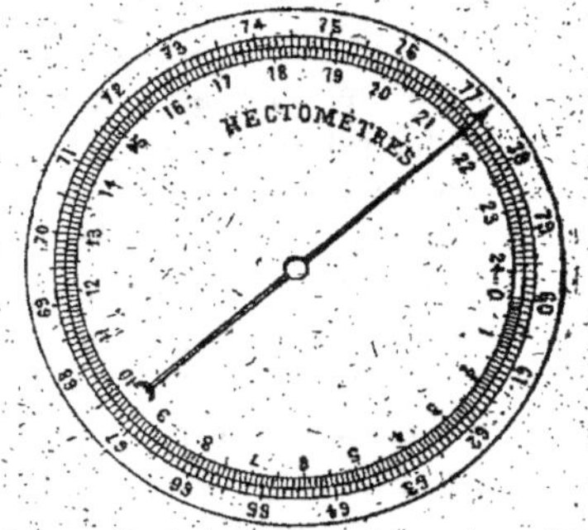

Fig. 188. — Cadran orométrique d'un baromètre anéroïde.

moyennes (moins de 2.000 mètres d'altitude), l'autre pour les observations dans les hautes montagnes.

EXEMPLE D'APPLICATION. — Reprenons l'exemple précédent et, en regard des pressions H et h, lisons, sur la figure 188, les nombres orométriques o correspondants :

$$H = 722^{mm},6 \qquad o = 1.570$$
$$h = 698^{mm},3 \qquad o' = 1.278$$

différence de niveau $dN = o - o' = 292^m.$

335. Variation de la pression. — Quand les observations faites aux différentes stations ne sont pas simultanées, il faut tenir compte des variations de la pression atmosphérique dans un même lieu de la région où on opère. A cet effet, on peut utiliser un des procédés suivants :

1° Un observateur, séjournant en un point déterminé, observe fréquemment le baromètre (de quart d'heure en quart d'heure, par exemple). Les variations étant ainsi connues, le second observateur qui aura, de son côté, noté l'heure de ses observations, pourra apporter à ces dernières les corrections convenables ;

2° On consulte les indications d'un baromètre enregistreur ayant séjourné dans un même lieu pendant la durée des observations ;

3° On déduit les variations de la pression des renseignements publiés par les journaux dans leurs bulletins météorologiques relatifs à la région considérée ;

4° On revient au point de départ, après l'achèvement des observations, constater la variation totale de la pression depuis le départ, et on admet que cette variation a été proportionnelle au temps, pour apporter aux observations, dont l'heure doit toujours être notée, les corrections convenables ;

5° Si l'on opère dans une région où un certain nombre de points ont déjà leurs cotes déterminées et connues, on effectue les observations successivement entre deux de ces points, et l'écart entre la différence des cotes connues et la différence de niveau calculée est attribuée à la variation de la pression ; on répartit la différence sur les observations intermédiaires proportionnellement au temps écoulé.

D. — Détermination de l'altitude
d'une station barométrique

336. Quand on connaît l'altitude de l'une des stations barométriques, celle d'une seconde station s'obtient immédiatement en faisant la somme algébrique de l'altitude connue et de la différence de niveau.

Pour utiliser le baromètre altimétrique du colonel Goulier, on fait tourner le fond du baromètre de manière que l'aiguille marque sur l'échelle *ad hoc*, à la station de départ, l'altitude de cette station. On obtient ensuite l'altitude d'une autre station en s'y transportant et en lisant la nouvelle cote indiquée par l'aiguille. On peut aussi, à défaut d'altitude connue attribuer une cote arbitraire au point de départ.

On peut encore se proposer de déduire l'altitude absolue d'une station de la pression et de la température *moyennes* en cette station ; si ces éléments ne sont pas déjà connus, on leur substitue la moyenne d'observations faites pendant plusieurs jours consécutifs ; mais il est clair que l'incertitude du résultat pourra être assez notable ; elle le serait bien davantage si l'on devait baser le calcul sur une seule observation, *puisqu'un écart de 1 centimètre* par rapport à la pression moyenne du lieu suffirait pour fausser le résultat de 100 mètres environ. On trouve, dans le *Recueil de tables* de M. Sanguet, déjà cité, une table altimétrique et une notice sur son mode d'emploi. Nous nous contenterons d'y renvoyer le lecteur. Nous avons, d'ailleurs, à l'aide des tables calculées par cet auteur, établi un *abaque altimétrique* que l'on trouvera à la fin de ce volume, sur la planche hors texte.

EXEMPLE D'APPLICATION DE L'ABAQUE ALTIMÉTRIQUE. — Quelle est l'altitude d'un lieu où on a observé une pression moyenne $H_m = 597^{mm},0$ et une température moyenne $t_m = + 8°$. Le point de rencontre de la verticale $+ 8°$ avec l'oblique 597 millimètres est situé sur une horizontale dont la cote 2030 est l'altitude cherchée par *rapport à une surface de comparaison sur laquelle la pression atmosphérique est égale à 760 millimètres.*

L'échelle des pressions moyennes au niveau de la mer (V. la planche) montre que ce n'est que par 60° de latitude que la pression est de 760 millimètres à ce niveau. Pour toute autre latitude L, il conviendra donc d'ajouter au nombre fourni par l'abaque altimétrique une correction qui, d'ailleurs, se lit directement sur l'échelle en regard de la latitude.

Si l'observation précitée a été faite à la latitude $L = 51°$, par exemple, on lira sur l'échelle des corrections $+ 20$ mètres, en nombre rond, d'où l'on déduira l'altitude absolue de la station :

$$2.030 + 20 = 2.050 \text{ mètres.}$$

E. — Précision du nivellement barométrique.

337. Quels que soient le mode d'observation adopté et les soins apportés tant aux observations qu'aux calculs, on a toujours à craindre une incertitude de quelques mètres sur le résultat.

Avec un baromètre à mercure observé dans les circonstances les plus favorables, l'erreur à craindre résultant des observations mêmes est environ, d'après le commandant Lehagre, de $2^m + 0,004\,dN$. Quand la différence de niveau dN est simplement déduite de la lecture des nombres orométriques, l'erreur du résultat peut atteindre, d'après le colonel Goulier :

$$4^m + 0,05\,D.$$

Certains baromètres anéroïdes paraissent présenter, dans l'indication des variations de la pression, soit un retard, soit une avance ; aussi obtient-on une augmentation sensible de précision, quand les circonstances permettent, après avoir effectué un certain nombre de stations barométriques, de réitérer toutes les observations en revenant au point de départ et de prendre ensuite la moyenne des résultats obtenus à l'aller et au retour. Cette moyenne est, en effet, soustraite, en partie au moins, à l'influence de l'erreur systématique instrumentale en question, et la précision peut, dans ce dernier cas, être accrue de 50 0/0.

CINQUIÈME PARTIE

MESURE SIMULTANÉE
DES ANGLES VERTICAUX, DES ANGLES
HORIZONTAUX ET DES DISTANCES

CHAPITRE X

MESURE SIMULTANÉE DES ANGLES HORIZONTAUX ET VERTICAUX. — THÉODOLITES

Le théodolite[1] est un cercle à lunette complété par un éclimètre. Suivant que la lunette est disposée dans l'axe de l'instrument ou latéralement, le théodolite est dit à *lunette centrale* ou à *lunette excentrique*.

A. — DESCRIPTION

a. — THÉODOLITE A LUNETTE CENTRALE

338. L'instrument ne diffère du tachéomètre décrit plus loin (n° 343) que par la substitution à la lunette anallatique d'une lunette astronomique simple, pourvue d'un réticule portant seulement deux fils en croix, et par la suppression du déclinatoire. Nous renverrons donc le lecteur à ce numéro, pour la description générale de l'instrument.

Dans le théodolite, la division du limbe de l'éclimètre comporte souvent deux zéros diamétralement opposés, avec lesquels les index des verniers doivent coïncider quand la lunette est horizontale. A partir de chaque zéro, et de part et d'autre de celui-ci, le limbe porte une division de 0 à 100ᵍ.

---

[1] Du grec : θέομαι, je vois; δολιγός, long, distant, loin.

Enfin une nivelle mobile à longues jambes peut se placer sur les tourillons de la lunette.

b. — THÉODOLITE A LUNETTE EXCENTRIQUE

339. La figure 189 représente le théodolite à lunette excentrique de Combes. Le triangle métallique porte une colonne creuse formant chemise et un cercle fixe. A l'intérieur, une seconde chemise, entraînant le limbe divisé, tourne autour d'un centre qui porte lui-même le cercle alidade, à verniers, l'éclimètre, la lunette et la nivelle.

Le cercle-limbe est relié au moyen de pinces à vis de

Fig. 189. — Théodolite à lunette excentrique de Combes.

rappel, d'une part, avec le cercle fixe de la colonne ; d'autre part, avec le cercle-alidade ; on peut donc immobiliser toutes les parties de l'instrument en serrant les deux pinces, faire tourner l'alidade seule en desserrant la pince supérieure, ou bien l'alidade et le limbe ensemble, en laissant serrée la pince supérieure, mais en desserrant la pince inférieure.

L'éclimètre est constitué par un limbe vertical à l'intérieur duquel tourne un cercle muni de deux verniers, dont l'axe porte la lunette. Une pince à vis de rappel relie les deux cercles verticaux.

Le poids de l'éclimètre et de la lunette est équilibré par un contrepoids cylindrique que l'on aperçoit à gauche de la figure.

Une nivelle disposée sur le cercle-alidade sert à rendre vertical l'axe de l'instrument.

B. — Mode d'emploi

a. — Théodolite a lunette centrale

340. La mesure des angles horizontaux et celle des angles verticaux s'effectuent avec le théodolite à lunette centrale, comme il a été dit à propos des cercles à lunette (nos 154 et 155) et des éclimètres (n° 207). Toutefois, les mesures étant simultanées, on doit, après le calage de l'instrument, pointer très exactement la croisée des fils du réticule sur le point choisi comme signal; à cet effet, la pince du cercle-alidade et celle du cercle vertical étant desserrées, on amène le signal dans le champ de la lunette; on serre ces deux pinces, puis on achève le pointage en agissant sur les vis de rappel. On procède alors aux lectures d'angle sur le limbe horizontal et sur le limbe vertical. En général, on enregistre les lectures faites aux deux verniers diamétralement opposés de chaque cercle.

b. — Théodolite a lunette excentrique

341. Si l'on opérait avec le théodolite à lunette excentrique comme il vient d'être dit pour le théodolite à lunette centrale, on introduirait dans les mesures angulaires des erreurs dues à l'excentricité de la lunette.

En ce qui concerne les angles horizontaux, les erreurs en question sont absolument identiques à celles dont nous avons parlé à propos de la boussole à viseur excentrique; le lecteur voudra bien relire le n° 182, qui s'applique tout aussi bien à l'instrument dont nous parlons, et où nous avons établi que l'erreur $d\theta$ sur la direction d'un signal est, en fonction de l'éloignement d de ce dernier et de l'excentricité e (distance de la lunette à l'axe vertical de l'instrument) :

$$\sin d\theta = \frac{e}{d}.$$

Pour que cette erreur reste inférieure à $0^g,01$ (approximation minimum recherchée quand on fait usage du théodolite), il faut, avec une excentricité de $0^m,15$, que le signal soit à une distance au moins égale à :

$$d = \frac{e}{\sin d\theta} = \frac{0,15}{0,000157} = 960 \text{ mètres environ.}$$

Comme nous l'avons dit au n° 183 (4°), on élimine l'influence de l'excentricité de la lunette dans les observations, en prenant la moyenne des lectures correspondant à deux pointages effectués l'un avec la lunette à droite, l'autre avec la lunette à gauche.

Quand, d'une même station, on doit observer plusieurs signaux, on vise successivement chacun d'eux en faisant décrire à l'alidade un tour complet d'horizon, d'abord avec la lunette à droite ; puis on recommence toutes les observations, avec la lunette à gauche, et en tournant en sens inverse.

Les inclinaisons mesurées avec le théodolite à lunette excentriques sont théoriquement un peu trop faibles. L'erreur de l'angle vertical ne peut d'ailleurs être compensée par les deux visées symétriques, car cette erreur est de même signe, dans les deux cas ; mais heureusement elle est assez faible pour qu'on puisse toujours la négliger dans la pratique.

C. — VÉRIFICATION, RÉGLAGE ET PRÉCISION

342. Le théodolite, étant un cercle à lunette complété par un éclimètre, doit être soumis aux vérifications précédemment indiquées pour les cercles et les éclimètres, savoir :

1° *Vérification et réglage de la nivelle* (V. n° 76 et, plus loin, n° 354) ;

2° *Perpendicularité de l'axe optique de la lunette à l'axe de rotation* (V. nᵒˢ 160 à 163 et 169);

3° *Perpendicularité de l'axe de rotation de la lunette à l'axe principal de l'instrument* (V. nᵒˢ 164 à 168);

4° *Réglage de l'éclimètre* (V. nᵒ 208).

Les angles horizontaux et verticaux sont déterminés avec l'approximation qui correspond aux diamètres des limbes. Nous avons déjà donné quelques indications à cet égard aux nᵒˢ 170 à 177 et 209.

D. — THÉODOLITE A MICROSCOPES

On substitue quelquefois aux verniers des microscopes à réticule; le limbe est alors divisé en décigrades et on estime à vue le centigrade à l'aide du fil réticulaire du microscope. Avec un limbe de 0ᵐ,13 de diamètre, l'erreur moyenne de lecture à un microscope ne dépasse pas 5 milligrades.

CHAPITRE XI

MESURE SIMULTANÉE DES ANGLES ET DES DISTANCES TACHÉOMÈTRES

Les tachéomètres[1] les plus répandus sont de deux types : le plus ancien, dû à un savant officier du Génie piémontais, Porro, est caractérisé par l'emploi d'une lunette anallatique pour mesurer les distances que l'on réduit ensuite à l'horizon par le calcul ; le second, inventé par un géomètre français, M. Sanguet, comporte la détermination directe des distances horizontales ; il est connu sous le nom de tachéomètre auto-réducteur à contrôles multiples. Enfin, un troisième type, dû au même inventeur et de création plus récente, résout le même problème : c'est le longi-altimètre ou tachéomètre de montagne[2].

§ 1. — DESCRIPTION DES TACHÉOMÈTRES

A. — DESCRIPTION DES TACHÉOMÈTRES DU GENRE PORRO, OU A LUNETTE ANALLATIQUE

343. Description générale de l'instrument. — La figure 190 représente l'un des nombreux types de tachéomètres du genre Porro.

[1] Du grec : ταχύς, vite; μέτρον, mesure.
[2] Plus récemment encore divers tachéomètres ont été imaginés, notamment par MM. Schrader et Champigny. Ces appareils sont soumis à de premières expériences au moment même où nous mettons sous presse ; nous ne pouvons donc en parler pour deux raisons majeures : d'une part, parce que l'état d'avancement de notre publication ne permettrait pas de le faire sans retarder notablement l'apparition de cet ouvrage et que, d'autre part, nous estimons que, seuls, les instruments ayant déjà fait leurs preuves doivent figurer dans un traité didactique.

Un triangle métallique T. à trois vis calantes supporte une colonne creuse à l'intérieur de laquelle tournent deux *centres* entraînant, le premier, le limbe horizontal L et le manchon extérieur avec plateau P ;
le second, l'alidade A. La pince p_1 fixée au triangle permet d'immobiliser le plateau P, et, par suite, le limbe ; la pince p_2 qu'entraîne l'alidade sert à rendre celle-ci solidaire du limbe. La pince p_2 étant serrée et la pince p_1 desserrée, on peut faire tourner tout l'instrument autour de l'axe principal de rotation ; au contraire, quand on serre la pince p_1 et que l'on desserre la pince p_2, l'alidade seule peut tourner autour du même axe. Chaque pince est munie d'une vis de rappel r, à l'aide de laquelle on imprime un lent

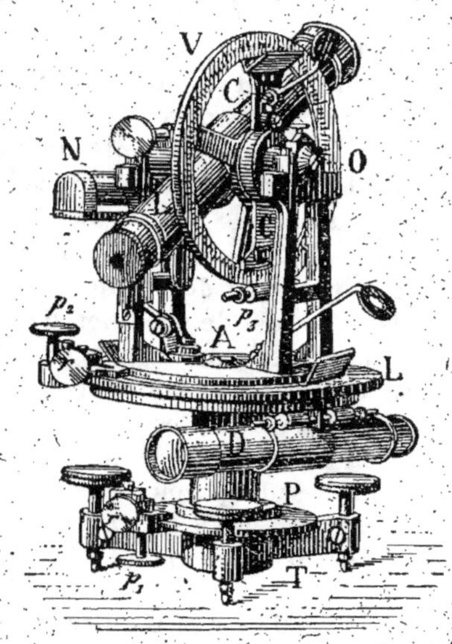

Fig. 190. — Tachéomètre à lunette anallatique.

mouvement de rotation à la partie correspondante de l'appareil.

Sur l'alidade sont fixés deux montants servant d'appui aux tourillons O de la lunette L. Celle-ci entraîne un limbe vertical V en forme de couronne annulaire, qui embrasse un cercle ou un secteur C relié au bâti ; sur ce cercle sont gravés deux verniers diamétralement opposés ; il porte, en outre, une pince p_3 servant à l'immobiliser ; une nivelle à bulle d'air N sert au calage de l'instrument.

La lunette, pourvue d'un réticule composé d'un fil vertical et de trois fils horizontaux équidistants [1], est *anallatique* (n° 248).

---

[1] Porro employait cinq et même sept fils horizontaux disposés de manière à faciliter le contrôle des lectures sur la mire.

Enfin un déclinatoire D est fixé à la colonne de l'instrument. Le *déclinatoire* le plus répandu se compose d'un tube cylindrique horizontal dans lequel se trouve suspendue une aiguille aimantée dont la pointe nord est recourbée vers le haut; ce tube est fermé à celle de ses extrémités voisine de la pointe nord de l'aiguille, par un verre sur lequel est gravée une division à zéro central servant à constater la position de l'aiguille ; à l'autre extrémité du tube, un oculaire est disposé pour observer la division précédente et la pointe recourbée de l'aiguille.

L'axe du déclinatoire est déterminé par le zéro de la division et le centre de l'oculaire ; un dispositif spécial à vis de réglage permet de modifier d'une petite quantité l'orientation de cet axe par rapport au limbe horizontal et de le disposer notamment de telle façon que, lorsque l'aiguille coïncide avec cet axe et que les zéros du vernier et du limbe horizontal sont en coïncidence, la lunette soit dirigée vers le nord. Un levier à bascule permet, le cas échéant, de soulever l'aiguille pour éviter l'usure de la chape et de son pivot pendant le transport de l'instrument.

344. Déclinatoire Goulier. — Le colonel Goulier a fait construire, pour être adapté au type de tachéomètre qui porte son nom, un déclinatoire établi comme suit : les deux pointes de l'aiguille sont

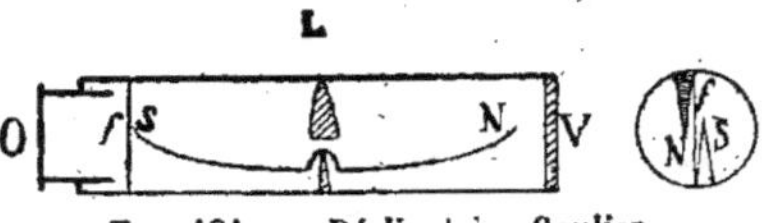

Fig. 191. — Déclinatoire Goulier.

recourbées (*fig.* 191), de manière à dépasser la hauteur du pivot ; au-dessus de celui-ci, en L, est disposée une lentille convergente échancrée formant, près de la pointe sud S de l'aiguille, une image renversée (V. *fig.* 191, coupe) de la pointe nord N placée près du verre-objectif dépoli V. En *f* se trouve un fil vertical monté sur un cadre que l'on peut déplacer latéralement à l'aide d'une vis de rectification.

Enfin un oculaire placé en O grossit 6 à 7 fois l'image de l'aiguille.

Par suite du renversement de l'image de la pointe nord, cette image paraît se déplacer dans le même sens que la pointe sud, quand l'aiguille oscille. Le déclinatoire est orienté quand les deux images observées sont disposées symétriquement par rapport au fil, comme le montre la coupe de la figure 191 [1].

B. — Description du tachéomètre auto-réducteur Sanguet

345. Dispositions générales de l'instrument. — Comme le tachéomètre du genre Porro, le tachéomètre Sanguet (*fig.* 156) comporte une alidade et un limbe portés par un triangle métallique. L'alidade est pourvue d'un vernier ordinaire et, à l'extrémité du diamètre correspondant, de deux verniers complémentaires (n° 105) assurant un contrôle efficace des lectures.

Sur le cercle-alidade est fixée une règle horizontale supportant à droite, une fourche servant d'appui aux tourillons de la lunette ; à gauche, une règle verticale R le long de laquelle se déplace l'extrémité antérieure de la lunette et, au milieu, la nivelle à bulle d'air N. L'ensemble des pièces ainsi portées par l'alidade constitue le stadimètre auto-réducteur Sanguet dont nous avons déjà donné, au n° 271, une description à laquelle nous prions le lecteur de se reporter. Nous rappellerons seulement que c'est par le jeu du levier l que l'on détermine les angles diastimométriques qui permettent de lire directement sur la mire les distances réduites à l'horizon. Les pinces p_1, p_2, p_3 de la figure 156 jouent respectivement le même rôle que les pinces p_1, p_2, p_3, du tachéomètre du genre Porro (*fig.* 190), la pince p_3 servant à immobiliser la lunette sous une inclinaison quelconque comprise entre $+ 0,6$ et $- 0,6$. Les vis r_1, r_2, r_3 servent de rappel respectivement aux pinces p_1, p_2, p_3.

[1] Si les pointes et le centre optique de la lentille L étaient en ligne droite, les pointes seraient toujours sur une même verticale et devraient venir se placer derrière le fil f, quand on oriente le déclinatoire ; mais on aurait alors un peu moins de précision qu'en excentrant un peu la lentille ou le pivot de l'aiguille, de manière à ménager entre les pointes un petit intervalle que l'on fait bissecter par le fil f.

346. Déclinatoire Sanguet. — En D est fixé un déclinatoire représenté en coupe par la figure 192. L'aiguille a ses deux pointes recourbées vers le haut. La pointe sud S est vue par réflexion en S' (V. la coupe), par exemple, dans une glace située en G, au-dessus du pivot. La pointe nord N est vue directement au travers d'une fenêtre ménagée dans le tain de la glace G. Il résulte de ces dispositions que les pointes paraissent se déplacer en sens

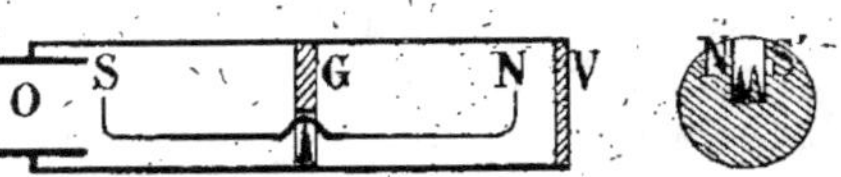

FIG. 192. — Déclinatoire Sangüet.   FIG. 193.

contraire l'une de l'autre quand l'aiguille oscille; le déclinatoire est orienté quand l'image de la pointe sud semble couvrir ou prolonger la pointe nord (*fig.* 193).

Le déclinatoire est terminé en V (*fig.* 192) par un verre à faces parallèles permettant de viser en avant pour faire placer, par exemple, un jalon dans le prolongement du méridien magnétique, et en O par un oculaire amplifiant les pointes observées et leurs mouvements. Lorsque cet oculaire est rentré, il agit sur un levier qui maintient l'aiguille suspendue; mais, dès qu'on le sort pour le mettre au point, l'aiguille vient reposer sur son pivot et se trouve en liberté.

Le déclinatoire est monté sur un collier qui embrasse la colonne de l'instrument, ce qui permet de modifier l'orientation du déclinatoire par rapport au limbe.

C. — Théorie et description du longi-altimètre Sanguet

a. — Théorie

347. Mesure des distances. — Considérons (*fig.* 194) une lunette projetée horizontalement en L_1L_1 mobile autour d'un axe horizontal TT_1 constitué par deux tourillons. L'extrémité T de l'un des tourillons forme pivot; celle T_1 de l'autre est commandée par un levier vertical T_1B_1, mobile autour d'un point fixe F. Quand les pièces occupent les positions représentées en traits pleins sur la figure, l'axe optique de la lunette décrit en tournant autour de ses tourillons un plan vertical dont la trace horizontale est L_1L_1. Si nous faisons passer alors le levier de la position T_1B_1 à celle T_2B_2, les tourillons viennent en TT_2, et la lunette en L_2L_2; le plan vertical que peut décrire l'axe optique a maintenant sa trace dirigée suivant L_2L_2. En d'autres termes, quand on fait tourner la lunette autour de ses tourillons, l'axe optique détermine, avant et après déplacement du levier, la face d'un dièdre dont l'angle plan est L_1OL_2.

Imaginons qu'une mire horizontale soit présentée successivement à des distances D_1, D_2 de l'arête verticale O du dièdre en question, — c'est-à-dire du

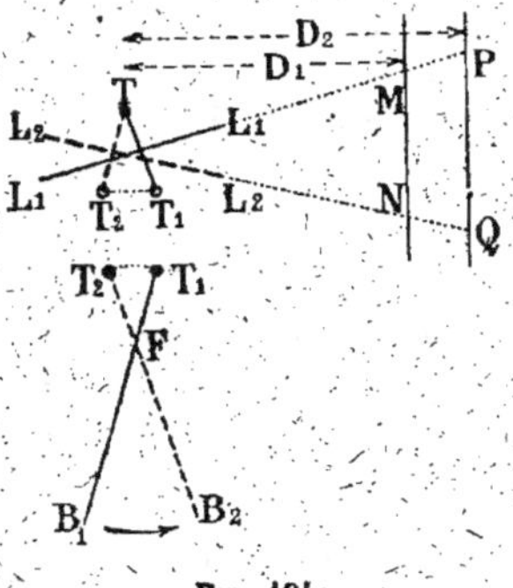

Fig. 194.

centre de l'instrument; les longueurs de mire MN, PQ interceptées entre les faces du dièdre seront liées aux distances par la relation :

$$\frac{MN}{D_1} = \frac{PQ}{D_2}.$$

Ces deux rapports égaux sont d'ailleurs constants, si les deux positions extrêmes du levier sont fixées invariablement, et l'on a ainsi un véritable coefficient diastimométrique $K_d = \dfrac{MN}{D_1}$, fixé une fois pour toutes, qui permet, dans chaque cas particulier, d'obtenir la *distance horizontale* à laquelle est située la mire, à l'aide de la relation :

$$D = \frac{1}{K_d} \cdot m_d.$$

dans laquelle m_d représente la longueur de mire interceptée entre deux visées répondant chacune à une position du levier.

Le résultat cherché est d'ailleurs atteint, quelle que soit la hauteur de la mire au-dessus ou au-dessous de l'instrument.

348. **Mesure des hauteurs.** — Soient (*fig.* 195): L_1L_1, la projection verticale de la lunette; et TT_1, celle de l'axe des tourillons.

Imaginons maintenant que l'extrémité T_1 forme pivot et

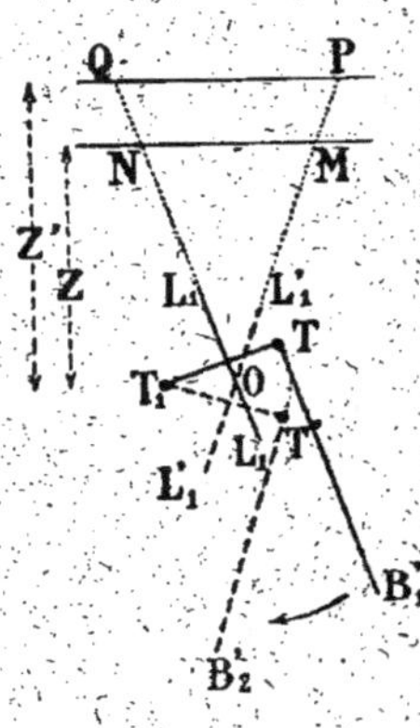

qu'un second levier B'_1 permette d'amener l'extrémité T en T', ces deux points T' et T' étant situés sur une même verticale; la lunette vient en $L'_1L'_1$. Dans la première position, quand la lunette tourne autour de ses tourillons, l'axe optique décrit un plan vertical dont la trace verticale se confond avec L_1L_1; dans la seconde position, l'axe décrit un second plan dont la trace verticale est $L'_1L'_1$. Les deux plans ainsi déterminés sont les faces d'un dièdre dont l'arête O est horizontale et dont l'angle plan est $L_1OL'_1$. Si l'on place devant l'instrument une mire horizontale, d'abord en MN, puis en PQ, les longueurs MN, PQ, interceptées entre les faces du dièdre, sont proportionnelles aux hauteurs z et z' de la mire au-dessus de l'arête horizontale O du dièdre; on a, en effet :

$$\frac{MN}{z} = \frac{PQ'}{z'}.$$

Ce rapport est constant si les deux positions limites du second levier sont toujours les mêmes. Dans ce cas, en désignant par K_h le rapport constant en question, et par m_h la longueur de mire comprise entre les deux visées déterminées par le déclenchement du second levier, on a toujours, pour expression de la différence de niveau entre la mire horizontale et l'arête O du dièdre, c'est-à-dire pratiquement entre la mire et les tourillons :

$$z = \frac{1}{\mathrm{K}_h} \cdot m_h.$$

b. — Description du longi-altimètre et de sa mire spéciale

349. Longi-altimètre. — La figure 196 représente le longi-altimètre Sanguet. On y reconnaît tous les organes d'un théodolite à lunette centrale. Les deux tourillons sont constitués par des sphères enfermées dans des coussinets en forme de coquilles creuses, à l'extrémité de deux leviers. Le levier b imprime à l'axe des tourillons le déplacement transversal permettant la détermination des distances (n° 347); le levier coudé b' permet de modifier la hauteur de la sphère de droite en vue de la mesure des hauteurs (n° 348). Des boutons b, b' facilitent la manœuvre des leviers, dont le jeu est limité par des vis buttantes v, v', disposées

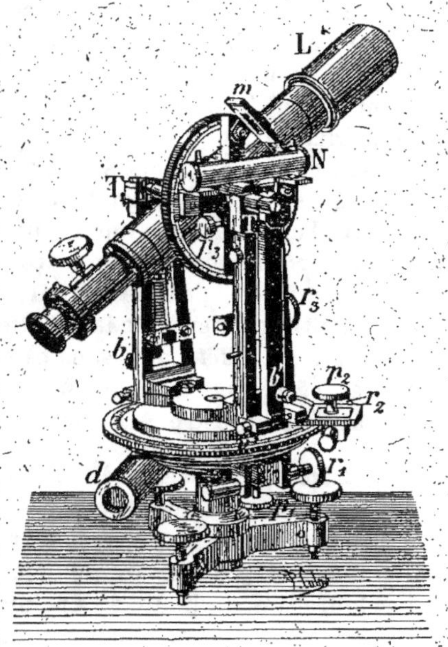

Fig. 196. — Longi-altimètre.

a l'extrémité des grands bras, de manière que les erreurs de contact soient réduites dans le rapport $\left(\frac{1}{10}\right)$ des longueurs des grands et petits bras.

Le coefficient diastimométrique et celui des hauteurs sont habituellement de $\frac{1}{100}$, de telle sorte que la mire peut toujours être considérée comme une échelle dont chaque division représente 1 mètre, soit de distance, soit de différence de niveau.

On peut d'ailleurs régler l'instrument pour un autre coefficient, $\frac{1}{200}$ par exemple.

La lunette comporte un réticule formé en principe de deux fils en croix seulement; deux couples de fils verticaux, symétriques du fil axial, ont été ajoutés dans le but de contrôler les lectures et, dans certains cas, d'augmenter la portée de l'instrument au moyen d'un artifice particulier (n° 353).

L'écartement des deux fils latéraux est égal au dixième de l'intervalle compris entre l'un d'eux et le fil axial.

Comme tout tachéomètre, l'instrument est complété par un déclinatoire D.

Ajoutons que la lunette peut, si on le désire, tourner autour de son axe de figure dans l'intérieur du manchon qui porte l'axe horizontal de rotation. Cette disposition permet, concurremment avec un miroir, mobile autour d'un axe perpendiculaire à un tube cylindrique que l'on peut monter à l'extrémité antérieure de la lunette, de déterminer, comme on le verra aux *Méthodes*, sans calcul, la direction du plan méridien et l'heure du lieu où l'on se trouve par la seule observation d'un astre à la croisée des fils.

350. Mire du longi-altimètre. — La mire spéciale du longi-altimètre est une mire horizontale, divisée en centimètres, que l'on fixe sur un bâton vertical, habituellement à 2 mètres de hauteur, et que l'on arc-boute avec une contre-fiche.

La chiffraison, au lieu d'être peinte directement sur le bois, est inscrite sur une bande de toile sans fin disposée à l'intérieur même de la mire; les chiffres apparaissent dans des lucarnes disposées à côté des divisions. On peut ainsi modifier à volonté la cote des divisions décimétriques de la mire, de manière à y lire, comme on le verra, non pas des différences de niveau, mais les *altitudes mêmes* des points sur lesquels elle repose. Un voyant est mobile devant une échelle en buis d'une quinzaine de centimètres de longueur, divisée

en millimètres et fixée au milieu de la mire, de manière que
son zéro soit à 2 centimètres à gauche de l'origine du décimètre central de celle-ci ; on amène l'index du voyant en
regard de la division de l'échelle qui a pour cote le centième
de la hauteur de l'instrument. La ligne de foi du voyant se
trouve ainsi disposée à une distance du décimètre central de
la mire égale à la différence de la hauteur de la mire (2 mètres)
et de celle de l'instrument au-dessus du sol, ce qui évite
d'avoir à tenir compte de ces constantes dans le calcul des
altitudes.

Quand on doit lire directement sur la mire les altitudes
des points levés, on fixe le voyant de telle sorte que son
index marque sur l'échelle le centième de la somme de la
hauteur de l'instrument et du nombre de mètres et décimètres marqué par les chiffres des unités et dixièmes de
l'altitude du point de station. On fait ensuite tourner la
bande sans fin jusqu'à ce que le chiffre des dizaines de mètres
apparaisse dans la lucarne du décimètre central.

D. — Nivelles mobiles supplémentaires

351. Souvent une ou deux nivelles mobiles sont adjointes
au tachéomètre. L'une se place sur les tourillons de la
lunette, soit pour régler la perpendicularité de l'axe des
tourillons à l'axe principal de l'instrument (nº 168), soit
quand il est utile de tenir compte de l'inclinaison des tourillons due à l'erreur inévitable de calage (nº 173), par
exemple, quand on utilise l'instrument pour mesurer les
angles d'une triangulation. Il est commode, dans ce cas,
d'employer une fiole, comme celle des nivelles mobiles
Sanguet, dont les divisions correspondent chacune à un angle
au centre de 2 milligrades. Pour obtenir l'inclinaison de
l'axe des tourillons à un moment donné, on opère alors par
la méthode générale précédemment indiquée (nºˢ 74 et 75) ;
pour la facilité du calcul, on considère comme positives les
côtes des divisions placées à gauche, et comme négatives celles
des divisions de droite. Supposons que les deux positions de
la bulle, avant et après retournement de la nivelle, soient

définies par les lectures :

1re position de la nivelle : $+ \ 5 \quad - \ 6$
2e —   — $+ \ 7 \quad - \ 4$

L'axe est incliné de : $+ \ 12 \quad - \ 10 = + \ 2$ milligrades

et la **correction** angulaire (n° 173) **est :**

$$+ \ 0^{g},002 \ \text{tang} \ i.$$

La seconde nivelle se fixe sur la lunette et permet d'effectuer des nivellements géométriques ; pour transformer le tachéomètre en niveau, il suffit alors d'établir et de maintenir la coïncidence du zéro du vernier de l'éclimètre ou du clisimètre avec la division correspondant à l'horizontalité de la lunette. La nivelle appropriée au tachéomètre Sanguet comporte une fiole à deux faces opposées, de même rayon de courbure.

§ 2. — MODE D'EMPLOI DES TACHÉOMÈTRES

A. — Tachéomètres Porro et tachéomètre auto-réducteur Sanguet. — Mire verticale

352. Mise en station. — On installe le trépied de manière que l'axe de l'instrument coïncide aussi exactement que possible avec la verticale du point choisi comme point de station, puis on desserre la vis de pression p_1 (*fig.* 190 et 156), et on fait tourner le limbe pour orienter approximativement le déclinatoire, c'est-à-dire pour rendre les oscillations de l'aiguille symétriques de l'axe du déclinatoire ; ensuite, pendant que s'amortissent ces oscillations, on rend vertical l'axe de l'instrument en consultant la nivelle et en manœuvrant les vis calantes (n° 79). Enfin, à l'aide de la vis de rappel adjointe à la pince p_1, on achève l'orientation du déclinatoire en amenant, savoir : dans les tachéomètres des constructeurs Richer, Berthélemy, etc., la pointe de l'aiguille sur le trait axial du verre objectif (n° 343) ; dans le tachéomètre de Goulier, les images des pointes à être symétriques du fil servant de repère (n° 344) ; dans le tachéomètre Sanguet, les images des pointes en coïncidence (n° 346).

A ce moment, l'instrument est prêt pour les observations; le limbe se trouve orienté de telle sorte que la lecture au vernier principal soit nulle, quand la lunette est dirigée vers le nord magnétique, ou vers le nord vrai si la position du déclinatoire a été déterminée à cet effet (n° 354, 5°). Les angles lus sur le limbe horizontal, quand la lunette occupe toute autre position, ont donc pour point de départ, suivant le cas, la méridienne magnétique ou la méridienne absolue ; on les appelle azimuts des visées.

Exécution des observations. — Les observations nécessitent l'emploi d'une mire parlante, divisée en centimètres, que l'on fait porter successivement sur tous les points dont on désire déterminer la position par rapport à la station. Cette position est définie par trois coordonnées : l'angle azimutal, la distance et l'angle zénithal. La mire étant tenue verticale sur un point à lever, on desserre, s'il y a lieu, les pinces p_2 et p_3, et on dirige la lunette vers le pied de la mire, autant que possible ; après avoir resserré les deux pinces, on achève le pointé à l'aide des vis de rappel correspondantes ; le fil vertical doit bissecter la mire, et le fil horizontal supérieur (fil vu en haut du champ de la lunette) du tachéomètre Porro, ou le fil horizontal unique du tachéomètre Sanguet doit être pointé très exactement sur une division à cote ronde (division métrique ou demi-métrique, ou tout au moins décimétrique). On enregistre alors la cote de la division sur laquelle on a pointé, puis les lectures faites soit sur les deux autres fils horizontaux de la lunette du tachéomètre du genre Porro, soit sur le fil unique du tachéomètre Sanguet après un ou plusieurs déclenchements du levier. On s'assure ensuite que le fil supérieur de la lunette du tachéomètre Porro, ou celui de la lunette du tachéomètre Sanguet ramenée à sa position initiale, est toujours exactement pointé sur la division à cote ronde choisie. On lit enfin l'angle azimutal sur le limbe horizontal, puis l'angle zénithal sur le cercle vertical du tachéomètre Porro ou la tangente de cet angle (pente par mètre de la visée initiale) sur la règle verticale du tachéomètre Sanguet.

On répète exactement et dans le même ordre la même série d'opérations pour chacun des points à lever.

Les éléments numériques sont mis en œuvre comme il est dit aux *Méthodes*.

B. — LONGI-ALTIMÈTRE SANGUET. — MIRE HORIZONTALE

353. La mise en station s'effectue comme il est expliqué au n° 352 pour les autres tachéomètres, et on détermine ensuite les trois coordonnées des points à lever : angle azimutal, distance et différence de niveau ou altitude.

Angle azimutal. — On desserre, s'il y a lieu, les pinces p_2 et p_3, et on dirige la lunette de manière que le fil vertical axial bissecte le bâton-support de la mire, maintenu vertical sur le point considéré. Puis on lit l'angle azimutal sur le limbe.

Distance. — Pour obtenir la distance, on pointe le fil vertical de gauche sur l'extrémité gauche cotée zéro, de la division de la mire ou on note la cote ronde correspondante ; on déclenche le levier de gauche h (*fig*. 196); puis on lit, sur la mire, la cote marquée par le même fil et on calcule la différence entre cette cote et la première ; cette différence fait connaître la distance cherchée (n° 347) ; on ramène le levier au départ pour s'assurer de l'invariabilité du pointé.

Pour contrôler les lectures, on peut lire au second fil vertical de gauche et au fil axial, calculer les deux différences stadimétriques et vérifier si la première est égale au dixième de la seconde.

La mire ayant $1^m,50$ de longueur, le rapport diastimométrique de $\frac{1}{100}$ permet de mesurer ainsi les distances jusqu'à 150 mètres seulement. Mais on peut déterminer les distances jusqu'à 300 mètres, en procédant comme suit : on amène le fil axial sur l'origine gauche, réellement ou mentalement cotée zéro, de la division de la mire, et on fait une première lecture sur le fil vertical de droite ; on déclenche le levier ; le fil de gauche, qui tombait en dehors de la mire, se projette maintenant sur la division ; on note la lecture qui lui correspond ; la somme des deux lectures fait connaître la distance. En effet appelons E l'intervalle, mesuré sur la mire, entre le fil axial et chacun des fils verticaux extrêmes, et D, le déplacement imprimé aux fils par le déclenchement du levier et évalué de même sur la mire placée à la distance considérée. Cette grandeur D, égale, d'ailleurs, au centième de la distance cherchée est, par hypothèse, plus grande que la longueur utilisable de la mire. Le fil axial ayant été pointé sur le zéro, on a d'abord lu, au fil de droite, le nombre E ; le déclenchement du levier a reporté tous les fils vers la droite d'une quantité D ; le fil axial est, par suite, à une distance D du zéro de la mire, et le fil de gauche à une distance $D - E$ du même point ; on lit donc $D - E$ sur ce fil, et on a bien, par suite, comme nous l'avons annoncé :

$$E + (D - E) = D,$$

c'est-à-dire que la somme des deux lectures fournit la distance cherchée.

Différence de niveau. — Quand on se propose de lire sur la mire horizontale les différences de niveau entre le point de station et les points à lever, sur lesquels reposera le bâton-support de la mire, on fixe d'abord le voyant de la mire, de manière que sa ligne de foi marque sur l'échelle *ad hoc* la hauteur de l'axe des tourillons de la lunette au-dessus du sol (n° 350). Puis, pour chaque point, on pointe le fil axial sur la ligne de foi ; on déclenche le levier de droite b', et on lit la différence de niveau cherchée, indiquée sur la mire par le même fil dans sa nouvelle position. On laisse revenir de lui-même le levier à sa position initiale, et on vérifie que le pointé est resté correct.

Altitude. — Si l'on désire, comme c'est le cas général, lire sur la mire l'altitude même du point levé, pour supprimer tout calcul ultérieur, on commence par disposer le voyant et la bande sans fin portant la chiffraison, comme il a été dit au n° 350, dernier alinéa.

Angle vertical. — Le limbe vertical permet, le cas échéant, de mesurer des angles verticaux comme avec le tachéomètre de Porro.

§ 3. — VÉRIFICATION ET RÉGLAGE DES TACHÉOMÈTRES

354. Les tachéomètres comportant divers organes servant à la mesure des angles horizontaux, des angles verticaux et des distances doivent être soumis aux vérifications déjà exposées dans les chapitres précédents relatifs à chaque catégorie d'opérations. Il nous suffira donc ici de les rappeler sommairement en renvoyant pour le détail aux paragraphes à consulter.

1° *Vérification et réglage de la nivelle.* — Voir n° 77. Pour que le réglage soit rapide, il importe de faire tourner la nivelle de 200ᵍ *exactement* autour de l'axe principal de l'instrument. A cet effet, on a soin, au moment de procéder au réglage, d'amener le zéro du vernier de l'alidade en coïncidence avec une division chiffrée L du limbe horizontal; puis on fait tourner l'alidade de manière à lire sur le limbe $L + 200^g$, quand L est plus petit que 200ᵍ ou $L - 200^g$, si L est plus grand que 200ᵍ. Par exemple, le zéro du vernier étant, avant le retournement, en regard de la division 130ᵍ on doit l'amener ensuite en regard de la division 330ᵍ.

2° *Perpendicularité de l'axe optique de la lunette à l'axe de rotation.* — Voir n°ˢ 160 et suivants. Perpendicularité du fil vertical à l'axe de rotation de la lunette (voir n° 169).

3° *Perpendicularité de l'axe de rotation de la lunette à l'axe principal de l'instrument.* — Voir n°ˢ 164 et suivants.

4° *Réglage de l'éclimètre des tachéomètres à cercle vertical ou du clisimètre du tachéomètre Sanguet.* — Voir pour les premiers instruments n° 208, et pour le second n°ˢ 216 et 208, deuxième

méthode. Le réglage s'effectue en déplaçant le vernier de
l'éclimètre ou du clisimètre à l'aide des vis disposées à cet effet.

5° *Réglage du déclinatoire.* — Le réglage du déclinatoire a
pour but de déterminer sa position de telle sorte qu'il suffise
ensuite de l'orienter, c'est-à-dire d'amener les pointes sur
l'axe du tube (n°ˢ 343, 344 et 346), pour que la lunette soit
dirigée vers le nord vrai quand l'alidade marque zéro sur le
limbe.

Pour effectuer ce réglage, il faut, en général, connaître
l'azimut d'une ligne repérée sur le terrain ; c'est ce qui
existe toujours dans les levés qui s'appuient sur une triangulation (voir, aux *Méthodes*, le calcul de l'azimut d'une
ligne déterminée par les coordonnées de deux de ses points).
Il est d'ailleurs toujours possible de déterminer et de repérer
sur le sol la trace du méridien en un point quelconque (voir
Méthodes); on se trouve alors ramené au cas précédent. Quand
le déclinatoire permet d'effectuer une visée directe dans le
prolongement de son axe (déclinatoire Sanguet, par exemple),
il suffit de connaître ou d'avoir pu calculer (n° 126) la déclinaison pour le lieu considéré.

PREMIER CAS. — *On connaît l'azimut d'une ligne repérée sur
le terrain.* — On installe le tachéomètre sur la ligne dont
l'azimut θ est connu, puis on amène le zéro du vernier usuel
de l'alidade en regard de la division θ, et on serre la pince p_2.
A l'aide du mouvement général, on pointe la lunette sur le
signal vu sous l'azimut θ, et on serre la pince p_1 du mouvement général. Enfin on oriente le déclinatoire à l'aide du
dispositif de réglage dont il est muni.

DEUXIÈME CAS. — *La déclinaison est connue et on peut faire
une visée par l'axe du déclinatoire.* — Soit, pour fixer les
idées, 15°,78, la déclinaison *occidentale* calculée (n° 126) ou
résultant d'observations en un lieu donné. On dispose l'alidade de manière que son zéro usuel marque 15°,78 sur le
limbe[1], et on serre la pince p_2. A l'aide du mouvement géné-

---

[1] Si la chiffraison du limbe croissait dans le sens du mouvement
des aiguilles d'une montre, il faudrait lire 400ᵍ — 15,97 = 384°,03.

ral, on pointe la lunette sur un signal éloigné au moins de 200 mètres pour que l'on puisse négliger l'excentricité du déclinatoire dans le réglage. Puis on desserre les vis qui relient le tube du déclinatoire au bâti et on dispose celui-ci de manière que son axe passe par le signal.

6° *Vérification et réglage de l'angle diastimométrique.* — Voir n° 251 pour le tachéomètre de Porro, et n° 277 pour le tachéomètre Sanguet. Le réglage du longi-altimètre s'effectue au moyen des vis qui limitent le jeu des deux leviers qui actionnent la lunette.

7° *Vérification de la mire.* — Voir n°ˢ 143 et 144.

§ 4. — PRÉCISION DES MESURES TACHÉOMÉTRIQUES

355. Nous avons exposé dans les précédents chapitres les fautes et erreurs auxquelles sont assujetties les mesures angulaires, et celles des distances obtenues à l'aide des divers organes constitutifs des tachéomètres. Nous aurons d'ailleurs l'occasion de revenir, dans le volume consacré aux *Méthodes*, sur la précision des résultats provenant de la combinaison des mesures élémentaires. Mais, sans attendre l'exposé des méthodes tachéométriques, il nous paraît utile de dire que, dans la tachéométrie de précision, la précision avec laquelle sont obtenues les directions reportées sur les plans est exactement celle qui résulte de la mesure des angles avec un cercle à lunette et non pas de l'orientation à l'aide de l'aiguille aimantée, comme le pensent quelques personnes et même certains auteurs, qui se méprennent sur le rôle du déclinatoire dans ce genre d'opérations. Enfin nous ferons remarquer que les dispositions mécaniques du tachéomètre Sanguet, outre l'avantage qu'elles ont de fournir des distances réduites à l'horizon, permettent d'obtenir, contrairement à ce qu'on avait pu croire avant la discussion des diverses causes d'erreurs, une précision supérieure à celle inhérente à l'emploi des lunettes stadimétriques et surtout des lunettes anallatiques.

Enfin l'appareil en question est le seul jusqu'ici qui comporte des dispositions fournissant un contrôle individuel des distances (n° 275), des azimuts (n° 105) et des inclinaisons (n° 216, remarque).

Les distances fournies par le longi-altimètre sont également plus précises que celles obtenues avec les lunettes anallatiques. Voici d'ailleurs les erreurs moyennes quadratiques d'une mesure pour diverses distances déterminées avec cet instrument par un géomètre du Cadastre et comparées ensuite avec les résultats d'une petite triangulation effectuée, à cet effet, entre les points de station.

NOMBRE des lignes mesurées	LONGUEUR MOYENNE des lignes mesurées	ERREUR MOYENNE d'un résultat
	mètres	
38	90	± 0^m,07
22	100	± 0^m,09
26	150	± 0^m,14
20	170	± 0^m,19
14	200	± 0^m,19

SIXIÈME PARTIE

CHAPITRE XI

INSTRUMENTS SPÉCIAUX AUX LEVÉS SOUTERRAINS

356. **Généralités.** — Les instruments décrits dans les précédents chapitres peuvent être employés dans les souterrains ou les mines, à la condition de ménager l'éclairage de certains de leurs organes et des signaux qui servent à marquer les côtés d'angles ou les alignements à mesurer. Mais on utilise aussi des appareils combinés en vue de cet usage spécial. L'objet du présent chapitre est de décrire les appareils ou accessoires qui ne sont employés qu'au fond.

§ 1. — SUPPORTS ET SIGNAUX

357. **Supports d'instruments.** — Les instruments peuvent être supportés par des trépieds ordinaires. Mais le sol des galeries étant parfois très irrégulier, et le plafond peu élevé, on utilise souvent des trépieds à jambes extensibles. Dans

Fig. 197.

d'autres cas, les couches étant rocailleuses et glissantes, ou le sol étant constitué par des remblais friables, la stabilité des instruments disposés sur les trépieds usuels laisserait à désirer ; on fixe alors dans les boisages des galeries des consoles en fer (*fig.* 197), sur lesquelles on place les instruments, ou encore on dispose, à hauteur convenable, soit entre les parois de la galerie, soit entre des montants verticaux disposés à cet effet, des poutrelles horizontales qui tiennent lieu de supports d'instruments.

358. Signaux. — Les principaux points à relever sont habituellement marqués à l'aide de clous et de crampons, enfoncés soit dans les boisages, soit dans le plafond. Les crampons sont disposés de manière qu'on puisse y suspendre facilement un fil à plomb.

Quand on doit observer un fil à plomb, on fait tenir à une petite distance en arrière un écran de papier dioptrique ou

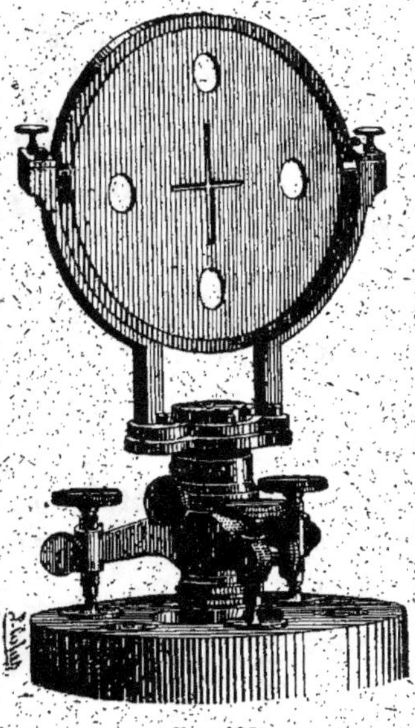

Fig. 198.
Fig. 199.

huilé, éclairé par transparence. Le fil se projette alors en noir sur un fond lumineux.

Les jalons et les voyants sont, le cas échéant, remplacés par des signaux lumineux (*fig.* 198 et 199), constitués soit par des voyants en tôle présentant une ouverture en forme de croix derrière laquelle on place une lampe, soit par des voyants

en verre peints en noir et blanc comme les voyants ordinaires, et éclairés par transparence, etc.. Ces voyants lumineux sont souvent montés sur des triangles à vis (*fig.* 198) ;

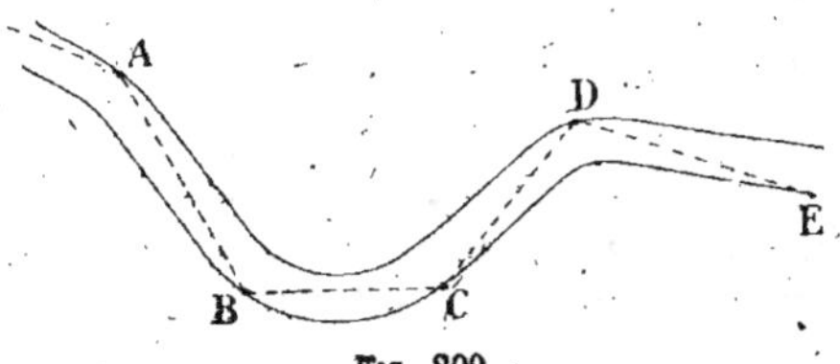

Fig. 200.

dans ce cas ils prennent, au moment voulu, la place des instruments sur leurs supports. Enfin on peut rendre inutile
l'emploi des signaux en matérialisant les lignes du levé au
moyen de cordeaux en chanvre, en soie ou en laiton, fixés
à des clous A, B, C, D, E (*fig.* 200), plantés dans les parois de
la galerie, ou encore sur des chevalets, distants de 15 à
20 mètres et assujettis sur le sol.

§ 2. — MESURE DES ANGLES HORIZONTAUX

BOUSSOLES SUSPENDUES

359. Description de la boussole suspendue ordinaire. —
On désigne sous le nom de boussole suspendue une bous-

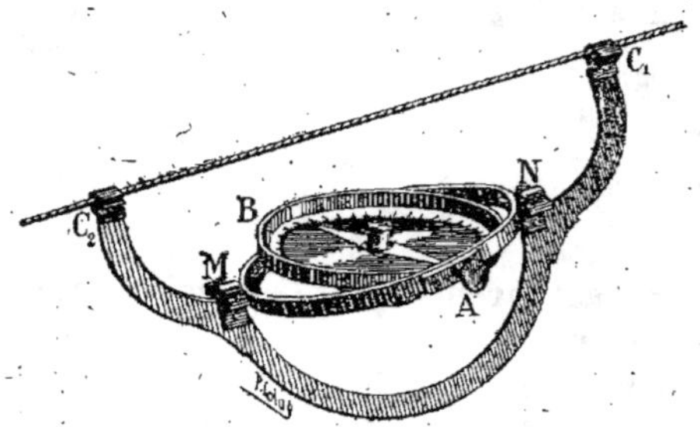

Fig. 201. — Boussole suspendue.

sole enchâssée dans une armature métallique constituant

une sorte de suspension à la Cardan (*fig.* 201) et terminée par deux bras munis de crochets C_1 et C_2, inversement disposés, servant à suspendre l'appareil sur un cordeau.

Dans la boussole représentée ci-contre la ligne des points de suspension forme un premier axe autour duquel peut tourner l'instrument librement suspendu ; sous son propre poids, l'armature en forme de fer à cheval vient se placer dans le plan vertical passant par le cordeau. Le boîtier de la boussole peut tourner autour d'un second axe AB perpendiculaire au premier, de sorte que le limbe vient toujours se placer dans un plan horizontal.

L'axe MN permet de faire pivoter le cercle A de manière à l'amener, ainsi que la boussole, dans le plan du fer à cheval, ce qui rend l'appareil plus maniable pour le transport.

360. Description de la boussole Plamineck. — Il existe plusieurs types de boussoles suspendues dont la construction est basée sur le même principe que celle de la boussole décrite au nº 359 précédent. Mais on trouve aussi des appareils présentant des dispositions tout autres ; dans celui de Plamineck, la boussole est fixée à la partie supérieure d'un pendule (*fig.* 202), dont le poids et la tige présentent une fente longitudinale dans laquelle est engagé le cordeau C ; une barre transversale B, munie d'agrafes d'accrochage, traverse la même fente vers sa partie supérieure ; elle est reliée à la tige par un axe AA' qui permet au pendule de s'établir verticalement, quelle que soit la position de la barre de suspension.

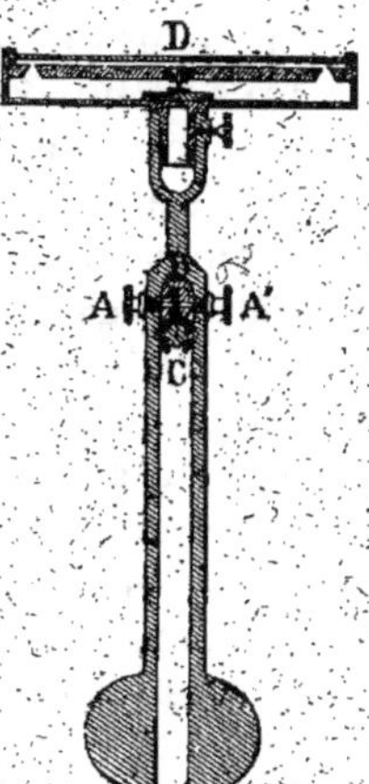

Fig. 202. — Boussole suspendue de Plamineck.

Cette disposition a l'avantage de reporter la boussole proprement dite D au-dessus du cordeau, ce qui rend plus faciles les observations.

361. Mode d'emploi. — La ligne de foi de la boussole (diamètre 0^g-200^g du limbe) est parallèle à la ligne des supports. Il en résulte qu'il suffit d'accrocher l'appareil sur le cordeau et de faire une lecture en regard de la pointe nord de l'aiguille pour obtenir l'azimut magnétique de la direction dans laquelle se trouve tendu le cordeau.

Lorsque le limbe est muni d'un dispositif permettant de le faire tourner dans sa monture, on peut décliner la boussole (n° 186) et obtenir directement, dans les mines non magnétiques, l'azimut vrai.

362. Vérification. — Dans les boussoles suspendues à limbe fixe, la ligne de foi doit être parallèle en plan à la ligne des supports. Quand cette condition n'est pas remplie, tous les azimuts sont affectés d'une même erreur, égale à l'angle constant formé par la ligne de foi avec la ligne de suspension. Cette erreur s'ajoute algébriquement à la déclinaison (n° 116) et à l'erreur provenant d'un défaut de coïncidence de l'axe géométrique de l'aiguille avec son axe magnétique (n° 131). On tient compte par le calcul de la somme de ces trois erreurs. On détermine la valeur de cette correction totale et constante en suspendant la boussole au moment même d'exécuter les opérations, sur un cordeau qui a été précédemment tendu, à la suite d'observations spéciales (voir aux *Méthodes*), dans la direction du méridien vrai. La lecture faite en regard de l'aiguille indique la correction cherchée.

Si l'on dispose d'une boussole à limbe mobile on fait tourner celui-ci de manière à amener son zéro devant la pointe-nord de l'aiguille; les azimuts lus ensuite se trouvent alors rapportés au méridien vrai, sous réserve, bien entendu, des variations diverses et accidentelles de la déclinaison (n°ˢ 117 et suivants).

§ 3. — MESURE DES ANGLES VERTICAUX

ÉCLIMÈTRE SUSPENDU [1]

363. Description. — L'éclimètre suspendu (*fig.* 203) est un demi-cercle divisé, que l'on suspend au cordeau, à l'aide d'agrafes. Le zéro du limbe divisé se trouve à l'extrémité du rayon perpendiculaire à la droite qui joint les points de suspension. La division croît de 0 à 100 grades dans les

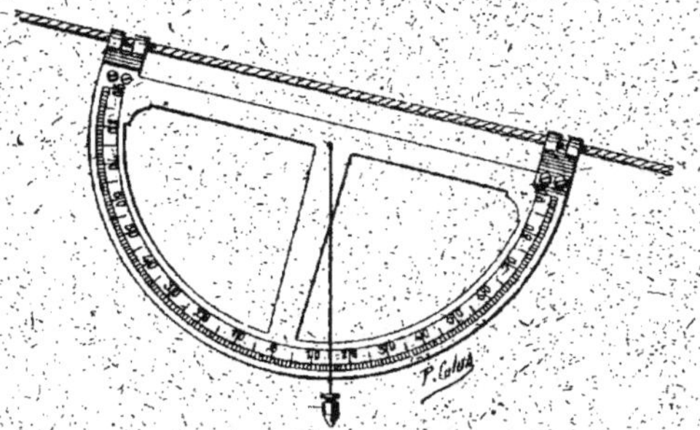

Fig. 203. — Éclimètre suspendu.

deux sens. Au centre de l'éclimètre est suspendu un fil à plomb. Il résulte de ces dispositions que ce fil vient couvrir la division zéro quand l'éclimètre est accroché sur un cordeau horizontal ; en effet le rayon perpendiculaire à la ligne de suspension est alors vertical, et coïncide, par suite, avec la direction du fil à plomb.

Au lieu de diviser le limbe en grades (ou en degrés), il nous semble qu'il serait bien préférable, en vue de la simplicité des calculs ultérieurs, de le diviser de manière à y lire direc-

---

[1] L'éclimètre suspendu accompagne habituellement la boussole suspendue ; les deux instruments sont réunis pour le transport dans une trousse dite *poche de mineur*; on leur adjoint des épingles ou des pincettes spéciales que l'on fixe sur le cordeau quand il est très incliné, pour s'opposer au glissement des appareils.

tement la valeur de la tangente de l'angle formé par la ligne de suspension avec l'horizontale ; mais alors, pour conserver aux divisions l'égalité de largeur, il conviendrait de donner à l'éclimètre la forme d'un rectangle dont le côté parallèle à la ligne de suspension porterait l'échelle des tangentes.

364. Mode d'emploi. — Pour mesurer l'inclinaison d'un cordeau avec l'éclimètre, il suffit de suspendre ce dernier au moyen de ses agrafes et de lire sur le limbe la cote de la division couverte par le fil à plomb. Il faut toutefois remarquer que, par suite de la flexion plus ou moins prononcée que subit le cordeau, la pente de celui-ci n'est pas très régulière ; on obtient son inclinaison moyenne par une seule observation, en suspendant l'éclimètre vers la partie moyenne du cordeau. On peut aussi le suspendre successivement aux deux extrémités de ce dernier et déterminer ainsi les inclinaisons extrêmes ; on prend ensuite la moyenne des deux observations, en ayant égard, s'il y a lieu, aux signes des inclinaisons.

365. Vérification. — L'éclimètre suspendu doit satisfaire aux deux conditions suivantes :

1° Le point de suspension du fil à plomb coïncide avec le centre du limbe. On s'en assure facilement en examinant, à l'aide d'une règle et d'un compas, si ce point se trouve au milieu du diamètre déterminé par les deux traits de division chiffrés 100° ;

2° Le zéro de la division du limbe est placé sur un rayon perpendiculaire à la ligne de suspension. Pour vérifier si cette condition est réalisée, on suspend l'éclimètre à un cordeau d'inclinaison quelconque, et on lit l'angle marqué par le fil à plomb, puis on retourne l'éclimètre bout pour bout, et on fait une nouvelle lecture. Si ces deux lectures sont identiques, on en conclut que le zéro est convenablement disposé.

Dans le cas contraire, leur demi-différence est l'angle que marquerait le fil à plomb, si la ligne de suspension était horizontale ; elle indique, par conséquent, le point du limbe où devrait être gravé le trait zéro.

En effet soient ($fig.$ 204) :

OM, le rayon perpendiculaire à la ligne de suspension ;

o_1, la position du zéro ;

Et L_1, la division placée sur la verticale du point O, et dont la cote mesure l'arc o_1L.

Quand on retourne l'éclimètre bout pour bout, tous les points de l'instrument pivotent autour de la ligne OM et

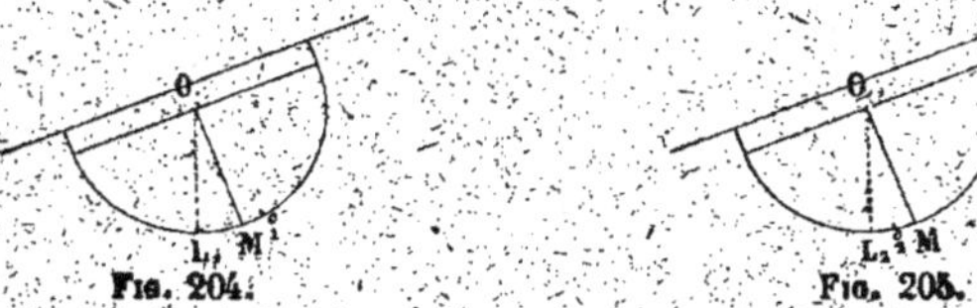

Fig. 204.   Fig. 205.

viennent occuper des positions symétriques des premières par rapport à cette ligne. En particulier, le point o_1 vient en o_2 ($fig.$ 205), et on a : $o_1M = o_2M$; le fil à plomb couvre alors une division L_2 dont la cote mesure l'arc o_2L_2.

On peut écrire, en désignant par L_1 et L_2 les deux lectures,

$$L_1 - L_2 = \operatorname{arc} o_1L_1 - \operatorname{arc} o_2L_2 = \operatorname{arc} o_1M + \operatorname{arc} o_2M = 2\operatorname{arcs} oM ;$$

d'où enfin :

$$\frac{L_1 - L_2}{2} = \operatorname{arc} oM ;$$

ce qui montre que la demi-différence des deux lectures faites avant et après retournement de l'éclimètre mesure l'écart entre le zéro et l'extrémité du rayon perpendiculaire à la ligne de suspension.

Quand ces deux points coïncident, on a :

$$\operatorname{arc} OM = 0,$$

et, par suite, $L_1 = L_2$.

Avec un peu d'adresse, on peut rectifier, s'il y a lieu, l'instrument, soit en ouvrant, soit en fermant l'une des agrafes de manière à rétablir le parallélisme de la ligne de suspension et de la ligne de foi ; ce parallélisme est évidemment réalisé lorsque le fil à plomb couvre la division dont la cote est la moyenne $\dfrac{L_1 + L_2}{2}$ des deux premières lectures discordantes.

Par conséquent, si l'on devait opérer avec un éclimètre dont le zéro est mal placé, il suffirait, pour obtenir des résultats corrects, de faire deux observations, l'une avant, l'autre après retournement de l'éclimètre, et de prendre la moyenne des deux lectures ainsi obtenues.

§ 4. — MESURE DES HAUTEURS

366. Nivellement trigonométrique et géométrique. — Les hauteurs sont déterminées, soit trigonométriquement (n°s 324 et suivants), quand on a mesuré préalablement la distance des signaux entre lesquels on opère et l'inclinaison de la ligne qui les réunit, soit par le procédé du nivellement géométrique (n°s 281 et suivants). On procède alors comme au jour, mais en faisant éclairer avec des lampes les divisions des mires et le niveau. Cette méthode est appliquée au Service du Nivellement général de la France pour le nivellement des tunnels. Elle permet à une brigade exercée d'opérer avec autant de précision qu'au jour sans augmenter notablement la durée des observations. On peut également la recommander pour les levers de mines ; mais alors on peut avoir avantage à faire usage de mires spéciales, de hauteur proportionnée à celle des galeries.

Quelques opérateurs font aussi usage de mires en verre, à divisions blanches et rouges, que l'on éclaire par transparence ; au lieu de faire reposer ces mires sur le sol, on les suspend habituellement à des pitons plantés dans le plafond.

367. Emploi d'une nivelle suspendue. — Le nivellement s'exécute souvent dans les mines avec une *nivelle suspendue*, semblable à celle qui est représentée par la figure 206, mais on obtient alors beaucoup moins de précision que par la méthode précédente (n° 366).

Pour déterminer avec cette nivelle la différence de niveau entre deux points A et B (*fig.* 207), on fait reposer sur chacun d'eux une mire formée d'une règle quadrangulaire portant une division ; un curseur C, muni d'un crochet, glisse le long de la règle et peut être fixé en un point quelconque à

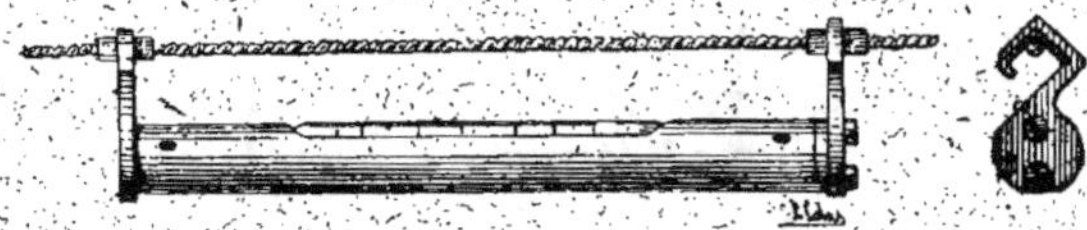

Fig. 206. — Nivelle suspendue.

l'aide d'une vis de pression ; il porte un index servant à faire les lectures sur la division de la mire. On tend, entre les crochets des deux curseurs, un cordeau auquel on suspend la nivelle ; puis on élève ou on abaisse l'un des curseurs de

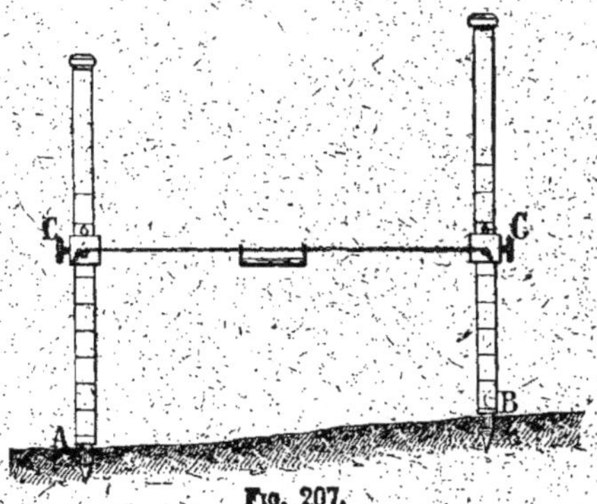

Fig. 207.

manière à amener la bulle de la nivelle entre ses repères. Le cordeau est alors horizontal. On effectue enfin les lectures de mire en regard des index des curseurs. Leur différence donne la différence de niveau cherchée.

Le cordeau prenant toujours une légère flexion, il convient, pour se mettre à l'abri de l'erreur qui pourrait en résulter, de suspendre la nivelle au milieu du cordeau.

La vérification du réglage de la nivelle s'opère par retournement dans une position quelconque du cordeau (n° 77). Pour annuler l'erreur de réglage, on peut d'ailleurs prendre la moyenne du résultat de l'observation faite comme il a été indiqué ci-dessus et de celui provenant d'une seconde opération semblable faite après avoir retourné la nivelle bout pour bout.

368. Mesure de la profondeur des puits verticaux. — La profondeur des puits verticaux se mesure habituellement à l'aide d'un fil métallique F (*fig.* 208), enroulé sur un treuil T,

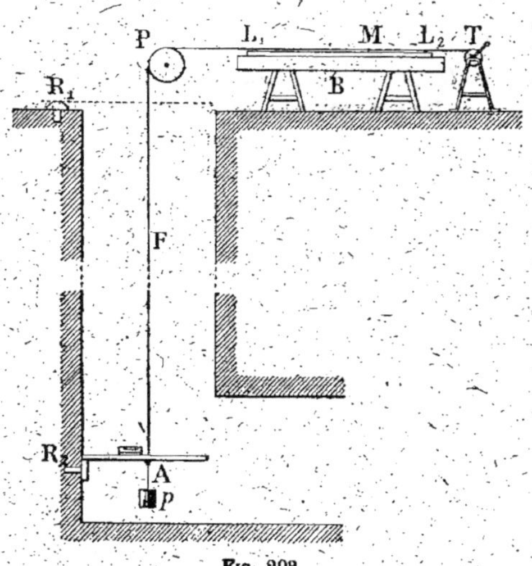

Fig. 208.

passant sur une poulie P fixée très solidement au-dessus du puits, et tendu par un poids p. En B on dispose un banc portant deux index-repères L_1, L_2, dont la distance, 5 mètres par exemple, est exactement connue. Pour effectuer la mesure, on peut opérer comme suit:

R_1 et R_2 étant deux repères fixés l'un à la partie supérieure, l'autre au fond du puits, et le fil étant déroulé, on fait sur celui-ci, au niveau du repère inférieur, une marque A dont la position se détermine facilement à l'aide d'une règle R_2 A reposant sur le repère et établie horizontalement à l'aide d'une nivelle [1]. Ceci fait, on enroule le fil sur le treuil de manière que la marque A vienne au niveau du repère supérieur R_1. Un premier opérateur pince le fil avec l'ongle en regard de l'index L_2, puis fait dérouler le fil jusqu'à ce que le point qu'il tient en main soit arrivé en regard de l'index L_1; la longueur du fil déroulé est alors égale à la longueur connue $L_1 L_2$. Un second opérateur saisit alors le fil au droit de l'index L_2 et suit le mouvement de ce dernier jusqu'en L_1. Le premier opérateur répète lui-même la même manœuvre et la mesure se continue ainsi jusqu'au moment où la marque A faite sur le fil se trouve au niveau du repère R_2. Soit alors, à ce moment, M la position du point du fil pincé par l'un des observateurs ; on mesure la longueur ML_1, et la distance verticale des repères R_1; R_2 est égale à la somme des longueurs déroulées (autant de fois 5 mètres par exemple, qu'il y a eu de déplacements d'observateurs) et de l'appoint ML_1. L'opération doit être recommencée au moins une fois en sens inverse à titre de contrôle.

REMARQUE 1. — Quand on s'astreint à régler le déroulement et l'enroulement du fil de manière que le point du fil saisi par un opérateur coïncide exactement avec l'index L_1 au moment où l'autre opérateur pince le fil en L_2, la manœuvre du treuil nécessite des tâtonnements, et il s'ensuit une notable perte de temps. Aussi est-il préférable de disposer la règle portant les index L_1, L_2 dans une coulisse permettant de lui imprimer un petit déplacement longitudinal. La position initiale de la règle porte-index est soigneusement repérée au début ; l'observateur opère comme il a été dit ci-dessus, mais se borne à faire arrêter le mouvement du treuil quand le point du fil qu'il tient en main se trouve *à peu près* en regard de l'index L_1 ; la règle porte-index est alors déplacée dans sa coulisse de manière à assurer la coïncidence de l'index et du point en question ; le second opérateur saisit le fil en L_2,

---

[1] On peut également utiliser, dans le même but, le cordeau et la nivelle suspendue.

et ainsi de suite. Mais il faut avoir soin, à la dernière manœuvre du treuil, de *ramener la règle dans sa position initiale* ou, tout au moins, de mesurer le déplacement qu'elle a subi et de corriger le résultat en conséquence.

REMARQUE II. — On obtient plus de précision en faisant à l'avance sur le fil des marques distantes à très peu près d'une longueur égale à l'écartement des index L. On règle alors la manœuvre du treuil de manière que chaque marque vienne s'arrêter successivement dans le voisinage de chacun des index, et avec un double décimètre on mesure l'intervalle compris entre les marques et les index voisins. On peut ainsi évaluer commodément et exactement la distance exacte des marques faites sur le fil et calculer, par conséquent, la longueur totale de ce dernier.

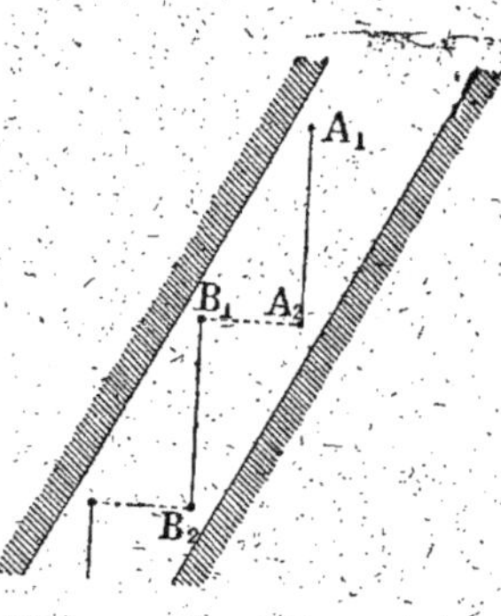

Fɪɢ. 209.

369. Mesure de la profondeur des puits inclinés. — Quand le puits à mesurer est incliné, il faut se ménager de distance en distance des points A_1 et A_2, B_1 et B_2, ... (*fig.* 209), dont la distance verticale puisse être mesurée avec un décamètre, des règles en bois ou mieux des tiges métalliques rigides de longueur connue vissées bout à bout.

Les deux points $A_2 B_1$ d'un même étage doivent être disposés sur une même horizontale; on détermine leur position à l'aide d'une règle et d'une nivelle, ou bien avec un cordeau et une nivelle suspendue.

§ 5. — MESURE SIMULTANÉE DES ANGLES HORIZONTAUX, DES ANGLES VERTICAUX ET DES DISTANCES

370. On emploie, comme au jour, les théodolites (chap. x) et les tachéomètres (chap. xi). On éclaire les verniers avec une lampe ; quant aux fils du réticule, on peut souvent se dispenser de les éclairer spécialement ; en effet, quand on vise un signal offrant une surface éclairée de 1 décimètre carré environ, la lumière réfléchie par cette surface et qui pénètre par l'objectif dans la lunette suffit pour éclairer les fils [1].

Dans le cas exceptionnel où cet éclairage est insuffisant, il faut disposer, à une faible distance en avant de l'objectif, une lampe dont les rayons pénètrent en partie dans la lunette, soit directement, soit après réflexion sur un miroir disposé à 50 centimètres devant l'objectif.

Dans certains instruments spéciaux, les tourillons sont creux, et la lampe destinée à l'éclairage du réticule se place à l'extrémité de l'un d'eux ; un petit miroir est alors disposé à l'intérieur de la lunette et renvoie les rayons sur le réticule.

371. Les levés souterrains nécessitent parfois des visées présentant des inclinaisons considérables ; il est alors utile d'employer un dispositif particulier pour faciliter les observations.

Trois systèmes peuvent être employés :

1° Un miroir à faces parallèles, tel que celui ci-après (*fig.* 210), imaginé par M. Sanguet pour son tachéomètre. Ce réflecteur R se place devant l'objectif en introduisant

---

[1] Dans les opérations du Nivellement général de la France, les tunnels n'ont jamais exigé un dispositif spécial pour l'éclairage des fils du réticule, bien que cependant les distances du niveau à la mire parlante aient été normalement de 60 à 80 mètres et que l'éclairage de la mire (largeur, 6 centimètres) ait été obtenu au moyen d'une lampe projetant un faisceau lumineux de 2 décimètres seulement de diamètre.

l'extrémité de la lunette dans la partie circulaire centrale C
et les vis A et B des bras du réflecteur dans les extrémités
des tourillons.

On peut, à l'aide de ce dispositif, diriger des visées dans

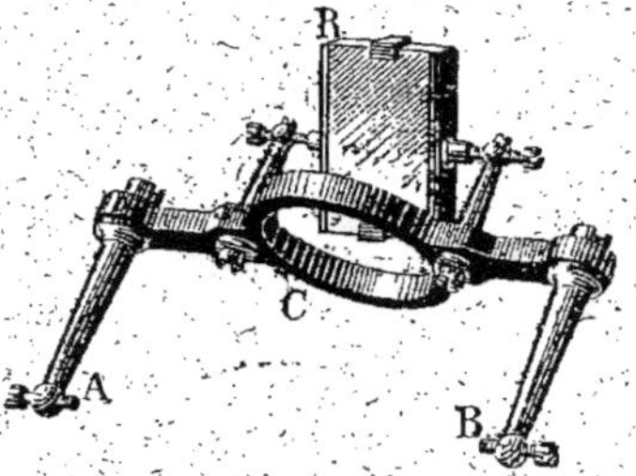

Fig. 210.   Fig. 211.

un champ atteignant 125° au-dessus ou au-dessous de l'horizon ;

2° Un prisme à réflexion totale (*fig.* 211) qui se fixe devant
l'oculaire de la lunette et renvoie les rayons à observer perpendiculairement à la direction de l'axe optique ;

3° Une lunette coudée à angle droit, dont l'oculaire se
trouve placé à l'extrémité de l'un des tourillons.

APPENDICE

INSTRUMENTS
DE TOPOGRAPHIE EXPÉDIÉE

---

372. Les occupations habituelles du Conducteur de Travaux publics n'exigeant que la pratique du levé des plans parcellaires et des plans détaillés à grandes échelles, on considère comme superflu de le familiariser avec les méthodes qui président aux levés de topographie générale.

En mainte occasion, pourtant, ces levés seraient pour lui d'un puissant secours; car, soit qu'il opère dans la métropole, soit que, détaché aux colonies, le conducteur procède aux études préliminaires du tracé d'un chemin de fer ou de toute autre voie importante de communication, il fixerait utilement le terrain en effectuant un levé du genre connu sous le nom de levé de reconnaissance ou de levé d'itinéraire.

Les instruments à employer à un levé varient nécessairement selon le degré d'exactitude que l'on recherche dans son exécution. Leurs dispositions doivent, d'ailleurs, se prêter commodément aux divers emplois qu'exigent les opérations auxquelles ils sont destinés.

Les instruments précis dont on se sert pour les levés réguliers demandent, pour leur maniement et pour leur entretien, des soins spéciaux qui ne permettent pas de les confier à des mains plus ou moins inexpérimentées. Aussi a-t-on cherché, pour les levés expédiés qui sont, par essence, des levés de topographie militaire, à utiliser surtout des instruments peu sujets à des dérangements, pouvant être conservés en magasin sans exiger de fréquentes rectifications, et toujours en état de faire inopinément un bon service.

Dans la partie principale de cet ouvrage il a été parlé des instruments pour levés réguliers. Nous consacrons l'appendice à la description des instruments pour levés expédiés.

Toutefois, les premiers chapitres de ce volume ayant un caractère général, nous n'insisterons pas sur le détail des divers organes des instruments de topographie rapide, non plus que sur les réglages et les vérifications dont ils sont susceptibles.

Nous présenterons les instruments au lecteur dans l'ordre précédemment adopté pour les instruments de topographie régulière. Nous décrirons les modèles les plus usités, ou encore ceux qui peuvent être considérés comme étant les types du genre.

§ 1. — MIRES ET STADIAS

373. Mire des Parcs. — La *mire des Parcs* du Génie est à citer en premier lieu pour sa robustesse et sa simplicité. Elle est formée d'une règle de $1^m,50$ de longueur dans laquelle coulisse une réglette d'égale longueur. Un voyant, simple planchette en bois, est fixé à demeure à la partie inférieure de la réglette, et un index marque sur celle-ci la correspondance de la ligne de foi. Une vis de pression placée au centre du voyant permet de rendre solidaires la règle et la réglette ; une seconde vis de pression existe à $0^m,15$ environ de l'autre extrémité de la réglette (*fig.* 212).

Sur un côté de la règle sont marquées les longueurs de 0 à $1^m,50$; sur l'autre côté, mais à l'envers par rapport au premier, sont indiquées les longueurs comprises entre $1^m,50$ et 3 mètres. La division est en centimètres ; les millimètres s'apprécient.

Jusqu'à $1^m,50$ la mire s'emploie en tournant en haut le bout de la réglette dépourvu de voyant et en se servant pour fixer celui-ci, de la vis de pression qu'il porte en son centre; au-delà de 1ᵐ,50 on retourne la mire, et on serre avec la vis de pression de la réglette.

Le voyant est peint en vermillon avec une ligne de foi blanche de 10 millimètres de largeur, ce qui permet d'effectuer avec précision la bissection exacte de cette raie blanche par le fil du niveau.

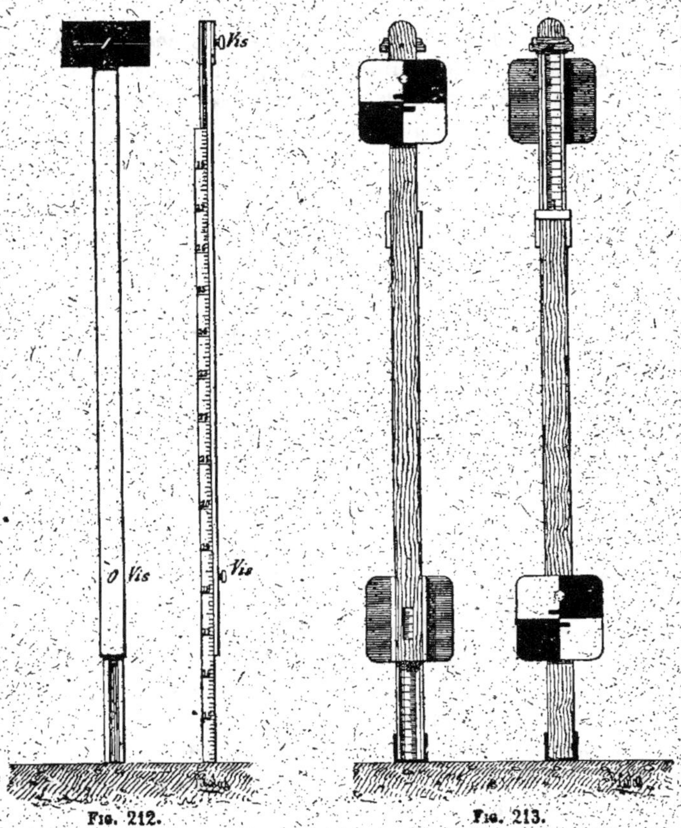

Fig. 212.   Fig. 213.

374. Mire de Goulard. — La *mire de Goulard* est une amélioration de la précédente, puisqu'elle n'exige pas le retourne-

ment bout pour bout pour passer des hauteurs moindres de
2 mètres à celles supérieures à 2 mètres.

Comme la mire des parcs, la mire de Goulard est en bois.

Elle est formée d'une règle qui porte deux voyants et dans
laquelle coulisse une réglette. La règle et la réglette sont
divisées en centimètres. Cette chiffraison est inscrite sur les
deux faces intérieures en contact. Les deux voyants sont
fixés, faisant face à deux directions opposées, l'un en haut,
l'autre en bas de la règle ; celle-ci est percée d'une fenêtre
à la hauteur du voyant inférieur (*fig.* 213).

Quand on a à relever des cotes au-dessous de 2 mètres, on
montre à l'opérateur le voyant le plus bas, on déplace la
règle qui entraîne ce voyant, et on lit la cote sur la réglette,
à travers la fenêtre percée au dos du voyant, en regard d'un
index qui correspond à la ligne de foi. Quand les cotes
dépassent 2 mètres, on fait accomplir une volte-face à la
mire, on fait manœuvrer le voyant le plus haut et on lit sur
la règle, à l'extrémité de la réglette qui porte
une légère échancrure et un index.

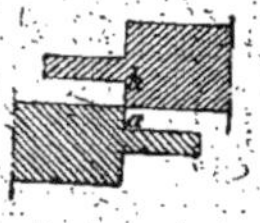

La réglette et la règle sont rendues solidaires
l'une de l'autre au moyen de vis de pression
placées sur la face des voyants. Ceux-ci sont divisés en quatre carreaux peints alternativement
en blanc et en rouge, comme les mires du commerce ; mais ils portent en plus deux traits de 1 centimètre
d'épaisseur placés à égale distance de la ligne de foi, et qui
permettent de bissecter l'intervalle *ab* avec une grande exactitude (*fig.* 214).

Fig. 214.

375. Mire parlante du Génie. — L'emploi de niveaux sans
lunette aux levés topographiques expédiés a donné l'idée
de construire des mires parlantes divisées seulement en
décimètres et dont les centimètres s'estiment à vue.

Telle est la mire parlante que représente la figure 215.
Cette mire a généralement 3 mètres de longueur. Les mètres
extrêmes sont peints en noir et jaune ; le mètre central est
peint en rouge et blanc. Cette alternance de couleurs dispense
de toute chiffraison.

La mire se brise en deux parties qui se rabattent l'une

sur l'autre, de telle sorte que les divisions sont à l'intérieur.

C'est une mire que l'on peut aisément, improviser, mais alors d'une seule pièce, au moyen d'une **frise de sapin** pour parquet, par exemple.

376. Euthymètre.— L'euthymètre du colonel Goulier est une stadia que l'on dispose perpendiculairement au rayon visuel de l'opérateur. C'est un instrument plus simple, plus solide que le stadimètre Peaucelier et Wagner, dont il n'est, en somme, qu'un perfectionnement.

L'euthymètre est d'une précision bien moindre que toutes les autres mires stadimétriques, mais il est d'un emploi fréquent dans certains levés topographiques expédiés, et à ce titre nous devons ne pas le passer sous silence.

Il est formé d'un cadre léger en bois, de $2^m,20$ de longueur, portant à sa partie inférieure un sabot que l'on fait reposer sur le sol. Le long des montants glisse à volonté une embrasse en laiton, qui peut être fixée à une hauteur quelconque par l'action d'un petit excentrique dont on manœuvre le levier à la main. Cette embrasse est munie d'un perpendicule afin d'assurer la verticalité du cadre.

Une planchette de $1^m,26$ de longueur est fixée en son milieu à l'embrasse en laiton. C'est la stadia. Avec un angle stadimétrique de 1/100, elle permet donc de lire les distances jusqu'à 126 mètres, puisqu'elle est divisée en centimètres. Cette distance peut être doublée en opérant deux lectures cumulées, comme il est dit page 342 (n° 353, *Distance*).

La stadia peut se placer verticalement ou horizontalement, mais toujours perpendiculairement au rayon visuel de l'opérateur, grâce à un viseur ménagé au centre de la

Fig. 215.

planchette, par lequel le porte-mire regarde l'instrument.
La stadia porte au dos deux traits blancs sur voyants noirs,
destinés à vérifier l'angle stadimétrique.

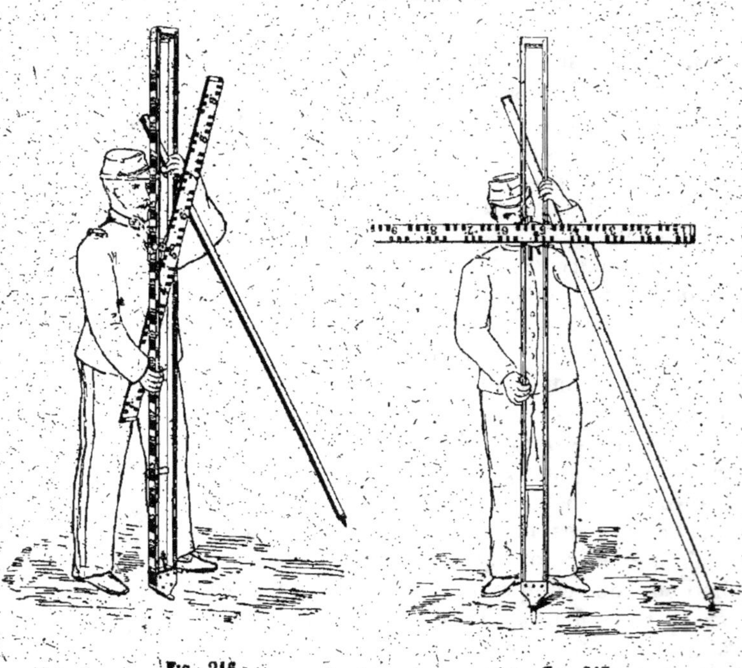

Fig. 216.   Fig. 217.

Enfin le côté du cadre est divisé métriquement comme
une mire parlante, ce qui permet, notamment, de vérifier
constamment si le boulon de l'embrasse est bien à la hauteur
égale à celle de l'instrument au-dessus du sol, quand on a
donné l'ordre au porte-mire de la fixer ainsi.

Les figures 216 et 217 représentent l'euthymètre dans ses
deux positions.

Il existe un autre genre d'euthymètre, dit *euthymètre a
voyants fixes*, que l'on emploie pour la recherche des points
successifs d'une courbe de niveau à cote ronde, à la place

du jalon-mire dont il sera question plus loin (voir *Règle à éclimètre*). C'est une tige en bois sur laquelle on peut fixer à une hauteur quelconque une embrasse métallique portant un balancier muni de deux voyants espacés de 2 mètres et qui peut à volonté prendre la position horizontale ou la position verticale.

§ 2. — BOUSSOLES

377. Boussole à viseur. — De même que les mires, les boussoles employées pour les levés topographiques possèdent un degré de précision variable avec l'usage auquel elles sont destinées.

C'est ainsi qu'à côté de la boussole nivelante de Goulier, ou boussole du Génie, instrument recommandable à tous égards, on trouve la *boussole à viseur*, que l'on n'utilise que pour des levés de peu d'étendue.

Cette boussole (*fig.* 218) est renfermée dans une boîte en bois, dont le couvercle est une simple planchette sans rebords réunie à la boîte par trois vis à tête molletée, *a*, *b*, *c*. Sur ce

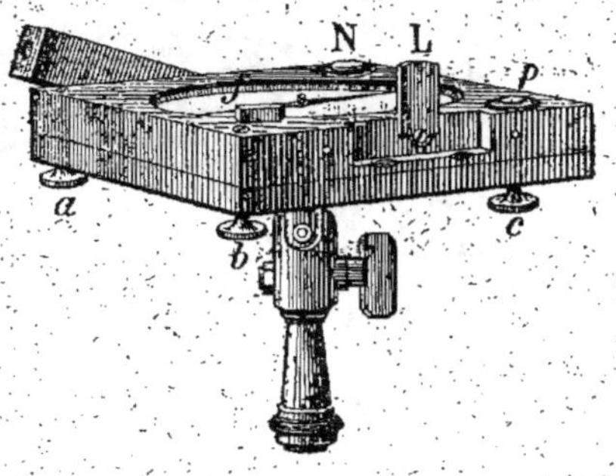

Fig. 218.

couvercle est adapté un genou à coquille, et, comme c'est ce genou que l'on saisit pour transporter la boussole, celle-ci se trouve donc, normalement, dans la position renversée, ce qui évite que le pivot qui supporte l'aiguille s'émousse trop facilement. Pour mettre l'instrument en station, on le sépare de son couvercle, que l'on place sur un pied ou sur un trépied, et, après avoir retourné la boussole, on la fixe à nouveau à son couvercle au moyen des trois mêmes vis qui entrent dans des trous pratiqués dans la face opposée au verre.

Le calage de l'aiguille se fait au moyen du levier à bascule *L*;

un niveau sphérique

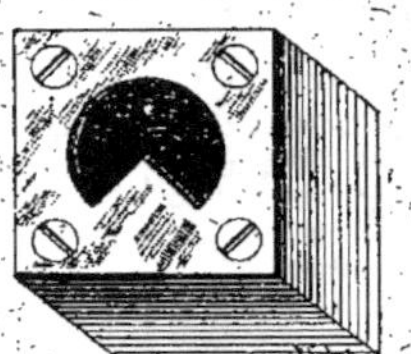

Fig. 219.

N est enchâssé dans un angle de la boîte; dans l'autre, angle un pignon p permet de faire mouvoir le limbe pour décliner la boussole.

Le viseur est un parallélipipède rectangle en bois, creux, dont les petites faces sont deux plaques de cuivre percées, l'une d'un œilleton, l'autre d'un trou circulaire dans lequel on a toutefois laissé plein un secteur qui sert de guidon, la pointe étant exactement sur la ligne de visée (*fig.* 219).

Tout le mérite de cette boussole réside dans sa rusticité. Elle n'est susceptible d'aucune rectification et elle subit très facilement toutes les variations auxquelles sont sujets les instruments dans la construction desquels il entre du bois.

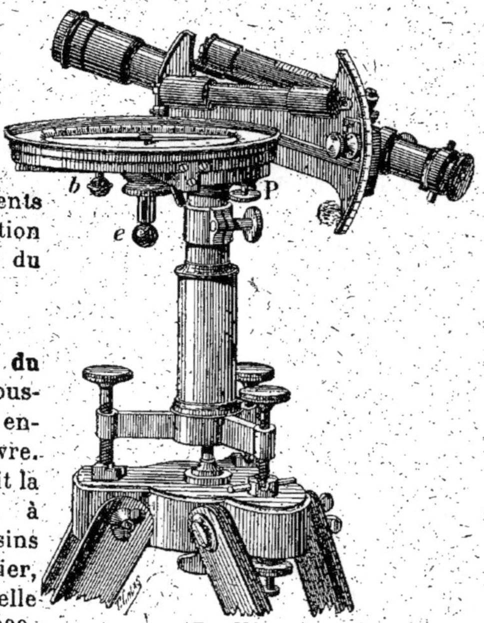

378. Boussole du Génie. — Cette boussole (*fig.* 220) est entièrement en cuivre. Celle que construit la maison Bellieni, à Nancy, sur les dessins du colonel Goulier, est très légère : elle ne pèse que 2^{kg},330. D'autres maisons ont établi des boussoles suivant les mêmes principes et leur ont donné le nom de *boussole Goulier* ou de boussole *nivelante ;*

Fig. 220.

ces modèles ne diffèrent du premier que par quelques détails de fabrication insignifiants.

La *boussole du Génie* est montée sur une haute colonne creuse que supporte un trépied muni de vis calantes, comme les niveaux, et elle se pose sur un pied en bois à trois branches auquel elle est reliée par une vis prisonnière dans ce plateau, qui mord dans une tige centrale autour de laquelle s'enroule un res-sort à boudin ; tige et ressort sont dissimulés dans la colonne-support. (*fig.* 221).

La fixité de l'instrument sur son pied est, en outre, assurée par les trois vis calantes au moyen d'un dispositif ingénieux. Ces vis sont terminées à leur partie inférieure par des boules qui s'engagent dans les canaux cylin-driques de coquilles d'un modèle spécial. L'une de ces coquilles peut tourner sur elle-même et recevoir un mouvement de trans-

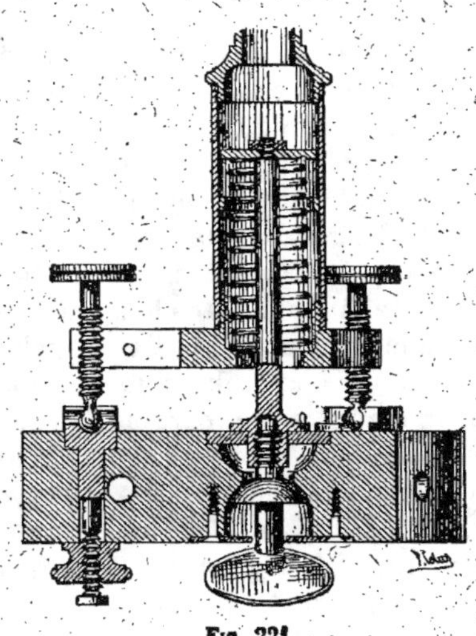

Fig. 221.

lation. Pour monter la boussole, on engage les vis calantes dans les deux autres coquilles, puis on déplace la coquille mobile de manière à lui faire embrasser la troisième vis, et on arrête définitivement cette coquille en serrant son écrou sur la face inférieure du plateau.

L'axe de rotation vertical correspond exactement au centre de gravité de l'appareil, condition indispensable pour la sta-bilité de calage ; cette condition a été obtenue sans aucun contrepoids, par une judicieuse répartition des diverses pièces.

La boussole est enfermée dans un anneau fixé au bâti, qui reçoit le verre, lequel est luté au mastic de cire blanche afin d'assurer la parfaite étanchéité du joint. Le limbe est fixé sur le fond en cuivre rouge, que l'on peut faire pivoter sur son centre au moyen d'un bouton (*b*, *fig.* 220), afin de faire tourner le limbe pour décliner la boussole.

L'aiguille, de 0^m,11 de longueur, n'est guère écartée de ce fond que de 5 à 6 dixièmes de millimètre ; on utilise ainsi, pour amortir ses oscillations, les courants induits auxquels donne naissance son rapprochement du fond de cuivre rouge.

Cette aiguille, dont la chape est en rubis ou en grenat, est soulevée de dessus son pivot par un mouvement automatique formé d'un excentrique automoteur à contrepoids, *e*, qui n'agit que lorsqu'il est placé horizontalement, et qui, au contraire, cale l'aiguille dès qu'une secousse lui fait reprendre la position verticale, ou qu'on le place dans le logement qui lui est réservé dans la boîte de l'appareil pour le transport.

L'éclimètre porte, lié directement au limbe, une petite nivelle rectifiable. Dans le modèle original du colonel Goulier l'alidade n'a pas de vis de rappel, l'emploi de cette vis, dit l'inventeur, étant plus nuisible qu'utile aux opérateurs qui ont la main lourde, car, en s'en servant, ils dérangent l'horizontalité de la nivelle. Le pointé exact s'obtient sans peine au moyen de légers chocs du crayon sur la lunette.

Les divisions de l'éclimètre sont tracées sur les rebords des secteurs, repliés pour former en quelque sorte épaisseur. Les lectures se font habituellement sur le secteur placé du côté de l'oculaire de la lunette. Quand celle-ci est à droite de la boussole, les lectures donnent les pentes sur l'horizon, et les verniers portent les signes + et — qui doivent affecter ces pentes suivant le sens qu'elles présentent. Quand la lunette est à gauche, le limbe ne donne plus que les distances zénithales, avec un vernier +, afin d'éviter les fautes que l'on pourrait commettre.

A l'éclimètre peut s'adapter soit une lunette ordinaire, soit une lunette anallatique.

Une goupille rend, si l'on veut, l'alidade solidaire du limbe et transforme ainsi la boussole pour le nivellement. Une nivelle à jambes que l'on place sur la lunette et qui s'y maintient par un ressort-verrou permet de faire du nivellement direct.

Ajoutons que, le cas échéant, la boussole peut se déplacer

par rapport à son bâti et qu'une pince (P, *fig.* 220), fixe l'instrument dans l'orientement déterminé.

Les vérifications, rectifications et l'emploi de la boussole du Génie n'offrent rien de particulier. Ce sont les opérations communes aux boussoles et aux éclimètres en général.

379. Boussole portative de Goulier. — Les boussoles *portatives* ont reçu cette appellation parce que, pour les employer, on n'est point obligé de les placer sur un pied ; que, au contraire, on s'en sert ordinairement en les tenant à la main.

Ces boussoles servent à fixer, de temps à autre, la direction des lignes caractéristiques d'un levé expédié, les détails en étant plutôt dessinés au juger que relevés à la boussole, comme dans les levés réguliers.

La *boussole Goulier* (*fig.* 222) est renfermée dans une boîte en

Fig. 222.

bois, à couvercle. Une tige noyée dans l'épaisseur de la boîte, et que l'on relève à volonté, permet de fixer le couvercle dans la position inclinée qu'exige le fonctionnement de l'instrument.

Le couvercle est percé d'un trou ; sur sa face intérieure, à hauteur de ce trou, est disposé un prisme à réflexion totale qui donne, à la distance de la vision distincte, une image agrandie du limbe et de l'aiguille pour l'œil qui les regarde par le trou.

En faisant coïncider la ligne 0—200° du limbe avec l'objet visé directement au travers du prisme, on lit sur l'image de ce limbe l'orientement cherché.

380. La **boussole du colonel Peigné** appartient à la même famille que la précédente.

C'est une boussole renfermée dans une boîte carrée, en acajou, avec un couvercle à charnières, également en bois, et dans lequel est enchâssé un miroir dont une partie, rectangulaire, correspondant à une fenêtre de même forme pratiquée dans le bois, n'est pas étamée. Deux crins très rapprochés sont tendus dans cette fenêtre, qui n'occupe que la partie centrale du miroir dans le prolongement de la ligne N.-S.

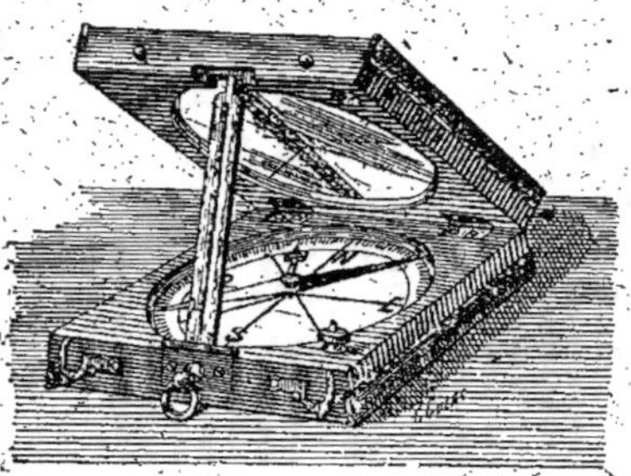

Fig. 223.

Une pinnule, qui peut se rabattre dans la boîte, arc-boute le couvercle suivant une inclinaison à 45° (*fig.* 223).

Tenant la boîte horizontalement à hauteur des yeux, face à soi, et visant par la pinnule et par l'intervalle des deux crins, on voit se réfléter dans le miroir les graduations du limbe de la boussole, et on y lit l'orientement de l'objet à relever en même temps qu'on opère sur lui la visée.

La boussole Peigné permet de rapporter automatiquement l'angle relevé. Dans ce but, l'aiguille peut être immobilisée dès que la visée est faite. A cet effet, dans l'angle de la boîte, est placée une vis traversée par une tige qui porte sur le levier de calage de l'aiguille, tige sur laquelle on appuie pour rendre cette dernière immobile aussitôt l'observation

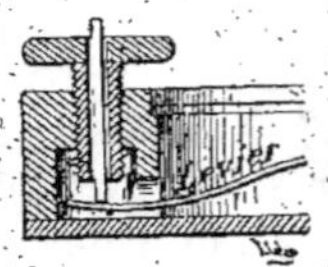

Fig. 224.

terminée. Pour fixer définitivement l'aiguille, il ne reste plus qu'à tourner la vis qui vient à son tour buter le levier (*fig.* 224).

Si l'on pose alors la boîte ouverte sur une planchette sur laquelle sont préalablement tracées des parallèles à la direction N.-S. du plan, en mettant l'aiguille dans le prolongement de l'une d'elles, il se trouve que les côtés de la boîte parallèle à l'axe de la fenêtre du couvercle marquent la direction du point visé.

On n'a donc qu'à se servir d'un de ces côtés comme d'une règle pour tracer cette direction par le point M qui marque sur le papier celui où l'on stationne (*fig.* 225).

Le bord de droite de la boussole est biseauté et gradué en centimètres et en millimètres; le bord de gauche est également biseauté et reçoit l'échelle de pas construite par l'opérateur.

Le colonel Peigné a imaginé de compléter sa boussole par un carton à soufflet, muni d'une bretelle au moyen de laquelle on improvise une solide planchette en appuyant le carton à la ceinture et en passant la bretelle sur le cou. Le papier avec traits N.-S. se fixe sur le carton par des bracelets en caoutchouc. Deux petits tubes métalliques adaptés sur un

Fig. 225.

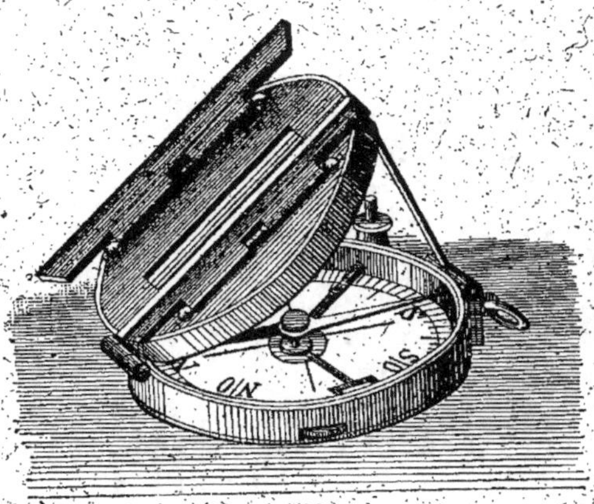

Fig. 226.

des longs côtés servent de porte-crayons. Comme il est facile de transformer le carton en un clisimètre improvisé, ces tubes sont alors utilisés pour faire les visées.

L'ensemble que nous venons de décrire porte le nom *d'équipage topographique du colonel Peigné*.

Il existe un autre modèle de la boussole Peigné, dit modèle de Saint-Maixent. Dans ce modèle la boussole est formée d'une boîte métallique circulaire sur le couvercle de laquelle sont fixées deux espèces de charnières se rabattant en dehors, dont les bords sont gradués et constituent les lignes de foi de la boussole (*fig.* 226).

881. La boussole du colonel Katter est une boussole à prisme. Une grande et une petite pinnules sont fixées sur la boîte, qui est circulaire, aux extrémités du même diamètre. La petite pinnule est complétée par un prisme de Wollaston, à double réflexion totale, placé vers l'intérieur.

L'aiguille porte un limbe gradué qui obéit à ses oscillations.

Si l'on vise à travers les pinnules l'objet dont on désire l'orientement, on lit en même temps par le prisme la division du limbe qui se trouve dans le plan de visée (*fig.* 227).

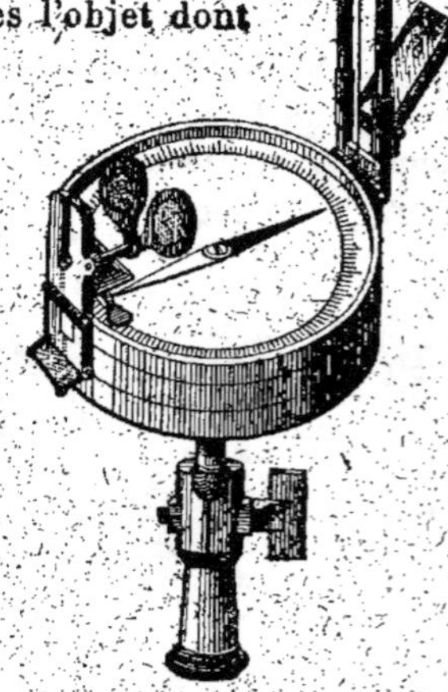

Cette boussole est un peu moins imprécise que les précédentes, en raison de l'écartement des pinnules qui tend à assurer la visée.

Quelques boussoles Kat-

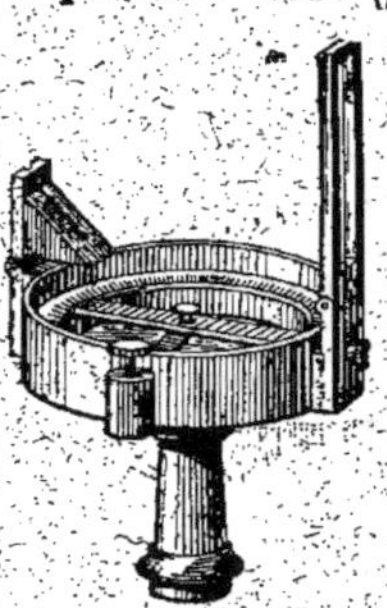

Fig. 227.

Fig. 228.

ter offrent un degré de précision plus grand, dû à l'adjonction, au dispositif précédemment décrit, d'un miroir plan incliné à 45°, et de deux verres de couleur destinés aux observations solaires ou stellaires. Ces dernières boussoles sont, en outre, munies d'une douille à genou (*fig.* 228).

882. Boussole Hossard. — Avec cette boussole se retrouvent les dispositions d'ensemble de la boussole Goulier ; la boussole dans une boîte en bois à couvercle, le limbe fixé à la boîte.

Le couvercle est à charnière et peut prendre toutes les inclinaisons ; sa face interne est revêtue d'un miroir plan dont l'axe de symétrie est marqué par un trait (*fig.* 229).

Sur le bord de la boîte opposé au couvercle on dresse une petite tige qui prend à volonté la position verticale ou qui se loge dans

Fig. 229.

l'épaisseur du bois lorsque la boussole est fermée.

Le bord de la boîte qui porte les charnières du couvercle est perpendiculaire à la division 0-200ᵍ du limbe.

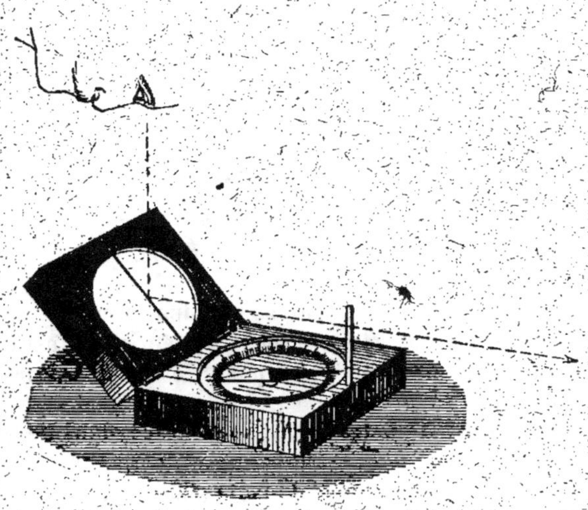

Fig. 230.

Pour se servir de cette boussole, on la tient à la main.

horizontalement près du corps, le couvercle aux trois quarts ouvert, la glace tournée vers l'objet à relever.

En faisant mouvoir convenablement le couvercle et la boussole tout entière et en regardant de haut en bas dans le miroir, on arrive rapidement à placer l'objet visé en coïncidence avec la ligne de foi de la boussole (*fig.* 230).

383. **La boussole Burnier** est l'une des plus employées pour les levés expédiés. Elle fait partie des instruments dont sont approvisionnés les parcs du Génie.

L'aiguille est enfermée dans une boîte rappelant la forme d'un fer à cheval, sur laquelle sont montées deux pinnules de dimensions inégales, l'une à fente, l'autre à crin, correspondant au grand diamètre de l'instrument (*fig.* 231).

La tranche rectangulaire de la boîte est percée d'une fenêtre derrière laquelle est fixée une loupe (*fig.* 232).

Fig. 231.

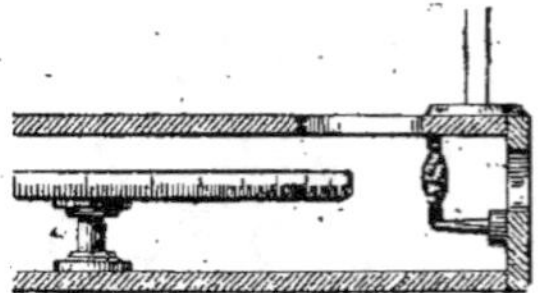

Fig. 232.

L'aiguille porte, et entraîne par conséquent dans son mouvement une bandelette cylindrique graduée qui constitue le limbe, dont les divisions à lire pour déterminer l'orientement viennent se présenter à la fenêtre dont il vient d'être parlé, en regard d'un trait ou index tracé dans le plan de visée des pinnules.

Une ouverture pratiquée dans la face supérieure de la boîte, derrière la petite pinnule, éclaire le limbe. Un frein actionné par un bouton amortit les oscillations de l'aiguille que l'on cale pour le transport au moyen d'un autre bouton commandant son levier.

La boussole Burnier peut également se monter sur un pied simple.

384. Boussole Leblanc. — La boussole Leblanc est plus perfectionnée que les précédentes.

Son limbe est fixé à la boîte ; mais, comme il peut tourner sur son centre, la boussole est déclinable.

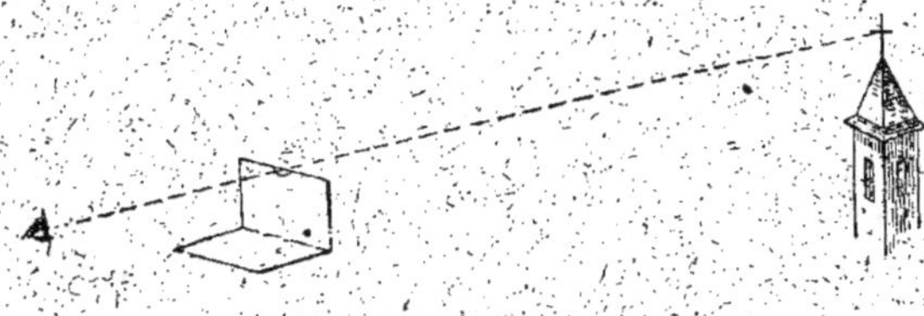

Fig. 233.

Dans la boussole *Leblanc-Goulier,* c'est-à-dire améliorée par ce dernier, les visées se font par l'intermédiaire de deux miroirs réunis par une charnière, dont l'un est fixé dans le plan du limbe, tandis que l'autre reste mobile.

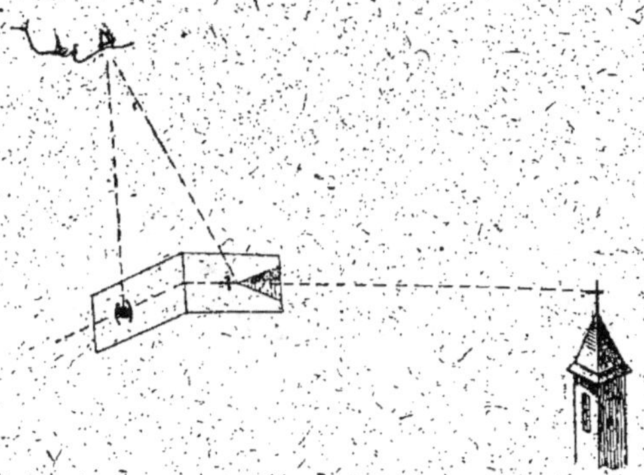

Fig. 234.

On peut se servir de ces miroirs de deux manières :

1° En visant l'objet à relever et faisant coïncider avec lui l'image de l'œil vu dans le miroir mobile (*fig.* 233) ;

2° En amenant dans un plan perpendiculaire à la charnière l'image de l'œil vu dans le miroir fixe et l'image de l'objet vu par réflexion dans le miroir mobile (*fig.* 234).

La boussole Leblanc porte un renfort gradué sur la tranche de la boîte, au moyen duquel on peut rapporter directement les orientements sur la planchette.

385. Boussole Sanguet. — On a cherché à rassembler dans la boîte de la boussole tous les instruments nécessaires au levé expédié, de manière à les avoir tous en même temps sous la main. C'est ainsi qu'on a muni d'éclimètre ou de clisimètre certains modèles des boussoles que nous venons de passer en revue.

Parmi les instruments de ce genre, une place spéciale doit être faite à la *boussole topographique Sanguet*, qui est certai-

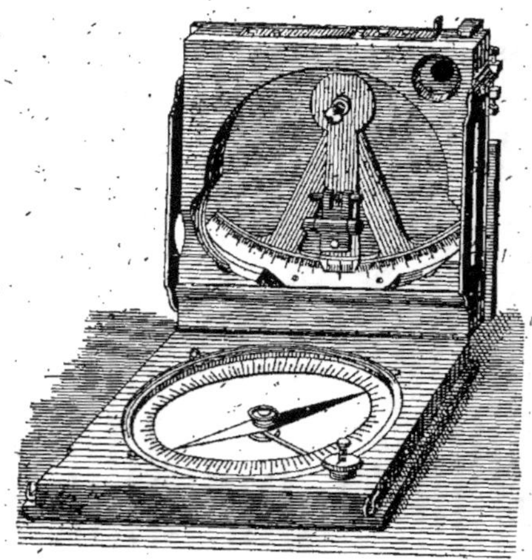

Fig. 235.

nement un appareil des plus complets et des mieux étudiés (*fig.* 235).

Enfermée dans une boîte en bois, à laquelle le limbe est fixé, cette boussole est déclinable. Son aiguille, de 0^m,08 de longueur, permet des approximations encore assez grandes dans les lectures.

Au couvercle sont fixées à charnières deux pinnules solidaires qui déterminent, quelle que soit la position de l'appareil, un plan de visée vertical.

Posée à plat sur le dessin, la boussole Sanguet permet de rapporter aisément l'orientement relevé, grâce à la transparence du fond, qui est en mica, et à la présence, sur les côtés biseautés de la boîte servant de lignes de foi de la boussole, des échelles de pas que l'opérateur y dessine lui-même.

Nous reverrons plus tard cette boussole, lorsque nous nous occuperons des instruments de nivellement. Disons dès à présent que ce qui, pour nous, constitue sa supériorité, c'est que toutes ses parties sont rectifiables.

§ 3. — GONIOGRAPHES

386. Petite planchette. — La planchette, dont la description a été donnée dans la partie principale de cet ouvrage, est plus spécialement employée aux levés réguliers. Son poids et ses dimensions s'opposent à un transport facile.

Elle est remplacée, dans les levés expédiés, par la *petite planchette*, ou planchette déclinée.

Cette petite planchette n'a que 0^m,50 de longueur sur 0^m,40 de largeur. Elle est attachée au trépied qui la supporte par l'intermédiaire d'une plaque de bronze évidée dans laquelle entre la tête de l'écrou qui la réunit au trépied (*fig.* 236).

On fixe dans un de ses angles, au moyen d'un boulon à large tête, un petit déclinatoire rectangulaire (*fig.* 237), qui permet de toujours placer la planchette suivant la direction de la ligne que l'on a adoptée comme le N.-S. du plan, et que l'on a tracée sur le papier. L'aiguille, étant très légère, ne se cale pas.

On peut aussi se servir d'un déclinatoire carré, sorte de petite boussole dont le limbe est simplement en papier et qu'on adapte à la planchette au moyen de deux vis.

Avec cette petite planchette on doit veiller avec le plus grand soin à éviter des désorientations fortuites, dues au

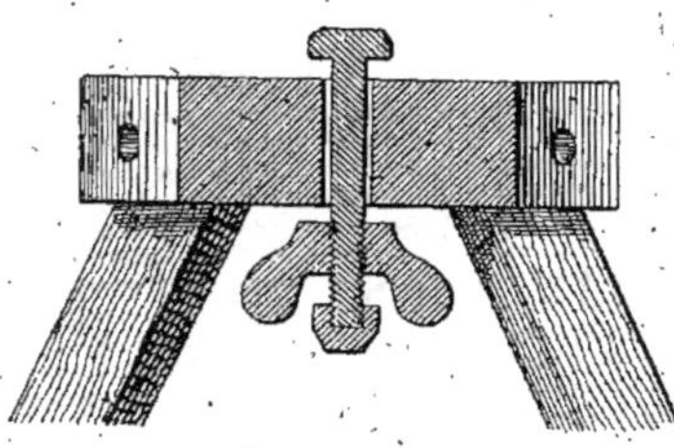

Fɪɢ 236.

Fɪɢ. 237.

desserrage des écrous, au dérangement de la planchette par un choc ou au déplacement du déclinatoire.

D'ailleurs, pour pouvoir s'assurer constamment de la fixité de celui-ci, on doit encadrer sa boîte d'un trait au crayon.

387. Planchette de fortune. — Le carton de l'équipage topographique du colonel Peigné est, en somme, une planchette portative.

Signalons la possibilité de créer de toutes pièces une planchette de fortune au moyen d'un couvercle de caisse ou de deux planches bouvetées sciées de longueur, assemblées et clouées sur deux traverses, que l'on pose sur un trépied formé de trois bâtons liés ensemble aux deux tiers de leur longueur.

On peut aussi construire un trépied en découpant, dans une planche de forte épaisseur, un plateau en forme d'étoile (*fig.* 238) et en formant les pieds avec trois

Fɪɢ. 238.

Fɪɢ. 239.

morceaux de bois de brin, refendus *à la scie* sur le tiers de leur longueur à partir du gros bout et fixés au plateau par des vis à bois ordinaires (*fig.* 239).

En semblable occurrence, un double décimètre, à chaque extrémité duquel on a planté une épingle, sert d'alidade.

A défaut de déclinatoire, on prend une boussole breloque quelconque que l'on fixe à la planchette au moyen d'une pince à ressort improvisée avec du fil de fer.

§ 4. — ÉQUERRES

388. **Équerre de Lipkens.** — Les seules équerres dont on se sert dans les levés expédiés sont les équerres à miroirs ou à prismes.

Ces instruments, pour donner des angles exacts, nécessitent bien que l'opérateur et l'un des points visés au moins soient sur un même plan sensiblement horizontal; mais les opérations topographiques dont nous nous occupons dans l'appendice ne comportant, en somme, qu'une approximation plus ou moins grande, il s'ensuit que les équerres à miroirs ou à prismes sont bien les instruments qu'il convient de choisir pour ces opérations.

En tête des équerres à miroirs se place l'équerre Coutureau, dont la description a été donnée dans la partie principale de cet ouvrage, et qui, par la précision que l'on en peut attendre, rentre dans la catégorie des instruments affectés aux levés réguliers.

Vient ensuite l'*équerre de Lipkens* qui est aussi basée sur le principe de la double réflexion : si l'on aperçoit dans une même direction un point P vu directement, et l'image d'un point Q après deux réflexions sur deux miroirs plans perpendiculaires aux rayons visuels OP, OQ, l'angle POQ des deux rayons visuels est le double de l'angle que font entre eux les deux miroirs.

L'équerre de Lipkens contient deux couples de miroirs plans : dans le premier, les miroirs forment entre eux un angle droit; dans le second ils forment un angle de 45°. Ces miroirs sont renfermés dans une boîte métallique à section rectangulaire ouverte à un bout et percée de fenêtres convenablement disposées (*fig*. 240).

Pour se placer sur l'alignement des points P et Q (la dis-

tance MN étant toujours négligeable par rapport aux distances qui séparent l'instrument des points P et Q), on vise

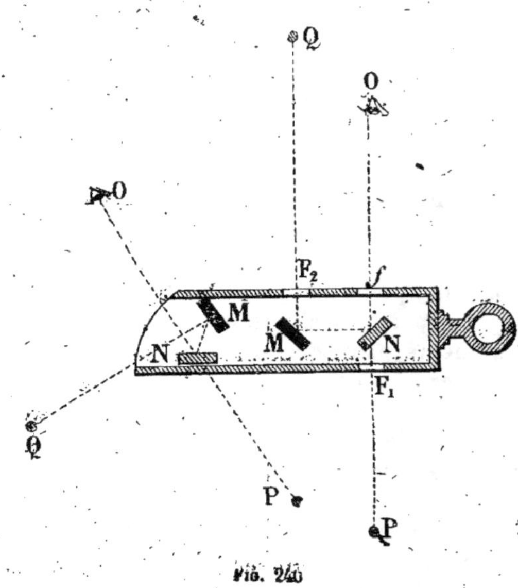

Fig. 240.

directement P par la fente *f* et la fenêtre F_1, en même temps
que l'on cherche à placer sur la verticale de ce point l'image
du point Q vue dans le miroir N après réflexion sur le
miroir M auquel elle est parvenue par la
fenêtre F_2.

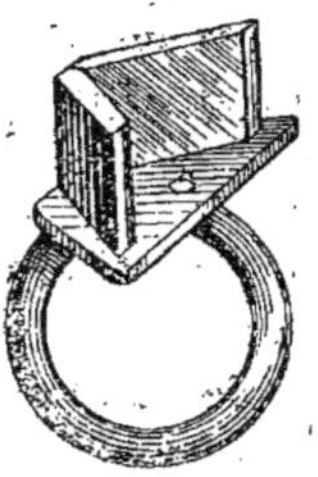

Le miroir N a une hauteur moitié de celle
du miroir M, afin de laisser voir directement
l'objet à viser. On l'appelle le *petit miroir*.

On utilise de la même façon le jeu de miroirs de l'extrémité de la boîte pour se placer
au sommet d'un angle droit sur les côtés
duquel seraient les points P et Q, c'est-à-dire
pour élever ou abaisser une perpendiculaire.

Fig. 241.

Les miroirs de l'équerre de Lipkens sont
rectifiables au moyen d'une clef spéciale jointe à l'appareil.

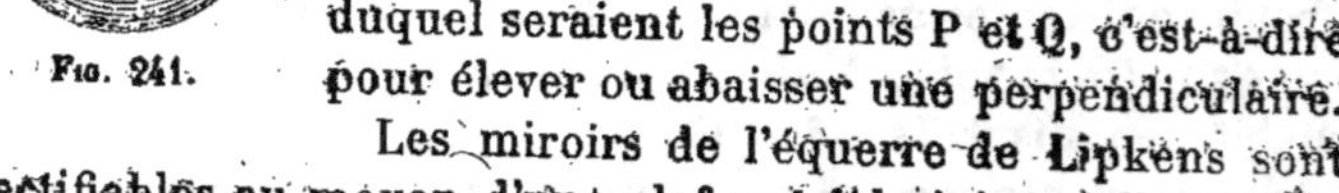

889. Anneau-équerre Gaumet. — Avant de quitter les équerres à miroir, notons l'anneau-équerre du commandant Gaumet, appareil particulièrement léger, composé de deux petits miroirs formant entre eux un angle de 45°, et susceptibles de rendre quelques services en topographie rapide (*fig.* 241).

390. Équerre du commerce. — Notons également, parmi les divers modèles d'équerre à miroirs et à main qu'offre le

Fig. 242.   Fig. 243.

commerce, celui, assez commode, que représente la figure 242.

Les équerres à prismes, bien construites, sont de beaucoup préférables aux équerres à miroirs, parce qu'elles ne peuvent se dérégler. Mais on doit apporter le plus grand soin dans le choix d'un tel instrument, le moindre défaut dans les prismes et surtout dans leurs angles viciant radicalement l'équerre. On trouve à bas prix, chez les marchands d'instruments, une équerre à prisme, que nous reproduisons (*fig.* 243), et qui est en quelque sorte l'équerre-type de ce genre. C'est un prisme dont la section horizontale est un triangle rectangle isocèle, par conséquent à angles aigus de 45°. La réflexion totale rend ainsi les rayons émergents perpendiculaires aux rayons incidents.

391. Équerre à prismes de Goulier. — L'équerre à prismes la plus employée aux levés topographiques militaires est l'équerre Goulier.

Elle est formée de deux prismes ayant la section représentée par la figure 244. Les deux faces qui se coupent à 45° sont
étamées, ce qui facilite beaucoup la réflexion. Ces prismes
sont superposés, et leurs faces cd et $c'd'$ sont placées dans le
même plan.

La boîte métallique qui contient les deux prismes est per-

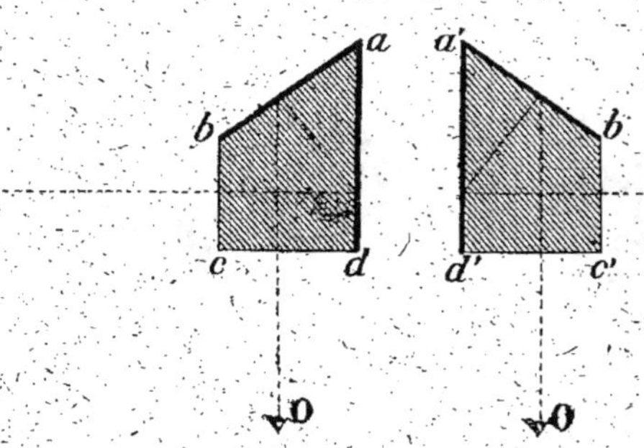

Fig. 244.

cée de fenêtres sur ses faces latérales et de trois trous de
visée, ou œilletons, sur la face principale, parallèle au plan
des faces cd et $c'd'$ des prismes. Ces trois
œilletons sont, comme l'indique la figure 245,
à la hauteur des *lits* des prismes.

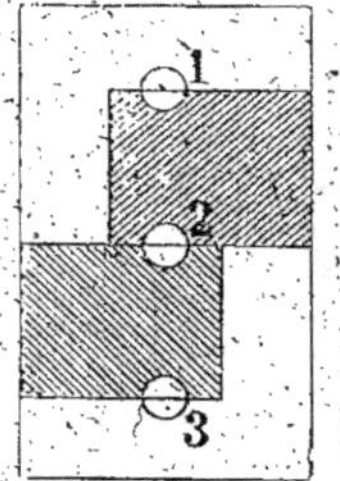

Fig. 245.

Si l'on veut se placer sur un alignement,
il faut donc tenir l'équerre verticale, viser
par l'œilleton n° 2 et se déplacer jusqu'à
ce que l'on aperçoive à la fois dans les deux
prismes et sur la même verticale les deux
objets qui déterminent l'alignement.

Si l'on veut chercher le sommet d'un angle
droit, on se sert de l'un des deux œilletons
numérotés 1 et 3. On se déplace jusqu'à ce que l'on ait amené
sur la même verticale l'un des buts vu directement par-dessus
ou par-dessous le prisme, selon l'œilleton employé, et l'autre
but vu au travers du prisme.

392. Équerre improvisée. — Pour fabriquer soi-même une
équerre, il suffit de se procurer six épingles et un bout de

planche mince, tel le couvercle d'une boîte à cigares, ou, à défaut, un carton, le plat d'un livre par exemple, que l'on cloue sur l'extrémité d'un bâton de 1ᵐ,50 environ de longueur appointé à l'autre bout.

On pique sur la planchette les épingles disposées comme l'indique la figure 246, de telle sorte que l'on ait :

$$AB = AC = AD = BD$$

et

$$EF = CE = DE.$$

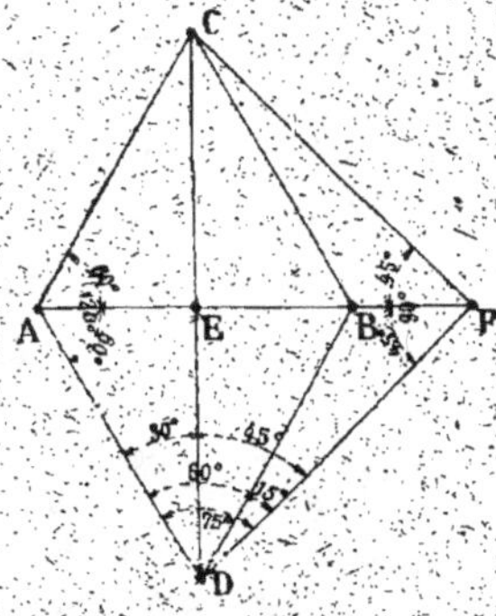

Fig. 246.

On peut avec cet instrument tracer des angles approximatifs de 15°, 30°, 45°, 60°, 75°, 90° et 120°, ou se servir d'eux comme termes de comparaison pour évaluer des angles quelconques à l'estime.

§ 5. — ÉCLIMÈTRES

393. Règle à éclimètre. — La règle à éclimètre du colonel du Génie Goulier réunit en elle plusieurs instruments.

Elle est à la fois un éclimètre à lunette mesurant les angles de pente, un stadimètre et une alidade.

Elle s'emploie avec la planchette déclinée.

C'est un instrument qui, bien manié, est susceptible de résultats d'une assez grande précision. Son emploi est très général, malgré qu'il présente le grand inconvénient d'exiger la réduction des distances à l'horizon. On peut s'en servir pour toute espèce de levés, jusques et y compris les levés chorographiques, les levés de régions non parcourables en pays de montagne.

La règle à éclimètre (fig. 247) se compose d'une règle à calcul biseautée, dont la réglette porte l'éclimètre à une de ses extrémités et un petit niveau sphérique à l'autre.

L'un des biseaux est divisé au 1/5.000, l'autre au 1/10.000.
Sur ces biseaux sont, en outre, gravées des échelles des cotangentes pour les équidistances graphiques de 1 millimètre,
2 millimètres et 0ᵐᵐ,4.

L'éclimètre comprend une lunette coudée solidaire d'un
tambour mobile dit tambour-alidade, calé sur l'axe d'un tam-

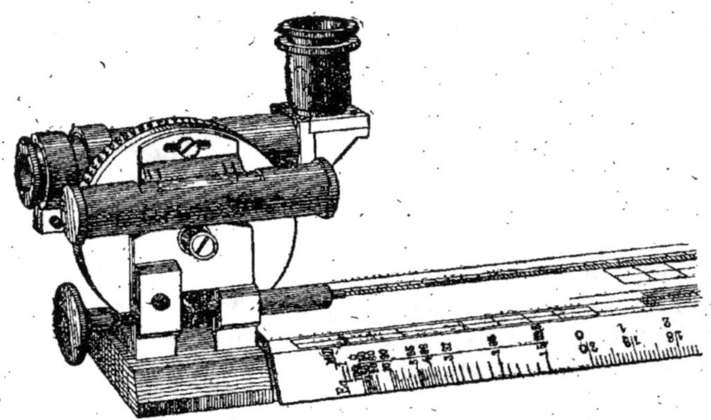

Fig. 247.

bour fixe appelé tambour-limbe, qui porte une nivelle que
l'on peut régler au moyen d'une vis de rappel.

La lunette (*fig.* 248) est formée d'un oculaire positif Oc_1, Oc_2,
du genre des oculaires orthoscopiques de Carl Kellner, se

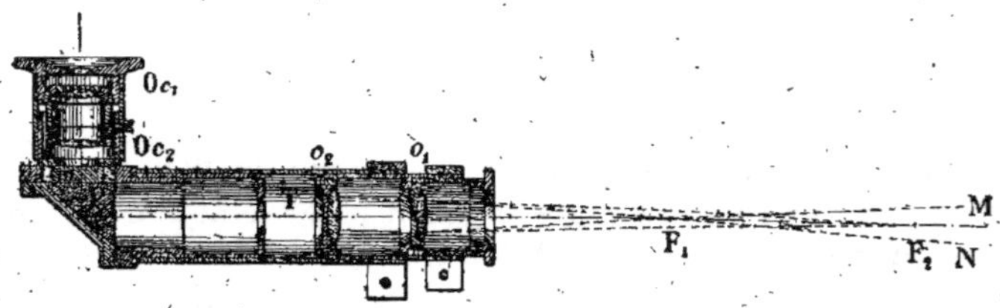

Fig. 248.

mouvant à frottement doux dans le tube de la lunette ; d'un
verre *m* à faces parallèles sur la face inférieure duquel sont
photographiées diverses divisions micrométriques dont il

sera parlé plus loin ; d'un objectif double composé de deux objectifs O_1, O_2, individuellement achromatiques et non collés, dont l'écartement détermine l'angle micrométrique ; d'un prisme isocèle rectangle dont la face hypothénuse est étamée. Le tube de l'objectif O_1 peut se mouvoir à frottement dur dans le tube de l'objectif O_2, et celui-ci dans le tube T de la lunette.

F_1 étant ainsi le foyer conjugué par rapport à F_2, pour régler l'angle micrométrique MF_1N d'après une division micrométrique donnée, il suffit de raccourcir ou d'allonger la distance qui sépare les deux objectifs, en faisant mouvoir le tube de O_1 dans celui de O_2. Il est bon de laisser au constructeur le soin d'opérer ce réglage et de lui renvoyer l'instrument, quand, à la suite d'un accident, on pense qu'il doive être recommencé.

En variant la distance de l'objectif à la photographie micrométrique, on règle la mise au point.

Ce réglage se fait en visant un objet placé à 80 ou 100 mètres et en déplaçant le tube-objectif jusqu'à ce que l'image de l'objet soit vue, dans le plan du micromètre, nettement et sans parallaxe. Une fois ce réglage effectué, la mise au point proprement dite ne consiste plus qu'à enfoncer ou à sortir le tube oculaire de la lunette en le tournant entre les doigts, afin de lire nettement les divisions micrométriques.

Le tambour-alidade est pourvu de dents qui s'appliquent dans des entailles du tambour-limbe, et qui correspondent à une division de 5 en 5 grades inscrite sur la tranche. Si donc on incline la lunette à laquelle il est lié, le tambour-alidade marquera la pente en regard de l'index du tambour fixe, par un nombre de grades qui sera un multiple de 5.

Le complément de l'angle exact de la pente de la lunette est lu à l'intérieur de celle-ci sur l'une des échelles de la plaque micrométrique. On peut presque dire que cette échelle constitue le vernier de l'appareil.

L'accessoire indispensable de la règle à éclimètre est le jalon-mire de $2^m,40$ de longueur, muni de deux voyants rectangulaires fixes, dont les lignes de foi sont espacées de 2 mètres exactement, et d'un voyant en losange, mobile. Ce jalon-mire (*fig.* 249) a l'un de ses bouts façonnés en talon, de manière à pouvoir être utilisé comme une mire ordinaire ; l'autre bout est appointé pour qu'on puisse planter le jalon en terre. Le voyant mobile possède un viseur à travers lequel le porte-mire regarde l'instrument, afin de placer le jalon dans une direction perpendiculaire au rayon visuel de l'opérateur.

394. La figure 250 donne la reproduction des graduations que l'on aperçoit dans la lunette de l'éclimètre.

Le trait vertical central sert au pointé en direction, quand la règle à éclimètre est employée comme alidade, le biseau étant appuyé contre l'épingle qui marque la station.

L'échelle à gauche, marquée « Grades » donne les dix minutes centésimales et permet d'estimer la minute. C'est sur cette échelle qu'on lit le complément des angles de 5 en 5 grades marqués sur le tambour-alidade.

Les deux autres échelles sont des échelles stadimétriques sur lesquelles se projette la mire. On se sert indifféremment de l'une ou de l'autre de ces échelles, suivant que le jalon est tenu verticalement ou horizontalement.

Pour mesurer les distances avec l'échelle stadimétrique horizontale, on incline la lunette jusqu'à ce que la mire soit couverte par les divisions. A défaut de vis de rappel, on rend le pointé précis en déplaçant insensiblement la lunette par de petits chocs qu'on lui donne avec l'ongle ou le crayon, jusqu'à ce que la ligne de foi d'un voyant coïncide

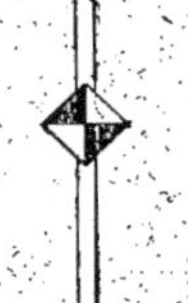

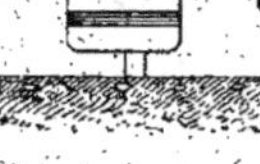

Fig. 249.

avec le trait marqué ∞. On fait la lecture sur la ligne de foi de l'autre voyant. La figure 251 représente la mire placée à 72^m,50 de la station.

Si l'on veut mesurer des distances inférieures à 40 mètres, on peut encore se servir de l'échelle ; mais alors il ne faut plus faire la lecture sur l'échelle stadimétrique. Il faut apprécier la longueur sur le jalon-mire. Cela ne présente aucun inconvénient, puisque l'opérateur et l'aide sont à portée de la voix; mais on est obligé d'avoir un aide sachant lire sur la mire.

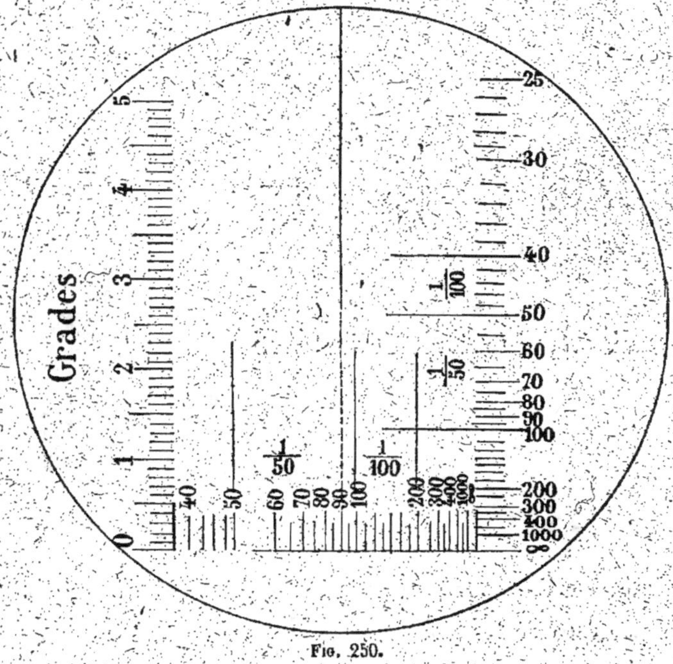

Fig. 250.

On choisit donc un trait dans l'un des groupes marqués $\frac{1}{50}$ ou $\frac{1}{100}$ et on le pointe sur le voyant fixe, puis on signale à l'aide de déplacer le voyant mobile (le voyant en losange) jusqu'à ce que sa ligne de foi coïncide avec un autre trait de la même échelle. La longueur lue sur la mire entre les deux voyants est le $\frac{1}{50}$ ou le $\frac{1}{100}$ de la longueur cherchée, selon l'échelle que l'on aura choisie.

Avec l'échelle verticale on peut lire dans la lunette à partir de 25 mètres. Pour s'en servir, on désoriente un peu l'instrument de manière à placer l'échelle sur le jalon-mire, et on incline la lunette jusqu'à ce que la coïncidence de la ligne de foi d'un voyant rectangulaire et du trait ∞ soit établie (*fig.* 252).

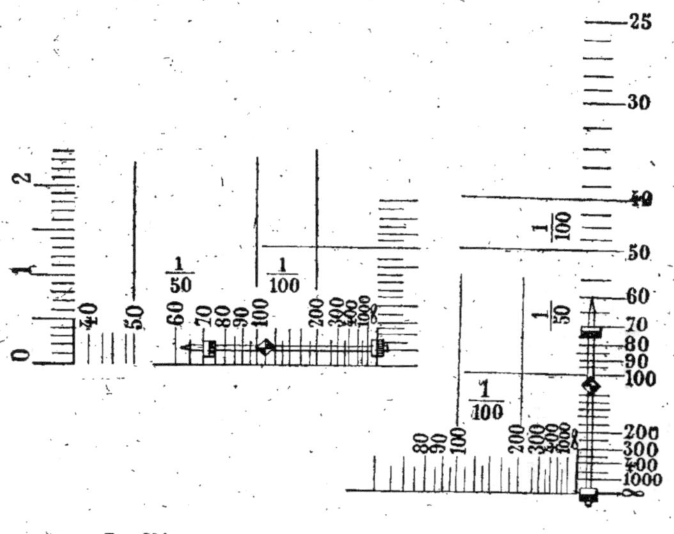

Fig. 251.   Fig. 252.

Au-dessous de 25 mètres, la distance est donnée par le jalon-mire avec les groupes $\frac{1}{50}$ ou $\frac{1}{100}$ de l'échelle verticale.

Pour mesurer les pentes, on commence, à chaque station, par placer le voyant mobile du jalon-mire à la hauteur de l'axe de l'éclimètre, afin que la ligne de visée soit parallèle à la ligne du terrain ; puis on fait porter le jalon au point caractéristique que l'on veut relever.

On se place à gauche de l'éclimètre, on amène la bulle entre ses repères au moyen de la vis de rappel ; puis, mettant l'œil à l'oculaire, on place l'échelle en grades sur l'image de la mire, on lit sur la ligne de foi du voyant en losange le complément de l'angle que marque le tambour-alidade ; puis on se reporte à ce tambour pour connaître le nombre de grades multiples de 5, que comprend l'angle de la pente, et que l'on doit ajouter à la lecture sur l'échelle.

En supposant que le tambour-alidade accuse 15 grades, la mire, vue comme l'indique la figure 253, marquerait un angle de $2^g,18 + 15^g,0 = 17^g,18$.

Les pentes ascendantes sont données par leur angle zénithal, les pentes descendantes par leur angle nadiral, c'est-à-dire par le complément à 100 grades du premier, afin d'éviter l'emploi des + et des —.

Le signe de la pente est toujours celui de la visée directe, quand on opère par visées directe et inverse.

Le réglage de l'éclimètre comporte, indépendamment de celui de la lunette, dont il a été question ci-dessus, la réalisation du parallélisme de la nivelle et de la visée que donne la lunette quand le zéro du tambour-alidade est en face

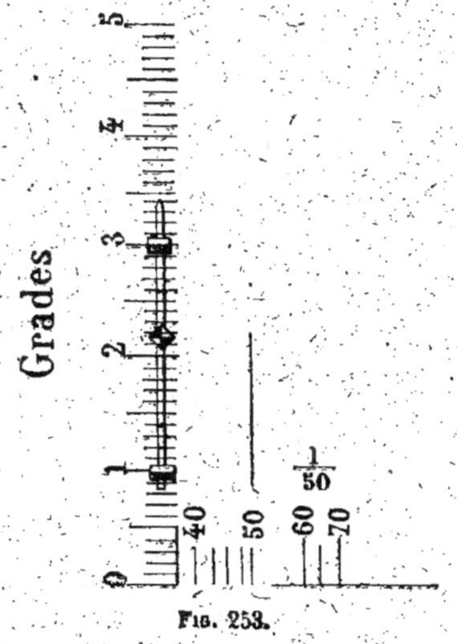

Fig. 253.

de l'index du limbe, puis du parallélisme entre la nivelle et le dessous de la règle.

Pour déterminer l'horizontale qui passe par le centre de rotation de la lunette et des tambours, on opère par visées réciproques.

Rappelons ce procédé en quelques mots.

Sur un terrain sensiblement horizontal, on plante deux piquets à 140 ou 150 mètres d'intervalle. On stationne sur le piquet 1 en envoyant le jalon-mire sur le piquet 2, et l'on en fait mouvoir le voyant mobile jusqu'à ce que la ligne de foi coïncide avec le zéro de l'échelle en grades, la bulle étant exactement entre ses repères et le tambour-alidade marquant zéro.

On se transporte ensuite au piquet 2, où l'on place la planchette à la même hauteur qu'au piquet 1, hauteur que l'on a précédemment mesurée, et l'on fait dans les mêmes conditions une visée sur le jalon-mire placé sur le piquet 1.

La visée horizontale correspondra à la hauteur de l'éclimètre au-dessus du piquet, augmentée de la moitié de la différence des hauteurs lues sur la mire. On place donc le voyant à cette hauteur, on envoie la mire sur le piquet où l'on ne stationne pas et on met le zéro de l'échelle en coïncidence avec la ligne de foi du voyant en agissant sur la vis de rappel. Pour terminer, on desserre légèrement la vis de la plaque qui porte la bulle, on déplace cette plaque jusqu'à ce que la bulle soit au centre de la fiole, et on resserre fortement la vis.

Quant au parallélisme entre la nivelle et le dessous de la règle, on l'obtient de la manière suivante :

Tout d'abord, rendre la planchette sensiblement horizontale, puis y poser la règle, dans un sens quelconque, mais tel que la bulle soit à peu près au centre de la nivelle, quand le renfort qui maintient le ressort antagoniste est à sa bonne place. Tracer sur la planchette cette position de la règle.

Cela fait, marquer par un trait a le milieu du renfort. Faire au dessous, au crayon, sur le bâti, un trait b en prolongement du trait a. Retourner la règle bout pour bout en la replaçant bien au même endroit de la planchette. Ramener la bulle entre ses repères au moyen de la vis de rappel de la lunette et marquer à côté de b un autre trait c correspondant à la nouvelle position du milieu a du renfort. Il ne reste plus qu'à prendre la moitié de la distance qui sépare ces deux traits et d'y graver l'index définitif avec lequel doit coïncider le trait axial du renfort. Le plus souvent ce trait est gravé par le constructeur. Il est bon, néanmoins, que l'on puisse le vérifier.

Quand la visée, faite lorsque le limbe-alidade marque zéro, n'est pas absolument horizontale, il se produit une erreur de collimation que l'on peut négliger si l'on opère par cheminement avec visées directe et inverse, et si la différence entre 100 grades et la somme des lectures qui devraient donner 100 grades exactement ne dépasse pas dix minutes. Comme cette différence est le double de l'erreur de collimation, on

se borne à diminuer chaque lecture de la moitié de la différence constatée.

Mais, si l'on n'opère pas par visées directe et inverse, ou si
l'on procède par relèvement ou par intersection, on devra
établir la moyenne des discordances constatées sur les
divers côtés, dont la moitié, prise avec un signe contraire,
donnera la *correction moyenne constante* qui devrait être
ajoutée algébriquement, pour les compenser, à toutes les lectures faites avec un tel éclimètre.

D'une manière générale, si l'on désigne par A la visée
directe, par R la visée inverse, et par c l'erreur de collimation, on doit toujours avoir l'une des valeurs :

$$A + R = 2c = 2c + 100^a = 2c + 200^a.$$

La règle à éclimètre donnant les longueurs suivant les
pentes, la différence de niveau est égale à la longueur multipliée par le sinus de l'angle de pente. Si cette longueur
avait été réduite à l'horizon, la différence de niveau serait
égale à la longueur réduite multipliée par la tangente du
même angle.

Ces calculs se font avec la règle à laquelle est fixé l'éclimètre.

395. Pour éviter de les effectuer sur le terrain, et borner les
opérations à une construction graphique, le colonel Goulier
a fait construire une échelle de réduction et une échelle de
projection qui prennent place dans la boîte de l'appareil.

Voici comment se justifie la première de ces échelles :

On sait que, P étant une longueur chaînée suivant la pente,
et φ l'angle de pente, la longueur réduite à l'horizon L est
donnée par :

$$L = \cos \varphi.$$

Dessinons en AB l'échelle du plan (*fig.* 254), traçons un arc
de cercle tangent à AB en son milieu, avec un rayon CD
égal à 3/2 de AB, afin que les rayons CA et CB coupent les
lignes qui vont constituer l'échelle sous un angle peu pro-
noncé ; puis marquons, à partir de DC, un angle ω qui détermine l'arc DK.

On a :

$$CE = CK \cos \omega;$$

mais :

$$CK = CD,$$

d'où :

$$CE = CD \cos \omega;$$

or :

$$\frac{ab}{AB} = \frac{CE}{CD}.$$

On a donc :

$$\frac{ab}{AB} = \frac{CD \cos \omega}{CD} = \cos \omega,$$

d'une manière générale $\dfrac{mn}{MN} = \cos \varphi$

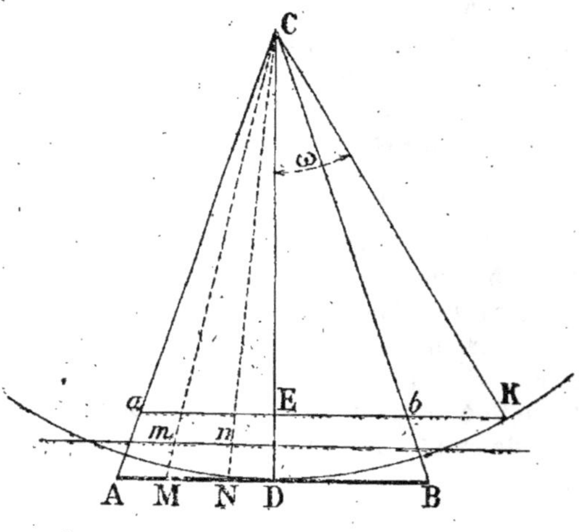

Fig. 254.

Donc, toute longueur mn prise sur une parallèle à AB correspondant à un angle donné φ sera, à l'échelle du dessin, la longueur réduite à l'horizon de la longueur MN chaînée suivant la pente lue sur l'échelle AB.

La figure 255 représente l'échelle de réduction à l'horizon.

396. Quant à l'échelle de projection (*fig.* 256), on la construit, au début, comme l'échelle de réduction ; mais on divise en

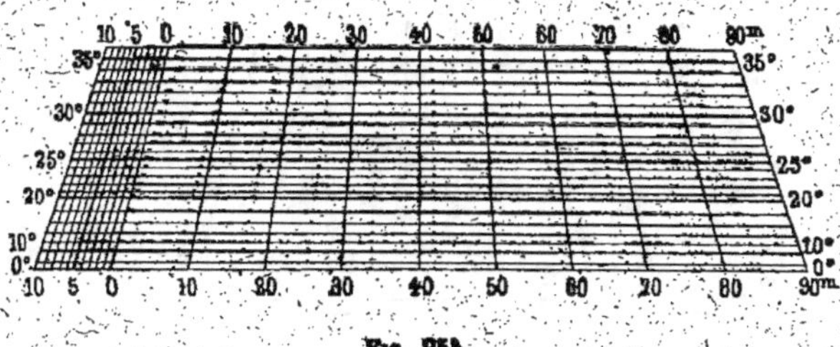

Fig. 255.

doubles grades, à partir de D, l'arc tangent à AB qui est tracé avec O, milieu de CD, comme centre. Par ces points on mène des parallèles à AB que l'on désigne par un nombre de grades moitié du nombre de grades de l'arc correspondant, et l'on joint au point C les divisions de l'échelle AB.

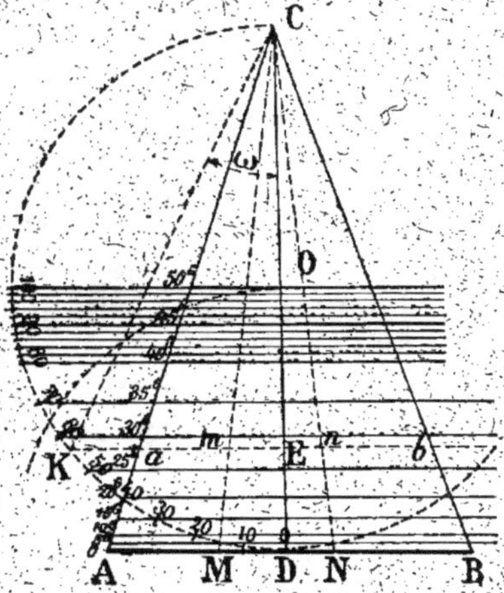

On a :

$$\frac{ab}{AB} = \frac{CE}{CD}.$$

Si l'on fait :

$$CD = 2R,$$

il vient :

$$CE = R + R\cos^2\omega,$$

et

$$\frac{ab}{AB} = \frac{R + R\cos^2\omega}{2R},$$

d'où :

$$ab = AB\,\frac{1 + 1\cos^2\omega}{2} = AB\cos^2\omega,$$

Fig. 256.

et, d'une manière générale,

$$mn = MN \cos^2 \varphi.$$

On emploie cette échelle exactement comme l'échelle de réduction.

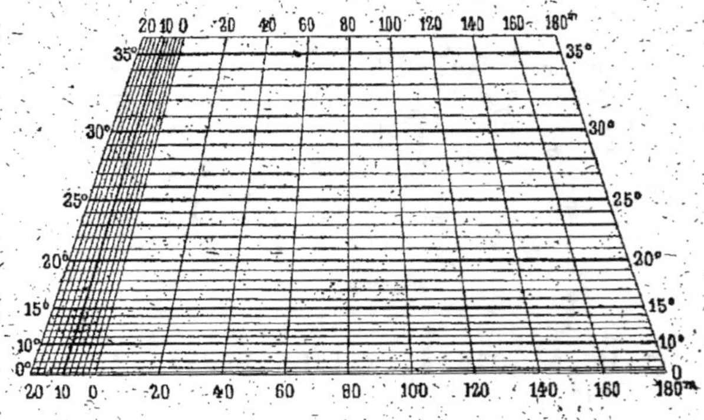

Fig. 257.

Ces **deux** échelles peuvent se réunir en une seule, que représente la figure 257.

Leur emploi ne va pas sans présenter quelques difficultés. Le pointé de la branche du compas sur la division que l'on doit en même temps interpoler à vue est rendu peu aisé par l'inclinaison des lignes. Aussi le colonel Goulier a-t-il proposé de substituer aux échelles ci-dessus des échelles *à points de convergence multiples*.

Dans le second volume de cet ouvrage nous aurons l'occasion de revenir sur cette question ; nous donnerons alors ces nouvelles échelles.

§ 6. — CLISIMÈTRES

397. Alidade nivelatrice. — En tête des clisimètres doit prendre place l'alidade nivelatrice (*fig.* 258).

Elle est composée d'une règle de buis de 0^m,20 ou 0^m,25 de longueur, biseautée, aux extrémités de laquelle sont fixées, d'une part, une pinnule à trois œilletons, d'autre part, une pinnule-fenêtre graduée. Au milieu de la règle est enchâssée une nivelle, et deux excentriques de calage sont disposées près des extrémités.

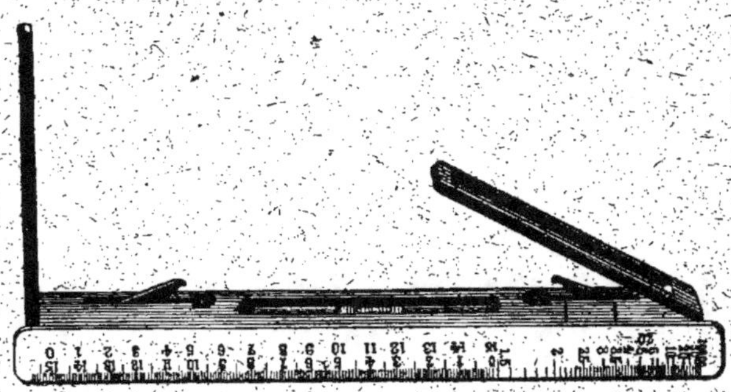

Fig. 258.

Sur le biseau sont gravées deux échelles : une échelle en millimètres et une échelle des cotangentes qui correspond aux pentes exprimées en divisions de l'alidade. Cette graduation se lit à partir d'un trait marqué ∞, et elle permet de calculer, d'après l'échelle du plan, l'écartement des courbes pour l'équidistance graphique 1 millimètre.

Dans l'axe de la pinnule-fenêtre est tendu un crin de visée. Les côtés de cette fenêtre sont divisés en centièmes de la longueur qui sépare les pinnules ; à droite, la graduation est ascendante ; à gauche, elle est descendante. La différence de niveau entre le point visé et l'alidade est donc égale à la distance horizontale qui les sépare, multipliée par le nombre de divisions lu sur l'échelle et divisé par 100. On lui donne le signe + ou le signe — selon le sens de la déclivité.

Les alidades nivelatrices ne donnent généralement cette graduation que jusqu'à 40, c'est-à-dire ne permettent de mesurer que les déclivités inférieures à $0^m,40$ par mètre. On construit des *alidades à coulisse* (fig. 259), avec lesquelles on peut relever les pentes ayant jusqu'à $0^m,70$ par mètre. La

pinnule oculaire possède alors une réglette que l'on développe.
Avec son œilleton on lit les pentes sur l'échelle de gauche
qui porte une chiffraison supplémentaire correspondant aux
pentes supérieures à 0^m,40 par mètre. Les rampes se relèvent
en retournant l'alidade, en visant par un œilleton spécial
pratiqué au bas de la pinnule objective, et en faisant la lecture sur une graduation inscrite au revers de la réglette de
la pinnule oculaire dont nous venons de parler.

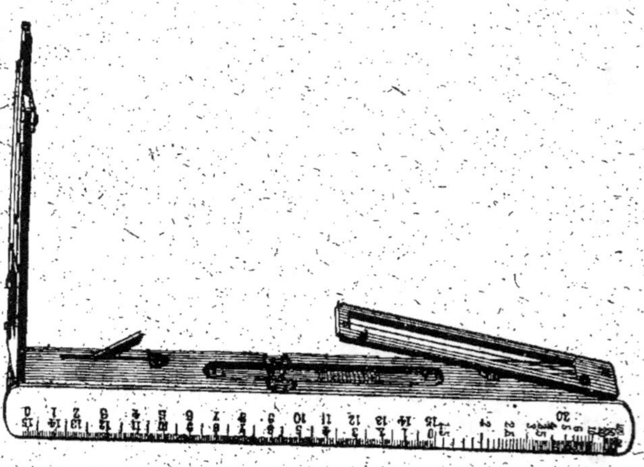

Fig. 259.

Quand on se sert de l'alidade nivelatrice comme d'une
alidade ordinaire, on vise le plus souvent par l'œilleton du
milieu, l'œil placé à quelques centimètres de la pinnule.
Lorsqu'on l'utilise comme alidade nivelatrice, on vise par
l'œilleton inférieur pour les déclivités ascendantes, en lisant
sur la graduation de droite de la pinnule objective, et par
l'œilleton supérieur avec la graduation de gauche pour les
déclivités descendantes.

Après avoir visé la mire et tracé sa direction sur le papier,
on désoriente légèrement l'alidade de manière à voir la
mire sur le *bord* de la fenêtre où doit être lue la distance, et
on lit sur l'échelle au point où se projette la ligne de foi du
voyant, en appréciant les dixièmes de division.

Pour avoir une ligne de visée parallèle à la pente du terrain, on devrait régler la mire de telle sorte que la ligne de foi du voyant soit, à chaque station, à la hauteur du plan horizontal de visée. Mais, comme ce plan se déplace suivant que la lecture se fait par l'œilleton supérieur et le zéro de gauche ou par l'œilleton inférieur et le zéro de droite ; que l'on ne peut ni admettre une moyenne, ni rectifier à chaque instant la mire, on a pris le parti de fixer le voyant de manière que sa rive inférieure soit à la hauteur de la planchette, et de viser le *bas du voyant* lorsqu'on relève une déclivité *ascendante*, et le *haut du voyant* quand on est en présence d'une déclivité *descendante*.

Le réglage de l'alidade nivelatrice n'est obtenu que lorsque les deux conditions suivantes sont réalisées : 1° horizontalité du dessous de la règle ; 2° horizontalité des lignes de visées passant par les zéros des échelles et leurs œilletons respectifs.

L'horizontalité de la règle se vérifie comme celle d'un niveau à bulle d'air : placer la règle sur la planchette très légèrement inclinée, dans un sens tel que la bulle soit entre ses repères, les excentriques de calage étant rabattus ; marquer sur le papier cette position ; retourner bout pour bout la règle en la replaçant exactement à sa place ; si la bulle n'est plus entre ses repères, corriger la moitié du déplacement constaté en desserrant les vis qui réunissent le niveau à la planchette et en glissant sous le niveau des cales en papier du côté où elles sont nécessaires. On recommence l'opération jusqu'à ce qu'on obtienne un résultat parfait.

Quant au parallélisme indispensable entre les visées zéro des alidades et la directrice de la nivelle, on le vérifie au moyen du procédé des visées directe et inverse exécutées en portant alternativement l'alidade sur deux planchettes mises en station à une centaine de mètres l'une de l'autre, sur un terrain à faible pente. Si, à chaque visée, on ne lit pas des déclivités égales, la différence représente le double de l'erreur. On corrige l'une des lectures en la diminuant ou en l'augmentant suivant le cas, de la moitié de la différence constatée, et, après avoir desserré les vis qui relient le niveau à la règle, on glisse sous le niveau de petites cales en papier jusqu'à ce qu'on lise exactement la pente rectifiée en opérant à l'une, puis à l'autre, des stations.

Enfin il est bon, au préalable, de s'assurer, avec un compas, que les œilletons correspondant aux zéros des deux graduations sont bien espacés d'une quantité égale à la distance qui sépare ces zéros.

Il est évident qu'on ne peut opérer à la fois les deux rectifications qui précèdent. Elles ne sont d'ailleurs compatibles que si, par construction, l'alidade a ses lignes de visées zéro non seulement parallèles entre elles, mais encore parallèles au-dessous de la règle.

898. Alidade auto-réductrice. — L'alidade auto-réductrice du colonel Peigné présente sur la précédente l'avantage de donner directement les distances réduites à l'horizon et de fournir en même temps sans aucun calcul la différence de niveau entre le point relevé et le piquet où l'on stationne.

L'alidade Peigné (*fig.* 260) est composée : d'une règle biseautée surmontée d'une nivelle, s'appliquant sur la planchette, de deux pinnules qui peuvent se coucher sur le tube de la nivelle pendant le transport ou se redresser perpendiculairement à la règle pendant les opérations. L'une de ces pinnules, munie d'un curseur spécial, est montée sur un coulant qui entoure le tube de la nivelle, ce qui permet de la rapprocher ou de l'éloigner à volonté de l'autre pinnule.

Le biseau de la règle porte une échelle millimétrique.

La pinnule oculaire, qui est fixe, est percée de trois œilletons comme celle des alidades ordinaires.

Le tube de la nivelle possède par dessous une crémaillère; le coulant sur lequel est montée la pinnule objective a son déplacement le long de ce tube commandé par un pignon qui engrène sur la crémaillère et que l'on actionne au moyen d'un bouton à tête moletée.

Chacun des côtés du tube de la nivelle est gradué en divisions de la grandeur de celles qui sont sur le côté correspondant de la fenêtre de la pinnule objective, c'est-à-dire, sur le côté droit, en divisions égales chacune à 1/3 de centimètre numérotées de 15 à 75; et, sur le côté gauche, en divisions de 1/6 de centimètre numérotées de 75 à 150. C'est

sur ces échelles que se lisent, en mètres, les distances horizontales, en regard d'un index gravé sur le coulant.

La pinnule objective est parcourue librement par un curseur rectangulaire portant trois fils horizontaux et un fil

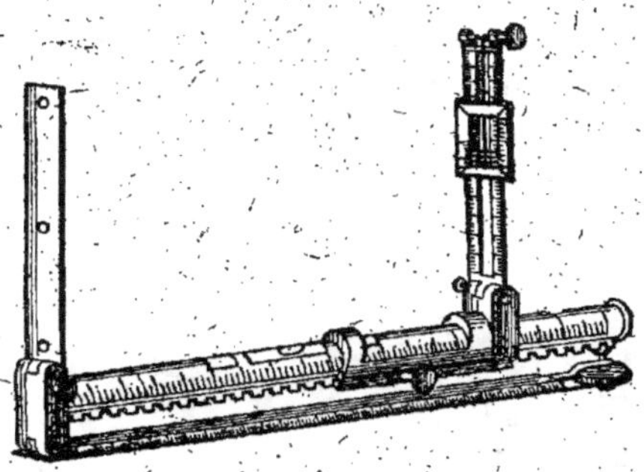

Fig. 260.

vertical qui, après avoir traversé le curseur de bas en haut,
va s'enrouler sur un treuil placé au sommet de la pinnule
et commandé par un bouton à tête molletée. Suivant que
l'on enroule ou que l'on déroule le fil, le curseur monte ou
descend le long de la pinnule ; les frottements sont réglés de
telle sorte que, lorsqu'on cesse d'agir sur le treuil, le curseur s'arrête dans la position qu'il occupe.

Les deux bords de la fenêtre sont gradués. Chaque division
de l'échelle de droite est égale à 1/3 de centimètre. Les zéros
de ces deux graduations sont au milieu de la hauteur de la
pinnule. Un vernier au dixième est gravé sur le curseur pour
chacune de ces deux échelles. Son zéro est à la partie inférieure et correspond au plus bas des trois fils horizontaux
dont il vient d'être parlé. Les deux autres fils sont fixés,
parallèlement, à 1/2 centimètre l'un de l'autre et du premier. Il s'ensuit que la distance entre les deux premiers fils
est égale à trois divisions de l'échelle de gauche et que
celle entre le premier et le dernier est égale à trois divisions de l'échelle de droite.

L'alidade auto-réductrice a pour accessoire indispensable

une mire à deux voyants fixes dont les lignes de foi sont espacées l'une de l'autre de 3 mètres exactement. Au-dessus du voyant inférieur est peint un trait sur le montant de la mire, à 0ᵐ,30 de l'axe horizontal du voyant et entre deux autres traits larges, afin de rendre la visée plus précise.

Ceci posé, disposons la planchette horizontalement à une hauteur telle que la ligne de visée passant par l'œilleton moyen de la pinnule oculaire, le zéro d'une échelle et la ligne de foi du voyant inférieur de la mire, soit horizontale, c'est-à-dire que l'on ait $HC = bc$ (*fig.* 261).

Puis éloignons la mire.

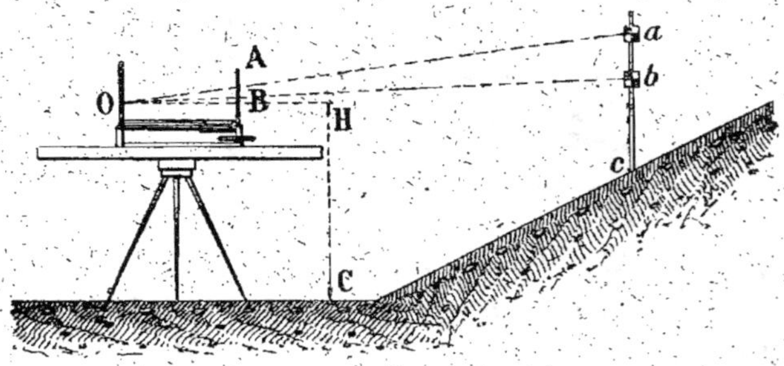

Fig. 261.

On conçoit aisément que les visées Ob et Oa, faites par l'œilleton moyen sur le voyant inférieur de la mire, d'une part, et sur son voyant supérieur, d'autre part, forment avec la pinnule objective traversée par ces visées et avec la mire qui les arrête, deux triangles semblables OAB, Oab dont le plus grand a un côté constant, ab, qui n'est autre que la distance entre les deux voyants de la mire.

Or, et c'est ici qu'apparaît tout l'esprit du système, cette distance étant de 3 mètres, tandis que les fils du curseur embrassent constamment trois divisions des échelles ; celles-ci marquent des mètres, et les verniers font apprécier les demi-décimètres.

Quand la mire est placée à plus de 75 mètres, on se sert du fil zéro et du fil moyen, en lisant sur l'échelle de gauche. Au dessous de 75 mètres ce sont les fils extrêmes de l'échelle de droite qui servent; on vise alors par le voyant inférieur et la ligne tracée sur la mire à 0ᵐ,30 au-dessus de lui, laquelle sert de voyant auxiliaire.

Avant de faire les lectures, il est évident qu'il faut amener soigneusement la bulle entre ses repères.

Les opérations avec l'alidade Peigné demandent une assez grande habitude de cet instrument pour être exécutées avec exactitude et célérité. Et c'est pourquoi elle n'est pas d'un usage courant en topographie militaire. Nous lui devions néanmoins une place parmi les instruments de topographie expédiée.

399. Clisimètre portatif de Goulier. — C'est une boîte en bois dans laquelle est recreusé un cercle, qui sert de logement à un perpendicule, dont l'index marque la pente sur un arc donnant en centièmes les tangentes des déclivités,

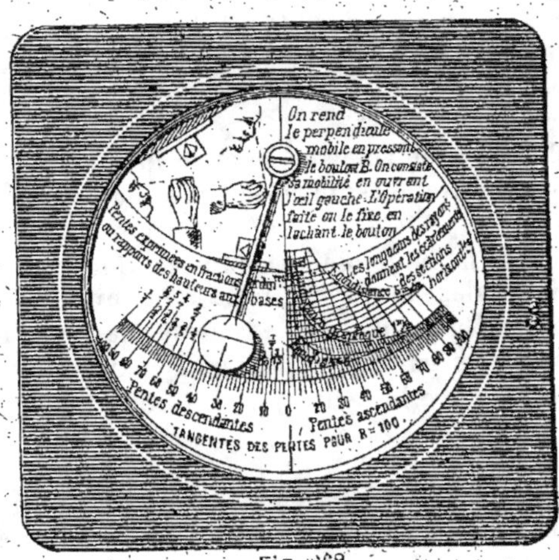

Fig. 262

chaque division valant 2 centièmes. Une graduation spéciale donne les pentes en fractions ordinaires.

Le perpendicule est immobilisé par un ressort que commande un petit bouton.

Dans le but de faciliter à l'opérateur la représentation

graphique du terrain, on a placé dans le fond du logement du perpendicule, au-dessus de l'arc des pentes, un abaque donnant, en millimètres, et pour les équidistances 0^{mm},5, 1 et 5 millimètres, l'écartement des courbes de niveau correspondant aux déclivités que peut mesurer l'instrument (*fig.* 262).

400. Boussole Hossard. — Cette boussole se complète très bien par un clisimètre Goulier. L'image du perpendicule se reflète dans une glace étamée, établie devant le fond du limbe de cette boussole.

401. Boussole Leblanc. — La boussole Leblanc se construit également avec clisimètre. Le centre du perpendicule est le pivot lui-même de l'aiguille aimantée.

On opère selon le second des modes que nous avons indiqués en décrivant cette boussole, c'est-à-dire en amenant, dans un plan perpendiculaire à la charnière, l'image de l'œil vu dans le miroir fixe, et l'image de l'objet que l'on vise pour mesurer la pente, vu par réflexion dans le miroir mobile.

L'approximation donnée par cette boussole est d'au plus un demi-degré.

402. La boussole Burnier est dans le même cas.

Au-dessous du limbe est disposée une roue dont un rayon est lesté.

Si l'on place la boussole de manière que ses pinnules soient horizontales, le rayon lesté fonctionne comme un perpendicule, et la tranche de la roue sur laquelle les déclivités sont inscrites par leurs tangentes exprimées en centièmes permet de lire la pente par la même fenêtre où on lisait les azimuts.

403. Boussole Sanguet. — Son emploi comme clisimètre est assuré par une alidade (perpendicule) dont le vernier donne le 1/10 de centigrade, logée dans le couvercle (*fig.* 235). Les deux pinnules de visée sont le long de celui-ci ; la pinnule oculaire est percée d'une fente en croix, préférable à l'œilleton habituellement usité.

Le pendule porte un collimateur (n° 293) dont l'axe est horizontal quand le pendule est en liberté.

440. Clisimètre improvisé. — A défaut d'instruments, on peut improviser un clisimètre avec deux réglettes en bois, deux petits tasseaux, un fil à plomb et quelques vis à bois.

On fixe sur le bord de la planchette une réglette AB que l'on divise en millimètres. On fixe pareillement sur ce bord une autre réglette CD, perpendiculairement à la première, et on la divise en millimètres dans les deux sens, à partir du prolongement de chacune des rives de la première (*fig.* 263). On colle à la partie supérieure de la réglette ver-

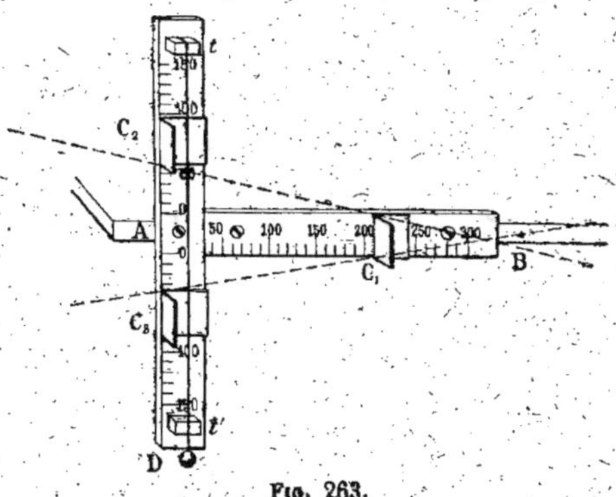

Fig. 263.

ticale un petit tasseau *t* sur le milieu duquel on fixe un fil à plomb qui bat sur un autre tasseau *t'* collé à la partie inférieure de la réglette. Un index marque le milieu de ce dernier tasseau.

On construit, avec du carton mince, trois curseurs que l'on place : un sur la réglette horizontale et les deux autres un à la partie supérieure, un à la partie inférieure de la réglette verticale.

Pour mesurer une déclivité, on place le curseur C_1 sur la division 100, et on fait mouvoir l'un des curseurs C_2 ou C_3, selon le sens de la déclivité, jusqu'à ce que le rayon visuel vienne passer par le bord de C_2 ou de C_3 et l'objet visé pour déterminer la pente ou la rampe.

La tangente de la déclivité se lit au point où s'arrête le curseur de la règle verticale.

Si, au contraire, on connaît la distance entre un point donné et la station et que l'on cherche la différence de niveau entre ce point et la station, on place le curseur C_1 à un nombre de millimètres égal au nombre de mètres connu, et le nombre de millimètres accusé par le curseur C_2 ou le curseur C_3, selon le cas, donne, en mètres, la différence de niveau demandée.

On peut aussi improviser un clisimètre avec une équerre à dessiner.

Pour cela, percer à 1/2 centimètre environ de chacun des côtés, un trou dans l'angle droit de l'équerre; à 10 centimètres de ce trou, tracer une parallèle au grand côté, et la diviser en millimètres en plaçant le zéro à la distance du petit côté qui sépare le trou d'angle de ce même petit côté.

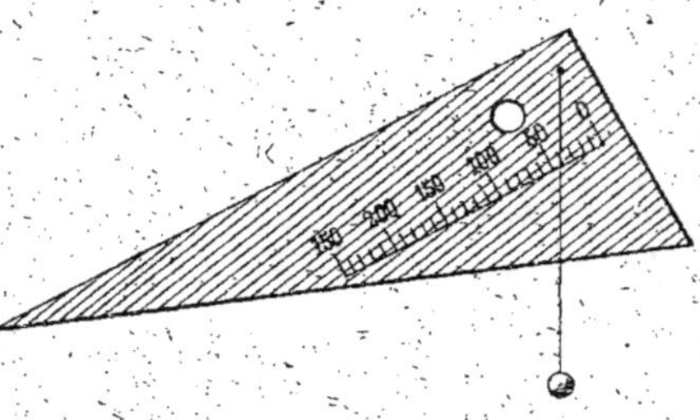

Fig. 264.

Former un fil à plomb avec du gros fil et un petit morceau de plomb et le fixer dans le trou d'angle (*fig.* 264).

Visant par le long côté, puis fixant le fil à plomb avec le doigt quand les oscillations ont cessé, on lit sur l'échelle la pente, ou pour mieux dire les tangentes pour un rayon de $0^m,10$.

405. Bras tendu. — Enfin on peut estimer les pentes suivant le procédé dit à *bras tendu*.

On dessine sur une bande de papier collée au dos d'un double décimètre une échelle graduée en centièmes de la longueur du bras tendu, comptée à partir de l'œil, et que l'on mesure aisément avec une ficelle.

On recherche dans la campagne des points de niveau avec celui où l'on se trouve, on place dans leur plan le zéro de l'échelle, et on déplace le pouce qui sert de curseur, jusqu'à ce qu'il soit tangent au rayon visuel correspondant à l'objet auquel on repère la pente. L'échelle donne la tangente de cette pente pour un rayon égal à la longueur du bras.

On arrive très bien, avec un peu d'habitude, à placer à hauteur de l'œil le zéro de l'échelle en tendant le bras, *les yeux étant fermés*. Lorsqu'on en ouvre un, une visée, dans toute l'étendue qu'il peut embrasser circulairement sans se déplacer, établit la ligne d'horizon.

On s'exerce à cela devant une glace. Quand le bras est bien placé, l'œil voit son image tangente, en quelque sorte, à l'extrémité du pouce.

§ 7. — MESURE DIRECTE DES DISTANCES

406. **Doubles-pas.** — Une précision rigoureuse n'étant pas nécessaire dans la mesure des distances pour levés expédiés, on a imaginé de les évaluer *au pas*. Mais, comme le pas métrique ne peut se soutenir longtemps, et que le compte des pas à l'allure ordinaire ne se fait pas sans de fréquentes erreurs, on a pris l'habitude de compter par *doubles pas*.

Celui qui fait des levés topographiques expédiés doit, dès l'abord, s'entraîner à marcher bien régulièrement en tout terrain, à faire des pas bien égaux à son allure de route habituelle et *à compter machinalement les pas* quand le pied droit pose à terre. On note les centaines par un moyen mécanique, afin de laisser la pensée libre; par exemple on remplit une poche de billes d'enfant, de gros graviers, de haricots secs, et à chaque centaine on fait passer dans une autre poche une de ces unités.

Au préalable, l'opérateur doit étalonner son pas en variant les conditions de l'expérience, afin d'obtenir une moyenne générale applicable en tous terrains.

Dans une communication faite à la Section de Géographie et Histoire militaire de la Société de Topographie parcellaire de France, notre collègue M. Prévot a montré combien les résultats des mesurages au pas pouvaient être améliorés par la considération de l'allure.

« L'étalonnage préalable comporte en un mot deux opérations distinctes, quoique simultanées : l'évaluation de la *longueur* moyenne du pas et celle de sa *vitesse* (nombre de pas dans un temps donné). Dans les opérations ultérieures, si l'on a soin de contrôler fréquemment l'allure (toutes les dix ou quinze minutes par exemple), et si l'on cherche à conserver le plus exactement possible l'allure moyenne de l'étalonnage, on rend plus constante la longueur du pas ; on est arrivé ainsi, à la fin d'une marche fatigante, et alors que la longueur du pas aurait été très différente de celle d'étalonnage, à évaluer les distances avec autant d'exactitude qu'au début de l'opération, c'est-à-dire avec une erreur moyenne de 1 0/0 seulement, sur un terrain dont les pentes ne dépassent pas 5ᵉ (0ᵐ,08 par mètre) [1]. »

L'échelle de pas se construit sur un côté de la boussole ou sur un double décimètre, absolument comme une échelle graphique ordinaire.

Pour les levés à petites échelles, on simplifie encore le procédé, en se bornant à tracer l'échelle près de la rive supérieure du papier, et on n'y indique que les fractions de 50 pas. Supposons que l'on ait à porter à partir de A, sur la direction AC, une longueur de 220 doubles-pas. On estime cette longueur sur l'échelle, on la compare au nombre de carreaux et de fractions de carreaux auxquels elle correspond, puis on apprécie ce nombre à partir de A parallèlement à l'échelle.

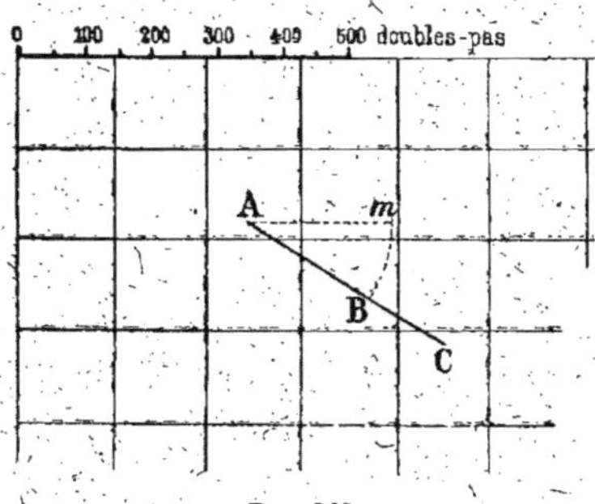

Fig. 265.

On détermine ainsi le point *m* que l'on rabat en B (*fig.* 265).

407. Compte-pas. — Si l'opérateur veut s'exonérer du souci de compter ses pas, il se munit d'un compte-pas, instrument

[1] *Bulletin de la Société de Topographie*, juillet-septembre 1892.

en forme de montre que l'on trouve dans le commerce. Certains appareils enregistrent jusqu'à 100.000 pas.

Bien remarquer que le compte-pas s'applique à des pas simples et non à des doubles-pas.

A la vérité, cet instrument n'enregistre que les secousses verticales produites par la marche. D'où un grave inconvénient: l'appareil fonctionne même quand l'opérateur marque le pas ou marche en arrière.

408. Podomètres. — L'emploi du podomètre pour la mesure des distances parcourues est avantageux, en ce sens qu'il enlève à l'opérateur toute préoccupation de compter le nombre de ses doubles-pas, et qu'il ne rend pas nécessaire la construction d'une échelle spéciale.

Les podomètres sont, en somme, des compte-pas que chaque opérateur règle selon la longueur de son pas moyen, et qui marquent métriquement les distances parcourues.

Il y a plusieurs modèles de podomètres, dont le plus complet enregistre jusqu'à 100 kilomètres.

C'est un instrument qui tend beaucoup à se répandre ; on en construit auxquels on annexe un curvimètre et une boussole.

§ 8. — MESURE INDIRECTE DES DISTANCES

409. Télémètres. — Quoique les télémètres aient leur place marquée parmi les instruments dont on peut utiliser les propriétés géométriques pour mesurer les distances en topographie expédiée, nous ne croyons devoir en parler que sous réserves, leur emploi entraînant toujours une certaine perte de temps, qu'à notre avis il importe d'éviter.

L'exactitude des mesures données par les télémètres est d'ailleurs plus que suffisante pour les levés expédiés. Il résulte, en effet, d'expériences[1] faites avec deux des télémètres dont nous parlerons ci-après, les télémètres Souchier et Quinemant, qu'en terrain varié, dans les conditions nor-

[1] Société de Topographie, *Bulletin* de juillet-septembre 1891.

maɪes de leur emploi, ces appareils ont permis d'évaluer les distances avec une erreur relative moyenne de 4 à 5 0/0 seulement par rapport aux mêmes distances mesurées au ruban d'acier. Avec une base égale au vingtième de la distance cherchée, l'erreur à craindre sur le résultat n'est guère que de 1 à 2 0/0.

Ils reposent tous sur le même principe : considérer la distance inconnue comme étant l'un des côtés d'un triangle *rectangle* que l'on construit avec une base constante, et dont l'instrument mesure l'angle au sommet.

Dans le triangle ABX (*fig.* 266) on a BA = BX sin X, d'où :

$$BX = BA \frac{1}{\sin X}.$$

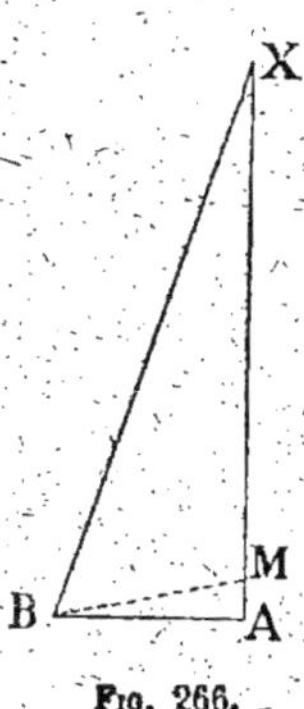
Fɪɢ. 266.

Cette formule est fondamentale, en ce sens que, si l'angle A n'est pas absolument droit, elle peut encore pratiquement s'appliquer, ainsi qu'on va le voir.

Supposons A aigu et menons BM perpendiculaire à AX. Nous avons :

$$BM = BA \cos ABM \quad \text{et} \quad BX = \frac{BM}{\sin X},$$

d'où :

$$BX = \frac{BA}{\sin X} \cos ABM$$

que l'on peut écrire :

$$BX = \frac{BA}{\sin X} - \frac{BA}{\sin X}(1 - \cos ABM).$$

Prenant pour BX la valeur de la première partie seulement, on commet une erreur égale au plus à $(1 - \cos ABM)$. Or l'instrument est construit de telle sorte que l'angle BMX ne varie que de 8° en plus ou en moins d'un angle droit.

Son complément ABM est donc toujours plus petit que 8°, qui ont pour cosinus naturel 0,9903. Par suite, l'écart $1 - \cos 8° = 0,0097$ sera conséquemment toujours plus petit que le 1/100 de la distance.

Cette démonstration s'applique également à A obtus.

Pour mesurer BX, il suffira donc : 1° de trouver un point tel que XAB soit droit, et déterminer le facteur $\dfrac{1}{\sin X}$ par l'observation ; 2° de mesurer la base BA ; 3° de multiplier BA par $\dfrac{1}{\sin X}$.

Les télémètres à miroirs sont formés, en principe, de deux miroirs faisant entre eux un angle d'environ 45°.

L'observateur se place en B (*fig.* 267), ayant à sa droite l'objet X dont il veut mesurer l'éloignement. Il cherche à en voir l'image dans un des miroirs de l'appareil. L'angle XBX' sera double de l'angle des miroirs, en vertu du principe de la double réflexion. En même temps, il cherche dans la direction BX' un signal fixe quelconque, un arbre par exemple, assez éloigné. L'opérateur recule alors de 20 mètres en se maintenant dans la direction OX'. A ce moment, étant toujours tourné vers O, il voit l'image de X doublement réfléchie en X". L'angle XAX" étant le double de l'angle des miroirs, on a XBX' = XAX". Mais XAX" est la somme des angles XAX' et X'AX"; leurs différences avec un même angle XAX' sont donc égales, et X'AX' = BXA.

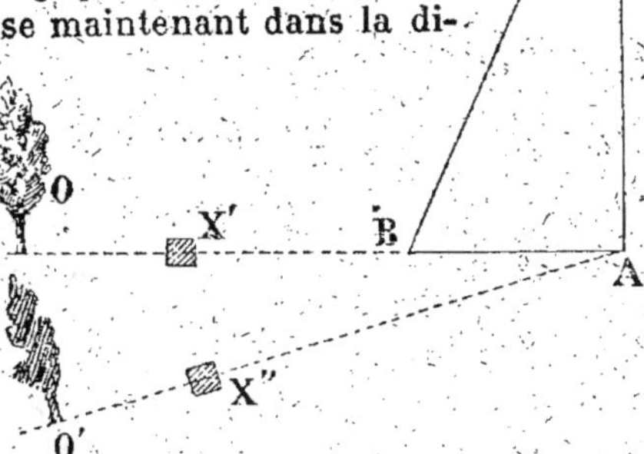

Fig. 267.

410. Dans le télémètre Gaumet, l'un des miroirs est mû par une vis micrométrique. Quand l'opérateur se place en A et qu'il a vu en X' l'image du point à relever, il déplace le miroir mobile de manière que cette image vienne coïncider avec la direction du signal O. Et il lit sur une réglette *ad hoc* le déplacement, qui lui est donné par la tangente de l'angle de rotation. Cet angle est moitié de l'angle BXA. Comme

celui-ci est toujours très petit, on admet que sa tangente est moitié de la tangente de l'angle X'AX". L'instrument est chiffré de telle sorte qu'on n'ait pas à doubler les lectures. Il porte enfin à la face inférieure un tableau qui donne sans calculs les distances, pour la base de 20 mètres que l'on prend habituellement.

411. Dans le télémètre Gautier, les miroirs sont fixes (l'un d'eux toutefois est rectifiable). Un prisme réfracteur est placé au-delà des miroirs et permet de voir par dessus ceux-ci les objets placés en avant. Ce télémètre affectant la forme d'une lunette, le prisme est monté sur un anneau mobile qui porte sur le pourtour une graduation donnant les valeurs de $\dfrac{1}{\sin X}$ entre $C = 0$ et $C = 3°$ environ. Pour $C = 0$ on a :

$$\frac{1}{\sin X} = \infty ;$$

pour $C = 3°$, on a :

$$\frac{1}{\sin X} = 20.$$

Dès lors, l'opérateur étant en A, et voyant X en X', aperçoit O par-dessus les miroirs à travers le prisme. Il tourne l'anneau sur lequel est monté celui-ci jusqu'à ce que l'image de O soit venue en O', et il lit la division sur la circonférence de l'anneau, au droit d'un index. Le produit de la base AB par cette valeur donne la distance cherchée.

412. Le télémètre du colonel Quinemant est aussi un télémètre à miroirs. Il affecte, en plan, la forme d'un V dont l'angle des branches aurait 45° à très peu près.

Que l'on imagine l'une des branches occupée par un seul miroir, l'autre par deux miroirs superposés ayant ensemble même hauteur que le premier et formant entre eux, en plan, un angle invariable très petit.

Laissant toujours le but à droite, l'opérateur en cherche l'image dans le petit miroir supérieur, afin de la mettre en coïncidence avec un signal éloigné vu directement par-dessus le bord de ce miroir. Il recule alors, en visant le signal par-dessous le petit miroir inférieur, jusqu'au moment où il arrive à superposer au signal l'image du but, vue dans ce miroir inférieur. Ainsi les images du but sont perçues dans chacun des petits miroirs après avoir frappé le grand, c'est-à-dire après double réflexion. L'angle des deux groupes de miroirs étant, comme nous venons de le dire, de 45° à très peu près, l'angle formé par le signal, l'opérateur et le but, est presque droit ; par suite, le triangle que constitue la base (déterminée par les deux stations) et les directions qui joignent chacune de celles-ci au but, est, à très peu près également, un triangle rectangle, et l'on peut admettre que le rapport entre la base et l'un des côtés de ce triangle est égal à la tangente de l'angle des deux petits miroirs.

La valeur de cette tangente étant connue pour chaque instrument, il n'y a plus qu'à mesurer la base et à faire le produit de ces deux quantités.

Les miroirs sont disposés dans un médaillon ordinaire dont le télémètre Quinemant affecte la forme. On voit, par ce détail, combien le télémètre Quinemant est portatif.

413. Le **télémètre Goulier,** ou *télomètre*, est un appareil dans lequel les miroirs ont été remplacés par un prisme pentagonal, dont les faces réfléchissantes CB et DE (*fig.* 268) sont étamées. Il est renfermé dans un cube métallique dont il occupe la demi-hauteur, et qui est percé d'ouvertures correspondant aux faces AB, AE et DE.

Le télémètre comporte ensuite deux lentilles, l'une plan-concave, l'autre plan-convexe. Quand l'index de la chiffraison qui indique les distances marque ∞, les axes de ces lentilles coïncident, et l'œil perçoit sans déviation les objets vus au travers.

La lentille plan-concave est excentrée. Si on la fait tour-

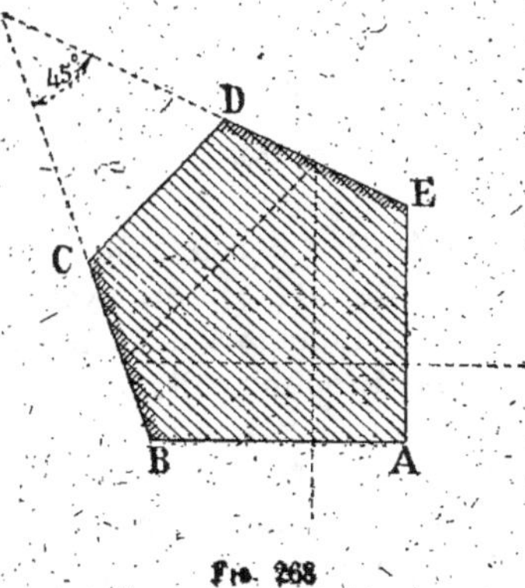

Fig. 268

ner, l'image d'un objet, A de la figure 269, prend successivement les positions A_1, A_2, A_3, A_4, A_5. Si l'on voit en O le signal fixe indispensable dans toutes les opérations télémétriques, et que l'on aperçoive le but placé en A, sans que la coïncidence soit parfaitement établie, on utilise alors la lentille excentrée. En faisant tourner l'anneau qui la porte, on déplace peu à peu l'image du but, et, lorsqu'on l'a amenée en A_3 par exemple, un petit mouvement de bascule du télémètre suffit pour assurer la superposition des images. Cette opération ne vicie pas le résultat, au point de vue pratique.

La lentille plan-convexe est enchâssée dans un cadre métallique qui peut prendre un mouvement latéral de translation, et qui sert à déplacer l'image du signal, comme le prisme du télémètre Gautier.

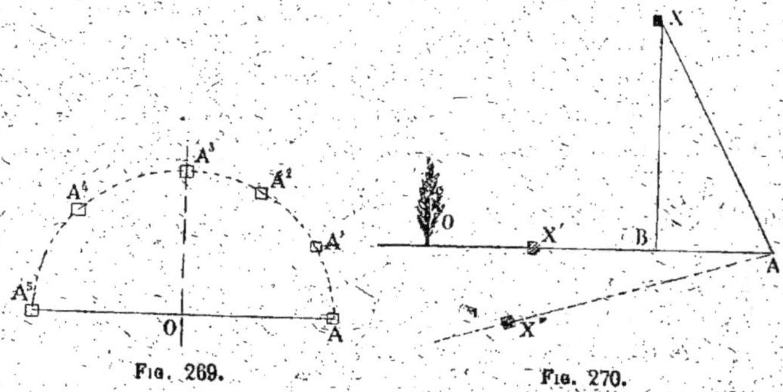

Fig. 269.   Fig. 270.

L'opération consiste donc, avec le télémètre Goulier : 1° à se placer en B (*fig.* 270), ayant l'objet X à sa droite, et à en faire coïncider l'image X' avec un signal O ; 2° à reculer de 20 mètres dans la direction OB ; 3° étant ainsi en A, et voyant en X' l'image du but X, amener cette image en coïncidence avec le signal fixe O, en déplaçant la lentille convergente ; 4° lire la graduation qui donne la distance.

Mentionnons, pour terminer, le **prisme-télémètre Souchier** en usage dans les corps d'infanterie. C'est un instrument qui est basé sur les mêmes principes que le télémètre Quinemant. Il est extrêmement portatif. Son emploi est tout indiqué pour les levés d'itinéraire.

414. Appareils stadimétriques approximatifs. — On doit citer au premier rang de ces appareils la *stadia des chasseurs à pied*, dont sont d'ailleurs munis les sous-officiers allemands.

C'est une plaque rectangulaire en métal (*fig.* 271), percée d'une fenêtre triangulaire dont les bords sont gradués, que l'on tient à hauteur de l'œil à une distance constante de celui-ci, assuré par un cordon de longueur réglée auquel est attachée la stadia.

En visant par cette fenêtre un fantassin ou un cavalier, dont la hauteur est constante à très peu près, on lit d'emblée, sur le bord inférieur ou supérieur de la fenêtre, selon le cas, la distance à laquelle est placé le soldat observé.

Le *nautomètre Morel* est un autre genre de stadia, que l'on peut, au besoin, improviser soi-même (*fig.* 272).

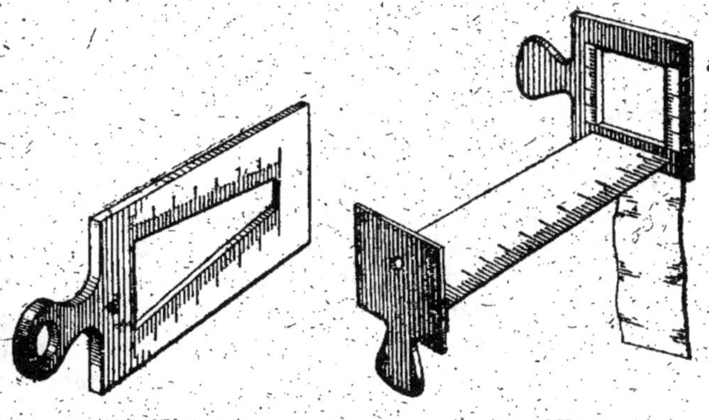

Fig. 271.   Fig. 272.

On pratique dans une planchette ou dans du carton demi-fort une fenêtre rectangulaire dont un côté est gradué en *millimètres* ; on dispose au dessous une fente dans laquelle on passe une bande de papier graduée en *centimètres*, bande qui est fixée d'autre part, au zéro de sa graduation, à une planchette percée d'un œilleton.

La dimension d'un objet étant connue en mètres, on encadre ce but dans la fenêtre en le visant par l'œilleton, et en faisant coïncider ses extrémités avec deux divisions de la fenêtre, de telle manière que le nombre de ces divisions soit égal au nombre de mètres connu. On lit alors en mètres, sur la bande de papier, la distance cherchée.

Nous devons mentionner enfin la *jumelle-télémètre Souchier*, en usage dans les corps d'infanterie.

Elle est basée sur le principe suivant : si on regarde un homme à travers un prisme bi-réfringent disposé de manière à produire la duplication de son image dans le sens vertical, par un angle dont la tangente est 1/100 quand les faces du prisme sont sensiblement perpendiculaires au but visé, on a la relation :

$$\frac{h}{D} = \frac{1}{100}, \qquad \text{d'où } D = 100h.$$

Il suffira donc de remarquer et de connaître la dimension métrique de la portion du corps comprise entre le dessus de la tête de l'homme visé et le dessus de la tête de son image, pour en conclure la distance à laquelle est placé l'homme observé.

Mais, la base de la mesure étant au plus égale à la hauteur d'un homme ($1^m,68$ pour le fantassin tout habillé), on n'obtiendrait ainsi qu'une approximation insuffisante.

On a alors imaginé de se servir du prisme bi-réfringent non pour regarder l'homme lui-même, mais bien son image fournie par une lunette. Si g est le grossissement de cette lunette, la base devient hg, et l'approximation est proportionnelle au grossissement. La lunette-télémètre Souchier est construite suivant ces données.

Son complément presque indispensable est l'image d'un fantassin ou d'un cavalier que l'on a sectionnée par des traits horizontaux cotés en descendant à partir du trait tangent à la coiffure, lequel est marqué zéro. Il suffit donc de se reporter à ce dernier pour lire en regard de l'un de ces traits la distance cherchée.

415. Procédés non géométriques. — Ces procédés, que l'on peut employer dans l'armée, sont inutilisables dans les services civils, parce qu'ils sont tous ou presque tous basés sur la mesure du temps qui s'écoule entre le moment où l'on voit la lumière ou la fumée d'un coup de feu, et celui où l'on perçoit le bruit de la détonation.

Dans l'observation directe, on multiplie le temps mesuré en secondes par 340 mètres, vitesse du son à 15° centigrades et par un temps calme.

On peut employer le *télémètre le Boulengé*, tube cylindrique en cristal rempli de benzine rectifiée, fermé à ses deux extrémités, et dans lequel se meut par son propre poids un curseur en argent d'un diamètre très peu inférieur à celui du tube. En tenant l'appareil horizontalement dans la main, le curseur étant à zéro, et le plaçant subitement d'un tour de poignet dans la position verticale quand on *voit* le coup de feu, puis le ramenant vivement dans sa position première lorsqu'on *entend* la détonation, on lit la distance au point où s'est arrêté le curseur, sur une graduation gravée sur la fiole.

L'*appareil Redier* fonctionne d'une manière analogue aux montres munies d'un compteur de secondes. Mais, au lieu de donner des secondes, la division du cadran accuse les distances.

§ 9. — NIVELLEMENT DIRECT

416. Procédés rapides. — Au cours des opérations auxquelles donnent lieu les levés expédiés, on peut avoir à effectuer des nivellements rapides et peu précis. On se sert dans ces cas-là du *niveau à boule*, ou *du niveau-lyre* du colonel Goulier, qui ne sont autre chose que des collimateurs de poche que l'on tient à la main.

On doit citer aussi le *niveau Burel de reconnaissance*, modèle réduit du niveau dont il a été parlé dans la partie principale de cet ouvrage.

TABLE DES MATIÈRES

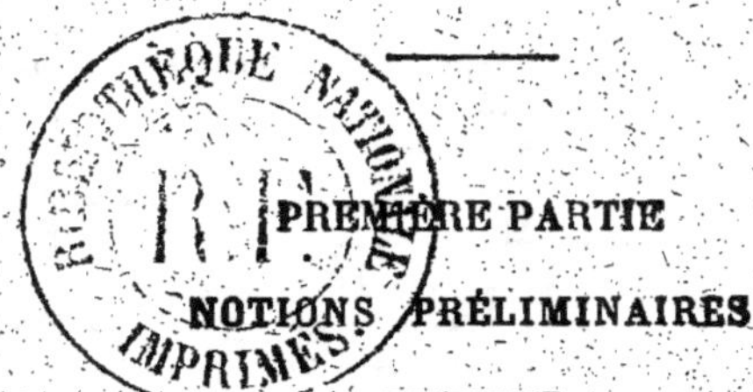

PREMIÈRE PARTIE

NOTIONS PRÉLIMINAIRES

CHAPITRE PREMIER

Notions élémentaires sur la théorie des erreurs

CHAPITRE II

Étude de quelques organes d'instruments. — Mires et Stadias   41

Pages.

DEUXIÈME PARTIE

MESURE DES ANGLES

CHAPITRE III

Mesure des angles horizontaux — 135

CHAPITRE IV

TROISIÈME PARTIE

MESURE DES DISTANCES

CHAPITRE V

Mesure directe des distances

QUATRIÈME PARTIE

MESURE DES HAUTEURS OU NIVELLEMENT

CHAPITRE VII

CHAPITRE VIII

CHAPITRE IX

CINQUIÈME PARTIE

MESURE SIMULTANÉE DES ANGLES VERTICAUX, DES ANGLES HORIZONTAUX ET DES DISTANCES

CHAPITRE X

CHAPITRE XI

SIXIÈME PARTIE

CHAPITRE XII

APPENDICE

INSTRUMENTS DE TOPOGRAPHIE EXPÉDIÉE

PROGRAMME DES VOLUMES
DE LA COLLECTION

La table complète des matières de chacun des volumes ainsi que l'indication des prix est envoyée franco sur demande.

GÉNÉRALITÉS (24 vol.)

1 Mathématiques (2e édition).
2 Mécanique, hydraulique et thermodynamique (2e édition).
3 Chimie et physique appliquées.
4 Résistance des matériaux T. I.
5 Résistance des matériaux T. II.
5 *bis* T. III.
  Topographie. Etudes et opérations sur le terrain :
6 1er vol. : Instruments.
7 2e vol. : Méthodes.
8 Travaux graphiques.
9 Maçonneries.
10 Bois et métaux.
11 Tracé et terrassements.
12 Fouilles et fondations.

13 *Droit civil.*
14 *Droit administratif général.*
15 *Economie politique et statistique.*
16 *Droit commercial et industriel.*
17 *Procédure civile et droit pénal.*
18 *Exécution des travaux publics.*
19 *Organisation des services de travaux publics.*
20 *Comptabilité des travaux publics et tenue des bureaux.*
21 *Comptabilité départementale, vicinale, communale et commerciale.*
22 *Rôle social et économique des voies de communication.*
23 *Rapports de service.*
24 Hygiène.

SPÉCIALITÉS

SECTION I. — Chaussées et ponts (4 vol.)

25 Ponts en maçonnerie.
26 Ponts en bois et en métal.
27 Routes et chemins vicinaux.
28 *Législation de la voirie et du roulage.*

SECTION II. — Service municipal (5 vol.)

29 Voie publique.
30 Distribution des eaux.
31 Egouts. — Assainissement.
32 Plantations, jardins et promenades.
33 Eclairage (2e édition).

SECTION III. — Navigation (7 vol.)

34 Fleuves et rivières navigables (*sous presse*).
35 Rivières canalisées et canaux.
36 Ports maritimes, 1er volume.
37 Ports maritimes, 2e volume.
38 Exploitation des ports.
39 Zoologie. Pisciculture.
40 *Législation des eaux.*

SECTION IV. — Chemins de fer et tramways (7 vol.)

41 Construction et voie.
42 Locomotive et matériel roulant.
43 Exploitation technique.
44 Exploitation commerciale.
45 Tramways et automobiles (2e édit.).
46 *Législation des chemins de fer et tramways.*
47 *Contrôle des chemins de fer.*

SECTION V. — Mines. — Machines (7 vol.)

48 Géologie et minéralogie appliquées.
49 Exploitation des mines (2e édit.).
50 Chaudières à vapeur.
51 Machines à vapeur.
52 Machines hydrauliques.
53 *Législation et contrôle des mines.*
54 *Législation et contrôle des appareils à vapeur.*

SECTION VI. — Constructions civiles, administratives et militaires (7 vol.)

55 Architecture.
56 Charpente et couverture.
57 Menuiserie, serrurerie, plomberie, peinture, vitrerie.
58 Fumisterie, chauffage et ventilation.
59 Devis et évaluations.
60 Edifices publics pour villes et villages.

61 *Législation du bâtiment.*

CONDITIONS DE SOUSCRIPTION

Le tarif des prix de souscription est envoyé franco sur demande.

Tous les volumes de la Bibliothèque du Conducteur de travaux publics, *dont chaque page contient la matière des livres grand in-8°,* sont de format in-16 (12 × 18) de lecture facile, imprimés sur beau papier, pourvus d'une solide et élégante reliure ; ils peuvent être aisément portés sur les travaux.

Souscription complète. — *J'accepte des souscriptions à la collection entière (73 volumes) payables* 1/4 en souscrivant, 1/4 quatre mois après, 1/4 à 8 mois, le solde à 1 an. (Escompte de 5 0/0 pour paiement total au comptant). Les conditions de souscription correspondent à une réduction d'environ 30 0/0 sur le prix des volumes achetés séparément.

Souscription à la partie technique. — Certains clients moins intéressés aux 19 volumes traitant des questions de droit et d'administration (indiqués en italiques sur le programme), peuvent souscrire à la partie technique seule (54 volumes) en payant 1/4 en souscrivant, 1/4 quatre mois après, 1/4 à 8 mois, le solde à 1 an. (Escompte de 5 0/0 pour paiement total au comptant.)

Souscription à 10 volumes et au-dessus. — Une réduction est accordée aux clients faisant une commande de 10 volumes et au-dessus. Pour une commande de 10 à 19 volumes la réduction est de 10 0/0 ; à partir de 20 volumes elle est de 15 0/0. Le montant de la souscription est payable en 4 fois comme pour la collection. (Escompte de 5 0/0 pour paiement total au comptant.)

Souscription à une section. — Les prix de souscription de chacune des sections sont payables 1/2 comptant et 1/2 à 4 mois lorsqu'ils dépassent 50 francs.

Paiements. — Les souscripteurs sont priés de joindre à leur commande le montant approximatif de leur premier versement. *(Escompte de 5 0/0 pour paiement total au comptant.)*

Expédition. — Les volumes sont expédiés dans le plus bref délai. Pour la France et les Colonies françaises l'envoi est fait franco de port si le montant de la commande dépasse 25 francs. Dans les autres cas le port est à la charge du client (environ 10 0/0 du prix de vente).

TOURS. — IMPRIMERIE DESLIS PÈRE, H. ET E. DESLIS, 6, RUE GAMBETTA.